国家卫生健康委员会"十三五"规划教材

科研人员核心能力提升导引丛书

供研究生及科研人员用

实验室生物安全

Laboratory Biosafety

第 **3** 版

主　编　叶冬青

副主编　孔　英　温旺荣

人民卫生出版社

·北 京·

版权所有，侵权必究！

图书在版编目（CIP）数据

实验室生物安全 / 叶冬青主编 . —3 版 . —北京：
人民卫生出版社，2020.12（2024.8重印）
ISBN 978-7-117-30961-5

Ⅰ.①实… Ⅱ.①叶… Ⅲ.①生物学-实验室-安全
技术 Ⅳ.①Q-338

中国版本图书馆 CIP 数据核字（2020）第 248878 号

人卫智网	www.ipmph.com	医学教育、学术、考试、健康，购书智慧智能综合服务平台
人卫官网	www.pmph.com	人卫官方资讯发布平台

实验室生物安全
Shiyanshi Shengwu Anquan
第 3 版

主　　编：叶冬青
出版发行：人民卫生出版社（中继线 010-59780011）
地　　址：北京市朝阳区潘家园南里 19 号
邮　　编：100021
E - mail：pmph @ pmph.com
购书热线：010-59787592　010-59787584　010-65264830
印　　刷：北京铭成印刷有限公司
经　　销：新华书店
开　　本：850×1168　1/16　印张：18　插页：1
字　　数：508 千字
版　　次：2008 年 2 月第 1 版　　2020 年 12 月第 3 版
印　　次：2024 年 8 月第 4 次印刷
标准书号：ISBN 978-7-117-30961-5
定　　价：99.00 元

打击盗版举报电话：010-59787491　E-mail：WQ @ pmph.com
质量问题联系电话：010-59787234　E-mail：zhiliang @ pmph.com

编　　者 （按姓氏笔画排序）

方立群　军事科学院军事医学研究院

孔　英　大连医科大学

叶冬青　安徽医科大学

冯乐平　桂林医学院

任国峰　中南大学湘雅公共卫生学院

苏　虹　安徽医科大学

李晋涛　陆军军医大学

杨占秋　武汉大学医学部

陈大伟　吉林大学公共卫生学院

赵　卫　南方医科大学

郭　淼　山东第一医科大学

商永嘉　安徽师范大学化学与材料科学学院

温旺荣　暨南大学附属第一医院

魏　强　中国疾病预防控制中心

编写秘书　张　勤　安徽医科大学

主 编 简 介

叶冬青 博士,二级教授,博士生导师,安徽医科大学临床医学院常务副院长。中国人民政治协商会议第十二届安徽省委员会常务委员。卫生部有突出贡献中青年专家,享受国务院政府特殊津贴,入选国家高层次人才特殊支持计划,安徽省学术和技术带头人。英国皇家内科医学院公共卫生学院院士。

国家"万人计划"教学名师,安徽省模范教师。获国家级教学成果奖二等奖、中华预防医学会优秀期刊管理者奖。《中华疾病控制杂志》主编。主编《流行病学进展》(第13卷)以及《公共卫生发展简史》《皮肤病流行病学》《红斑狼疮》等专著,合计出版专著十余部。副主编《流行病学》(第5—8版)、五年制国家级规划教材《流行病学》(第6—9版)。

主持国家自然科学基金10余项,在 *BMJ*、*Nat Genet*、*Am J Hum Genet* 等期刊发表论文200余篇,是 *Lab Invest*、*Rheumatology*、*Clin Rheumatol* 等20余种SCI期刊审稿人。曾获吴阶平-保罗·杨森医学药学奖、中华医学科技奖一等奖、国家科学技术进步奖二等奖、中华预防医学会科学技术奖二等奖、中国流行病学杰出贡献奖。

副主编简介

孔 英 大连医科大学教授,博士生导师。辽宁特聘教授,辽宁省普通高等学校本科教学名师。美国亚利桑那州立大学高级访问学者。中国生物化学与分子生物学会教学专业委员会委员、中国生物化学与分子生物学会糖复合物专业委员会委员,中国生物工程学会糖生物工程专业委员会理事,中国动物学会生殖生物学分会理事。任辽宁省生物学教学指导委员会副主任委员、辽宁省高等教育学会理事。

围绕"蛋白质糖基化修饰在胚胎发育着床调控中的作用"及"生殖医学相关疾病研究",主持国家自然科学基金 5 项。以通讯作者发表 SCI 收录论文 30 余篇,单篇最高影响因子 9.727。出版科研专著 1 部,获得国家专利 1 项,获省部级科研成果奖 4 项。围绕医学教育及医学生培养,获国家级教学成果奖 2 项,省部级教学成果奖 9 项。主编、副主编人民卫生出版社《生物化学》等"国家级"规划教材 9 部,出版教学研究专著《高等教育质量保障体系的理论研究与实践》。

温旺荣 教授,博士生导师,暨南大学附属第一医院临床医学检验中心主任。日本北海道大学高级访问学者。现任粤港澳大湾区检验医学教育联盟主席,中国医疗器械行业协会现场快速检测分会常委,中国老年医学学会检验医学分会委员,广东省医学教育协会检验医学专业委员会主委,广东省医师协会检验医师分会副主委,广东省医院协会医院临床实验室管理专业委员会副主委,广东省医学会检验分会常委兼微生物专家组组长,广东省临床基因检测质量控制中心专家、PCR 验收专家等。

从事临床检验医教研 30 余年,主要研究临床重要病原体的分子生物学和病毒相关肿瘤的微 RNA。主持或参与了国家自然科学基金、国家卫生健康委员会相关基金和日中医学协会基金、日本文部省基金资助项目和省科技计划项目十多项。以第一作者在 *Journal of Virology* 和 *Virus Research* 发表论文多篇。主编《临床分子诊断学》、副主编《应急检验学》。曾获福建省科技进步三等奖两项。

全国高等学校医学研究生"国家级"规划教材 第三轮修订说明

进入新世纪,为了推动研究生教育的改革与发展,加强研究型创新人才培养,人民卫生出版社启动了医学研究生规划教材的组织编写工作,在多次大规模调研、论证的基础上,先后于2002年和2008年分两批完成了第一轮50余种医学研究生规划教材的编写与出版工作。

2014年,全国高等学校第二轮医学研究生规划教材评审委员会及编写委员会在全面、系统分析第一轮研究生教材的基础上,对这套教材进行了系统规划,进一步确立了以"解决研究生科研和临床中实际遇到的问题"为立足点,以"回顾、现状、展望"为线索,以"培养和启发读者创新思维"为中心的教材编写原则,并成功推出了第二轮(共70种)研究生规划教材。

本套教材第三轮修订是在党的十九大精神引领下,对《国家中长期教育改革和发展规划纲要(2010—2020年)》《国务院办公厅关于深化医教协同进一步推进医学教育改革与发展的意见》,以及《教育部办公厅关于进一步规范和加强研究生培养管理的通知》等文件精神的进一步贯彻与落实,也是在总结前两轮教材经验与教训的基础上,再次大规模调研、论证后的继承与发展。修订过程仍坚持以"培养和启发读者创新思维"为中心的编写原则,通过"整合"和"新增"对教材体系做了进一步完善,对编写思路的贯彻与落实采取了进一步的强化措施。

全国高等学校第三轮医学研究生"国家级"规划教材包括五个系列。①科研公共学科:主要围绕研究生科研中所需要的基本理论知识,以及从最初的科研设计到最终的论文发表的各个环节可能遇到的问题展开;②常用统计软件与技术:介绍了SAS统计软件、SPSS统计软件、分子生物学实验技术、免疫学实验技术等常用的统计软件以及实验技术;③基础前沿与进展:主要包括了基础学科中进展相对活跃的学科;④临床基础与辅助学科:包括了专业学位研究生所需要进一步加强的相关学科内容;⑤临床学科:通过对疾病诊疗历史变迁的点评、当前诊疗中困惑、局限与不足的剖析,以及研究热点与发展趋势探讨,启发和培养临床诊疗中的创新思维。

该套教材中的科研公共学科、常用统计软件与技术学科适用于医学院校各专业的研究生及相应的科研工作者;基础前沿与进展学科主要适用于基础医学和临床医学的研究生及相应的科研工作者;临床基础与辅助学科和临床学科主要适用于专业学位研究生及相应学科的专科医师。

全国高等学校第三轮医学研究生"国家级"规划教材目录

1	医学哲学（第2版）	主　编　柯　杨　张大庆	
		副主编　赵明杰　段志光　边　林　唐文佩	
2	医学科研方法学（第3版）	主　审　梁万年	
		主　编　刘　民　胡志斌	
		副主编　刘晓清　杨土保	
3	医学统计学（第5版）	主　审　孙振球　徐勇勇	
		主　编　颜　艳　王　彤	
		副主编　刘红波　马　骏	
4	医学实验动物学（第3版）	主　编　秦　川　谭　毅	
		副主编　孔　琪　郑志红　蔡卫斌　李洪涛	
		王靖宇	
5	实验室生物安全（第3版）	主　编　叶冬青	
		副主编　孔　英　温旺荣	
6	医学科研课题设计、申报与实施（第3版）	主　审　龚非力　李卓娅	
		主　编　李宗芳　郑　芳	
		副主编　吕志跃　李煌元　张爱华	
7	医学实验技术原理与选择（第3版）	主　审　魏于全	
		主　编　向　荣	
		副主编　袁正宏　罗云萍	
8	统计方法在医学科研中的应用（第2版）	主　编　李晓松	
		副主编　李　康　潘发明	
9	医学科研论文撰写与发表（第3版）	主　审　张学军	
		主　编　吴忠均	
		副主编　马　伟　张晓明　杨家印	
10	IBM SPSS 统计软件应用	主　编　陈平雁　安胜利	
		副主编　欧春泉　陈莉雅　王建明	

11	SAS 统计软件应用（第 4 版）	主　编　贺　佳
		副主编　尹　平　石武祥
12	医学分子生物学实验技术（第 4 版）	主　审　药立波
		主　编　韩　骅　高国全
		副主编　李冬民　喻　红
13	医学免疫学实验技术（第 3 版）	主　编　柳忠辉　吴雄文
		副主编　王全兴　吴玉章　储以微　崔雪玲
14	组织病理技术（第 2 版）	主　编　步　宏
		副主编　吴焕文
15	组织和细胞培养技术（第 4 版）	主　审　章静波
		主　编　刘玉琴
16	组织化学与细胞化学技术（第 3 版）	主　编　李　和　周德山
		副主编　周国民　肖　岚　刘佳梅　孔　力
17	医学分子生物学（第 3 版）	主　审　周春燕　冯作化
		主　编　张晓伟　史岸冰
		副主编　何凤田　刘　戟
18	医学免疫学（第 2 版）	主　编　曹雪涛
		副主编　于益芝　熊思东
19	遗传和基因组医学	主　编　张　学
		副主编　管敏鑫
20	基础与临床药理学（第 3 版）	主　编　杨宝峰
		副主编　李　俊　董　志　杨宝学　郭秀丽
21	医学微生物学（第 2 版）	主　编　徐志凯　郭晓奎
		副主编　江丽芳　范雄林
22	病理学（第 2 版）	主　编　来茂德　梁智勇
		副主编　李一雷　田新霞　周　桥
23	医学细胞生物学（第 4 版）	主　审　杨　恬
		主　编　安　威　周天华
		副主编　李　丰　杨　霞　王杨淦
24	分子毒理学（第 2 版）	主　编　蒋义国　尹立红
		副主编　骆文静　张正东　夏大静　姚　平
25	医学微生态学（第 2 版）	主　编　李兰娟
26	临床流行病学（第 5 版）	主　编　黄悦勤
		副主编　刘爱忠　孙业桓
27	循证医学（第 2 版）	主　审　李幼平
		主　编　孙　鑫　杨克虎

28	断层影像解剖学	主　编	刘树伟　张绍祥			
		副主编	赵　斌　徐　飞			
29	临床应用解剖学（第2版）	主　编	王海杰			
		副主编	臧卫东　陈　尧			
30	临床心理学（第2版）	主　审	张亚林			
		主　编	李占江			
		副主编	王建平　仇剑崟　王　伟　章军建			
31	心身医学	主　审	Kurt Fritzsche　吴文源			
		主　编	赵旭东			
		副主编	孙新宇　林贤浩　魏　镜			
32	医患沟通（第2版）	主　编	尹　梅　王锦帆			
33	实验诊断学（第2版）	主　审	王兰兰			
		主　编	尚　红			
		副主编	王传新　徐英春　王　琳　郭晓临			
34	核医学（第3版）	主　审	张永学			
		主　编	李　方　兰晓莉			
		副主编	李亚明　石洪成　张　宏			
35	放射诊断学（第2版）	主　审	郭启勇			
		主　编	金征宇　王振常			
		副主编	王晓明　刘士远　卢光明　宋　彬			
			李宏军　梁长虹			
36	疾病学基础	主　编	陈国强　宋尔卫			
		副主编	董　晨　王　韵　易　静　赵世民			
			周天华			
37	临床营养学	主　编	于健春			
		副主编	李增宁　吴国豪　王新颖　陈　伟			
38	临床药物治疗学	主　编	孙国平			
		副主编	吴德沛　蔡广研　赵荣生　高　建			
			孙秀兰			
39	医学3D打印原理与技术	主　编	戴尅戎　卢秉恒			
		副主编	王成焘　徐　弢　郝永强　范先群			
			沈国芳　王金武			
40	互联网＋医疗健康	主　审	张来武			
		主　编	范先群			
		副主编	李校堃　郑加麟　胡建中　颜　华			
41	呼吸病学（第3版）	主　审	钟南山			
		主　编	王　辰　陈荣昌			
		副主编	代华平　陈宝元　宋元林			

42	消化内科学（第3版）	主　审	樊代明	李兆申		
		主　编	钱家鸣	张澍田		
		副主编	田德安	房静远	李延青	杨　丽

43	心血管内科学（第3版）	主　审	胡大一			
		主　编	韩雅玲	马长生		
		副主编	王建安	方　全	华　伟	张抒扬

44	血液内科学（第3版）	主　编	黄晓军	黄　河	胡　豫
		副主编	邵宗鸿	吴德沛	周道斌

45	肾内科学（第3版）	主　审	谌贻璞			
		主　编	余学清	赵明辉		
		副主编	陈江华	李雪梅	蔡广研	刘章锁

46	内分泌内科学（第3版）	主　编	宁　光	邢小平	
		副主编	王卫庆	童南伟	陈　刚

47	风湿免疫内科学（第3版）	主　审	陈顺乐	
		主　编	曾小峰	邹和建
		副主编	古洁若	黄慈波

48	急诊医学（第3版）	主　审	黄子通		
		主　编	于学忠	吕传柱	
		副主编	陈玉国	刘　志	曹　钰

49	神经内科学（第3版）	主　编	刘　鸣	崔丽英	谢　鹏	
		副主编	王拥军	张杰文	王玉平	陈晓春
			吴　波			

50	精神病学（第3版）	主　编	陆　林	马　辛	
		副主编	施慎逊	许　毅	李　涛

51	感染病学（第3版）	主　编	李兰娟	李　刚	
		副主编	王贵强	宁　琴	李用国

52	肿瘤学（第5版）	主　编	徐瑞华	陈国强	
		副主编	林东昕	吕有勇	龚建平

53	老年医学（第3版）	主　审	张　建	范　利	华　琦
		主　编	刘晓红	陈　彪	
		副主编	齐海梅	胡亦新	岳冀蓉

54	临床变态反应学	主　编	尹　佳		
		副主编	洪建国	何韶衡	李　楠

55	危重症医学（第3版）	主　审	王　辰	席修明		
		主　编	杜　斌	隆　云		
		副主编	陈德昌	于凯江	詹庆元	许　媛

56	普通外科学（第3版）	主　编	赵玉沛			
		副主编	吴文铭	陈规划	刘颖斌	胡三元
57	骨科学（第2版）	主　编	陈安民			
		副主编	张英泽	郭　卫	高忠礼	贺西京
58	泌尿外科学（第3版）	主　审	郭应禄			
		主　编	金　杰	魏　强		
		副主编	王行环	刘继红	王　忠	
59	胸心外科学（第2版）	主　编	胡盛寿			
		副主编	王　俊	庄　建	刘伦旭	董念国
60	神经外科学（第4版）	主　编	赵继宗			
		副主编	王　硕	张建宁	毛　颖	
61	血管淋巴管外科学（第3版）	主　编	汪忠镐			
		副主编	王深明	陈　忠	谷涌泉	辛世杰
62	整形外科学	主　编	李青峰			
63	小儿外科学（第3版）	主　审	王　果			
		主　编	冯杰雄	郑　珊		
		副主编	张潍平	夏慧敏		
64	器官移植学（第2版）	主　审	陈　实			
		主　编	刘永锋	郑树森		
		副主编	陈忠华	朱继业	郭文治	
65	临床肿瘤学（第2版）	主　编	赫　捷			
		副主编	毛友生	于金明	吴一龙	沈　铿
			马　骏			
66	麻醉学（第2版）	主　编	刘　进	熊利泽		
		副主编	黄宇光	邓小明	李文志	
67	妇产科学（第3版）	主　审	曹泽毅			
		主　编	乔　杰	马　丁		
		副主编	朱　兰	王建六	杨慧霞	漆洪波
			曹云霞			
68	生殖医学	主　编	黄荷凤	陈子江		
		副主编	刘嘉茵	王雁玲	孙　斐	李　蓉
69	儿科学（第2版）	主　编	桂永浩	申昆玲		
		副主编	杜立中	罗小平		
70	耳鼻咽喉头颈外科学（第3版）	主　审	韩德民			
		主　编	孔维佳	吴　皓		
		副主编	韩东一	倪　鑫	龚树生	李华伟

71	眼科学（第3版）	主 审	崔 浩	黎晓新		
		主 编	王宁利	杨培增		
		副主编	徐国兴	孙兴怀	王雨生	蒋 沁
			刘 平	马建民		
72	灾难医学（第2版）	主 审	王一镗			
		主 编	刘中民			
		副主编	田军章	周荣斌	王立祥	
73	康复医学（第2版）	主 编	岳寿伟	黄晓琳		
		副主编	毕 胜	杜 青		
74	皮肤性病学（第2版）	主 编	张建中	晋红中		
		副主编	高兴华	陆前进	陶 娟	
75	创伤、烧伤与再生医学（第2版）	主 审	王正国	盛志勇		
		主 编	付小兵			
		副主编	黄跃生	蒋建新	程 飚	陈振兵
76	运动创伤学	主 编	敖英芳			
		副主编	姜春岩	蒋 青	雷光华	唐康来
77	全科医学	主 审	祝墡珠			
		主 编	王永晨	方力争		
		副主编	方宁远	王留义		
78	罕见病学	主 编	张抒扬	赵玉沛		
		副主编	黄尚志	崔丽英	陈丽萌	
79	临床医学示范案例分析	主 编	胡翊群	李海潮		
		副主编	沈国芳	罗小平	余保平	吴国豪

全国高等学校第三轮医学研究生"国家级"规划教材评审委员会名单

顾　问

　　韩启德　桑国卫　陈　竺　曾益新　赵玉沛

主任委员（以姓氏笔画为序）

　　王　辰　刘德培　曹雪涛

副主任委员（以姓氏笔画为序）

于金明	马　丁	王正国	卢秉恒	付小兵	宁　光	乔　杰
李兰娟	李兆申	杨宝峰	汪忠镐	张　运	张伯礼	张英泽
陆　林	陈国强	郑树森	郎景和	赵继宗	胡盛寿	段树民
郭应禄	黄荷凤	盛志勇	韩雅玲	韩德民	赫　捷	樊代明
戴尅戎	魏于全					

常务委员（以姓氏笔画为序）

文历阳	田勇泉	冯友梅	冯晓源	吕兆丰	闫剑群	李　和
李　虹	李玉林	李立明	来茂德	步　宏	余学清	汪建平
张　学	张学军	陈子江	陈安民	尚　红	周学东	赵　群
胡志斌	柯　杨	桂永浩	梁万年	瞿　佳		

委　员（以姓氏笔画为序）

于学忠	于健春	马　辛	马长生	王　彤	王　果	王一镗
王兰兰	王宁利	王永晨	王振常	王海杰	王锦帆	方力争
尹　佳	尹　梅	尹立红	孔维佳	叶冬青	申昆玲	史岸冰
冯作化	冯杰雄	兰晓莉	邢小平	吕传柱	华　琦	向　荣
刘　民	刘　进	刘　鸣	刘中民	刘玉琴	刘永锋	刘树伟
刘晓红	安　威	安胜利	孙　鑫	孙国平	孙振球	杜　斌
李　方	李　刚	李占江	李幼平	李青峰	李卓娅	李宗芳
李晓松	李海潮	杨　恬	杨克虎	杨培增	吴　皓	吴文源

吴忠均	吴雄文	邹和建	宋尔卫	张大庆	张永学	张亚林
张抒扬	张建中	张绍祥	张晓伟	张澍田	陈实	陈彪
陈平雁	陈荣昌	陈顺乐	范利	范先群	岳寿伟	金杰
金征宇	周天华	周春燕	周德山	郑芳	郑珊	赵旭东
赵明辉	胡豫	胡大一	胡翊群	药立波	柳忠辉	祝墡珠
贺佳	秦川	敖英芳	晋红中	钱家鸣	徐志凯	徐勇勇
徐瑞华	高国全	郭启勇	郭晓奎	席修明	黄河	黄子通
黄晓军	黄晓琳	黄悦勤	曹泽毅	龚非力	崔浩	崔丽英
章静波	梁智勇	谌贻璞	隆云	蒋义国	韩骅	曾小峰
谢鹏	谭毅	熊利泽	黎晓新	颜艳	魏强	

前　言

当前,生物安全已成为国家公共安全的重要组成部分,并且已引起全社会的关注。人类历史上曾发生过一系列因实验室感染而造成的重大事件,尤其是近些年不断发生的源于实验室的诸如SARS、布鲁氏菌实验室感染等事件再次给人类敲响了警钟。

全国高等学校医学研究生国家级规划教材《实验室生物安全》自2006年首版、2014年再版以来,得到了来自高校和科研院所的广大研究生、同仁和众多读者的一致好评,并被广泛应用于实验室生物安全的教学研究和防护实践中,在此我们感到十分欣慰!

自推广应用《实验室生物安全》教材以来,通过在众多医学院校的研究生群体中开设"实验室生物安全"课程,不但满足了实验室科研一线工作人员对实验室生物安全知识和技能的迫切需要,而且切实提高了医学科研人员和医务工作者的生物安全防护水平,有效降低了实验室生物安全危害和潜在危害,提升了应对实验室突发事件的预警和应急能力,对于保护公众健康和国家安全均具有重要的意义。

在该书再版的5年间,我们不断汲取实验室生物安全事件的经验和教训,以促进实验室生物安全领域的相关研究和防护实践获得长足的进步。为保证教材内容的不断更新和完善,同时配合医学教育教学改革以及人才培养模式调整的需要,我们依据教育部、国家卫生健康委员会第三轮全国高等学校医学研究生国家级规划教材建设的指示精神,在第2版的基础上,组织编写了《实验室生物安全》(第3版)。在启动本版教材编写工作之前,我们对第2版教材的使用情况进行了调研。同时,本书在编写过程中诚邀来自南方医科大学、暨南大学附属第一医院、中南大学、武汉大学、中国疾病预防控制中心、大连医科大学、安徽医科大学等13所高校和相关机构的10余名专家教授参与编写,密切结合本学科的国际进展和我国高等医学教育的实际,注重发挥新编委会的集体智慧。经过充分讨论达成共识,本书坚持立足于加强医学研究生对实验室生物安全防护知识、规范化实验操作技能和相关法规的掌握,提高实验室生物安全理念,力求系统性、新颖性和实用性。为此,本书在第2版教材框架的基础上适当进行局部调整和优化更新,全书共分为四篇十五章。第一篇为导论,包括第一章和第二章;第二篇为实验室生物安全防护,包括第三章到第九章;第三篇为各类实验室的生物安全防护,包括第十章到第十三章;第四篇为生物安全应急体系与预案,包括第十四章和第十五章。

全体编者在教材的布局和编写中集思广益,提出了众多积极有效的建议,感谢大家以丰富的专业知识和严谨的科学态度,为本书第3版的编写所做出的重要贡献!衷心感谢各位编者所给予我的信任和支持!特别感谢我的同事张勤老师在本书的编撰工作中做了大量细致的工作,为本书的编撰工作付出了辛勤的劳动。

由于水平有限,教材中的缺点在所难免,希望广大读者不吝赐教,使之在下次修订时得到进一步的完善。

叶冬青

2020年4月　安徽合肥

获取图书配套增值内容步骤说明

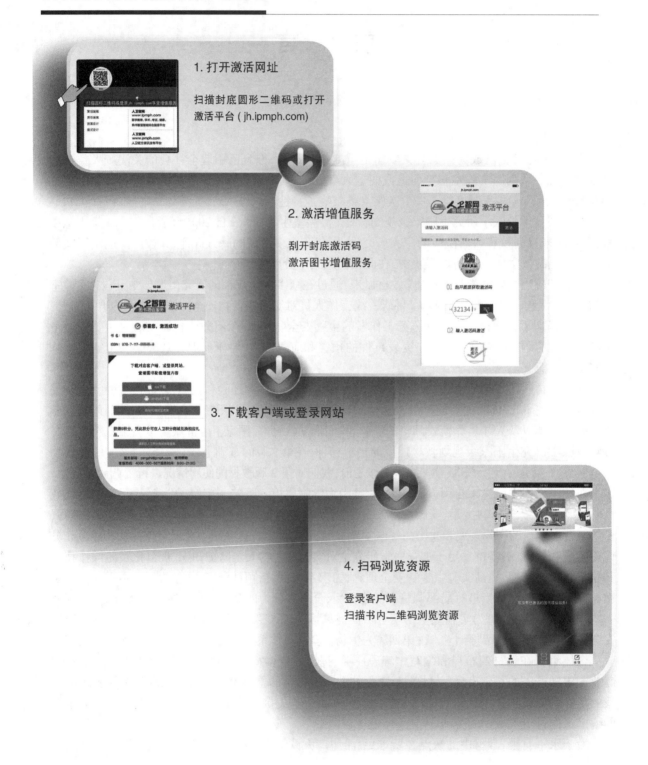

1. 打开激活网址

扫描封底圆形二维码或打开
激活平台（jh.ipmph.com）

2. 激活增值服务

刮开封底激活码
激活图书增值服务

3. 下载客户端或登录网站

4. 扫码浏览资源

登录客户端
扫描书内二维码浏览资源

目　录

第一篇 导 论

第一章　实验室生物安全概述

实验室（laboratory）是人类为认识自然、改造自然，利用自然界中与人类生产生活相关的物理、化学、生物、辐射等各种因素，经特殊实验技术，按照科学的规律进行实验活动的场所。微生物和生物医学实验室是人类进行科学研究的特殊工作场所，其研究领域较为广泛，主要利用采自人体、实验动物的生物材料，或使用其他生物材料进行生物化学、分子生物学、微生物学、免疫学、细胞生物学、药理学、生理学、病理学、组织胚胎学以及临床相关学科等的研究活动。随着实验技术的不断发展，人们已经认识到实验研究成果在造福人类的同时，同样存在一定的危险，而实验室正是对研究者甚至社会具有一定潜在危险的场所，其中的物理、化学和生物性等危害因素是实验室安全的主要危害来源，尤其是实验室感染事件对人类健康造成极大的威胁。据统计，从事病原微生物研究的工作人员发生实验室感染的概率较普通人群高 5~7 倍。此外，实验室感染事件不仅损害实验室工作人员的健康，给所在单位、部门带来不利影响，甚至可造成疾病的流行，危及更广大人群的健康和生命安全，乃至妨碍社会经济发展以及社会的安定，造成严重后果。为此，应高度重视实验室生物安全，防止实验室生物危害，保障研究者和公众的健康与安全。

第一节　实验室生物安全的相关概念

广义的生物安全问题是指与生物有关的各种因素（主要包括天然生物因子及其变异，如生物武器、生物恐怖、重大传染病的暴发流行、微生物的变异、遗传修饰生物体、生物技术的负效应等），对社会、经济、人类健康及生态环境所产生的危害

或潜在风险。因此，生物安全问题也是国家公共安全问题的重要组成部分。实验室生物安全渊源已久。19 世纪末已有实验室相关的霍乱、破伤风和伤寒感染等报道。1941 年，Meyer 和 Eddie 报道，实验室工作人员因处理微生物或标本时吸入含有布鲁氏菌的灰尘而引发了实验室相关布鲁氏菌感染。1949 年，Sulkin 和 Pike 第一次对实验室感染进行系统性调查，报道了 222 例病毒性感染病例，其中仅有 27 例（12.2%）感染由已知事故导致。在随后的近 20 年里，他们对 3 921 例感染者的资料分析结果表明，有近 20% 的感染病例与已知事故有关；对不明原因的实验室感染进一步分析认为，有 65% 以上的感染是由微生物气溶胶（aerosol）引起的，病原微生物形成的感染性气溶胶在空气中扩散，实验室工作人员可因吸入被污染的空气而感染发病。20 世纪 70 年代以来，在实验室开展病原微生物的检测、基因工程药物和疫苗研制等相关研究时，研究人员在处理致病微生物时，或处理微生物产生的产物时，或处理基因重组中产生的可能具有潜在生物危害的新的未知基因时，研究人员发生感染的情况时有发生。实验室感染大部分是由细菌引起，其次为病毒和立克次体。布鲁氏菌病、伤寒和 Q 热等是最常见的由实验室病原微生物引起的疾病。近年来新加坡、我国部分地区相继发生实验室病毒泄漏而造成人员感染事件，这些事件已使得实验室生物安全隐患变成了现实危害，而且这些隐患不仅仅是实验室的局部问题，已涉及到环境安全（如危害物的泄漏、排放等）和社会安全（如危险品的逸出、丢失等），引起了世界范围内的广泛关注。

一、生物危害

（一）生物危害的概念

生物危害是指各种生物因子（biological factor

对人、环境和社会造成的危害或潜在危害。有害生物因子是指那些能够对人、环境和社会造成危害作用的病原微生物、高等动植物的毒素和过敏原、微生物代谢产物的毒素和过敏原、基因改构生物体、生物战剂等。实验室生物危害是指在实验室进行感染性致病因子的科学研究过程中，对实验室人员造成的危害和对环境的污染。

（二）生物危害的来源

1. **来源于人和动物的各种致病微生物** 公元5世纪下半叶，鼠疫菌从非洲侵入中东，而后到达欧洲，造成大约1亿人死亡，甚至导致拜占庭帝国（即东罗马帝国）的衰亡；1933年猪瘟在中国传播流行，造成920万头猪死亡；1996年疯牛病祸害英国，直接经济损失在156亿美元以上；1997年中国香港发生禽流感事件，宰杀了140万只鸡，仅赔偿鸡农、鸡贩的损失就高达14亿港元；2003年在我国暴发的严重急性呼吸综合征（severe acute respiratory syndrome，SARS）和2004年开始在全球范围内流行的禽流感，给人民生命健康、社会经济和稳定均造成了严重的影响。

2. **来自外来生物的入侵** 当外来物种在自然或半自然的生态系统或环境中建立了种群，进而改变或威胁本地生物多样性时，就成为外来侵入种（alien invasive species）。历史上不少引进的外来生物使当地人得益，但也有许多引入后导致农作物和牲畜死亡，并且引起生物多样性下降乃至丧失，从而严重危害环境生物安全（biosafety）的外来生物，也称为"生物污染"。随着国际贸易、旅游和科技交流的增加，人员交往频繁，很有可能把原来我国没有的传染病传入国内。如传染病可通过旅行者无意中带入或通过引进的动物而传播。

3. **来自遗传修饰生物体（genetically modified organism，GMO）可能的潜在危害** 遗传修饰生物体是指用重组DNA技术将一种生物的基因转移到另一种生物中，而改变其遗传性状的生物。其中遗传修饰微生物从某种意义上说也属于外来生物，为科学家提供研究方面的同时，也可能引发病原体的基因变异而导致病原体的致病性加强，疾病难以防治，加上人们多无特异性免疫，容易造成疾病的流行。遗传修饰农作物是否对人体健康

具有潜在危害，目前尚无科学的可靠的证据。但是遗传修饰技术是一把双刃剑，遗传修饰生物体有可能对人类健康和环境构成极大的影响。

4. **来自生物恐怖事件** 生物恐怖指恐怖主义分子基于某种政治目的，利用致病性微生物或毒素等作为恐怖袭击武器，通过一定的途径散布致病性细菌、病毒等，造成烈性传染病的暴发、流行，导致人群发病和死亡，以达到引起人心恐慌、社会动乱的目的而进行的罪恶活动。恐怖主义分子利用的生物战剂即用作伤害人和动植物的致病微生物及其产生的毒素，其中危险性和毒性最大、传染性最强的生物战剂是由鼠疫菌、天花病毒和炭疽杆菌等制造的。2001年，美国"9·11"事件后又遭受炭疽恐怖事件，于10月5日起，在佛罗里达、纽约、新泽西州陆续出现了由邮递白色粉末引发的13例炭疽病例和感染者，最终发现数十例感染者，其中5人死亡。

二、生物安全

（一）实验室生物安全的概念

实验室生物安全是指避免危险生物因子造成实验室人员暴露，向实验室外扩散并导致危害的综合措施。生物安全与生物危害是相对应的一个概念，其与危险评价密切相关。

生物安全贯穿于实验的整个过程，从取样开始到所有潜在危险材料被处理。生物安全面临的对象主要包括实验者本人、操作对象（如动物）、实验者本人身边的人和环境。

实验室生物安全是指以实验室为科研和工作场所时，实验室的生物安全条件和状态不低于容许水平，可避免实验室人员、来访人员、社区和环境受到不可接受的损害，符合相关法规、标准等对实验室生物安全责任的要求。

（二）生物安全的相关术语

1. **生物因子** 微生物和生物活性物质。

2. **风险（risk）** 危险发生的概率及其后果严重性的综合。

3. **风险评估（risk assessment）** 评估风险大小以及确定是否可接受的全过程。

4. **风险控制（risk control）** 为降低风险而采取的综合措施。

5. **事故（accident）** 造成人员及动物感染、

伤害、死亡,或设施设备损坏,以及其他损失的意外情况。

6. 事件(incident)　导致或可能导致事故的情况。

7. 气溶胶(aerosol)　固态和/或液态微小粒子悬浮于气体介质中形成的相对稳定的分散体系。其中的气体介质称为连续相,通常为空气;微粒(particles)称为分散相,其成分复杂,大小不一,粒径一般为 0.001μm~100μm。

8. 高效空气过滤器(high efficiency particulate air filter, HEPA filter)　通常滤除 ≥0.3μm 微粒,滤除效率符合相关要求的过滤器。其中效率不低于 99.9% 为 A 类高效空气过滤器、不低于 99.99% 为 B 类高效空气过滤器、不低于 99.999% 为 C 类高效空气过滤器。

9. 气锁(airlock)　具备机械送风/排风系统、整体消毒灭菌条件、化学喷淋(适用时)和压力可监控的气密室,其门具有互锁功能,不能同时处于开启状态。

10. 生物安全实验室(biosafety laboratory, BSL)　通过防护屏障和管理措施,达到生物安全要求的病原微生物实验室。

11. 实验室防护区(laboratory containment area)　实验室的物理分区,该区域内生物风险相对较大,需对实验室的平面设计、围护结构的密闭性、气流,以及人员进入、个体防护等进行控制的区域。

12. 实验室辅助工作区(non-contamination zone)　生物风险相对较小的区域,也指生物安全实验室中防护区以外的区域。

13. 核心工作间(core area)　生物安全实验室中开展实验室活动的主要区域,通常是指生物安全柜或动物饲养和操作间所在的房间。

14. 生物安全柜(biological safety cabinet, BSC)　是生物安全实验室中极为重要的设备,为具备气流控制及高效空气过滤装置的操作柜,可有效降低病原微生物或生物实验过程中产生的有害气溶胶对操作者和环境的危害。

15. 个人防护装备(personal protective equipment, PPE)　人们在实验室进行科研活动过程中,用于防止人员个体受到生物性、化学性或物理性等危险因子伤害的器材和用品。

第二节　实验室感染的类型和来源

生物学实验室往往含有大量的致病微生物标本,引起实验室感染的致病因子众多,是引起室内或附近人员发生疾病感染的危险场所,因此,实验室安全防护已成为实验室能否开展致病微生物研究的先决条件。

一、实验室感染的途径

实验室感染依据暴露途径主要包括以下四种:吸入、经皮接种、接触和食入等(见表 1-1)。

(一)呼吸道吸入感染

吸入感染是实验室获得性感染的主要途径,在已知报道的实验室感染事故中,80% 的实验室获得性感染是经该途径感染的。实验室实验活动产生的微生物气溶胶,大多数是未知的情况下形成的,很难察觉。实验室中许多操作过程中可以产生微生物气溶胶,并随空气流动扩散污染实验室的空气,当工作人员吸入了污染的空气,便可以引起实验室相关感染。

在病原微生物实验室中,产生的微生物气溶胶对实验室工作人员具有严重的危害性,危害程度取决于微生物本身的毒力、气溶胶的浓度、气溶胶粒子大小以及当时实验室内的微小气候条件。研究发现,粒径大于 100μm 的飞沫沉降很快,而粒径小于 50μm 的飞沫在 0.4s 内就扩散开了;粒径小于 5μm 的飞沫核被人吸入后,可以到达肺深部的肺泡处;粒径大于 5μm 的飞沫核能够被呼吸道的黏膜捕获。有人用六级 Andersen 采样器测定了一些实验室操作过程中产生微生物气溶胶颗粒的大小。结果发现,搅拌粉碎器产生的气溶胶粒子中,粒径小于 5μm 的占 98% 以上。冻干培养物产生的气溶胶粒子中,粒径大于 5μm 的占 80%。其他操作如收取鸡胚培养液、吸管吹吸混均、离心、超声波粉碎、摔碎菌液瓶等所产生的微生物气溶胶粒子平均粒径都小于 5μm。一般来说,微生物气溶胶颗粒越多,粒径越小,实验室的环境越适合微生物生存,引起实验室感染的可能性就越大。

表 1-1 病原微生物实验室相关感染的途径

病原微生物		感染途径			
		经皮肤接种感染	微生物气溶胶吸入感染	食入感染	接触动物
细菌	炭疽菌属	●	●		●
	布鲁氏菌属	●	●		●
	鼠疫菌	●	●	●	●
	衣原体属	●	●		
	土拉热弗朗西丝菌	●	●	●	●
	结核分枝杆菌	●	●		
	类鼻疽假单胞菌	●		●	
	立克次体属	●	●		●
	伤寒杆菌	●		●	
	霍乱弧菌			●	
病毒	汉坦病毒	●	●		●
	肝炎病毒（乙肝和丙肝）	●			
	猴疱疹病毒	●			●
	拉沙病毒	●	●	●	●
	淋巴细胞性脉络丛脑膜炎病毒	●	●	●	●
	马尔堡病毒	●			●
	埃博拉病毒	●			●
	狂犬病毒	●	●		●
	委内瑞拉马脑炎病毒	●	●		●
真菌	粗球孢子菌	●	●		
	新型隐球菌	●	●		●
	荚膜组织胞浆菌	●	●		

　　为了解哪些实验室操作可以产生气溶胶,有人对276种操作进行了测试,其中239种操作可以产生微生物气溶胶,占全部操作的86.6%,据文献报道,实验室不同操作产生的微生物气溶胶颗粒浓度和污染程度是不一样的(见表1-2)。一次可产生大量微生物气溶胶的操作危害程度固然较大,但那些虽然一次操作产生微生物气溶胶量较少,却需要多次重复的操作,也可以在短暂的时间内产生大量的微生物气溶胶,对工作人员的危害也是较大的。在现在的微生物实验室中,常见的搅拌、振荡、撞击、离心、超声破碎、吹打和敲打等操作广泛存在,这些操作都可以产生大量的微生物气溶胶;还有如液体薄膜突然破裂也可以形成气溶胶,将烧热的接种环放入菌液中也可以激起微生物颗粒形成气溶胶;把菌液或病毒液放在瓶内,盖上瓶盖密闭,振荡瓶内液体混匀时产生的微生物气溶胶,在密闭的瓶静止放置的情况下,瓶内的微生物气溶胶可以存在1h。实验室中的静电排斥作用,在一定的条件下也可以产生气溶胶,而带静电的物品,如塑料器皿,由于可以吸附空气中的微生物颗粒,污染程度往往要比不带静电的器皿大;另外,一些在自然环境中可以繁殖的微生物,一旦进入实验室的空调系统或通风系统,污染了空调的冷却水,则可以形成更广泛的微生物气溶胶污染,如军团菌检验实验室。同样,实验室内产生的微生物气溶胶,也可以通过气流扩散到同一建筑物的其他地方,甚至污染整个建筑物的空气。如果一个实验室的通风系统以6~12次/h的频率换气,那么,实验室内产生的微生物气溶胶可以在30~60min内随着通风系统的气流逃逸出去。布鲁氏菌属、Q热立克次体、鹦鹉热衣原体和结核分枝杆菌等病原体的大部分实验室感染暴发都由感染性气溶胶引起的。

表 1-2 可产生各种严重程度微生物气溶胶的实验室操作

轻度（<10 个颗粒）	中度（11~100 个颗粒）	重度（>100 个颗粒）
玻片凝集试验	腹腔接种动物，局部不涂消毒剂	离心时离心管破裂
倾倒毒液	实验动物尸体解剖	打碎干燥菌种安瓿
火焰上灼热接种环	用乳钵研磨动物组织	打开干燥菌种安瓿
颅内接种	离心沉淀前后注入、倾倒、混悬毒液	搅拌后立即打开搅拌器盖
接种鸡胚或抽取培养液	毒液滴落在不同表面上 用注射器从安瓿中抽取毒液 接种环接种平皿、试管或三角烧瓶等 打开培养容器的螺旋瓶盖 摔碎带有培养物的平皿	小白鼠鼻内接种 注射器针尖脱落喷出毒液 刷衣服、拍打衣服

除了实验室操作可以产生微生物气溶胶外，在一些动物实验室里，患有呼吸道传染病或皮毛上染有病原微生物的实验动物也可以产生微生物气溶胶。外国学者研究报告，实验动物吸入炭疽芽胞气溶胶感染后，在整个饲养期（13d），在其笼子周围的空气中都可以采集到炭疽杆菌芽胞；感染的猴子的粪便、唾液中可带菌4d；豚鼠吸入于枯草杆菌黑色变种芽胞气溶胶以后，可连续产生该菌气溶胶长达21d之久。

实验室工作人员吸入感染与气溶胶浓度、微生物的毒力和活性、吸入者的免疫状态等因素有关。

（二）经皮接种感染

经皮接种感染是实验室获得性感染中第二大感染途径，主要是锐器、利器等实验室器材刺伤皮肤引起的感染。在实验室许多实验活动中，都要使用注射器、针头、剪刀以及其他锐器等器材，使用操作不当或出现操作意外时，均可能扎伤引起经皮感染；锐器或破损玻璃器皿也可刺伤皮肤造成伤口感染；另外，在处理实验感染动物时，因操作不慎被动物咬伤、抓伤也有发生，从而导致伤口感染，擦伤导致皮肤破损也会造成伤口感染。这些感染都是原因清楚的，伤情是明显的，一般情况下，可以采取自救自治，或立即到医院救治，除非是无药物治疗或疫苗预防的高致病性病原微生物，一般不会出现严重的后果。

（三）直接接触感染

接触感染是实验室获得性感染的一个不可忽视的感染途径，在许多实验操作中会产生许多看不见的、含有病原微生物的、较大的粒子或液滴（直径大于5mm）（见表1-2），这些粒子或液滴会沉降到工作台面、实验区内的表面、设备、物品，当工作人员接触这些污染物时，均会造成手或其他部位污染，可能导致感染。在处理感染性材料污染时也可能导致手的污染。如果工作人员的手或裸露的皮肤有伤口或破损处，较大的粒子或液滴落入伤口或破损处就会引起感染；另外，实验操作中产生的较大粒子或液滴也可能溅入或通过呼吸进入口腔、鼻腔，甚至落入眼睛中导致黏膜感染。

（四）经消化道感染

食入被病原微生物污染的食物，或口吸移液管的行为，也可以引起实验室感染。这种实验室获得性感染是较为少见的感染途径，在一些仪器设备落后的实验室中，经常会发生工作人员用口吸移液管或不带口罩操作产生的液滴溅入口腔，导致食入感染；在实验室工作区内吃东西或喝水，都可能通过食入造成感染。

二、实验室感染的来源

实验室感染是由多种因素综合作用导致的，构成实验室感染的主要来源为：

（一）标本来源

1. 实验室标本　在科研机构中开展相关研究工作前，当实验室活动涉及传染或潜在传染性生物因子时，首先应进行危害程度评估。主要包括分析微生物的危险度等级、微生物的致病性和感染剂量、暴露的后果、自然感染途径、实验室操作所造成的其他感染途径（非消化道、空气、食入等）、微生物在环境中的稳定性、所操作微生物的浓度和浓缩样品的体积、适宜宿主(人或动物)的存在、从动物研究和实验室感染报告或临床报告中得到的信息、计划进行的实验室操作(浓缩、超声处理、气溶胶化等)、当地是否可以进行有效的预防或治疗干预,以明确在何种级别的生物安全实验室中开展科研工作,防止实验室感染。

2. 临床标本 临床实验室工作人员所接收的各种病人血液、尿液、粪便和其他病理标本可能含有各种致病因子,如已知的肝炎病毒、艾滋病病毒等和其他未知的病原体,给医务人员的健康带来极大的威胁。但更危险的是,临床检测往往面对更多的是未知疾病的标本,既无法预先判断标本中所带的致病微生物的高危程度,更难确定哪种类型的检测应该在哪个级别的生物安全实验室中进行。因此,为防止实验室感染的发生,最大限度地保障医务人员的健康和环境安全,根据世界卫生组织(World Health Organization, WHO)《实验室生物安全手册》(Laboratory Biological Safety Manual)和国家卫生健康委员会行业标准《病原微生物实验室生物安全通用准则》,医院临床实验室和检验科因接触可能含有致病微生物的标本,对实验室要求是最低应达到二级生物安全防护标准。

(二)仪器设备使用过程产生的污染来源

1. 离心机 可能造成实验室感染的有气溶胶、飞溅物和离心管泄漏等。

2. 组织匀浆器、粉碎器及研磨器 可能造成实验室感染的有气溶胶、溢漏和容器破碎等。

3. 超声波器具 可能造成实验室感染的有气溶胶和引发皮炎等。

4. 真空冷冻干燥机及离心浓缩机 可能造成实验室感染的有气溶胶、直接接触污染等。

5. 培养搅拌器、振荡器和混匀器 可能造成实验室感染的有气溶胶、飞溅物和溢出物等。

6. 恒温水浴器和恒温振荡水浴器 可能造成实验室感染的有微生物生成、叠氮钠与某些金属形成易爆化合物等。

7. 厌氧罐 可能造成实验室感染的有爆裂和散布传染性物质等。

8. 干燥罐 可能造成实验室感染的有内爆和散布传染性物质等。

9. 冷冻切片机 可能造成实验室感染的有飞溅物等。

(三)操作过程产生的污染

1. 可产生微生物气溶胶的操作

(1)接种环操作:培养和划线培养、在培养介质中"冷却"接种环、灼烧接种环等。

(2)吸管操作:混合微生物悬液、吸管操作液体溢出在固体表面等。

(3)针头和注射器操作:排除注射器中的空气、从塞子里拔出针头、接种动物、针头从注射器上脱落等。

(4)其他操作:离心、使用搅拌机、混合器、超声波仪和混合用仪器、灌注和倒入液体、打开培养容器、感染性材料的溢出、在真空中冻干和过滤、接种鸡胚和培养物的收取等。

2. 可引起危害性物质泄漏的操作 样本在设施内的传递、倾倒液体、搅拌后立即打开搅拌容器、打开干燥菌种安瓿、用乳钵研磨动物组织、液体滴落在不同表面上等。

3. 可造成意外注射、切割伤或擦伤的操作 离心时离心管破裂、打碎干燥菌种安瓿、摔碎带有培养物的平皿、实验动物尸体解剖、用注射器从安瓿中抽取液体、动物接种等。

(四)实验动物

在动物实验中,不科学的实验室管理可以导致病原微生物的传播,如实验人员接触了被微生物感染的实验动物而导致的感染;饲养中的动物将接种的病原体通过呼吸、粪和尿等途径排出体外,污染室内环境,若当时实验室人员防护或操作不当,就会接触到污染物而被感染;用来做实验研究的野生动物也可能携带人兽共患病病原微生物,对人类产生严重威胁;此外,若研究的动物在运输过程中感染带毒,而实验室没有对动物进行彻底隔离观察和有效的病原检测就直接进入实验,可能会引起实验室的污染以及对实验室工作人员造成危害。

第三节 生物安全实验室建设的原则和意义

一、生物安全实验室建设的原则

生物实验室往往涉及有害生物因子,为降低

或消除致病微生物和/或高致病微生物对人和环境可能造成的危害，必须加强生物安全实验室的建设，保障实验室人员、公众的健康和生命安全。建设生物安全实验室应遵循以下原则。

（一）科学原则

1. 屏障要求　在生物安全实验室从事相关操作时，把病原体限制在一定的空间范围内（围场），使其尽量避免暴露在开放的环境中，并且操作者需间接对其操作（如手套、机械手等），同时在围场内接触的空气和水体经过处理后排放。

2. 过滤要求　在围场（包括生物安全柜等安全设备和实验室建筑等硬件）内接触的空气均视为污染的有害物质，将实验室内的空气经过HEPA过滤器过滤后或经其他方式净化后，才能进行排放，有助于保护环境。

3. 消毒灭菌要求　实验室内污染区和半污染区的一切物品，包括空气、水体和所有的表面（仪器）等均应被视为污染、有害的。因此，都要对这些物品进行消毒处理，尤其是对实验后的废液、器材和手套等务必严格处理。废液废物在拿出实验室之前必须彻底灭菌。此外，在实验完成并撤离实验室的过程中，每一步均进行有效的消毒灭菌，防止有害生物因子的泄漏。

4. 个人防护要求　由于物理屏障的作用不可能是百分之百的可靠，一旦操作中有所疏漏，也将造成极大的危险，所以按照标准严格做好个人防护非常必要。个人防护应适宜、科学。

（二）安全原则

保障安全是生物安全实验室建设的直接目的。因此，建造中一切不利安全的设计都应取缔，一切与生物安全有冲突的参数设计都应以服从生物安全的要求为基准，如净化要求要服从安全，使用方便服从安全，节约服从安全，人性化服从安全等。

（三）预防原则

任何从事病原微生物的实验活动，应对实验室感染都应遵循预防为主的原则，注意把握好三个环节，即：

1. 实验室应使用经过生物和物理检测且合格的生物安全柜、排风过滤器和高压蒸汽灭菌器等，确保达到零泄漏。

2. 通过对实验过程的安全监测，应及时发现问题并及时采取有效的预防和改进措施。

3. 一旦发现有实验室感染的征兆，应及时采取有效的隔离治疗措施，以防止出现二代病例。

（四）管控原则

生物安全实验室建设之初应做好对拟从事的病原微生物和研究内容的危险度评估，一定要有科学、合理的总体构思和概念设计，在此基础上应根据操作过程的梗概进行平面布局工艺设计，然后再进行空调通风和电控等的具体设计。

国内的生物安全实验室一定要按照国务院发布的《病原微生物实验室生物安全管理条例》进行管理。该条例对致病微生物的管理原则是：病原微生物是分类管理，实验室是分级管理。

不同等级的生物安全实验室对于安全操作规程有各自的要求，主要包括标准的安全操作规程和特殊的安全操作规程。针对不同的微生物及其毒素应补充规定相应的特殊的安全操作规程。致病微生物及其毒素在实验室之间的传递必须严格按照国家现行有关管理办法执行。

（五）实用原则

实验室建造在保证安全的前提下，应考虑工作过程中活动合理方便的问题。故此，在制定方案时应该征求使用人的意见。

二、生物安全实验室建设的意义

随着时代的发展，人们愈来愈认识到实验室生物安全的重要意义。具体表现在以下几个方面：

（一）提高实验室突发事件应对能力的需要

生物安全实验室的直接目的是保证研究人员不受实验因子的伤害，保护环境和公众的健康，保护实验因子不受外界因子的污染。为此，在开展实验室相关工作中，应首先建立科学、安全的研究病原微生物的平台，贯彻国务院颁布的《病原微生物实验室生物安全管理条例》，提高实验室突发事件的应对能力，降低和避免实验室感染等突发事件的发生。

（二）提升GOARN监测网络效力的需要

GOARN监测网络是WHO建立的全球传染病突发预警和应对网络（Global Outbreak Alert and Response Network，GOARN），其中实验室网络建设至关重要。它是成员国内、地区、实验室、国际组织等形成的专业技术协作网络。随着世界环境的新变化,我们也面临着传染病的新挑战。近20—30年,不但有一些固有传染病的发病率居高不下,而且一些曾被控制的传染病有死灰复燃之势,并且不断有新发传染病出现,如2002年11月中旬在广东开始出现的SARS正式敲响了生物危害的警钟。尤其对于某些新出现的传染病,如埃博拉出血热、马尔堡出血热、拉沙热等,目前都是无法治疗的烈性传染病。凡此种种,我们必须加强生物安全防护能力的建设,通过有效利用各方面的资源,强化生物安全实验室的建设,将提升GOARN监测网络的运行效力,提高应对传染病对人群健康威胁的能力,抵御突发传染病的全球传播。

(三)优化利用生物技术的需要

随着现代科学技术的发展,世界上出现了越来越多的遗传修饰生物体,这些生物正是利用分子生物学技术,通过将某些生物的基因转移到其他物种中,从而改变生物的遗传物质,使得那些遗传物质得到改造的生物在性状、营养和消费品质等方面向人类需要的目标转变。遗传修饰技术所能带来的好处是显而易见的,自第一种遗传修饰生物体诞生之日起,人类有关遗传修饰技术和转基因食品安全性的争论就从未停止过。遗传修饰技术是把双刃剑。因此可见,加强生物安全意识和提高生物安全水平,优化生物技术的利用平台,将使得生物技术真正能为人类造福。

第四节 实验室生物安全防护

为了避免实验室中有害的或有潜在危害的生物因子对人、环境和社会造成的危害和潜在危害而采取防护措施和管理措施,以达到对人、环境和社会的安全防护,称为实验室生物安全防护。具体来说,当实验室工作人员所处理的实验对象含有致病微生物及其毒素时,通过在实验室设计建造、安全设备的配置、使用个体防护装备、严格遵循标准化的操作规程和执行严格的实验室管理等方面采取综合措施,确保实验室工作人员不受实验对象侵染,确保周围环境不受其污染。其中的实验室设计建造、设备的配置和使用个体防护装备为硬件;而标准化的操作规程和严格的管理规

程则为软件,生物安全管理即是通过完善法规制度、监督机制、管理机构、监测标准等,从微生物分离、鉴定、保存、使用,直至进出口控制的全程管理。生物安全防护的目的在于,当研究各种对人或动物有致病或生命危险的病原微生物或有害生物因子时,将可能产生的危险降到最低,最大限度地保护人类健康和生态环境。

一、实验室物理防护

实验室物理防护主要包括一级防护屏障(primary barrier)和二级防护屏障(secondary barrier)。

(一)一级防护屏障

在操作危险微生物的场所,把危险微生物隔离在一定空间内的措施,也就是危险微生物和操作者之间的隔离,以防止操作人员被感染为目的,也称一级隔离,主要包括安全设备和个体防护。

(二)二级防护屏障

二级防护屏障为物理防护的第二道防线,是一级屏障的外围设施,就是生物安全实验室和外部环境的隔离,以防止实验室外的人员被感染为目的。二级屏障能够在一级屏障失效或其外部发生意外时,使其他的实验室及周围人群不致暴露于释放的实验材料之中而受到保护。实验中保护工作人员是重要的,但防止传染因子偶然地扩散到室外而造成环境污染和社会危害更为重要。二级屏障涉及的范围很广泛,包括实验室的建筑、结构和装修、电气和自控、通风和净化、给水排水与气体供应、消防、消毒和灭菌等。

二、规范化实验室管理

实验室的规范化管理是落实国家安全管理法律法规的基本保证,而实验室的生物安全防护等级(biological safety level)则是实现安全规范管理的前提条件。根据实验室所操作的生物因子的危害程度和实验室的设计特点、建筑结构和屏障设施等防护措施,将生物安全实验室划分为四级,一级和二级生物安全实验室又称为基础实验室,而三级和四级生物安全实验室分别称为屏障实验室和高度屏障实验室。

(一)建立实验室生物安全管理机构

贯彻执行国家和地方的病原微生物实验室生物安全法制建设,建立病原微生物研究和检测机

构生物安全管理体系。

（二）制定实验室生物安全管理规章制度

1. **实验室准入制度** 二级及以上级别的BSL实验室应张贴醒目的标有国际通用的生物危害标志（文末彩图1-1），并标明实验室生物安全级别，出口处应有发光标志；严格控制非实验人员进入实验室，非实验人员只有经过审批且有相关人员陪同，方可进入实验室工作区域。

图1-1 国际通用生物危害标志（bioharzard）

2. **人员培训制度** 明确并强化实验室主任和所有实验室工作人员的责任和能力培养，组织成立培训机构，承担实验室人员的生物安全培训工作，良好的专业训练和技术能力对保障实验室生物安全具有重要的作用。

3. **仪器设备管理制度** 实验室的仪器设备由实验室主任宏观管理；仪器设备的登记建档、账目管理、定期维护、报废等工作由专人负责，严格按要求建立技术档案；大型仪器设备则实行专人操作使用和培训使用两种形式，或由专人经过培训后操作使用。

三、标准化的操作规程

制定实验的整个过程各环节的标准操作规程（standard operating procedure，SOP），从取样开始到所有潜在危险材料被处理的整个过程以及实验室的清洁、消毒、废物处理和质量控制，并确保标准操作规程的严格实施；通过标准操作规程的执行，实验人员应知道如何正确完成自己的任务；同时，标准操作规程必须和其他质量保证系统紧密联系，标准操作规程和安全手册必须每年进行审查，必要时进行修订。

需要注意的是，不同等级生物安全实验室所规定的安全操作规程，包括标准安全操作规程和针对不同的微生物及其毒素应补充相应的特殊安全操作规程。

第五节 国内外生物安全相关的法律、法规和标准

1886年，Koch发表霍乱病的实验室感染报告，这是全世界首次与实验室生物安全有关的报告。20世纪50年代到60年代欧美国家就开始关注实验室生物安全问题，这也引起了世界卫生组织的重视。20世纪70年代，美国成立了环境保护局（Environmental Protection Agency，EPA）和职业安全和保健管理局（Occupational Safety and Health Administration，OSHA），旨在限制临床实验室必须严格使用和处理有毒或生物危害物质，不能影响环境。

在SARS疫情发生以前，我国虽有若干部与传染病相关的法律法规，如《中华人民共和国传染病防治法》（1989年）、《中华人民共和国国境卫生检疫法》（1986年）、《结核病防治管理办法》（1991年）、《中华人民共和国进出境动植物检疫法》（1996年）、《血站管理办法》（1998年），但均未涉及实验室生物安全。关于菌（毒）种方面，卫生部《中国医学微生物菌种保藏管理办法》（1985年）和国家科学技术委员会《中国微生物菌种保藏管理条例》（1986年）仅涉及菌种的质量安全，未提及生物安全和危害的控制。SARS疫情发生以后，国务院公布了《突发公共卫生事件应急条例》，该条例明确提出了严格防止传染病病原体的实验室感染、病原微生物扩散，以及菌（毒）种保藏的要求，为以后实验室生物安全的法制建设奠定了基础。同时，原卫生部发布《传染性非典型肺炎人体样品采集、保藏、运输和使用规范》，提出在菌（毒）种管理技术规范方面的要求。而《传染性非典型肺炎实验室生物安全操作指南》则是我国最早出现的实验室生物安全法规之一。《病原微生物实验室生物安全通用准则》在设施设备、病原微生物危害性评估、管理职责等实验室生物安全方面提出了具体要求。这些关于生物安全管理的标准和法规，有力地推动了全球实验室安全管理和实验室生物安全认可工作朝科学化、制度化、规范化方向发展，对有效进行实验室的生物安全管理给予了法律保障。

一、我国生物安全相关的法律、法规和标准

（一）《中华人民共和国传染病防治法》（修订版）

《中华人民共和国传染病防治法》（修订版）自 2004 年 12 月 1 日起实施。该防治法中的第二十二条、第二十六条、第五十三条和第五十四条中分别要求对病原微生物菌（毒）种进行严格监督管理，对传染病菌（毒）种和样本的采集、保藏、携带、运输和使用实行分类管理，并对监督管理者的职责和管理范围作了明确规定，同时也明确了监督检查的权力。

2013 年 6 月 29 日第十二届全国人民代表大会常务委员会第三次会议通过对《中华人民共和国传染病防治法》做出修改：（1）将第三条第五款修改为："国务院卫生行政部门根据传染病暴发、流行情况和危害程度，可以决定增加、减少或者调整乙类、丙类传染病病种并予以公布"。（2）第四条增加一款，作为第二款："需要解除依照前款规定采取的甲类传染病预防、控制措施的，由国务院卫生行政部门报经国务院批准后予以公布"。

（二）《病原微生物实验室生物安全管理条例》

2004 年 11 月 12 日，《病原微生物实验室生物安全管理条例》公布。该条例规定了在病原微生物实验活动中保护实验人员和公众健康的宗旨，使我国病原微生物实验室的管理工作步入法制化管理轨道，对我国防止生物威胁和处理突发事件具有现实和深远的意义。该条例分为七章：总则、病原微生物的分类和管理、实验室的设立与管理、实验室感染控制、监督管理、法律责任和附则，共七十二条。

2018 年 4 月 4 日《国务院关于修改和废止部分行政法规的决定》（中华人民共和国国务院令第 698 号）对该条例进行了修改。删去第二十一条第二款；将第二十二条第一款"取得从事高致病性病原微生物实验活动资格证书的实验室"修改为"三级、四级实验室"；第二十三条第一款"取得相应资格证书的实验室"修改为"具备相应条件的实验室"；第二十六条修改为："国务院卫生主管部门和兽医主管部门应当定期汇总并互相通报实验室数量和实验室设立、分布情况，以及三级、四级实验室从事高致病性病原微生物实验活动的情况"；第五十六条修改为："三级、四级实验室未经批准从事某种高致病性病原微生物或者疑似高致病性病原微生物实验活动的，由县级以上地方人民政府卫生主管部门、兽医主管部门依照各自职责，责令停止有关活动，监督其将用于实验活动的病原微生物销毁或者送交保藏机构，并给予警告；造成传染病传播、流行或者其他严重后果的，由实验室的设立单位对主要负责人、直接负责的主管人员和其他直接责任人员，依法给予撤职、开除的处分；构成犯罪的，依法追究刑事责任"；第五十八条中的"卫生主管部门或者兽医主管部门对符合法定条件的实验室不颁发从事高致病性病原微生物实验活动的资格证书，或者对出入境检验检疫机构为了检验检疫工作的紧急需要"修改为"卫生主管部门或者兽医主管部门对出入境检验检疫机构为了检验检疫工作的紧急需要"；第六十一条中的"由原发证部门吊销该实验室从事高致病性病原微生物相关实验活动的资格证书"修改为"责令停止该项实验活动，该实验室 2 年内不得申请从事高致病性病原微生物实验活动"。

（三）《实验室　生物安全通用要求》

2004 年 4 月 5 日颁布《实验室　生物安全通用要求》（GB 19489—2004），2004 年 10 月 1 日正式实施。主要内容包括：范围、术语和定义、危害程度分级、生物危害评估、防护屏障和生物安全水平分级、设施和设备要求、动物实验室的生物安全、个人防护装备、管理要求、良好内务行为、安全工作行为、化学品安全、放射安全、紫外线和激光光源（包括高强度光源的光线）、电气设备、防火、水灾和其他自然灾害、紧急撤离、样本的运送、废弃物处置。《实验室　生物安全通用要求》的实施标志着我国实验室生物安全管理和实验室生物安全认可工作步入了科学规范和发展的新阶段，对于规范生物安全实验室设计、建设和运行管理发挥了重要作用。

随后在经历了近 5 年的实践后，国内对于生物安全实验室运行和管理的需求及相应要求有了更深入的理解；并且国内、外生物安全管理技术不断发展与完善；加之 ISO/IEC 17025 等国际质量体系的日渐完善，并融入各类管理系统而凸显

优势,使得 GB 19489—2004 版的修订具有了必要性、可行性和迫切性。为提高我国生物安全实验室应用和管理的水平,新版本的 GB 19489—2008 于 2009 年 7 月 1 日正式实施。作为国家标准,新版本为最低要求,适用于所有操作微生物和生物活性物质的生物安全实验室。该版本对标准要素的划分进行调整,明确区分了管理要素和技术要素;新标准删除、修订和增加了部分术语和定义;删除了危害程度分级;修订和增加了风险评估和风险控制要求;修订了对实验室设计原则、设施设备的部分要求;增加了对实验室设施自控系统的要求、对从事无脊椎动物操作实验室设施的要求(6.5.5)、对管理的要求,以及增加了附录 A、B、C。修订后的国标对于我国实验室生物安全工作的健康发展,特别是对生物安全实验室生物安全认可和生物安全实验室安全管理工作的开展将继续发挥重要指导和规范作用。

(四)《病原微生物实验室生物安全通用准则》

2002 年 12 月 3 日,卫生部发布《微生物和生物医学实验室生物安全通用准则》(WS 233—2002),2003 年 8 月 1 日起实施。该准则的主要内容涉及:实验室生物安全防护的基本原则、实验室的分类、分级及适用范围、现用三级和四级生物安全防护实验室的使用和维护、一般生物安全防护实验室的基本要求、实验脊椎动物生物安全防护实验室、生物危险标志及使用、新建三级和四级生物安全防护实验室的验收和现有生物安全防护实验室的检测。

2017 年 7 月 24 日,国家卫生和计划生育委员会发布《病原微生物实验室生物安全通用准则》(WS 233—2017)作为强制性卫生行业标准,自 2018 年 2 月 1 日起施行,WS 233—2002 同时废止。《病原微生物实验室生物安全通用准则》的主要内容包括:范围、术语与定义、病原微生物危害程度分类、实验室生物安全防护水平分级与分类、风险评估与风险控制、实验室设施和设备要求、实验室生物安全管理要求。

(五)《可感染人类的高致病性病原微生物菌(毒)种或样本运输管理规定》

2005 年 12 月 28 日,卫生部颁布《可感染人类的高致病性病原微生物菌(毒)种或样本运输管理规定》,2006 年 2 月 1 日起正式实施。本规定有十九条,在《人间传染的病原微生物名录》中规定的第一类、第二类病原微生物菌(毒)种或样本的运输管理工作,明确规定具有资格的单位在取得“可感染人类的高致病性病原微生物菌(毒)种或样本准运证书”后才可以承担高致病性病原微生物菌(毒)种或样本运输。

(六)《生物安全实验室建筑技术规范》

《生物安全实验室建筑技术规范》(GB 50346—2004)由中国建筑科学研究院会及有关单位共同编制,对于我国生物安全实验室的建设起到重大推动作用。此后,为进一步提高我国生物安全实验室的建设,满足生物安全实验室新认可准则(即符合 GB 19489—2008《实验室 生物安全通用要求》)的建筑技术要求,国内多家单位参加修订《生物安全实验室建筑技术规范》。新版《生物安全实验室建筑技术规范》(GB 50346—2011)于 2012 年 5 月 1 日起实施(以下简称新版《规范》)。

新版《规范》共 10 章,分别为总则,术语,生物安全实验室的分级、分类和技术指标,建筑、装修和结构,空调、通风和净化,给水排水与气体供应,电气,消防,施工要求,检测和验收。新版《规范》修订要点包含以下几方面:增加了生物安全实验室的分类、修订了生物安全实验室二级屏障的主要技术指标、完善了生物安全实验室的选址位置要求、给出了高效空气过滤器原位消毒和检漏要求、增加了排水存水弯和地漏的水封深度要求、细化了三级生物安全实验室配电要求、明确了生物安全实验室消防要求、强化了围护结构严密性检测要求、提出了污物处理设备性能验证要求。新版《规范》通过加强与 GB 19489—2008《实验室 生物安全通用要求》的协调,进一步解决了近些年生物安全实验室建设中出现的一些新问题,提高了规范的科学性和实用性,有利于提高我国生物安全实验室建设的整体水平,促进生物安全实验室建设高效、合理地发展。

二、国外生物安全相关的法律、法规和标准

(一)《实验室生物安全手册》

世界卫生组织一直非常重视实验室生物安全

问题,1983 年世界卫生组织推出第 1 版《实验室生物安全手册》;1993 年发表了第 2 版《实验室生物安全手册》,2002 年又发表了《实验室生物安全手册》第 2 版的网络修订版;2004 年正式发布了第 3 版(新增内容:危险度评估,重组 DNA 技术的安全利用,感染性物质的运输)。

第 3 版《实验室生物安全手册》的主要内容包括:微生物危险度评估、基础实验室(一级和二级生物安全水平)、防护实验室(三级生物安全水平)、最高防护实验室(四级生物安全水平)、实验动物设施、实验室 / 动物设施试运行指南、实验室 / 动物设施认证指南、实验室生物安全保障的概念、生物安全柜、安全设施、实验室技术、意外事故应对方案和应急程序、消毒灭菌、感染性物质的运输、生物安全和重组 DNA 技术、危害性化学、生物安全责任人和安全委员会、后勤保障人员的安全和培训规划。

(二)《微生物学及生物医学实验室生物安全准则》

美国疾病预防控制中心(Centers for Disease Control and Prevention,CDC)和美国国立卫生研究院(National Institutes of Health,NIH)首次提出将病原微生物和实验活动分为四级的概念,并于 1993 年联合出版了《微生物学及生物医学实验室生物安全准则》(*Biological Safety in the Microbiological and Biomedical Laboratories Manual*),将实验操作、实验室设计和安全设备组合成 1 级到 4 级实验室生物安全防护等级。

2009 年发布了第 5 版,其主要内容包括危险度评估、生物安全准则、1 级到 4 级实验室生物安全防护等级,实验动物的 1 级到 4 级实验室生物安全防护等级、生物安全保障、职业健康和免疫预防等。该准则目前已被国际公认为"金标准",很多国家将其作为制定本国的生物安全准则时的参考。

(三)加拿大《实验室生物安全标准和指南》

1977 年 2 月,加拿大医学研究委员会出版了有关处理重组 DNA 分子、动物病毒和细胞的指南。该指南与美国和英国的有关这方面的指南非常类似,由于新的遗传学技术的应用,提出了动物病毒和细胞培养的实验室安全和潜在的安全问题。于 1996 年有了第 2 版,并于 2004 年有了第 3 版。

第 3 版《实验室生物安全指南》的主要内容包括生物安全(包括危险等级、防护等级、危险评价、生物安全责任人和生物安全委员会)、感染材料的处理、实验室设计和物理防护要求、微生物大规模生产的操作标准和物理防护要求、实验室动物的生物安全、从事特殊危害工作的生物安全指南的选择、消毒、生物安全条例的使用、感染性病原体进出口的生物安全等。最新版的《实验室生物安全标准和指南》于 2013 年出版,共分为 22 章。

(四)欧洲经济共同体委员会指令 93/88

欧洲经济共同体(EEC)委员会指令 93/88(Council Directive 93/88/EEC)的主要内容包括:一般规定(目的、定义、范围、危害检查和评估、危害评估中的例外情况)、实验室所在单位责任(替代、降低危害、咨询专家、卫生与个人防护、新手培训、工作手册、操作不同危害生物因子人员名单、向专家通报情况)以及各种规定(健康监测、除诊断实验室以外的保健机构、各种监测、资料利用、对生物因子分类、附加内容、通报委托方、废止、生效)。

该指令中关于对微生物危险等级的分类,只限于对人有致病性的微生物,不包括对植物和动物有致病性的微生物。在这个指令中,只列出了 2 级到 4 级的微生物危险等级,没有被列出的微生物应该归在危险等级 1 中,或是因为目前对其不够了解,很难确定其危险等级。这些微生物包括细菌、病毒、真菌和寄生虫。在这个指令中也对从事这类病原微生物研究的工作人员的预防免疫做出了相应的规定。

ER1-1　第一章二维码资源

(叶冬青)

第二章　实验室生物安全风险评估

致病性微生物对人类健康和经济社会发展带来重要威胁,遗传修饰生物体在造福人类生活的同时,也对人类健康、生态环境安全和社会发展形成新的危险。如鼠疫从非洲侵入中东,几乎导致东罗马帝国的衰亡。因此,实验室生物安全问题受到了世界各国政府和人民的高度重视,认识和防范安全风险则是实验室工作者和管理人员的职责所在。

实验室生物安全风险是指实验所涉及的各种生物因子对人、环境和社会所造成的危害或危害的概率及可能性后果。风险评估包括风险识别、风险分析和风险评价。风险评估涉及病原微生物、遗传修饰生物体的风险特征及其防治措施、实验室活动、实验室废物风险管理、设备和操作程序、动物模型、屏障设备和设施、环境以及规范管理等不同领域和已经或将进行的实验活动等内容。就医学和生物学实验室而言,风险评估主要在于通过科学的分析方法,找出风险所在,帮助操作者正确选择合适的生物安全水平(设施、设备和操作),制定相应的操作程序与管理规定,采取相应的安全防护措施,降低或避免实验室风险,防止实验室相关感染及其严重后果的发生。在进行风险评估和选择安全防护措施时,应充分考虑有关实验特点、可能直接或间接参与风险的传染性病原,工作人员的专业素质及经验,实施项目的具体活动和程序等因素,做出决策。根据病原微生物、遗传修饰生物体传染过程的基本因素,减少工作人员暴露的危险并使环境污染降到最低限度。因此,风险评估应当由那些对该领域以及实验研究最为熟悉的专业人员来进行,必要时可对风险评估的内容进行补充和修订。

第一节　实验室生物安全风险评估

实验室生物安全风险评估是保障人类健康及生态环境安全和社会发展的需要,是实验室建设、运行与规范化管理和科学决策的需要,是决定实验活动如何开展的科学依据。当实验室活动涉及致病生物因子时,必须进行风险评估;当改变实验活动时,应当进行再评估。

一、风险评估的组织机构与程序

根据 GB 19489—2008《实验室　生物安全通用要求》的规定,实验室应当制定风险评估的政策和程序。我国生物安全实验室管理已有健全的组织机构、规章制度与法律依据。全国人民代表大会及其常务委员会通过、国家主席签发主席令的法律法规和国务院总理签发的行政管理规定代表了国家最高级别的组织管理。另外,国家和地方政府各有关部门也设有专门的管理机构,制订了健全的管理制度,同时还有相应的专家委员会负责具体技术管理工作。GB 19489—2008《实验室　生物安全通用要求》列出的风险因素有 7 个方面 18 条要求,如与病原微生物有关的风险评估、与实验室仪器及与实验室安全环境有关的风险评估等。因此,具有相关资质的专门单位和部门代表了国家对不同风险内容的评估,如中国建筑设计院出具的实验室建筑设计评估报告代表了国家对实验室建筑设计方面的安全评估要求。在各项风险评估达到国家标准要求后,生物安全实验室提出认定评估申请,并提交相关技术资料,首先由中国合格评定国家认可委员会对生物安全实验室进行认定,然后由国家卫生健康委员会、农业农村部等有关部门对实验室是否能从事实验室相

15

关活动的资格进行认定审批。高级别的生物安全三级、四级实验室认定评估由国家相关组织机构执行,生物安全二级实验室由地方政府设立的相关组织机构进行评估备案管理。实验室所属上级部门是实验室生物安全管理与评估的直接责任单位,生物安全实验室责任人和专家委员会负责本实验室风险评估,必要时,可邀请实验室外相关专家参加评估。在国外均有相关组织机构与制度,如美国生物安全协会、WHO 制定的《实验室生物安全手册》等。

二、风险评估的标准与内容

实验室生物安全性评估主要内容包括实验室各种危险因子对人类健康的影响及对生态环境和社会发展的影响。生物安全实验室风险评估依据国家及其相关部门制定的法规、管理条例和技术标准为准则,如我国颁布的《中华人民共和国传染病防治法》、GB 19489—2008《实验室 生物安全通用要求》和《病原微生物实验室生物安全管理条例》,WHO 颁布的《实验室生物安全指南》等为依据开展评估工作。风险评估包括与病原微生物有关的风险评估、与实验动物有关的风险评估、与实验人员有关的风险评估、与实验室活动有关的风险评估、与实验室仪器设备有关的风险评估、与实验室生物安全环境有关的风险评估和实验室管理制度有关的风险评估等内容。

当实验室活动涉及致病性生物因子时,实验室应进行生物安全风险评估。风险评估应考虑下列内容:

1. 生物因子已知或未知的特性,如生物因子的种类、来源、传染性、传播途径、易感性、潜伏性、剂量效应(反应)关系、致病性(包括急性与远期效应)、变异性、在环境中的稳定性、与其他生物和环境的交互作用、相关实验数据、流行病学资料、预防和治疗方案等;

2. 适用时,实验室本身或相关实验室已发生的事故分析;

3. 实验室常规活动和非常规活动过程中的风险(不限于生物因素),包括所有进入工作场所的人员和可能涉及的人员(如合同方人员)的活动;

4. 设施、设备等相关的风险;

5. 适用时,实验动物相关的风险;

6. 人员相关的风险,如身体状况、能力、可能影响工作的压力等;

7. 意外事件、事故带来的风险;

8. 被误用和恶意使用的风险;

9. 风险的范围、性质和时限性;

10. 危险发生的概率评估;

11. 可能产生的危害及后果分析;

12. 确定可接受的风险;

13. 适用时,消除、减少或控制风险的管理措施和技术措施,及采取措施后残余风险或新带来风险的评估;

14. 适用时,运行经验和所采取的风险控制措施的适应程度评估;

15. 适用时,应急措施及预防效果评估;

16. 适用时,为确定设施设备要求、识别培训需求、开展运行控制提供的输入信息;

17. 适用时,降低风险和控制危害所需资料、资源(包括外部资源)的评估;

18. 对风险、需求、资源、可行性、适用性等的综合评估。

除上述内容外,化学、物理风险以及电气、火灾、水灾、自然灾害等也是应该考虑的要素。风险分为可接受风险和不可接受风险。

三、风险评估的原则

实验室生物安全风险评估应按照下述原则与要求进行,并形成书面文件,严格遵守执行。

1. 应事先对所有拟从事活动的风险进行评估,包括对化学、物理、辐射、电气、水灾、火灾和自然灾害等的风险进行评估。

2. 风险评估应由具有经验的专业人员(不限于本机构内部的人员)进行。

3. 应记录风险评估过程,风险评估报告应注明评估时间、编审人员和所依据的法规、标准、研究报告、权威资料和数据等。

4. 应定期进行风险评估或对风险评估报告复审,评估的周期应根据实验室活动和风险特征等确定。

5. 开展新的实验室活动(如增加新的菌种、毒种等)或欲改变经评估过的实验室活动(包括相关设施、设备、人员、活动范围、管理等),应事先或重新进行风险评估。

6. 操作超常规量或从事特殊活动时,实验室应进行风险评估,以确定其生物安全防护要求,适用时,应经过相关主管部门的批准。

7. 当发生事件、事故等时,应重新进行风险评估。

8. 当相关政策、法规、标准等发生改变时,应重新进行风险评估。

9. 采取风险控制措施时宜首先考虑消除危险源,然后再考虑降低风险(降低潜在伤害发生的可能性或严重程度),最后考虑采用个体防护装备。

10. 危险识别、风险评估和风险控制的过程不仅适用于实验室、设施设备的常规运行,而且适用于对实验室、设施设备进行清洁、维护或关停期间。

11. 除考虑实验室自身活动的风险外,还应考虑外部人员活动、使用外部提供的物品或服务所带来的风险。

12. 实验室应有机制监控其所要求的活动,以确保相关要求及时并有效地得以实施。

13. 实验室风险评估和风险控制活动的复杂程度决定于实验室所存在危险的特性,适用时,实验室不一定需要复杂的风险评估和风险控制活动。

14. 风险评估报告应是实验室采取风险控制措施、建立安全管理体系和制定安全操作规程的依据。

15. 风险评估所依据的数据及拟采取的风险控制措施、安全操作规程等应以国家主管部门和世界卫生组织、世界动物卫生组织、国际标准化组织等机构或行业权威机构发布的指南、标准等为依据;任何新技术在使用前应经过充分验证,适用时,应得到相关主管部门的批准。

16. 风险评估报告应得到实验室所在机构生物安全主管部门的批准;对未列入国家相关主管部门发布的病原微生物名录的生物因子的风险评估报告,适用时,应得到相关主管部门的批准。

四、风险评估的时间

风险评估在实验活动开始前进行。风险评估首先由实验室负责人根据实验活动内容提出申请,成立风险评估专家小组对拟开展的实验活动进行评估,写出评估报告,实验室安全委员会、责任人和实验项目负责人根据评估报告再进行风险控制措施的修订和再评估,然后由实验室负责人决定实验活动的开展与否。当实验室发生事故、人员、设备或者实验活动变化时,应当停止实验活动,重新进行风险评估。

第二节 病原微生物的风险评估

病原微生物按其大小依次为病毒、细菌、支原体、衣原体、立克次体、螺旋体、放线菌、真菌、原虫、蠕虫和节肢动物。它们具有种类繁多、结构复杂或者简单、分布范围广、繁殖速度快等特点,有正常微生物群和致病性之分或者说有害和有益之区别。病原微生物的风险评估是指实验过程中所操作的微生物及其毒素可能给人或环境带来的危害所进行的评估。在使用传染性或有潜在传染性材料的实验前,必须进行微生物危害的风险评估。病原微生物的风险评估是选择适当的防护水平进行微生物研究的重要步骤,根据微生物危害评估结果,确定微生物应在哪一级的生物安全防护实验室中进行操作,并制定相应的操作规程、实验室管理制度和紧急事故处理办法,以保证实验活动的安全顺利进行。

一、病原微生物的风险等级

(一)病原微生物危害程度分类的主要依据

病原微生物的危害程度分类主要应考虑以下因素:

1. 致病性 病原微生物的致病性越强,导致的疾病越严重,其等级越高。

2. 传播方式和宿主范围 病原微生物可能会受到当地人群已有的免疫水平、宿主群体的密度和流动、适宜媒介的存在以及环境卫生水平等因素的影响。

3. 当地所具有的有效预防措施 这些措施包括:接种疫苗或起预防作用的抗血清(被动免疫),使用抗生素、抗病毒药物和化学治疗药物,还应考虑出现耐药菌株的可能性;卫生措施,如食品和饮水的卫生;动物宿主或节肢动物媒介的控制。

（二）病原微生物危害程度分类

我国 2004 年颁布的《病原微生物实验室生物安全管理条例》中，根据病原微生物的传染性及感染后对个体或者群体的危害程度，将病原微生物分为四类：

第一类：是指能够引起人类或者动物非常严重疾病的微生物，以及我国尚未发现或者已经宣布消灭的微生物，如天花病毒、黄热病毒、埃博拉病毒等。

第二类：是指能够引起人类或者动物严重疾病，比较容易直接或者间接在人与人、动物与人、动物与动物间传播的微生物，如鼠疫耶尔森菌、O1 和 O139 群霍乱弧菌、炭疽芽孢杆菌、汉坦病毒、高致病性禽流感病毒、狂犬病毒、人免疫缺陷病毒、结核分枝杆菌等。

第三类：是指能够引起人类或者动物疾病，但一般情况对人、动物或者环境不构成严重危害，传播风险有限，实验室感染后很少引起严重疾病，并且具备有效治疗和预防措施的微生物，如流感病毒、乙型肝炎病毒、麻疹病毒、钩端螺旋体等。

第四类：是指在通常情况下不会引起人类或者动物疾病的微生物，如生物制品用菌苗、疫苗生产用的各种减毒、弱毒菌种、毒种等。

通常所说的高致病性病原微生物是指第一类和第二类病原微生物。有些国家对病原微生物的危害程度分类与我国相反，如加拿大、澳大利亚和新西兰等。

二、病原微生物的风险评估内容

病原微生物风险评估是在微生物危害程度分类的基础上，同时考虑实验室活动中可能涉及的传染或潜在传染因子等其他因素，包括：微生物或毒素的毒力、致病性、生物稳定性、传播途径，微生物的传染性，实验室的性质或职能，涉及微生物的操作步骤和方法，微生物的地方流行性，有无预防与治疗方法等，对这些因素进行综合评价。

（一）病原微生物的致病性和感染数量

不同的微生物种群在致病性方面差异很大。表现为不同的微生物生理学，产生免疫能力的最小剂量，微生物克服自体免疫和其他宿主抵抗的能力。有些给动物带来危害的微生物对人类无害，但是有些却能给人类带来严重的危害。对待这些微生物的一般态度是把它们当作潜在的病原体，用标准的微生物技术来处理，主要指保护环境和操作人员，维持生物链。当处理大剂量的微生物，感染的危险会增加，需要适当提高物理防护水平。

（二）暴露的潜在后果

暴露以后，其后果的轻重取决于病原微生物的致病力和机体的抵抗力，不同属、种、亚种、型的病原微生物，甚至不同株的病原微生物，其致病性各异。同时还取决于所感染病原微生物的数量，当大量病原微生物侵袭人体时，潜伏期一般较短，而病情则较为严重；反之，则潜伏期较长而病情较轻，或不发病。不同个体被传染后，可产生各种不同的结局，最轻的不出现任何症状、最重的发生严重型临床疾病而死亡。对暴露的潜在后果评估，应参考教科书并收集相关资料，突出个体传染过程与结局。主要包括：

1. 隐性感染、不显性感染或亚临床感染。

2. 显性感染或临床传染病：病原微生物侵入机体后，出现临床上可以察觉的症状、体征。根据症状、体征的轻重、病程的长短，临床传染病可分为轻型、中型、重型、严重型。

3. 出现个体最严重的结局，发生严重型临床传染病而死亡。

4. 出现个体间的传播。

（三）自然传播途径

病原微生物可通过呼吸道、消化道、虫媒、血液、母婴等途径传播。每一种病原体的传播途径不一定相同，同一种病原体亦可通过不同的传播途径传播，并引起不同的疾病，如流感病毒仅通过呼吸道传播。因此，气溶胶是引起实验室感染的最重要因素。而腺病毒可以经呼吸道、消化道传播，前者表现为上呼吸道感染的症状体征，后者则表现为胃肠炎或者腹泻。

（四）病原微生物在环境中的稳定性

病原微生物的稳定性是指其抵抗外界环境的存活能力。病原微生物为了维持其生存，可凭借其自身的结构特点以适应外界环境。对病原微生物的稳定性评估除考虑其在自然界中的稳定性外，还应考虑其对物理因素与化学消毒剂的敏感性。病原微生物在自然环境和实验室环境的稳定性越强，受理化因素的影响越小，则其危害性越大。

（五）病原微生物的浓度

病原微生物的感染性与其浓度成正相关，即病原微生物的浓度越高，则其感染性越强，导致疾病的可能性越大，感染的风险就会增加。例如，二类微生物通常在 BSL-2 实验室内操作，如果特定实验需要高浓度时，应在 BSL-3 实验室内操作。

（六）病原微生物与宿主

大多数感染节肢动物的微生物一般不会导致人类疾病，但仍有一些能通过叮咬或排泄物传播，并传染给人。因此，节肢动物也是病原微生物的携带者，例如，蚊能传播虫媒病毒，虱子可传播立克次体等。

有些微生物对植物和水生生物是致病的，但导致植物和鱼类疾病的微生物很少感染人类。为了保护人体健康，这些微生物亦应受到严密的监控和管理。

（七）拟进行的实验操作

应预先确定拟进行的实验项目以及实验操作中可能产生气溶胶的实验步骤，在处理带有病原微生物的感染性材料时，是否使用可能产生病原微生物气溶胶的搅拌机、离心机、匀浆机、振荡机、超声波粉碎仪和混合仪等设备。

操作所致的非自然传播途径感染：

1. 吸入含病原体的气溶胶　能引起气溶胶的操作或事故主要有：离心、溢出、溅洒、混合、混旋、研磨、超声以及开瓶时两个界面的分离等；

2. 摄入病原体　能造成经口摄入病原体的操作和事故主要有：以口吸吸管，液体溅洒入口、在实验室吃东西、饮水和抽烟，将手指放入口腔等；

3. 意外接种　见于被污染的针尖刺伤，被刀片或碎玻璃片割伤，动物或昆虫咬伤或抓伤等；

4. 皮下或黏膜透入　见于含有病原的液体溢出或溅洒在皮肤或黏膜上，皮服或黏膜接触污染的表面或污染物，以及通过由手到脸的动作造成传播。

（八）涉及动物的病原微生物实验

动物实验的微生物与一般实验室不同，感染风险不易控制。首先，动物实验所用微生物的感染途径一般同与人自然感染的途径，微生物传播的概率增加；另外，动物实验所用微生物浓度较高，用量也较大，特别是经气溶胶传播的微生物，易引起实验室传播或感染。动物实验室涉及病原微生物，需要考虑的因素包括：微生物的自然传播途径，使用的剂量和浓度，接种途径，能否或者以何种途径被排出。关于动物实验室中使用的动物，需要考虑的因素还有：动物的自然特性，亦即动物的攻击性和抓咬侵向性，自然存在的体内外寄生虫，易感的动物疾病，播散过敏原的可能性等。对使用野外捕捉的野生动物亦应考虑潜伏感染的可能性。

用传染性因子接种动物时，感染动物将使传染性因子的潜在危险增加。因此，进行菌（毒）种的动物实验时，都相应升一级管理，二类按一类、三类按二类管理。如流感病毒为三类病原，普通操作可以在生物安全二级实验室中进行，但在进行动物实验时，应升一级管理，应在生物安全三级实验室中进行实验。

（九）当地是否有有效的预防或治疗措施

在进行实验研究、标本采集时，当地是否及时提供迅速有效的预防或治疗措施对微生物的风险评估具有相当大的影响。当地具有并能够提供针对该传播因子的预防性疫苗、治疗药物或者其他防控手段，微生物的传播危险将明显减少。风险评估应考虑这些因素。

（十）工作人员的素质

1. 工作人员良好的专业知识背景、心理素质、政治素质是保障实验室安全的重要条件　工作人员具有针对所进行研究的传播因子的良好专业基础知识和操作技能是决定微生物传播危险大小的关键因素，而心理素质、政治素质也是安全保障应评估的内容。

2. 加强实验室生物安全培训　对实验室人员进行生物安全知识培训，有利于提高其对实验室感染危害性的认识，使实验人员具有很强的安全意识，重视防护装备的使用，经常排查安全隐患，是提高实验室生物安全最基本和最重要的基础。

培训内容包括心理素质、基础知识与技能、生物安全操作规范和实验室事故应急处理方法及原则。实验室的所有人员必须接受培训，除以上内容外，还应包括：如何处理工作中的潜在危险以及必要的感染预防措施等。在美国 CDC 实验室，要求新来人员在工作第一周内必须接受安全培训,以避免事故的发生。

(十一)医疗监督

医疗监督计划(包括使用前和定期性测试)需要采用有效的措施并且保证该计划在实验室能及时执行。详细的医疗监督计划根据国际规范的风险评估来决定,它将清楚显示这项计划的原因、指征和优势。这个计划可能包括但不局限于:医疗检查、血清筛选、测试、存贮、免疫接种、由危险评估过程决定的其他测试。

医疗监督计划风险评估应该考虑包括那些与高危微生物接触的工作人员,因为免疫接种、预防等方面的免疫状态对他们来说是重要的。只有那些经医疗鉴定并符合进入要求(如免疫接种)的人员方能进入实验室。

对实验室工作人员进行岗前健康检查,应记录工作人员的医学情况(病史),建议进行临床检查和收集基线血清。不让高危人群(如孕妇)从事较高危险的实验室工作。实验室人员的免疫状况可影响实验室感染的发生。免疫功能低下者易发生感染,既往感染及接种疫苗可提高机体对某些病原体的免疫力,但疫苗不一定长期有效。因此,要定期复检相关工作人员血清,及时补种疫苗。

三、病原微生物的危害等级与实验室安全水平的关系

当知道微生物的危害程度后,选择合适的生物安全水平是实验室开展实验活动、降低风险、控制危害的关键所在。表 2-1 列出了病原微生物的危害等级与实验室安全水平的关系。

表 2-1 病原微生物的危害等级与实验室安全水平的关系

生物安全水平 (美国 NIH)	生物安全水平 (美国 CDC)	病原微生物
P1	BSL-1	所有一、二、三类动物疫病的不涉及活病原的血清学检测以及疫苗用减毒或者弱毒株,基因表达用重组菌,如大肠埃希菌等
P2	BSL-2	除 BLS-1 含的病原微生物外,还包括三类动物疫病、二类动物疫病(布病、结核病、狂犬病、马传染性贫血、马鼻疽及炭疽病等芽孢杆菌引起的疫病除外),克隆表达毒素的工程菌,重组病毒等
P3	BSL-3	除 BSL-2 含的病原微生物外,还包括一类动物疫病、二类动物疫病中布病、结核病、狂犬病、马传染性贫血、马鼻疽及炭疽病等引起的疫病、所有新发病和部分外来病。从事外来病的调查和可疑病料的处理分析
P4	BSL-4	通过气溶胶传播的,引起高度传染性致死性的动物致病;或导致未知的危险的疫病。与 BSL-4 微生物相近或有抗原关系的微生物也应在此种水平条件下进行操作,直到取得足够的数据后,才能决定是继续在此种安全水平下工作还是在低一级安全水平下工作,以及从事外来病病原微生物的研究分析

第三节 遗传修饰
生物体的风险评估

重组 DNA 技术的发展和成熟,推动了遗传修饰生物体研究的快速发展,使其广泛地用于生命科学研究,如微生物、动物、植物和医学实验研究中。在实验室,人们可以按自己的意愿设计和构造出自然界不存在的新生物体或称遗传修饰生物体。重组 DNA 技术的成熟不仅改变了人们的

思维方式、生活方式,并已形成大的产业集团,对生命科学的研究与发展形成巨大影响而造福于人类。

另一方面,已经证明遗传修饰生物体及其产品在动物体内具有不可预测的不良性状,也可能对人类社会和自然生态环境造成重要影响,特别是从实验室逸出将带来生物危害和生物安全性问题。当考虑要构建或使用遗传修饰生物体时,对实验室工作的危害评估可能比从事遗传学正常的生物(未修饰)工作的危害度评估更为重要。评估这些自然界不存在的新生物体的危害度应是一

种动态长期过程,必须密切跟踪这些新生物因子研究的最新进展,特别是安全性问题,这既是遗传工程研究者需要研究的问题,也是为国家制定相关政策提供依据所担负的责任。

一、遗传修饰生物体的种类与特征

遗传修饰生物体包括微生物、动物、植物等。针对这些生物的某个特性,将外源基因进行遗传修饰,以突变、植入异源基因或改变基因表达等方式,通过体外重组后导入或者整合到目标生物的基因组中,使这个基因能在受体细胞内复制、转录、翻译表达的操作技术称为 DNA 重组技术,是在分子水平对基因进行操作的技术。重组 DNA 技术的发展使人们能按自己的意愿设计和构建的新生物体或称为遗传修饰生物体,这种遗传物质得到改造的新生物体其生物学性状以面向人类所需的目标为特征。

(一)遗传修饰微生物

遗传修饰微生物在人类生存与健康、维持生态环境平衡和经济社会发展中起着重要作用,特别是对生物技术的发展起到了奠基性作用。如 1934 年,Avery 首先在肺炎双球菌中证明了 DNA 是遗传物质,而且 DNA 可以把一个细菌的性状转给另一个细菌。这就是重组 DNA 技术开始的萌芽。1970 年,Baltimore 和 Temin 等首先从逆转录病毒中发现了逆转录酶,它不仅证明了遗传信息可以反向流动,亦为制备 cDNA 提供了可能。此外,最早 DNA 克隆是用猴病毒 40 DNA 插入 Lambda 完成的都是例证。

细菌或者病毒作为外源性基因的表达载体已经广泛用于重组 DNA 技术中。细菌人工染色体(bacterial artificial chromosome, BAC)载体系统是以大肠埃希菌 F 片段插入 BAC 构建而成的高容量克隆载体,具有转化效率高,易于分离纯化,遗传稳定性好,不易发生缺失和重组等特点,常用于克隆 150kb 左右大小的 DNA 片段。目前对腺病毒载体衣壳蛋白质进行遗传修饰,即在腺病毒载体衣壳蛋白质结构中的纤维蛋白、六邻体蛋白、pIX 等的 DNA 序列中嵌入外源小肽 DNA 片段,使外源小肽与衣壳蛋白质融合表达于病毒颗粒表面。具有高靶向性和感染效率的腺病毒载体将会成为肿瘤基因治疗广泛使用的载体。

反向遗传操作技术的发展,使 RNA 病毒成为新型病毒载体的关注对象。通过反向遗传操作技术首个先成功例子是拯救出有感染性的狂犬病毒。已证实该方法对登革病毒、脊髓灰质炎病毒和乙型脑炎病毒等毒力位点 cDNA 克隆进行点突变、缺失和重排,得到了理想的减毒株。与传统的细胞培养获得的减毒株比较,这些毒株具有减毒途径明确、效率高、毒力回复率低等优点。利用反向遗传操作技术构建嵌合病毒也是当前反向遗传修饰的研究热点。Peeters 等利用 NDV LaSota 株和禽副粘病毒 4 型的 HN 基因构建的含嵌合 HN 基因的 NDV,免疫 4 周龄 SPF 鸡后,可完全保护致死剂量 NDV 攻击。此外,在病毒基因功能研究、外源基因表达、寻找新型疫苗载体等方面显示了较好的前景。

(二)遗传修饰动物

遗传修饰动物研究源自 20 世纪 80 年代,Gordon 等报道首只转基因小鼠制备成功,1985 年 Smithies 首次利用同源重组将外源质粒插入到人染色体的 β- 珠蛋白位点,在哺乳动物细胞中开展基因打靶研究,此后又报道利用小鼠胚胎干细胞进行基因敲除成功。这种将外源性 DNA 转到新的宿主体内,对动物内源性基因组进行修饰操作的技术快速发展,广泛应用,如基因敲除、干细胞技术等。

动物或者人细胞培养在实验室广泛应用,其产品亦广泛用于动物和人类疾病诊断、治疗和预防,如菌苗、疫苗、单克隆抗体、生物技术药物和基因治疗产品等。通过遗传修饰在实验室获得的重组细胞能够增加或降低损害人类健康和环境的作用。因此,在动物细胞培养的风险评估过程中,还必须要确定重组细胞获得的遗传修饰特征,物种来源、细胞或组织类型等。遗传修饰过程中相关事件的评估,如受体与供体的生物学特性、插入基因的遗传学特征和插入的位置以及载体特征等。随着细胞培养技术应用范围的快速增加,该技术与人类健康和对环境影响的安全性风险性愈来愈受到关注,细胞培养物与人类的遗传学关系越近,对人类安全风险越大。

(三)遗传修饰植物

在遗传修饰生物体中,应用最多的是遗传修饰植物和转基因技术。转基因育种是早期开展的转基因技术,它将不同生物体内的功能基因聚集,培育出抗病虫,营养高效的新作物,并以品质优良、高质高产、抗病虫能力强和早熟为特征。世界上首个转基因烟草于 1983 年问世,1986 年抗虫和抗除草剂的转基因棉花也进入田间试验。转基因作物种植面积最多的是美国、巴西、阿根廷,我国在第 6 位。美国已经成为世界上最大的转基因技术研发国和相关产品生产国,转基因作物种植面积占可耕地面积的 43% 以上,90% 以上的玉米、大豆、甜菜、棉花都是转基因品种。

转基因作物安全性主要表现在食用安全和生态环境安全两个方面。国际食品法典委员会(CAC)、联合国粮食及农业组织(FAO)与 WHO 制定了一系列转基因生物安全评价标准,包括转基因产品食用的毒性、致敏性、抗营养作用,以及对生存竞争力、基因漂移、生物多样性、环境生态影响等多个方面。目前认为获得安全证书的转基因生物及其产品是安全的,WHO 也认为目前尚未显示批准民用的转基因食品对人体健康的影响。

(四)转基因食品

利用转基因技术制备和生产加工的食品称为转基因食品。它来自于转基因植物、动物和微生物,其中发展最快的是转基因植物食品,转基因生物及其产品走向商业化是必然趋势。自 20 世纪 90 年代以来,全世界已有 40 多种可能作为食品来源的转基因植物获得批准上市,进入人们的生活之中,主要包括番茄、抗除草剂及雄性不育的玉米、棉花、大豆和油菜,抗虫马铃薯、棉花和玉米,抗病毒的西葫芦、南瓜、番木瓜、莴苣以及改变油脂特性的油菜和大豆等。目前认为这些经过政府部门批准上市的转基因食品都是安全的,而且在种植、养殖、生产、加工都有一套安全生产标准。有研究发现巴西坚果的 2S 清蛋白对部分人有过敏反应,而将这种 2S 清蛋白基因转入大豆,进一步研究发现该转基因大豆对部分人仍有过敏反应。这是最先发现的转基因食品安全性问题,故该食品没有进入市场。每一种食品的安全性都与所用转基因生物中转基因本身的结构、功能、安全特性及其应用环境有密切关系。由于采用遗传修饰等操作技术,这些转基因食品可能存在目前尚无法预测的其他性状的改变,从而带来转基因食

品的安全性问题。从人体安全方面看,基因转移可能产生新的毒素和变应原,引起中毒或过敏反应,也可能经过较长时间而出现某种疾病,而毒性物质对人体的危害也需要一个积累的过程才能显现。因此转基因产物释放所带来的负面效应,生物安全问题必须引起高度重视。

二、遗传修饰生物体的风险评估

遗传修饰生物体是人们在实验室制备出来的新生物体,它改变了物种的纵向遗传方式,修改了生命基本元素 DNA,实行的是基因跨种横向转移。经遗传修饰的生物体引起的风险涉及范围很广,包括遗传修饰生物体基因的稳定性、对非针对对象产生的影响、对生态环境的影响、基因改变生物脆弱性问题;基因改变、控制基因表现、预定和非预定的改变问题;供体生物的特征,如竞争性致病性和毒性等问题;对人类健康产生有害影响或改变人类进化过程等。因此,这些新生物体可能具有不可预测的不良性状,一旦从实验室逸出将带来新的生物危害,很可能潜藏着巨大的安全风险、生态风险、社会风险乃至道德风险。例如,在实验室可以将大肠埃希菌部分基因片段修改或删除,这些非正常的细菌排入自然界中将会发生变异或对其他物种产生危害。由于遗传修饰生物体对非基因改造作物生存的压抑,有可能使物种趋于同化或单一化,破坏生物的多样性或者遗传多样性。因此,我们必须对遗传修饰生物体的危害进行评估研究。在进行适当的危险度评估并采取安全措施后,才可进行遗传修饰工作。

(一)与宿主/受体相关的风险

遗传修饰生物体进入生态系统后可以逃逸为入侵生物,影响生态系统。这些新生物体成为强势物种与生物入侵有相似之处,判断其是否能成为强势竞争物种,首先应考虑经遗传修饰受体的遗传背景和其他生物学特征。在转基因动物制备中,病毒类载体的表达产物有可能对动物或人类带来潜在的危害,如产生直接毒性作用、过敏反应或产生对人类有害的物质。因此,转基因动物的潜在风险最大。转基因动物的风险评估应包括转基因的产生和性质、转基因始祖动物的创建和性质、遗传和表达特征、转基因动物精子和胚胎库的建立、转基因动物饲养管理、转基因产品的性质和

临床前安全评估。

对动物或人类细胞培养过程进行风险评估时，必须考虑细胞培养的物种来源、细胞或组织类型以及培养类型。细胞培养物与人类的遗传关系越近，对人类风险越大。另外，人/动物细胞培养风险评估也应考虑是否受病原体侵染可能性、实验室操作类型。只有综合考虑细胞培养相关的生物学风险以及操作类型，才能针对性制定防护等级，进而保护人与环境安全。细胞培养的广泛应用，在未来的生物技术和生物医药研究中，其涉及的生物安全风险评估将愈加受到人们的关注。

载体是基因转移的工具。质粒和噬菌体是最早应用的载体，病毒（逆转录病毒、腺病毒、痘病毒）由于携带基因简便作为载体而广泛应用。病毒载体 DNA 插入，整合到宿主细胞基因组，易引起插入突变，并导致癌症发生，而且逆转录病毒载体也不能保证其不对宿主细胞基因组产生有害影响而不利于它们的广泛应用。美国一项对嵌合载体 T 细胞治疗肿瘤要求安全性随访 15 年，观察是否有癌症发生、迟发型超敏反应等。利用原核生物、酵母、昆虫细胞等载体体外表达外源基因，都涉及到人为改造出更多带有新型遗传物质的生物，涉及到有生命活性的载体自身安全及对实验室人员的生物危害，还存在大量投放于环境后的生物污染问题，此类问题造成的影响深远而不易觉察。

（二）直接由插入的外源性基因片段所产生的风险

微生物不同种属之间的自然基因转移比较频繁，是造成疾病流行的原因。而所插入的带有明显选择优势基因的遗传修饰微生物有可能使微生物大范围传播，引起疾病流行。遗传修饰微生物一旦产生危害，其影响可能是巨大的。因此，我们需要评估遗传修饰微生物的长期影响。1994 年，美国密歇根州立大学科学家把花椰菜花叶病毒外壳蛋白的基因插入豇豆，得到抗病毒的豇豆。当他们把缺少外壳蛋白的病毒再接种到转基因豇豆时，发现豇豆又染上了花叶病。由此，他们认为插入转基因作物中的病毒可能与再接种病毒的遗传物质结合而形成新的病毒。病毒基因插入的危害也与所插入的部位有关，如逆转录病毒中的前病毒基因插入到细胞基因组，则对细胞基因组功

能产生影响，其表现可能是多样的：病毒基因插入到癌基因启动子部位，则将激活癌基因表达而使细胞增生癌变，形成肿瘤；插入部位是 CD95 蛋白（CD95 基因是死亡基因）的基因活化部位，则细胞死亡。转基因猪用于人类器官移植使很多疾病治疗获得了新的希望。由于转基因猪体内存在内源性逆转录病毒，当使用器官移植猪时，猪体内存在的逆转录病毒基因转入人体基因组，导致人感染，而且由于人体缺乏对猪逆转录病毒的免疫机制，容易造成感染。异种病毒传播典型例子是艾滋病病毒（一种逆转录病毒）从非人灵长类传播到人，造成人感染艾滋病。此外，转基因生物或其子代常出现基因沉默和染色体变异，基因产物是否具有潜在的有害活性也是必须考虑的重要因素。

（三）对现有的病原体改造而产生的危害

转基因微生物是自然界不存在的人工制造的生物，插入的带有选择优势基因的微生物可在自然界传播，这些外来种生物释放到生态系统可以改变原来的生态系统，对生物多样性产生影响。Glandrof 等研究抗真菌和抗细菌转基因烟草对菌根和根瘤菌的影响，发现抗真菌和细菌蛋白质会残留在根际土壤中，从而影响腐生型土壤细菌的数量。含有病毒基因的遗传修饰病毒与其他病毒重组后产生新的病毒，往往将非致病性病毒转为致病性病毒。1994 年，Falk 实验证明原准备作为抗病疫苗的修饰黄瓜花叶病毒能自发突变。这种新的突变不仅没有抗黄瓜花叶病毒作用，反而加剧了这种病毒对烟草的危害。这些研究提示人们要充分认识遗传修饰微生物的安全性问题。评估内容包括：①病毒和病毒过滤后的转基因生物体再结合的潜在风险；②与基因修饰的生物相关的微生物表达外来基因产物的非目的性状的潜在风险；③基因从转基因生物到相关生物的转移情况和影响基因转移概率；④改造后病原体所起的作用；⑤转基因生物对环境的抵抗性和耐受力等。

基因重组与基因突变导致新病毒的产生所引起的危害的例子则更多了，如澳大利亚的科学家重复了美国国立过敏和传染病研究所（NIAID）研究人员的一项实验，他们将 IL-4 基因插入到鼠痘病毒基因组中，可以增加该病毒的毒力，接种这

种重组病毒的小鼠则全部发生死亡。病毒基因侵入宿主后能整合到宿主染色体上,先基因突变再导致阅读框变化,引起肿瘤。绝大多数的人类遗传病和癌症,就是由基因突变造成的。

基因工程菌应用之前,对其在自然环境中存活、繁殖、定殖及自然界中细菌对有机污染物的遗传进化机制和细菌间的水平基因转移进行深入研究也是必需的。

(四)基因转移与基因突变所产生的风险

将一种生物或者植物的基因转入另一种生物或者植物中,使其产生具有特定新的遗传性状的物种,称为基因转移。基因突变则是细胞染色体复制过程中碱基的增加、缺失或者改变。基因突变是细胞染色体(包含基因)复制过程中产生错误造成的。前者是人工的,主观上希望生产出对人类有益的物种,后者多是自然发生的,大多是有害的。如苏云金芽孢杆菌 Bt 基因就是将一种微生物基因转到棉花上,使棉花产生抗虫蛋白,起到抗虫的目的;在基因转入过程中,由于不可预见的基因突变,可能会转化为会对人体产生危害的有毒蛋白质。转基因生物已经突破了传统的界、门概念,实现了在自然状态下无法实现的基因转移和基因突变,具有普通物种不具备的优势特征,若释放到环境,会破坏原有的自然生态平衡,改变物种间的竞争关系,并可能导致对其他动植物的伤害和长期生态平衡的打破。实验和一些事实已经部分证明了这种担忧,其中加拿大的"超级杂草"事件、墨西哥玉米基因污染事件、美国斑蝶事件和我国 Bt 抗虫棉事件是国际上关于转基因作物污染争论中最具影响力的事件。

转基因技术的发展已经改变了人们的生产与生活方式。但是,基因转移与基因突变所产生的危害,特别是在食品方面,已经引起人们的广泛关注。基因食品改变了人们所食用食品的自然属性,又未进行长时间的安全试验,尚不能肯定这类食品的安全性,毒性作用已在动物体内得到证实。Losey JE 等报道,在一种植物马利筋叶片上撒有转基因 Bt 玉米花粉后,普累克西普斑蝶食用叶片就少,生长缓慢,4 日龄幼虫的死亡率 44%。而对照组(饲喂不撒 Bt 玉米花粉的叶片)没有发生死亡。1994 年,Mayeno 等报告一种新的不明原因的病症,主要表现为嗜酸性肌痛、麻痹、神经痛性

肿胀、皮肤发痒,心肌损害,记忆缺乏、头痛等。进一步研究查明系服用日本一家公司生产的基因工程细菌产生的色氨酸所致。转基因活生物体及其产品作为食品进入人体可能存在以下潜在危险:产生毒素、产生过敏反应、致癌致畸或基因突变、引起食物营养结构失衡等。过敏反应是食用转基因食品的常见表现。转基因食品过敏性分析重点包括基因来源、目标蛋白与已知过敏原的序列同源性、目标蛋白与已知过敏病人血清中的 IgE 能否发生免疫反应以及该蛋白的理化特性。转基因生物体中使用的抗生素标记基因,进入体内也可使其对抗生素产生抗性。罗斯奥布林斯克的研究人员将一个基因插入土拉菌中,该基因可使土拉菌产生内源性人类 β 内啡肽,小鼠感染这种菌后发生行为改变。

携带外源性遗传信息的动物(转基因动物)应当在靶基因编码产物特性的防护水平下进行操作,定点缺失特性基因的动物(基因敲除动物)一般不表现特殊的生物危害。问题是基因敲除动物模型的表型是否是由突变的靶基因造成的。Gerlai 等指出,目前基因敲除的结果忽略了背景基因的作用。由于敲除基因的缺失,动物可能产生一种特别的代偿过程,导致基因的第二次改变,结果使一个复杂的表型改变与某一特定的基因改变没有对应的因果关系。

(五)基因释放与基因漂移所产生的风险

基因漂移或称基因逃逸指的是一种生物的目标基因向附近野生近缘种的自发转移,导致附近野生近缘种生物具有目标基因的一些特征,形成新的物种。基因漂移是生物进化的一种形式,如果没有基因漂移,自然界就不会有那么多种的物种。植物花粉的散布在非转基因植物中也相当普遍。转基因植物与非转基因植物间的基因逃逸是难免的。转基因生物中的外源基因通过多种途径,如花粉的基因流被转移到另外的生物体中,从而造成自然界的基因污染。基因流的目标通常是具有相似遗传背景的野生种。转基因通过基因流逐渐在野生种中定居后,不仅存在生物体本身及其野生近缘种成为杂草的可能,而且有学者认为,转基因在野生种群中的定居将导致野生种等位基因的丢失而造成遗传多样性的丧失。

基因漂移与农业的关系更为密切。从生态

与环境的角度看,这种人工组合的基因通过转基因作物或动物扩散到其他栽培作物或自然野生物种,并成为后者基因的一部分,称为基因污染。基因污染可能在以下情况发生:附近生长的野生相关植物被转基因作物授粉;邻近农田的非转基因作物被转基因作物授粉;转基因作物在自然条件下存活并发育成为野生的、杂草化的转基因植物。由于自然界的制约,不少作物的野生近缘种虽然目前未被人类利用,并不以杂草形式存在。一旦它们接受到某个遗传修饰植物逃逸的基因,在一定条件下使其大量繁殖而变成杂草;土壤中的微生物或动物肠道内微生物吸收转基因作物后获得外源基因。与其他形式的环境污染不同,植物和微生物的生长繁殖可能使基因污染成为一种蔓延性、不可逆转的的危害,它对地球上生物多样性具有潜在危险。传统作物包括数量庞大的品种,它们的染色体上都储存有人类所需的各式各样性状的基因,是人类通过几千年培育和选择保留下来的,是一个巨大的天然基因库。这些天然的基因资源一旦受到基因污染,其损失将无可估计。因此,基因漂移存在着广泛性、潜在性、长期性的危害,它所带来的影响主要有:打破了自然界的生态平衡,打破了物种原有的屏障,改变环境中非目标生物生态结构,改变物种的竞争关系,使生物遗传多样性的丧失,可能出现转基因植物杂草化和部分产品的毒性、致病性和过敏性等一系列问题。我国的《基因工程安全管理办法》指出,基因工程生物产品按其风险大小划为四个等级。目前我国的生物产品大多属无风险的I级,极少部分属低风险的II级,不会对人体造成危害,但是防范危害的意识是必须有的。基因释放所带来的负面效应,生物安全问题必须引起高度重视。

三、遗传修饰生物体的安全等级与实验室安全水平

我国 1993 年发布了《基因工程安全管理办法》,规定了我国基因工程工作的管理体系,按潜在的危险程度,也将基因工程工作分为四个安全等级。克隆、表达编码毒素的基因就需要较高的生物安全水平,因为过量表达这些毒素蛋白时,可能产生难以预料的后果。如果所要插入的外源基因序列不要求更高级别的生物安全水平,大部分常规遗传工程修饰实验可以按 BSL-1 安全操作。用于基因治疗和转移基因到组织培养细胞的病毒载体,大多是复制缺陷型的,操作这些载体时,应采用与构建这些载体时的亲本病毒相同的生物安全水平。目前构建转基因动物常用的逆转录病毒载体,在通过重组将外源基因转入体内的同时,伴随有致病性增强的过程,必须经过验证,明确所必需的生物安全级别,并对供体生物的特性、将要转移的核酸序列的性质、受体生物的特性以及环境特性做综合评估,才能确定遗传修饰生物体所要求的生物安全水平,并做到安全操作目标基因。转基因微生物的安全等级,根据受体微生物的安全等级和基因操作对受体微生物安全性的影响类型和影响程度来确定;转基因微生物产品的安全等级,根据转基因微生物的安全和产品的加工及使用对其安全性的影响程度来确定。一旦获得宿主的新信息时,需要随时将相关工作归入更高或更低的生物安全水平。

第四节　实验室活动的风险评估

实验室活动的风险评估是指在实验室活动中可能涉及的传染或潜在传染因子等其他因素的基础上,结合产生危害的实验操作而进行的综合评估。实验室进出人员频繁,活动内容复杂,特别是与微生物实验活动有关的实验室,危险因素增加。因此,评估实验室活动的风险对于减少危险因子对人和环境的影响就显得更为重要。

一、可能产生危害的实验室活动

对病原体的操作没有按照 SOP 操作程序,达不到相应的生物安全操作水平,缺乏严格消毒、隔离等保护性措施。对于操作过程中产生的微小飞溅、气泡、爆破性气溶胶等没有防止逃逸的设备和措施。应该在生物安全防护二级实验室操作的病原微生物,缺乏生物安全柜;使用超净工作台替代生物安全柜进行病原操作现象普遍存在;实验操作时,接触与病原体有关或病原体所接触物品;注射、搅拌、混合、汲取、震荡等操作过程造成病原生物性飞沫等。以上种种现象经常会造成实验室工作人员感染和实验室环境污染。

（一）一般操作

1. 实验室或动物实验室主任应尽可能限制最少人员进入实验室。必须进入实验室的研究人员或辅助人员应被告知工作的潜在危险。

2. 应为所有进入 BSL-4 实验室的人员制定一份医疗监督计划。该计划应包括适当的接种免疫、血清收集、暴露后咨询和可能预防措施的获得。一般来说，感染高风险人员或感染后可能有严重后果的人员不允许进入实验室，除非有特殊的措施可消除这种特殊风险，评估应由职业健康医生进行。

3. 应有实验室自己特殊的生物安全手册。人员应被告知有特殊危害，并要求阅读和遵守操作指导。

4. 禁止在动物间和操作间饮食、抽烟、处理隐形眼镜、使用化妆品及储存食物，这些活动只能在指定的区域内进行。

5. 所有操作都应细心进行，以减少气溶胶的产生或液体的溅出。

6. 操作完感染性材料后，应用有效的消毒剂清洁设备和工作面，尤其是感染性材料溢出、溅出或其他形式污染发生后。

7. 应制定并张贴有毒材料溢出处理程序。进行感染材料操作的人员只有经过培训和装备后，方能处理溢出物，引起感染性材料明显暴露的溢出和事故应立即向实验室主任报告。应进行医学评估、监督和治疗，并保存填写的记录。

8. 所有废料（包括动物组织、动物尸体和污染的垫料等）、其他须处理的材料、待洗的衣物应用安装在设施二级屏障墙中的双门高压灭菌器进行蒸汽消毒，处理的废物应焚烧。

9. 安全处理锐器的原则：

（1）应限制在动物实验室使用针头、注射器或其他锐器，除非没有其他的替代品，如药物注射、采血或从实验动物和带隔膜的瓶子中抽吸液体时才使用。

（2）适当使用可重新接入针头的注射器、无针系统和其他安全装置。

（3）应尽可能使用塑料制品取代玻璃制品。

10. 在动物实验室的入口处应张贴有生物安全标志。危险警告标记显示使用的感染材料，列出责任人的姓名、电话，告知进入动物实验室的特殊要求（如需要免疫接种和使用呼吸器等）。

11. 在取出垫料并进行清洗前，笼具应高压灭菌或彻底去污。操作完感染性材料后，应用有效的消毒剂清洁设备和工作面，尤其是感染性材料溢出、溅出或其他形式污染发生后。设备在因维修或保养移出实验室、打包运输前应按照当地、州或国家法规进行消毒去除污染。

12. 相关感染动物工作人员工作时，必须双人在场。按照风险评估，应制定使用麻醉动物的压缩笼或其他能减少人员暴露可能性的适当程序。

13. 实验室不允许放置与实验无关的材料（如植物、动物等）或物品。

（二）特殊操作

1. 应有有效控制人员进入实验室的管理措施（如 24 小时守卫和进出登记系统）。人员进出实验室只能通过更衣间和淋浴室。人员每次出实验室应淋浴。只有在紧急情况时，人员才可使用气锁进入或离开实验室。

2. 完成在三级生物安全柜的操作后，操作人员应在外更衣室脱去并留下外层衣物。应提供完整的实验室衣服，包括内衣、短衬裤和衬衫或连衫裤、鞋子和手套，供所有进入实验室的人员使用。离开实验室和进入淋浴区前，实验人员应在内更衣室脱下实验室衣服。弄脏的衣服在清洗前应高压灭菌。

3. 完成正压服型 ABSL-4 实验操作后，应更换全部衣物。脱去内层干净衣物后应淋浴洗澡。污染的实验室衣物在洗涤前应高压消毒。

4. 供应物品和材料应通过双门高压灭菌器或烟熏室进入实验室。当外门安全关闭后，实验室内人员方可打开内门取出材料。高压灭菌器或烟熏室的门应采用互锁结构，除非高压灭菌器已经运行一个灭菌循环或烟熏室已清除污染，否则外门不能打开。

5. 应建立一个报告实验室事故、暴露和雇员旷工以及医学监督潜在实验室相关疾病的系统。这个报告监督系统应有一个必要的附件，就是有一个设施用于对有潜在或已知实验室相关疾病人员的检疫、隔离和医疗看护。

6. 实验间隔期，应分析收集的血清样本，结果应通知本人。

二、可能产生危害的实验室活动的风险评估

（一）涉及已知感染性病原体的物质

1. 可能导致传染的事件类型

①暴露于感染性气溶胶；②溢出和飞溅；③突发针刺伤害；④锋利的物品和残破的玻璃割伤；⑤动物或体外寄生虫的叮咬和抓伤；⑥用嘴吸液（禁止）；⑦离心事故；⑧感染材料对非实验室区域的二次传播。

2. 具有感染性的病原体

（1）细菌和真菌　细菌和真菌污染的细胞系很容易鉴别，因为在无抗生素的培养液中它们会很快长满。

（2）病毒污染　与细菌和真菌不同，病毒不容易被鉴别，所以对原代细胞的危害非常大。由于与细胞系材料有关的不确定性危险，世界卫生组织提议进行细胞系分级，基于每种细胞携带对人体致病的病毒的可能性，分为：

①低度可能性：来源于鸟类和无脊椎动物组织的细胞。

②中度可能性：哺乳动物的非血源性细胞，如成纤维细胞和上皮细胞。

③高度可能性：来源于人类或非人灵长类动物的血液和骨髓细胞；人类脑垂体细胞，山羊和绵羊细胞，尤其是来源于神经的细胞；以及其中至少有一种成分来源于人类或非人灵长类动物的杂交瘤细胞。

细胞培养时一个主要的危险就是潜伏病毒的表达。内源性病毒序列在许多来源于哺乳动物的细胞中都有所发现，包括人类。因此，①已知的或潜在的被病毒污染的细胞系要在适合于最高危险的防护因子的防护等级下操作；②可能使"正常"行为的细胞系变得更危险的操作，要在符合新的危险等级的防护等级下进行。

3. 朊病毒

只有蛋白的感染颗粒或朊病毒（prion）被认为是遗传性海绵状脑病的致病因素，如牛海绵状脑病（BSE）。

来源于已知或怀疑有 BSE 阳性的牛组织的细胞培养和体外初级诊断实验要按照 BSE 特殊指南进行处理。

4. 支原体

支原体被认为是细胞培养污染的来源，但是支原体污染的细胞培养并不是作为实验室获得性感染而被报道的。然而，由于支原体产物的生物活性的出现和支原体抗原的稳定性，以及有些支原体可导致人类疾病，因此支原体被认为对细胞培养是有危害的。

所以有支原体污染的细胞系要在符合最高危险的污染物质的防护等级下进行。

5. 寄生虫

如果细胞是从已知或怀疑被致病微生物感染的样本中得到的，那么这种原代细胞系可能有被微生物污染的危险。因此，在确定防护等级时，应考虑细胞系能在符合最高危险的污染物质的防护等级实验室进行。

（二）含有未知感染性病原体的物质

血液、尿液、粪便、痰等各种"未知疾病标本"是每个医院每时每刻都面临的生物安全隐患，采供血机构检验实验室每年有成千上万份甚至几十万份血液"未知疾病标本"需要检测。国家卫生健康委员会临床检验中心调查的结果显示，目前全国9万多家医院的临床实验室和检验科几乎都没有配置最基本的生物安全防护设备——生物安全柜。医院临床实验室和采供血机构检验实验室面对的就诊者是未知疾病的标本，既无法预先判断标本中所带的致病微生物的高危程度，更难确定哪种类型的检测应该在哪一级的生物安全实验室中进行。根据《实验室生物安全手册》和《微生物和生物医学实验室生物安全通用准则》，医院临床实验室和采供血机构检验实验室因接触可能含有致病微生物的标本，最低应达到二级生物安全防护实验室要求。

在待检样品信息不足时，可利用病人的医学资料、流行病学资料（发病率和病死率资料、可疑的传播途径、其他有关暴发的调查资料）以及有关标本来源地的信息，帮助确定处理这些样本的危害程度，同时应当谨慎地采用一些较为保守的标本处理方法。

1. 对于取自病人的标本，均应当遵循标准防护方法，并采用隔离防护措施。

2. 基础防护——处理此类标本时最低需要二级生物安全水平。

3. 标本的运送应当遵循国家和 / 或国际的规章和规定。在暴发病因不明的疾病时,应根据国家主管部门和 / 或 WHO 制定的专门指南,进行标本的运输并按规定的生物安全等级进行相关操作。

(三) 含有重组 DNA 分子的物质

基因技术,如自然选择、杂交繁育、结合与转化,用于改变生物种类和生物体已有很多年了。这些技术不断被更新、更有效的方法所补充,其中最为人所知的便是 DNA 重组技术。这项技术主要包括:转基因植物和动物的培育、在表达载体或可能表达的宿主环境中进行微生物毒素和其他毒性基因的克隆以及整个感染性病毒基因片段的生产,这包括重组体内感染性病毒体的构建。对这项技术改变生物体所带来的可能危险的最初的担心,使得加拿大、美国和英国等一些国家开始建立迫切需要的生物安全指南。

现在已经有对怎样评估 DNA 重组研究的潜在危险的指南。确定一个重组生物体的防护等级时要考虑的因素包括:

1. 受体生物的防护等级;

2. 供体生物的防护等级;

3. 重组生物体的复制能力;

4. 供体蛋白整合进入重组颗粒的特性,以及与供体蛋白质相关的潜在致病因素。

由于要进一步详细说明所有可能建立的或实验室用到的基因工程生物不太现实,因此每个案例都要进行具体的危险评估。危险评估所需要的援助可由实验室安全办公室提供。

绝大多数重组体研究只有造成微小危害的可能性,这是因为用于转导的 DNA、载体和宿主的来源都是无害的。然而,某些基因操纵的确可以提高危险发生的可能。一般来说,如果基因操纵的所有成分都不表现出已知的危险,并且都不能被适当地预见其结合体能产生的结果,那么就不需要生物危害限制。一般情况下,如果反应中有一个成分有危害,所需要的防护等级就要从对已知危害所适合的水平开始讨论。防护等级根据以下需要可能要提高或降低,如要被转导的特定基因、重组体内基因的表达、宿主载体系统能提供的生物防护、被转导基因与宿主载体系统之间的正交互作用,以及宿主载体系统的生存能力。在基因编码有危害产物的所有研究中,都要用到宿主载体系统,它在实验室外的生存能力是有限的,它们的运用将会降低所需的防护等级。

进行防护等级的评价所要考虑因素如下:

1. 一个表达不同的病毒蛋白的疱疹性口炎假膜病毒的重组要求在 BSL-2 下进行,这是因为该病毒的复制有缺陷。

2. 一个表达不同的病毒糖蛋白的疱疹性口炎假膜病毒的重组至少要与疱疹性口炎假膜病毒的等级一样,因为这个病毒可以复制,并作定向改变。

3. 一个表达不同的病毒糖蛋白的牛痘病毒的重组要与野生型牛痘病毒的防护等级一样,因为其蛋白是不整合到病毒颗粒中的,所不同的是,基因操纵会改变重组病毒的生物特性。

(四) 动物实验研究

1. 一般要求

(1) 实验动物的饲养和使用应遵守国家有关的法律和规定。

(2) 应明确使用实验动物的理由和目的,以及所使用动物的种类和数量。

(3) 使用过程中要求保证周围环境和实验人员的安全:

与动物的接触会构成一些特有的危害,包括暴露在感染性因子(自然地发生或实验产生)环境中,被动物咬伤、划伤、踢伤和挤压伤,过敏和物理性伤害(噪声、温度)。除了让感染性因子远离实验室工作者之外,还有必要在实验和动物实验设备操作过程中,注意动物之间的交叉污染,并且防止因疏忽而引起外来物质污染实验动物。

(4) 动物实验设备要求:

用来进行大、小动物实验的动物实验设备应根据《实验动物 微生物学等级及监测》(GB 14922.2—2011)的标准进行。可参见第四章内容。

(5) 研究人员和实验动物操作人员应接受实验动物的基本知识和操作技能等方面的培训。

2. 对于非人灵长类动物的要求

(1) 处理非人灵长类动物时可能存在的特有危害以及传染性危害:

①可能会遇到特有的危害,一般与动物本身有关。他们的尖牙和有力的下颚能造成严重撕裂

伤。这类动物还有锋利的指甲，能抓伤和擦伤实验人员的皮肤。

②可能存在的传染性危害包括：细菌性疾病（沙门菌、志贺菌、弯曲杆菌、结核分枝杆菌）、病毒性疾病（甲型肝炎病毒、猿猴免疫缺陷病毒、尤其是猕猴疱疹病毒1型，即B型疱疹病毒）、原生动物和多细胞动物寄生虫（阿米巴虫、酵母菌、小袋虫、毛滴虫）和其他病菌。

（2）处理非人灵长类动物的实验人员都必须接受严格的动物制约方法的培训，和使用防护服以防止动物咬伤、抓伤和液体飞溅污染的培训。

这些方法包括：①在可能时使用后挤压式笼子、转移箱、斜槽、隧道和压制装置等将非人灵长动物集中到一起。②可能的时候，也可在转移动物之前先使用化学抑制剂，尤其是短尾猿和其他非人灵长类动物。③操作人员要用胳膊长度的加固的皮革手套和长袖防护服来保护自己不被抓伤。操作人员和所有进入非人灵长类动物房间的人员都要穿防护服，以防止气溶胶污染和黏液飞溅（如外科面具、面罩、护目镜）。已接触过非人灵长类动物的可重复使用的防护服在清洗之前要消毒。④动物操作人员立即并彻底地清洗被咬伤、抓伤和擦伤的皮肤，并将这些立刻记录下来。

（3）非人灵长类动物居住的设施要符合《兽医实验室生物安全要求通则》（NY/T 1948—2010）中小型动物防护设施的要求。除非实验中可能会感染，或已知有要求更高防护水平的传染性生物体存在，否则非人灵长类动物可以在二级防护水平的动物设施下进行处理。《实验动物管理和使用指南》中也提供了关于具体到非人灵长类动物的安置和处理要求的信息。一般来说，圈养非人灵长类动物有下列要求：

（1）计划圈养时，要考虑实验室灵长类动物的行为、情绪和群居要求。

（2）在整个设施中提供实验灵长类动物管理员和负责设备的人员的联络信息。

（3）在动物房前设置门廊或其他物件，以保证动物笼与大楼走道之间有两扇门；在进入动物房查看动物是否丢失之前要按规定观察所有动物笼子。

（4）非人灵长类动物房间内的所有照明设备、用电的设备和暴露的水管要防止被动物损坏。

（5）由于动物房间要求每天做清洁，因此地板要用防滑材料建造，工作人员穿的鞋子要保证能在湿滑的地板上行走。同样，墙壁和天花板要设计抛光，能经受住冲洗和消毒程序。

（6）在工作结束后，为接触大量动物的工作人员提供更衣和淋浴的设备。

（7）动物房间和笼子要始终保持关闭状态，并且只允许授权人员进入。安全锁和关闭装置必须考虑到大多数非人灵长类动物都具有的毅力、创造能力、破坏能力及智力。

（8）动物房之间的可移动的装备（如手推车、天平、饲料桶和收集器、手套等）在离开房间时要进行适当的符合防护等级的消毒。

（9）动物笼子要足够坚固，以保证不被非人灵长类动物损坏，还要保持适当的工作环境。

（10）有挤压装置组装的笼子应便于检查和固定。在清洗笼子或把动物转移到另一个房间的时候，转移箱和其他特殊牵制器械能使动物不对人构成威胁。

（11）对于群居笼子，要考虑到这些因素，如动物间的相容性和种群的密度，以尽量减少动物打斗的情况。

3. 对于灵长类动物的要求

《灵长类实验动物饲养管理规范》要求饲养场所应建在环境空气质量及自然环境条件较好的区域，远离居民区和交通要道，远离有严重空气污染、震动或噪声干扰的区域。动物的房舍应通风、透光、清洁、干燥。房舍内墙壁应光滑、平整，阴阳角应为圆弧形，以利冲洗消毒。墙面应采用耐腐蚀、无反光、耐冲击不易脱落的材料建筑。地面应防滑、防磨、无渗透。天花板应耐水、耐腐蚀。屋顶应设通风透光、换气设备。屋内还应设保温设备，以利冬季保温。室内应设有通风换气设备，维持室内空气流通，保持空气新鲜。动物饲养区应实行封闭式管理。

第五节　与仪器设备相关的危害的风险评估

仪器设备是实验室必备的硬件设施，是开展科学实验研究的前提条件。本节重点介绍与微生物学实验室相关的仪器设备及其风险评估因素。

一、可能产生危害的仪器设备

实验仪器设备是微生物学实验室必不可少的技术装备。仪器的正确使用是避免危害产生的重要环节，若使用不当也将造成生物危害，尤其是实验室常用仪器，由于与感染性生物因子接触机会较大，更应当注意安全使用规范。微生物学实验室涉及的仪器主要包括培养箱、注射针头、离心机、超速离心机、厌氧罐、干燥器、高速搅拌器和组织匀浆器、超声仪和超声清洗仪、培养物搅拌器、混合器以及振荡器、冷冻干燥机以及恒温水浴器和恒温振荡水浴器等。

二、可能产生危害的仪器设备的风险评估

微生物实验室不可避免使用一些仪器设备，在使用中亦有不同程度的感染性生物因子污染的风险。因而，仪器设备的风险评估是生物安全评估的一个重要环节。对于同种危害度的病原生物而言，实验室仪器设备的风险评估应从以下各方面进行：

1. 所有仪器设备是否都经过安全使用认证；
2. 在对仪器设备进行维护之前，是否进行了清除污染工作；
3. 生物安全柜和通风橱是否进行定期检测和保养；
4. 高压灭菌器和其他压力容器是否定期检查；
5. 离心机的离心桶及转子是否定期检查；
6. 是否定期更换 HEPA 过滤器；
7. 是否使用吸管来替代皮下注射用针头；
8. 破碎或有缺口的玻璃器皿是否总是丢弃而不重复使用；
9. 是否有盛放碎玻璃的安全容器；
10. 在可行时是否采用塑料来代替玻璃制品；
11. 是否配备并使用供丢弃锐器的容器。

第六节　实验室废物的风险评估

随着社会经济发展和科学技术快速进步，各类废物大量增加，它们给自然环境带来了严重的污染，给人类健康和生存环境也带来了新的危害。通常所说实验室废物是指实验过程中产生的"三废"（废气、废液、废渣）物质，实验用剧毒物品（麻醉药和其他化学药物）残留物，放射性废物和实验动物尸体等。但今天它的概念与内容已经超出了三废的范畴。因此，规范实验废物的管理，维护正常的工作秩序，防止意外事故的发生，避免或减少实验室内感染或潜在感染性生物因子对实验室工作人员、环境和公众造成危害就显得更为重要。正确处置实验室废物是实验室的责任，也是保证实验室自身安全的关键环节。

一、实验室废物的种类与风险特征

实验室活动类型决定了废物的种类、性质和危害性。按照来源，从生物安全的角度，实验室废物分为危害性生物废物与可生物降解废物、医疗废物、传染性废物。

（一）危害性生物废物

生物废物可分为无害性和危害性。无害性生物废物主要指农作物秸秆、牲畜粪便、城市绿化废物以及生活垃圾等不具有生物危害性或者生物危害性极低的废物。而危害性生物废物的概念最早由美国学者提出，已经得到美国 CDC 等多家联邦机构的认可，其制定的管理规定均采用这一术语。它指对人类、驯养和野生动植物具有潜在危害的生物性废物或被生物性污染的废物。当这些废物在实验室内扩散或者向外环境释放就会对工作人员、生态环境和人体健康构成潜在风险，具有以下特征：①与生物技术，特别是基因工程的发展关系密切；②来源广泛，具有多途径，多领域特征；③传染性强、危害较大，有较强的潜在风险；④管理和处理程序更加严格；⑤通常表现为显性和隐性危害，而又经常相互交叉和转化。

按照废物的形态，可以将其分为固态、液态和气态三种，前两种是主要的。按照来源又分为医学、生物学、动物学以及药学实验室等产生的废物，按照组成，危害性生物废物一般主要包含以下几类：人体血液或血液制品、体液、细胞、组织或器官；培养基及其他相关实验材料；微生物类废物；重组 DNA 类废物；动物尸体或组织等。

（二）可生物降解废物

这类废物属于无害生物废物，与上述危害性

生物废物有明显的差异,具有降解快、无污染和能源化等特点。欧盟委员会2008年颁布的《欧盟可生物降解废物管理绿皮书》中指出,可生物降解废物(biodegradable waste)为来自家庭、餐厅、饮食服务业、食品厂的食物和厨房以及食品处理的废物。处理这类垃圾的传统方法,如填埋、焚烧、露天堆放等,但易造成二次污染。因此,它的处理越来越受到各国政府的重视,目标是实现生活垃圾的无害化、减量化和资源化,常用方法是将有效微生物菌群接种到生活垃圾中,通过有氧与厌氧联合处理工艺降解生活垃圾。废物生物降解又称废物消化,是指在微生物的代谢作用下,将废物中的有机物破坏或产生矿化作用,使废物稳定化和达到无害化。可分为无空气存在时进行的还原反应的厌氧降解(生物还原处理)和有空气存在时进行的氧化降解(生物氧化处理),从而实现生活垃圾变废为宝。

(三)医疗废物

医疗废物指来自医院等卫生保健机构的废物,主要包括:被病原体沾染的动物废物、大部分的人类血液和血液制品、病理学废物、微生物废物、医疗处理过程中产生的废物等。美国《医疗废物跟踪法案》,限制性医疗废物主要包括以下7类:培养基、病理学废物、血液和血液制品、医疗或实验使用的锋利物、微生物废物、动物废物、选择性隔离废物和其他未应用锋利物。根据韩国《废物管理法》,医疗废物则主要包括动物尸体、人类肢体和动物肢体、任何动物的排泄或分泌物、被传染源污染了的血液、培养基、原料等塑料材料、废弃的医疗器械、以及其他携带有传染源的废物。

危害性生物废物和医疗废物存在一定的交叉和联系,但是并不能完全等同。虽然在美国,生物危害废物最早脱胎于医疗废物和传染性废物,但经过一段时间的发展,已经将现代生物科技的相关废物包含在内,定义和内容均发生了一定的改变。广义的生物性废物不但包含了医疗废物中带有传染性的细菌、病毒、抗生素、基因等废物,还包含了来源于实验室和医药企业的生物活体、基因废物和来源于转基因产业的带有生物活性的相关废物。而狭义的危害性生物废物则更是将医疗机构产生的部分基本排除在外。因此,危害性生物废物源于医疗废物,但是经过发展和更新,已经超出了医疗废物的范畴,获得了更广范围的特定含义。

(四)传染性废物

传染性废物是指含有足以引发人和动物感染的致病性病原体的废物。美国国家环保局对传染性废物的定义为:①已经被诊断得了可传播性疾病而必须被公共卫生机构隔离的病人所使用过的医疗器械、仪器、器皿等;②实验室使用的病理学标本和用完的污染物(如实验室病人或动物的血液成分、粪便、分泌物等);③外科手术室以及出诊室、急诊室的病理学标本和污染物。1983年,WHO颁布的《有关医疗废物管理指南》,传染性废物则主要包括:感染性病原体的培养物及菌株;传染性疾病患者手术产生的废物;从隔离室传染病患者产生的废物;透析中与传染病或者接触产生的废物(软管、过滤等透析器具、废毛巾、围裙、手套、工作服等);接种病原菌及与患传染病的动物接触等产生的废物。日本1992年公布的《医疗废物处理指南》指出,传染性废物主要指血液、血清、血浆及体液及血液制剂;伴随手术产生的病理废物;附着血液等的锋利物品;用于病原微生物相关的实验、检查用品;其他附着血液等的物品;传染病预防法、结核病预防法及其他法律规定的疾病患者所产生的污染物。

(五)含有遗传修饰生物体的废物

在开展遗传修饰生物体实验活动中,实验室废物有重组细胞、质粒、载体、遗传修饰动物及其相关产品等。它们的风险特征应包括这些生物对人类和其他生物的致病性、毒性、过敏性,对生态环境的影响,对生物多样性的影响等。目前人们对遗传修饰生物体的风险特征和危险性认识不足,且缺乏对其有害性的深入研究,评价与认识它们的风险是一个较长的过程。在转基因动物制作方法中,有些病毒类载体或其表达产物有可能对动物或人类带来潜在危害,标记基因的表达产物可能会产生直接毒性、过敏等副作用。因此,实验室工作者应首先认识遗传修饰生物体及其废物的潜在危险性,应根据受体生物的等级、遗传修饰生物体相关产品的种类对遗传修饰生物体的废物进行分类处理。

（六）实验室废物的风险特征

根据生物污染的对象可分为对空气污染、水污染、直接接触污染等。在对空气的污染中，主要是操作产生的气溶胶，即 $0.001\sim1\,000\mu m$ 的固体、液体微粒导致实验室内外空气污染，引起疾病，如使用涡旋振荡器、用力拍反应板、试剂瓶盖开启、开启冰箱、离心机离心后弃去上清液、从动物体内采血、清洗注射器等。实验室用药品蒸发、挥发，导致局部空气污染，通过通风橱、排风机及其他管道向外排放导致空气污染，也易引发呼吸道疾病。在实验中使用的有毒、有害化学制剂未经处理产生的废水，医院排出的污水，药品废渣等，含有大量的有机悬浮物和固体残渣，还含有细菌、病毒和寄生虫虫卵等。这种污水不经处理直接排入下水道，可污染环境和水源。当人们接触成食用污水时，可能使人致病或引起传染病的流行。实验操作不规范（如实验室事故引起的污染，通过器械、破碎且污染的玻璃器皿、针头刺破伤而发生，工作区与生活区未分开，下班或餐前不洗手而感染，实验人员的皮肤、鞋底、感染性物质溢出或溅出后处理不当可造成墙壁、地面、台面、仪器和其他等物体表面的污染等）或者病原体、有害化学试剂或者放射性核素、紫外线等直接接触人体造成危害。

二、废物处理过程中的主要危险因素评估

实验室不可避免产生废物，评估废物的危险因素是保证人体健康的重要内容，本处重点介绍废物处理过程中的相关危险因素，它包含下述内容。

1. 消毒剂选择、配制有误或者失效，配制标识不清，未进行验证。

2. 盛放废物容器破损或者盛放过满；盛放容器材料不符合要求，标识不清；盛放容器未分类，不相容物品混放；未分类收集废物。

3. 废物转运过程中盛放容器破损或者转运工具不可靠，标识不清。

4. 废物不符合高压灭菌要求；高压灭菌器的指示值有误；灭菌器密封失效，内容物泄漏或含有放射性、易燃、易爆、有毒等材料。

5. 存放废水的容器密封失效或者容量不足，导致内容物泄漏；废液形成有害气溶胶或含有放射性、易燃、易爆、有毒等材料。

6. 高效过滤器破损或未检漏，检漏报告有误；高效过滤器异常，指示值有误，定向流失控或压力倒置，穿墙密封失效废气排出故障或含有放射性、易燃易爆、有毒等材料。

7. 动物尸体、排泄物处理不当，有芽孢产生；无合适的容器或其容量不足，废液回流；容器异常，指示值有误，密封失效，废气、废液排出故障或含有放射性、易燃、易爆、有毒等材料。

8. 废物存放中的问题：废物盛放容器破损或空间不足；盛放废物的容器标识不清或盛放容器倒落；不相容物品混放或含有放射性、易燃易爆、有毒等材料；存积废物容量过多。

9. 普通废物：标识不清或者未分类收集；分类有误或收集错误；可能含有放射性、易燃、易爆、有毒等材料。

三、废物处理过程中的注意事项

实验室废物必须经过无害化处理才能移出实验室，在处理过程中应该注意下述事项。

1. 应当及时收集实验产生的实验性废物，并按照废物的性质、类别收集，分别放置于防渗专用包装容器（袋）或者防锐器穿透密闭容器内（可以是广口塑料瓶或耐重硬纸盒等）。必要时，可以委托有资质的专门处理单位进行处理。

2. 感染性、病理性、损伤性实验废物放入包装容器后不得取出。

3. 严禁使用破损的包装容器，严禁包装容器超量盛装，达到容器的 3/4 时，应当使用有效的封口方式。

4. 搬动或运送过程中发现容器有破损、渗漏等情况，应立即采取重新封装等措施并作相应消毒处理。包装容器的外表面被感染性废物污染时，应当进行消毒处理或者增加一层包装。

5. 实验废物的容器外表面应有生物危险警示标志和标签，内容包括：实验废物产生机构名称、产生日期、类别及其他需要说明的问题等。

6. 洁净的破损手套、口罩、帽子、隔离衣、废物包装容器等，不得作为普通生活垃圾遗弃，应与实验废物一同处置。

7. 严禁将实验废物与生活垃圾混放。

8. 实验废物中含病原体的培养基、标本和菌种、毒种保存液等高危险废物,应先进行蒸汽灭菌或者化学消毒处理后,再按照感染性废物收集处理。

9. 应使用防渗漏、防遗撒的专用运送工具,按照规定的实验废物运送时间、路线,将实验室废物收集、运送至暂时贮存地点。运送工具使用后应当在指定的地点及时消毒清洁,并指定专人负责。

10. 严禁在贮存设施以外堆放实验废物;不得露天存放实验废物。

11. 设专人管理实验废物暂存设施和设备,配备适宜的防护用品和器材,并定期的消毒;对接收的实验废物进行核查、登记并做好有关的交接记录。

12. 实验废物暂时贮存时间不宜超过2天,冷冻贮存时间不宜超过7天。

13. 从事实验废物收集、运送、贮存、管理等工作人员应当接受相关法律知识、安全防护以及紧急处理等知识的培训,持证上岗。

14. 从事实验废物运送、贮存工作人员,必须做好必要的防护;并进行必要的体检和免疫接种。

15. 在进行实验废物收集、运送、贮存时使用的个体防护用品如手套、口罩等不得随意丢弃,应作为实验废物处置。

16. 发生污染事故时,应及时报告,并及时采取消除污染和影响的措施。

17. 高致病性或疑似高致病性实验废物在运送至暂时贮存地点之前,必须在实验室内进行灭菌,并放置化学指示条监测灭菌效果。

小 结

风险是指各种生物因子对人、环境和社会所造成的危害或危害的概率及其可能性后果。评估风险的大小及其是否可以接受的全过程称为风险评估。本章从风险评估的依据与程序、内容与原则,病原微生物、遗传修饰生物体的风险特征及其评估要点、病原微生物和遗传修饰生物体的安全等级与实验室安全水平的关系、实验室活动内容与危害、仪器设备的风险来源、实验室废物种类特征与风险评估内容,及废物处理过程中的主要危险因素及注意事项等方面介绍了实验室风险评估内容。风险评估的目的在于认识风险来源与风险特征,帮助操作者正确选择合适的生物安全水平,制定相应的操作程序,采取相应的安全防护措施、降低或避免实验室风险发生,防止实验室相关感染及其严重后果的发生,以保障人类健康及生态环境安全。

思 考 题

一、填空题

1. 风险是指实验所涉及的各种 _____ 对人、环境和社会所造成的 _____ 或伤害的概率及其可能性后果。评估风险的大小及其是否可以接受的全过程称为 _____。

2. 风险评估包括 _____、_____ 和 _____。

3. 根据病原微生物的传染性及感染后对个体或者群体的危害程度,将病原微生物分为4级。依据的相关条例是:_____。

4. 第一类病原微生物是指能够引起人类或者动物 _____ 疾病的微生物,以及我国尚未发现或者已经宣布消灭的微生物。

5. 第二类病原微生物是指能够引起人类或者动物 _____ 疾病,比较容易直接或者间接在人与人、动物与人、动物与动物间传播的微生物。

6. 第三类病原微生物是指能够 _____ 人类或者动物疾病,但一般情况对人、动物或者环境不构成严重危害,传播风险有限,实验室感染后很少引起严重疾病,并且具备有效治疗和预防措施的微生物。

7. 第四类病原微生物是指在通常情况下 ____ 人类或者动物疾病的微生物。

8. 通常所说的高致病性病原微生物是指 ____ 和 ____ 病原微生物。

9. 实验室废物是指实验过程中产生的三废：____、____、____。

10. 利用转基因技术制备和生产加工的食品称为 _____。

11. 基因修饰干细胞是将编码有治疗作用的功能基因转染给 ____，使该基因作为内源性基因在干细胞内合成、分泌、表达特异性 ____。

二、是非题

1. 病原微生物的危害等级与实验室安全水平的关系是

A. 危害越重，安全水平越高　　　　　　B. 传播速度越快、安全水平越高

2. 病原微生物危害程度分类的主要依据是

A. 致病性　　　　　　　　　　　　　　B. 宿主抵抗力

C. 无有效预防措施

3. 一种病原体的传播途径可以是

A. 仅有一种　　　　　　B. 两种　　　　　　C. 多种

4. 病原微生物的感染性与其浓度成

A. 正相关　　　　　　　B. 负相关　　　　　　C. 无相关性

5. 腺病毒作为载体优点是

A. 容量大、滴度高　　　　B. 易于培养　　　　C. 基因组为 DNA 病毒

6. 重组生物体的防护等级时要考虑的因素包括

A. 受体生物 / 供体生物的防护等级　　　　B. 受体的复制能力

C. 供体的复制能力

7. 转基因作物安全性主要表现在

A. 食用安全　　　　　　　　　　　　　B. 实验室操作安全

8. 基因转移的工具是

A. 载体　　　　　　　　B. 细胞　　　　　　C. 动物

9. 遗传修饰生物体实验活动中的实验室废物有：

A. 细胞　　　　B. 质粒　　　　C. 载体　　　　D. 动物

10. 气溶胶指：A. 0.001~1 000μm、B. 0.000 1~ 100μm、C. 0.001~10 000μm 的固体液体微粒。

11. 实验室废物必须经过无害化处理才能移出实验室，容量达到容器的 A. 3/4、B. 1/2 时才能进行封口处理。

三、问答题

1. 遗传修饰生物体的风险评估要点及应解决的主要问题是什么？

2. 实验室废物的种类有哪些？

参 考 答 案

一、填空题

1. 生物因子　危害　风险评估

2. 风险识别　风险分析　风险评价

3.《病原微生物实验室生物安全管理条例》

4. 非常严重

5. 严重

6. 能够引起

7. 不会引起

8. 第一类　第二类

9. 废气　废液　废渣

10. 转基因食品

11. 干细胞　蛋白

二、是非题

1. 危害越重,安全水平越高

2. 致病性

3. 多种

4. 正相关

5. 容量大、滴度高

6. 受体生物 / 供体生物的防护等级

7. 食用安全

8. 载体

9. 质粒　载体

10. 0.001~1 000μm

11. 3/4

三、问答题

1. 遗传修饰生物体的风险评估工作应考虑供体和受体 / 宿主生物体的特性,主要包括以下几个方面:插入基因(供体生物)所直接引起的危害、与受体 / 宿主有关的危害、现有病原体性状改变引起的危害、基因转移与基因突变所产生的危害等。遗传修饰生物体的危害评估应解决四个主要问题:是否存在潜在风险;风险是如何发生的(发生的概率);风险发生时的严重程度和影响范围;用其他技术是否有相似特征。

2. 实验室活动类型决定了废物的种类、性质和危害性。按照来源,从生物安全的角度实验室废物分为危害性生物废物与可生物降解废物、医疗废物、传染性废物。按照废物的形态,可以将其分为固态、液态和气态三种;按照来源又分为医学、生物学、动物学以及药学实验室等产生的废物。

ER2-1　第二章二维码资源

（杨占秋）

第二篇　实验室生物安全防护

第三章 生物安全实验室分级与设施设备

本章主要介绍病原微生物实验室生物安全防护的原理，以及现有的防护技术；着重阐述了生物安全实验室的一级防护屏障、二级防护屏障和实验室标准微生物操作技术规范，以及不同生物安全防护水平的内在含义、具体内容和适用范围；描述了不同类型人员防护装备的选择和正确使用；系统介绍了生物安全实验室防护效果的验证技术。通过以上内容的阐述，使读者能够系统、全面地掌握生物安全实验室防护原理和防护技术的国内外现状。

第一节 实验室生物安全防护的基本措施

防护是指在有病原微生物存在的实验室环境中，为了减少或消除实验室工作人员、实验室内外环境暴露于病原微生物采取的技术方法或综合措施。

生物安全防护水平是指根据拟开展的病原微生物种类、实验活动、已证实或可能的传播途径、实验室功能或活动特殊性的需要，由实验室操作技术、安全设备和实验室设施构成的不同防护水平的组合。

涉及病原微生物的实验室，在实验活动中存在着实验活动的生物危害风险，可能引起实验室人员感染、实验室内外环境污染等实验室事故。因此，为了减小或消除这些实验室的实验活动生物危害风险，通过对实验室设施、安全设备、人员防护装备的综合使用，形成物理防护隔离屏障，即利用围场原理，达到对实验室人员和环境的防护。

一、实验室生物安全防护原理

无论是哪一种病原微生物实验室，只要操作感染性物质，气溶胶的产生是不可避免的。因此，在实验室开展实验活动时，除了需要控制实验室内发生的通过空气传播的感染，还要防止所产生的气溶胶向外扩散。在实验室中，有多种措施可以有效防止气溶胶的扩散，其基本原理包括围场操作、屏障隔离、有效拦截、定向气流和空气消毒等。

（一）围场操作

围场操作是把感染性物质局限在一个尽可能小的空间（例如生物安全柜）内进行操作，使之不与人体直接接触，并与开放空气隔离，避免人的暴露。实验室也是围场，是第二道防线，可起到"双重保护"作用。围场大小要适宜，进行围场操作的设施设备往往组合应用了机械、气幕、负压等多种防护原理。

（二）屏障隔离

气溶胶一旦产生并突破围场，要靠各种屏障防止其扩散，因此也可以视为第二层围场。例如，生物安全实验室围护结构及其缓冲室或通道，能防止气溶胶进一步扩散，保护环境和公众健康。按国家标准《实验室 生物安全通用要求》（GB 19489—2008）的要求，进出核心实验室的缓冲间是必需的设置，可把操作感染性材料的核心区围场在尽可能小的范围内。

（三）定向气流

定向气流有助于减少气溶胶的扩散，即实验室周围的空气应向实验室内流动以避免污染气溶胶向外扩散；在实验室内部，辅助工作区的空气应向防护区流动，保证没有逆流，以减少工作人员暴露的机会；轻污染区的空气应向重污染区域流动。

（四）有效拦截

有效拦截是指生物安全实验室内的空气在排入大气之前，必须通过 HEPA 过滤器过滤，将其中感染性颗粒阻拦在滤材上。这种方法简单、有效、经济实用。HEPA过滤器的滤材是多层、网格交错排列的,其拦截感染性气溶胶的原理在于:

1. **过筛** 直径小于滤材网眼的颗粒可能通过,大于的则被拦截。

2. **沉降** 对于直径 $0.3\mu m$ 以上的气溶胶粒子作用较强。气溶胶粒子直径虽然小于网眼,由于粒子的重力和热沉降或静电沉降作用也可能被阻拦在滤材上。

3. **惯性撞击** 气溶胶粒子直径虽然小于网眼,由于粒子的惯性撞击作用也可能被阻拦在滤材上。

4. **粒子扩散** 对于直径小于 $0.1\mu m$ 的气溶胶粒子作用较强,气溶胶粒子虽然小于网眼,由于粒子的扩散作用也可能被阻拦在滤材上。依照上述原理,最不容易滤除的粒子是 $0.1\sim0.3\mu m$ 的粒子。

(五)有效消毒灭菌

实验室生物安全的各个环节都少不了消毒灭菌技术的应用,实验室的消毒灭菌主要包括空气、表面、仪器、废物、废水等的消毒灭菌。应注意根据消毒灭菌所针对的生物因子选择合适的方法,并应注意环境条件对消毒效果的影响。

二、一级防护屏障

一级防护屏障是指生物安全设备和个人防护装备在操作人员和操作对象(如病原微生物)之间构成的一道防止人员直接接触病原微生物的物理隔离屏障。

生物安全实验室一级防护屏障主要由系列生物安全柜、负压安全罩、各种密闭容器、个人防护装备以及其他为了消除或减小工作人员暴露于有害生物材料的工程设计而组成。工作人员在实验室内操作各种样本、病原微生物的培养物、动物等均能够产生感染性微生物气溶胶;在进行感染性物质操作过程中,如对琼脂板划线接种、用吸管接种细胞培养瓶、采用加样器转移感染性混悬液、对感染性物质进行匀浆及涡旋振荡、对感染性液体进行离心以及进行动物操作时,均可能产生感染性气溶胶和微小颗粒。这些气溶胶和颗粒极易被操作者吸入或污染工作台面和其他材料。

正确使用生物安全柜可以有效减少由于气溶胶暴露所造成的实验室感染和培养物交叉污染,并对实验对象和环境具有保护作用。在不同级别的生物安全实验室,从事不同实验活动内容的同一级别的实验,配备的个人防护装备都是不同的。概括起来,个人防护装备包括防护服、生物防护口罩、生物防护面具、正压防护头罩、正压防护服(含生命维持系统)。这些安全设备的不同组合,实验室工作人员如果能够正确使用,就能够获得良好的生物安全防护效果。下面对生物安全柜、负压动物饲养隔离器、个人防护装备等主要防护设备的防护原理进行介绍。

(一)生物安全柜

生物安全柜是直接操作病原微生物时所用的一类负压、箱式结构的安全设备,保护使用者不受实验操作产生的微生物气溶胶的暴露和伤害,保护实验室内外环境不受污染,保护样品不受环境物质的污染。按防护水平生物安全柜分为Ⅰ级、Ⅱ级、Ⅲ级,Ⅱ级的又分为4种类型(表3-1)。1951年,美国某公司设计生产出世界上第一台生物安全柜,经过多年的改进和新技术的应用,经历的两次重要设计改进是:第一个关键技术改进是将经HEPA过滤的空气以垂直层流的方式送到工作台面上,从而保护工作台面上的物品不受污染,保护实验对象;第二个关键技术改进是在排风系统增加了HEPA过滤器,对于直径 $0.3\mu m$ 的颗粒,HEPA过滤器可以截留 99.97%,而对于更大或更小的颗粒则可以截留 99.99%,确保从安全柜中排出的是不含微生物的空气,保护实验室环境。这两个关键技术参数已成为生物安全柜设计、基本性能、保护对象、以及性能评价的标准。

1. **Ⅰ级生物安全柜**

图3-1为Ⅰ级生物安全柜的原理图。房间空气从前面的开口处以 $0.40m/s$ 的低速率进入安全柜,空气经过工作台表面并经排风管排出安全柜。定向流动的空气将工作台面上可能形成的气溶胶迅速带离实验室而被送入排风管内。操作者通过玻璃窗观察工作台面的情况,双臂可以从前面的开口伸到安全柜内的工作台面上。安全柜的玻璃窗可以完全抬起,以便清洁工作台面或进行其他处理。

表3-1　生物安全柜技术参数和应用对象的比较

类型		正面气流速度（m/s）	气流方式	应用	
				非挥发性化学毒物/放射性物质	挥发性化学毒物/放射性物质
Ⅰ级		≥0.40	前面进,后面出,顶部通过HEPA过滤器	能	能①
Ⅱ级	A1型	≥0.40	70%通过HEPA在工作区内循环,30%通过HEPA排出到实验室内	能（微量）	不能
	A2型	≥0.50	同ⅡA1	能	能②
	B1型	≥0.50	30%通过HEPA在工作区内循环,70%通过HEPA和气密管道排出	能	能②
	B2型	≥0.50	不循环,经HEPA过滤排出实验室	能	能
Ⅲ级		无工作窗进风口,当一只手套筒取下时,手套口风速≥0.70	同B2型	能	能

注:①安装上要求有一特殊管道通到室外,由一道活性炭过滤器、防爆的发动机及其他电路组成。Ⅰ级生物安全柜如果操作挥发性化学物,则不能将废气排到室内。

②可以用于微量挥发性有毒化学品（化学浓度不能超过最低爆炸浓度）和痕量放射性核素为辅助剂的微生物实验。

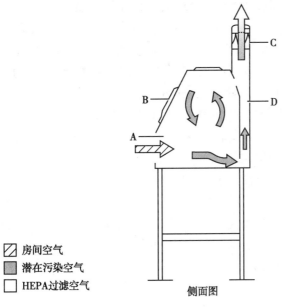

□ 房间空气
■ 潜在污染空气
□ HEPA过滤空气

侧面图

图3-1　Ⅰ级生物安全柜原理图
A. 前窗口；B. 窗口；C. 排风HEPA过滤器；
D. 压力排风系统。

安全柜内的空气通过HEPA过滤器后可选择三种方式排出:（a）排到实验室中;（b）排到实验室中,然后再通过实验室排风系统排到建筑物外面;（c）直接排到建筑物外面。HEPA过滤器可以装在生物安全柜的压力排风系统（the exhaust plenum）里,也可以装在建筑物的排风系统里。有些Ⅰ级生物安全柜装配有一体式排气扇,而其他的则是借助建筑物排风系统的排气扇。Ⅰ级生物安全柜能够为操作者和环境提供保护,但未除菌的房间空气通过生物安全柜正面的开口处直接吹到工作台面上,因此它不能对工作台面的物品提供切实可靠的保护。Ⅰ级生物安全柜除用于感染性实验操作外,也可用于操作放射性核素和挥发性有毒化学品。

2. Ⅱ级生物安全柜

Ⅱ级生物安全柜在设计上不但能保护操作者和环境,而且能保护工作台面的物品不受房间空气的微生物污染。Ⅱ级生物安全柜有四种不同类型,分别为A1、A2、B1和B2型,Ⅱ级与Ⅰ级生物安全柜的不同之处在于,只让经HEPA过滤的（无菌的）层流空气到达工作台面。Ⅱ级生物安全柜可用于一、二、三级生物安全实验室。在使用正压防护服的条件下,Ⅱ级生物安全柜也可用于四级生物安全实验室。原国家食品药品监督管理局颁布了中华人民共和国医药行业标准《Ⅱ级生物安全柜》（YY 0569—2011）。

（1）Ⅱ级A1型生物安全柜

Ⅱ级A1型生物安全柜的原理如图3-2所

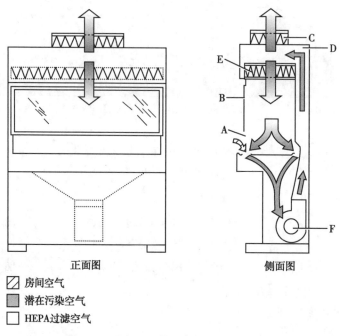

正面图　　　　　　　侧面图

▨ 房间空气
■ 潜在污染空气
□ HEPA过滤空气

图 3-2　Ⅱ级 A1 型生物安全柜原理图
A. 前窗口；B. 窗口；C. 排风 HEPA 过滤器；
D. 后面的压力排风系统；E. 供风 HEPA 过滤器；F. 风机。

示。内置风机将房间空气（供给空气）经前面的开口引入安全柜内并进入前排进风格栅。在正面开口处的空气流入速度至少应达到 0.40m/s。然后，供气先通过供风 HEPA 过滤器，再向下层流到工作台面。空气在向下流动到距工作台面大约 6~18cm 处分开，其中的一半会通过前排进风格栅，而另一半则进入后排进风格栅。所有在工作台面形成的气溶胶可立刻被这样向下的气流带走，从而为实验对象提供保护。操作产生的约 70% 污染空气将经过供风 HEPA 过滤器净化处理后重新返回到生物安全柜内的操作区域，而剩余的 30% 污染空气则经过排风 HEPA 过滤器净化后排出。柜内所有生物污染部位均处于负压状态或被负压通道或负压通风系统包围。

Ⅱ级 A1 型生物安全柜排出的空气可以进入房间里，也可以通过连接到专用通风管道上的套管或建筑物的排风系统排到建筑物外面。二者相比，前者可减少能耗。生物安全柜通过与排风系统的通风管道连接，不能用于挥发性放射性核素以及挥发性有毒化学品的操作（表 3-2）。

（2）Ⅱ级 A2 型生物安全柜

Ⅱ级 A2 型生物安全柜是由Ⅱ级 A1 型生物安全柜演变来的，与 A1 型生物安全柜的不同之处在于在正面开口处的空气流入速度至少应该达 0.50m/s。

表 3-2　不同保护类型及生物安全柜的选择

保护类型	生物安全柜的选择
针对危险度第一到三类病原微生物的安全防护	Ⅱ级、Ⅲ级生物安全柜
四级生物安全实验室中针对通过空气传播的危险度第一类病原微生物时的安全防护	Ⅲ级生物安全柜
针对非通过空气传播的危险度为第一类病原微生物的安全防护	Ⅱ级生物安全柜
保护实验对象	Ⅱ级生物安全柜，柜内气流是层流的Ⅲ级生物安全柜

（3）Ⅱ级 B1 型生物安全柜

Ⅱ级 B1 型生物安全柜（图 3-3）是在Ⅱ级 A2 型生物安全柜的基础之上改进而来的。与 A2 型生物安全柜的不同之处在于：经操作产生的约 30% 的污染空气经过供风 HEPA 过滤器重新过滤净化返回到生物安全柜内的操作区域，而剩余的 70% 污染空气则经过排风 HEPA 过滤器过滤净化后通过硬连接的管道进入到大气中。可用于少量挥发性、放射性核素以及挥发性有毒化学品内辅助剂的微生物实验操作。

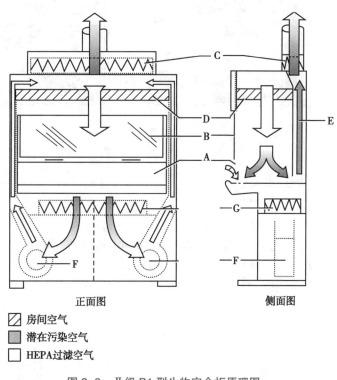

正面图　　　　　　　侧面图

◪ 房间空气
▨ 潜在污染空气
▢ HEPA 过滤空气

图 3-3　Ⅱ级 B1 型生物安全柜原理图
安全柜需要有与建筑物排风系统相连接的排风接口
A. 前开口；B. 窗口；C. 排风 HEPA 过滤器；D. 供风 HEPA 过滤器；
E. 负压压力排风系统；F. 风机；G. 送风 HEPA 过滤器。

（4）Ⅱ级 B2 型生物安全柜

Ⅱ级 B2 型生物安全柜（图 3-4）是由Ⅱ级 A1 型生物安全柜变化而来，与 A1 型、A2 型和 B1 型生物安全柜的不同之处在于：经操作产生的污染空气经过排风 HEPA 过滤器过滤净化后通过硬连接的管道 100% 的排出实验室，所有的空气不再循环使用；可用于挥发性放射性核素以及挥发性有毒化学品为辅助剂的微生物实验操作。B2 型生物安全柜的空气补充通过两条途径，一是从实验室内补充，比例不大；二是通过连接的专用管道从实验室外补充大部分的空气；所有污染部位均应处于负压状态或被直接外排的负压区所包围。

3. Ⅲ级生物安全柜

采用Ⅲ级生物安全柜（图 3-5）可以为操作第一类病原微生物材料提供最好的个体防护，主要用于四级生物安全实验室，也可用于三级生物安全实验室。Ⅲ级生物安全柜的所有接口都是"密封的"，其送风经 HEPA 过滤器过滤，排风则经过两个 HEPA 过滤器。Ⅲ级生物安全柜由一个外置的专门的排风系统来控制气流，使安全柜内部始终处于负压状态，应不小于 -120Pa。只有通过连接在安全柜上的橡胶手套，手才能伸到工作台面。Ⅲ级生物安全柜应该配备一个可以灭菌的、装有 HEPA 过滤排风装置的传递仓，并能与双开门的高压灭菌器对接。可根据实际工作需要将几个Ⅲ级生物安全柜串联。

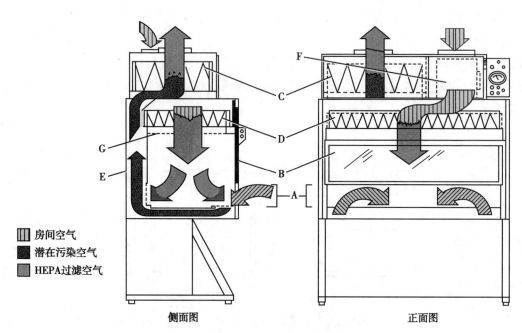

图 3-4 Ⅱ级 B2 型生物安全柜原理图
安全柜需要有与建筑物排风系统相连接的排风接口
A. 前开口；B. 窗口；C. 排风 HEPA 过滤器；D. 供风 HEPA 过滤器；
E. 负压压力排风系统；F. 风机和补风进风口；G. 送风 HEPA 过滤器。

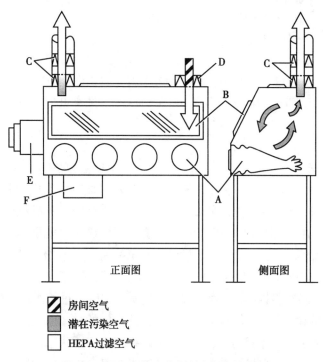

图 3-5 Ⅲ级生物安全柜（手套箱）原理图
安全柜需要有与独立建筑物排风系统相连接的排风接口
A. 用于连接等臂长手套的舱孔；B. 窗口；C. 两个排风 HEPA 过滤器；
D. 送风 HEPA 过滤器；E. 双开门高压灭菌器或传递箱；F. 化学浸泡槽。

4. 生物安全柜的选择与安装

（1）生物安全柜的选择

主要根据下列所需保护类型选择适当的生物安全柜：①保护实验对象；②操作危害程度一到四类的病原微生物时的安全防护；③暴露于放射性核素和挥发性有毒化学品时的安全防护；④上述各种防护的不同组合。表3-2列出了每一种保护类型所推荐使用的生物安全柜类型。

操作挥发性或有毒化学品时，不应使用将空气重新循环排入房间的生物安全柜。Ⅱ级B1型和Ⅱ级A2型（外接管道）安全柜可用于操作少量挥发性化学品和放射性核素。Ⅱ级B2型安全柜也称为全排式安全柜，适用于操作大量放射性核素和大量挥发性有毒化学品。在提取核酸时，为避免交叉污染也宜选用此类全排式安全柜。

（2）生物安全柜的安装位置

空气通过前面开口进入生物安全柜的速度在0.40~0.50m/s之间。如此速度的定向气流极易受到干扰，人员走近生物安全柜所形成的气流、送风系统调整以及开关门窗等都可能造成影响。因此，应将生物安全柜安装在远离人员活动、物品移动以及可能扰乱气流的部位。安全柜离后面及每一个侧面应尽可能留有30cm左右的间距，以利于对安全柜的清洁和维护。安全柜离天花板也应留有30~35cm的间距，以便准确测量空气通过排风过滤器的速度和更换排风过滤器。

（3）生物安全柜的通风连接

Ⅱ级A1型和A2型生物安全柜，可使用"套管"或"伞形罩"连接。二者安装在安全柜的排风管上，将安全柜中需要排出的空气引入建筑物的安全柜专用排风管中。在套管和安全柜排风管之间保留一个直径差通常为2.5cm的小开口，以便房间内的空气也可以吸入到建筑物的排风系统中。建筑物排风系统的排风能力必须能满足房间排风和安全柜排风的要求。

Ⅱ级B1和B2型生物安全柜，通过硬管连接，即没有任何开口的、牢固地与排风管道连接，最好连接到专门的排风系统，要求建筑物排风系统的排风量和静压必须与生物安全柜生产商所指定的要求一致。对硬管连接的生物安全柜进行验证时，要比将空气再循环送回房间或采用套管连接的生物安全柜更费时。

（二）负压动物饲养隔离器

负压动物饲养隔离器是一种箱式或抽屉式的、呈负压、经HEPA净化并独立送排风的设备，用于感染动物的饲养。其中，饲养小型啮齿动物的这种设备又称之为独立通风动物饲养隔离器（IVC），饲养兔和猴的这种设备称之为负压动物饲养隔离器。这两种防护设备在动物生物安全实验室中已经得到广泛应用。

（三）个人防护装备

在生物安全实验室中，个人防护装备主要是避免实验人员暴露于感染性材料，避免实验室相关感染的发生。在操作感染性材料时科学合理地采用个人防护装备，对避免实验室获得性感染是非常有效的。

病原微生物实验室个人防护装备种类繁多，防护性能、材料、结构和防护对象有很大的不同。根据结构、防护原理、使用对象等因素可以把个人防护装备分为三类：常规个人防护装备、呼吸道防护装备、正压防护装备（又称为生命维持系统）。常规个人防护装备是指工作人员进入BSL-1和BSL-2工作时必需穿戴的防护装备，包括手套、外套、长实验服、鞋套、靴子、面罩、护目镜、医用防护口罩等，对这些防护装备应根据开展的实验活动具体内容来选择和组合。呼吸道防护装备是指在实验室中操作空气传播的病原微生物和高致病性病原微生物时，实验操作人员佩戴保护呼吸道的装备包括生物防护口罩、防护面罩、正压防护头罩等，选择适当的呼吸道防护装备，并准确佩戴，可有效避免吸入实验活动中产生的病原微生物气溶胶。正压防护装备主要用于BSL-3和BSL-4中处理含有呼吸道传播的二类危险度以上病原微生物样本或高浓度、大容量样本时使用，其特点是主动供给洁净空气，在保护区域内形成正压。正压防护装备由头罩、防护服、空气过滤净化系统、动力系统等几部分构成。

三、二级防护屏障

二级防护屏障是指由实验室设施、生物安全设备在实验室内环境与实验室外环境之间构成的一道阻止病原微生物逃出实验室的物理隔离防护屏障。通过实验室设施的特殊设计，达到对实验室外环境的生物安全保护，防止实验室以外的人员、环境暴露于从实验室中偶然逃出的微生物。这些特殊的设计包括实验室工作区和公共通道的分开、消毒设备（如高压灭菌器）和洗手装置的使用、保证定向气流和负压梯度的特殊通风系统、从排出的气体中净化微生物的空气处理系统、隔离建筑物或把实验室分开的缓冲间等。

从病原微生物实验室已经发生的实验室获得性感染事故案例中可以看出，实验室空气被实验活动产生的微生物气溶胶污染，实验室人员吸入污染空气是导致感染的主要原因；此外，还有感染性固体和液体废物。为了防止病原微生物实验室实验活动产生的感染性"三废"对实验室人员、实验室内外环境和社会人群的危害，现代病原微生物实验室通过对设计、建设、安全设备配置、人员防护装配置等技术方法，在实验室的人员与感染性材料之间、实验室内环境和外环境与感染性材料之间形成一个物理隔离屏障，将感染性材料控制在非常有限的空间内，从而阻断人和环境与感染性材料的直接接触。由此可见，实验室生物安全防护是采用物理分区隔离、负压定向气流、过滤净化等技术方法，达到对实验室活动产生的感染性废物的"负压围场"的控制目的。

（一）物理分区隔离

现代病原微生物实验室都有辅助工作区和防护区，防护区中直接从事高风险操作的工作间为核心工作间。辅助工作区主要是日常办公或实验室控制区，不涉及病原微生物的工作；所有的实验工作都应在防护区开展，感染性"三废"也是在该区产生的。

物理分区隔离主要是通过一些相对简单的空间划分、物理隔离、进出控制措施等把实验室的不同功能区隔离开。空间划分是依据实验室的功能划分的，一般从外到里依次是办公室、公共通道、实验活动区等，每一个都有一些标识提示。物理隔离主要是采用自动关闭门、互锁门、受控通道等物理手段，将实验活动区与办公室和公共通道隔离开。进出控制措施是对实验室进出人员的一种授权行为，通过对互锁门和受控通道的密码、指纹、控制卡等授权，使本实验室工作人员获得进入实验室的一种权利，从而达到对非本实验室人员进出实验室的控制，防止被感染。

以 BSL-3 为例，其属于高等级生物安全防护实验室，是从事高致病性病原微生物研究工作所必需的基本条件。BSL-3 需要明确区分辅助工作区和防护区，人员应通过缓冲间进入核心工作间。适用于操作非经空气传播致病性生物因子的 BSL-3 辅助工作区应至少包括监控室和清洁衣物更换间；防护区应至少包括缓冲间（可兼作脱防护服间）及核心工作间。适用于可有效利用安全隔离装置操作常规量经空气传播致病性生物因子的 BSL-3 辅助工作区，应至少包括监控室、清洁衣物更换间和淋浴间；防护区应至少包括防护服更换间、缓冲间及核心工作间，且核心工作间不宜直接与其他公共区域相邻。

（二）负压定向气流

负压定向气流防护是高等级生物安全实验室防止实验室内污染空气扩散到实验室外环境的关键防护技术方法，通过不同区域负压的高低不同，形成由实验室外到实验室核心工作区（即污染区）的环境空气压力逐步降低的负压梯度。为了保证实验室内所排出的污染空气不会逆流至该建筑物内的其他区域，以及防止未经净化逃逸出实验室，三级和四级生物安全实验室在设施设计时采用定向气流和负压梯度的特殊送排风系统实现对实验室内污染空气的防护和净化处理。实验室的压力梯度也是实验室外的洁净区最高（标准大气压），核心工作区最低（为负值）；实验室的气流是从实验室外的洁净区流向防护区、再到最污染的核心工作区的定向流动，如三级生物安全实验室原则上相邻区域的压差应不小于 -10Pa 或 -15Pa，由此形成由实验室外环境流向实验室核心工作区的定向气流，保证实验室内污染空气不能流动扩散到实验室的其他空间。

BSL-3 应从房间入口处顶部送风,从送风口对面一侧排放。目前,在国内外有两种定向气流组织方式,即上送下排定向气流和上送上排定向气流。

(三）过滤净化

污染空气在核心工作区通过 HEPA 过滤器过滤净化后排出实验室,供风和排风都需要经过过滤净化送入实验室和排出实验室。通过负压梯度和定向气流的设计,可以使实验室内的污染空气只能通过 HEPA 过滤器过滤后排放。

负压通风过滤技术主要应用在 BSL-3、BSL-4、ABSL-3 和 ABSL-4。BSL-3 核心区的空气一律要经过 HEPA 过滤器过滤后才能排放。HEPA 过滤器安装的位置很重要,原则是应尽量缩小空气污染的范围,即滤器应尽可能靠近污染源。应特别注意的一点是,送风口的 HEPA 过滤器应安装在送风口的最后端,使进入实验室的空气在经过初级和中级过滤后,再经过 HEPA 过滤器过滤净化后进入实验室,可以延长 HEPA 过滤器使用寿命,减少 HEPA 过滤器的更换次数。BSL-3 排风口的 HEPA 过滤器应安装在排风口的最前端,使污染区和半污染区内的空气在排出房间前即已被净化;如果 BSL-3 排风口的 HEPA 过滤器安装在排风管道的末端或者安装在远离排风口的风机前端,则会造成排风管道的污染,且一旦污染很难消毒。

在四级生物安全实验室中使用Ⅲ级生物安全柜时,Ⅲ级生物安全柜内的空气可以来自室内,经过安装在生物安全柜上的 HEPA 过滤器进入柜内,也可以由实验室供气系统直接提供,但在送风管路上必须有气密性止回阀。从Ⅲ级生物安全柜内排出的气体在排到室外前需经两个 HEPA 过滤器过滤。工作中,安全柜内相对于周围环境应始终保持负压。在四级生物安全实验室中使用正压防护服时,需要配备专用的正压防护服供风和排风系统,要保持供风和排风部分相互平衡,以确保实验室内由最小危险区流向最大潜在危险区的定向气流和负压状态。必须监测实验室内部不同区域之间及实验室与毗连区域间的压力差,监测通风系统中供风和排风部分的气流,同时安装适宜的控制系统,以防止实验室压力上升。防护服型实验室的排风必须通过两个串联的 HEPA 过滤器过滤后释放至室外。在任何情况下,四级生物安全实验室所排出的气体均不能循环至其他区域。

为了确保排出空气的洁净,所有的 HEPA 过滤器必须每年进行检测。HEPA 过滤器的安装设计可以保证过滤器在拆除前进行原位消毒,或可以将过滤器装入密封、气密的原装容器中以备随后进行灭菌/焚烧处理。

(四)固废和液废的消毒净化设备

一级和二级生物安全实验室只需在实验室所在的建筑内有集中高压消毒场所,或实验室内配置立式或台式高压灭菌器即可。

三级和四级生物安全实验室必须配备双门、传递型高压灭菌器对废物和使用过的物品进行高压蒸汽消毒灭菌;对于不能进行蒸汽灭菌的仪器、物品,应提供其他化学消毒清除污染的方法。三级和四级生物安全实验室用于清除正压防护服表面污染的化学淋浴室、Ⅲ级生物安全柜或负压动物饲养隔离消毒清洗的污水,在最终排往下水道之前,必须收集并经过净化消毒处理。个人淋浴室和卫生间的污水可以不经任何处理直接排到下水道中。

四、实验室标准操作和技术

实验室标准操作和技术是防护的最重要因素之一,严格遵守标准的微生物操作和技术是保障实验室生物安全的关键环节。从事感染性微生物或可能的感染性材料工作的人员必须意识到实验室病原微生物实验活动中的潜在生物危害,实验室应该制定或采纳一套实验室标准操作程序,以确保在开展实验室活动时能够减小或消除实验操作中潜在生物危害。要告知工作人员实验活动中的潜在生物危害,要求他们阅读和遵守实验室的标准操作程序,并接受培训和熟练掌握在实验室安全操作这些感染性材料的标准操作和技术。

第二节 生物安全实验室分级和设施要求

实验室设施、设计、安全设备、标准操作技术的不同组合,构成了生物安全实验室不同的四级生物安全防护水平。我国的《实验室 生物安全通用要求》(GB 19489—2008)、美国的《微生物和生物医学实验室生物安全指南》(第5版)和世界卫生组织的《实验室生物安全指南》(第3版)等均将生物安全实验室分为四个级别,一级生物安全实验室防护水平最低,四级生物安全实验室防护水平最高,国际通用表达方式是:BSL-1、BSL-2、BSL-3和BSL-4;动物实验工作的生物安全防护水平是:ABSL-1、ABSL-2、ABSL-3和ABSL-4。

一、一级生物安全实验室

一级生物安全实验室是指能够满足从事已知不能引起健康成人疾病的,以及对实验室工作人员和环境可能危害极小且有明确生物学特征的微生物研究防护要求的实验室,简称为BSL-1。

BSL-1一般不需要与公共通道隔离;按照标准操作规范操作时,可以在开放式工作台面上进行,不需要特殊的防护设备或设施结构,但实验室工作人员在实验操作程序上需要进行安全培训。

(一)标准操作规范

BSL-1开展相关实验活动时,应该严格按照以下的标准操作规范进行实验活动:

1. 在进行微生物培养物及样品实验时,限制或禁止他人进入实验室。

2. 在进行有潜在危害材料的工作之后,在离开实验室之前,实验人员要洗手。

3. 不许在工作区域饮食、吸烟、清洗隐形眼镜和化妆。不允许在工作区存放食物和日常生活用品。在实验室中,戴隐形眼镜的人,也需戴口罩或面罩。

4. 禁止口吸移液管,只能用移液辅助器。

5. 制定和完善包括针头、注射器、剪刀和镊子在内各种锐器安全使用规范。

6. 所有的操作过程应尽量细心,避免产生微生物气溶胶和液体飞溅。

7. 在完成工作之后,或有潜在感染性液体溢出或飞溅后,都要对工作台面进行有效的消毒。

8. 所有的培养物、储存物及其他潜在的感染性材料在处理之前,都应用有效的方法进行消毒,如高压蒸汽灭菌。转移到就近实验室消毒的物料应置于耐用、防漏容器内,密封运出实验室,其包装应符合地方、部门、国家的法律法规。

9. 当有感染性微生物时,应在实验室入口处贴生物危险标志,并显示实验室使用的微生物名称、实验室负责人或安全员的姓名和电话号码。

10. 要有控制昆虫和啮齿动物的措施。

11. 实验室负责人要确保实验室工作人员接受适当的生物安全和操作规范的培训。

(二)一级防护屏障

BSL-1不要特殊的一级防护屏障,但必须满足以下要求:

1. 建议穿实验服、长服或制服,避免污染自己的便衣。

2. 若手上皮肤有伤或皮疹,应戴手套。

3. 当操作过程中可能有感染性材料微生物或其他有害物溅出时,应佩戴保护眼睛的眼罩。

(三)二级防护屏障

BSL-1对二级防护屏障没有特殊的要求,但必须满足以下要求:

1. 实验室要有自动关闭的门,控制人员进出实验室。

2. 实验室要有一个洗手池,尽量靠近实验室出口处。

3. 实验室设计要便于清洁,不应用地毯。

4. 实验台表面应能防水、耐热、耐有机溶剂、耐酸碱和耐用于工作台面及设施消毒的其他化学物质;实验台应当能够承受预期的重量并符合使用;实验台、安全柜以及设备之间的空间应便于打扫。

5. 如果实验室有对着室外的窗子,应当安装防蚊虫的窗纱。

一级生物安全水平实验室的结构布局见图3-6。

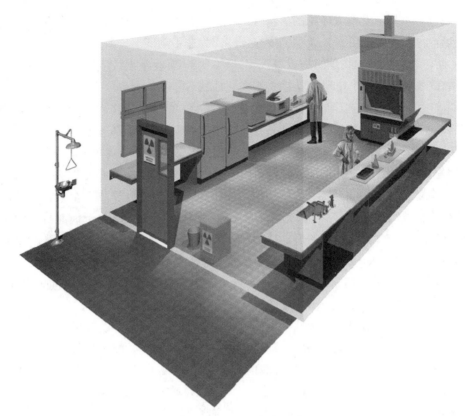

图 3-6　一级生物安全实验室
引自《实验室生物安全手册》（WHO，2004 年）

二、二级生物安全实验室

二级生物安全实验室是指能够满足从事对工作人员和环境有中等潜在危害的微生物操作工作的实验室，简称为 BSL-2，也属于基础实验室。

（一）标准操作规范

同一级生物安全实验室的实验室标准操作规范。

（二）特殊操作

BSL-2 接触的病原微生物危害风险较高。因此，在标准操作规范之外，提出了一些有针对性的特殊操作要求。

1. 应制定规章和程序，告知所有进入实验室人员有潜在生物危害风险，提供将要涉及的病原微生物的免疫接种；每个实验室必须建立收集和保存风险人员血清的制度和程序；与实验活动无关的动物和植物不允许进入实验室。

2. 实验室必须制定或采用一套特殊的实验室生物安全手册，手册必须是有效可行的。

3. 实验人员熟练掌握和操作标准操作技术规范和特殊要求。

4. 潜在感染性材料在设施内收集、处理、储存和转运期间，必须放置在耐用和气密的容器内。

5. 所有可能产生气溶胶的感染性材料的操作必须在 Ⅱ 级生物安全柜内或其他物理防护设备中进行。

6. 导致暴露于感染性材料的事故应立即按照实验室生物安全手册进行评估和处置，所有事故必须向实验室负责人报告，提供医学评估、监督和治疗，适当保存事故记录。

（三）一级防护屏障

BSL-2 的安全设备和设施适用于操作我国危害程度第三类（少量二类）的病原微生物。工作人员在这类实验室中可能暴露于感染性物质的途径包括皮肤或黏膜破损、污染的针头或利器的伤害、呼吸道或黏膜暴露于感染性气溶胶或飞溅物等。BSL-2 是在 BSL-1 的基础之上，增加生物安全柜、高压灭菌器、洗眼器和面罩等安全设备。

1. 对于能够形成感染性气溶胶或溅出物的实验过程，包括离心、研磨、匀浆、剧烈震荡或混匀、超声波破裂、开启装有感染性材料的容器、从动物或胚胎卵采集感染组织，以及选用密封转头或带安全罩离心机离心高浓度或大体积的感染性材料时,这些操作必须使用适当的Ⅱ级生物安全柜、适当的个人防护装备或其他物理防护设备。

2. 当必须在生物安全柜外处理感染性材料时,需采取眼部和面部保护措施(眼镜、口罩、面罩或其他防溅装置),这些眼部和面部防护装备在处置和再利用之前,必须适当消毒。

3. 在实验室内,必须使用专用的防护性外衣、大褂、罩衫或制服。人员到非实验室区域时,防护服必须留在实验室内。

4. 接触潜在感染性材料、被污染的表面或设备时,要戴手套。当手套已被污染、有破损或有其他需要时,应更换手套,如果有特殊需要,应带两副手套;当有感染性材料的操作完成后,或离开实验室之前,应脱掉手套,并洗手;一次性手套不用清洗和再使用。必须严格执行洗手程序。

5. 在有感染动物的房间内,应使用眼、面和呼吸道防护装备。

（四）二级防护屏障

在 BSL-1 设施的基础上,还应满足以下要求:

1. 实验室的门应能够自动关闭。

2. 实验室出口附近应有洗手池,水龙头开关应为非手动式。

3. 实验室设计应便于清洁和消毒,不能使用地毯。

4. 实验室操作台应能承受预期的重量和使用次数。实验台、安全柜以及设备之间的空间应便于打扫。

5. 安装生物安全柜时要考虑到房间的通风和排风,不会导致生物安全柜超出正常参数运行。生物安全柜应远离门、远离能打开的窗、远离行走区,远离其他可能引起风压混乱的设备,保证生物安全柜气流参数在有效范围内。

6. 不建议实验室使用向外开的窗子,如果有,必须安装窗纱。

7. 应有眼睛冲洗装置。

8. 应用高效粒子过滤器保护真空管路,根据需要更换高效粒子过滤器;液体消毒剂是必需品。

9. 实验室所具有的设施内应有对实验室所有废物消毒的功能。

普通二级生物安全实验室的结构布局见图 3-7。

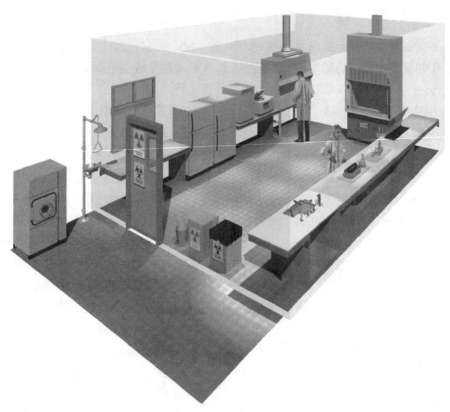

图 3-7 二级生物安全实验室
引自《实验室生物安全手册》(WHO,2004 年)

《病原微生物实验室生物安全通用准则》（WS 233—2017）规定了加强型 BSL-2 在上述要求的基础上，还包含：

1. 缓冲间和核心工作间。

2. 缓冲间可兼作防护服更换间。必要时，可设置准备间和洗消间等。

3. 缓冲间的门宜能互锁。如果使用互锁门，应在互锁门的附近设置紧急手动互锁解除开关。

4. 实验室内应配置压力蒸汽灭菌器，以及其他适用的消毒设备。

5. 采用机械通风系统，送风口和排风口应采取防雨、防风、防杂物、防昆虫及其他动物的措施，送风口应远离污染源和排风口。排风系统应使用高效空气过滤器。

三、三级生物安全实验室

三级生物安全实验室是指能够满足通过呼吸道暴露可能引起严重或潜在致死疾病的高致病病原微生物的临床、诊断、教学、研究或生产的实验室，简称 BSL-3。

BSL-3 的安全设备和设施适用于操作我国危害程度第二类（个别第一类）病原微生物。工作人员在这类实验室中可能暴露于感染性物质的途径包括皮肤或黏膜破损、污染的针头或利器的伤害、呼吸道或黏膜暴露于感染性气溶胶或飞溅物等。

BSL-3 和 ABSL-3 有严格的一级防护屏障和二级防护屏障的要求，以防止工作人员和环境暴露于感染性气溶胶。一级屏障主要指生物安全柜或隔离器（手套箱）等安全设备，所有涉及感染性物质的操作均应该在其中进行。二级屏障包括实验室的平面布局、围护结构、控制入口、负压环境和为减少感染性气溶胶从实验室释放而设置的特殊通风系统等要素。

（一）标准操作技术规范

在 BSL-2 的标准操作规范的基础上，增加了以下内容。

1. 由实验室主任决定限制或禁止进入实验室的人员。

2. 每天都应对工作台面进行消毒。实验产生的各种废物在拿出实验室处置前，置于耐用、防漏容器内，密封运至消毒室，均应经双扉高压灭菌器消毒后拿出实验室；接触感染性材料的人员在离开实验室取下手套要洗手，并更换实验室防护服。

3. 实验室工作人员必须接受操作高致病性的和潜在致死的病原微生物的特殊培训，并接受有丰富经验的专家监督。

4. 必须有控制昆虫和啮齿动物的措施。

（二）特殊操作

BSL-3 接触的病原微生物危害风险高，可通过呼吸道暴露感染。因此，在 BSL-2 的特殊操作要求基础上，补充以下内容。

1. 实验室负责人应制定实验室生物安全手册，要求所有实验人员阅读和理解，实验室工作人员被授权后才能进出实验室。定期收集和保存所有进入实验室的人员和其他有风险人员基本血清样品，并定期检测。

2. 当实验室正在进行感染性材料和有感染动物研究时，应在所有实验室和动物房入口处张贴有生物危害符号的警示，并包括以下信息：病原微生物种类、实验室主任和有关责任人的姓名和电话表、进入实验室的特别要求。

3. 实验室负责人确保在 BSL-3 工作之前，由实验室负责人或其他熟悉微生物安全操作的、有丰富经验的专家对实验人员及其辅助人员进行适当的或特殊的培训，使他们熟练掌握标准微生物操作技能、高致病性微生物的特殊实验操作技能、实验室设施和设备操作技能、以及与工作有关的风险、防止暴露的必要措施和危害评估程序。

4. 所有可能产生感染性气溶胶的操作程序必须在二级生物安全柜内或其他物理防护设备中进行；在设施内收集、处理、储存和转运各种感染性材料时，材料应放置在耐用和气密的容器内；制定各种锐器、利器、注射器等危险器械的操作和消毒技术规范，并制定潜在危害的预防措施。

5. 在有关实验工作结束后、感染性材料洒出或溅出后、受到其他感染性材料污染后，实验室设备和工作台面应由专业人员或由经过适当培训且配有装备的人员进行有效的消毒。被污染的设备送去修理、维护或打包运输之前，要按照国家主管部门的相关规定消毒。

(三)一级防护屏障

在 BSL-2 安全设备的基础上,根据 BSL-3 的特点,在安全设备方面还满足以下要求。

1. 进入实验室时,要穿内外两层防护服,离开实验室时内外两层防护服必须脱下留在实验室指定区域,重复使用的衣服在清洗前要消毒。

2. 在处理感染性材料、感染动物及被污染的仪器时,必须戴两层手套。

3. 感染性材料的操作、感染动物的解剖或取材等都应在Ⅱ级或Ⅲ级生物安全柜中进行。

4. 当操作不能在生物安全柜中进行时,应适当地综合使用个人防护装备(如负压防护头罩、防护面具等)和物理防护设备(如带安全罩或密封转头的离心机)。当进入内有感染动物的房间时,应对呼吸道和面部采取特殊保护措施。

(四)二级防护屏障

BSL-3 的二级防护屏障高于 BSL-2,国家有特殊的技术标准要求,可以参考国家相关标准,主要有以下几方面。

1. 实验室在建筑物内要与其他公共区域隔离开,独自一体,实验室应分为清洁区、防护区和污染区(又称核心工作区)三个区域;实验室入口应受控。

2. 防护区和核心工作区的墙面、地面、天花板应能耐消毒,并有良好的气密性。

3. 实验室应有消毒净化措施,即高压蒸汽消毒、化学消毒,对于大动物 ABSL-3 还应有动物尸体无害化处理的方法。实验室产生的"感染性三废"(即废气、固体废物和液体废物)在排出或拿出防护区和污染区之前,必须进行有效的消毒和净化处置。

4. 实验室应有自成一体的送风和排风系统,保证实验室的负压梯度,确保实验室的气流从"辅助工作区"到"防护区"的定向流。排出的空气不再循环至建筑物内的任何其他区域,需经过 HEPA 过滤器净化处理后排出。实验室每个进出口处设置可视的压差监视和报警装置。

5. 二级生物安全柜排出的、经过 HEPA 过滤的空气,可进入实验室循环。当二级生物安全柜通过实验室独立排气系统排出空气时,安全柜的排气管路的联结,应避免对安全柜的空气平衡或建筑物排气系统的空气平衡产生干扰;当使用三级生物安全柜和动物饲养隔离器时,要与实验室排气系统直接连结。二级生物安全柜至少每年经过一次测试和验证。

6. 会产生气溶胶的离心机或其他设备应安置在一个负压隔离防护装置中,该装置通过 HEPA 过滤器排出空气,而避免直接排入实验室中,该装置至少每年一次测试 HEPA 过滤器。真空管路由液体消毒剂汽水阀和 HEPA 过滤器及类似设备保护。

7. 如果在核心区和半污染区出口处设洗手装置,洗手装置的供水应为非手动开关;供水管应安装防回流装置,不得在实验室内安设地漏。下水道应与建筑物的下水管线完全隔离,且有明显标识。下水应直接通往独立的液体消毒系统集中收集,经有效消毒后处置。

三级生物安全实验室的结构布局见图 3-8。

将第一级、二级和三级防护水平的重要内容汇总于表 3-3,供参考。

四、四级生物安全实验室

四级生物安全实验室是指能够满足从事有引起个体生命高度危险的,尤其是外来的、通过气溶胶传播的病原微生物,或与未知传播途径相关病原微生物工作的实验室,简称 BSL-4。

BSL-4 可以是独立建筑物,也可以是建筑内独立特殊的控制区。BSL-4 可以分为两类:一类是所有的工作都要限制在Ⅲ级生物安全柜里,称之为生物安全柜型 BSL-4;另一类是Ⅱ级生物安全柜与一套由生命维持系统供气的正压个人工作服联合使用型,称之为防护服型 BSL-4。四级生物安全实验室对防止微生物扩散到环境有特殊的工程和设计性能。

(一)标准微生物操作

由于实验活动涉及最高危害程度的病原微生物,可通过气溶胶传播感染。因此,在 BSL-3 标准微生物操作的基础上,特别强调实验室工作人员在处理此类致病微生物方面要有特殊的和全面的培训,要了解和掌握标准的和特殊的操作、一级防护屏障、二级防护屏障和实验室设计的特点。

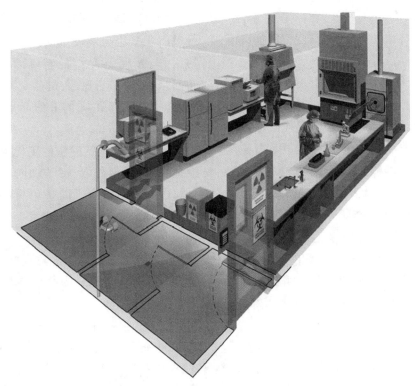

图 3-8 三级生物安全实验室

引自《实验室生物安全手册》（WHO, 2004 年）

表 3-3 不同生物安全实验室要求汇总

设施和设备	生物安全实验室		
	一级	二级	三级
实验室隔离	不需要	不需要	可以需要
房间能够密闭消毒	不需要	不需要	需要
通风			
向内的气流	不需要	可以需要	需要
通过建筑系统的通风设备	不需要	可以需要	不能够
独立的通风设备	不需要	可以需要	需要
HEPA 过滤排风	不需要	可以需要	需要
双门入口	不需要	不需要	需要
气锁	不需要	可以需要	需要
带淋浴的气锁	不需要	不需要	可以需要
准备室	不需要	不需要	需要
带淋浴的准备室	不需要	不需要	不需要
污水处理	不需要	不需要	需要
高压灭菌器			
就地装载样品	需要	需要	需要
位于实验室房间内	不需要	可以需要	需要,贯穿半污染区和清洁区
双门	不需要	不需要	需要
生物安全柜			
Ⅰ级	需要	不需要	需要
Ⅱ级	不需要	需要	需要
Ⅲ级	不需要	不需要	可以需要

（二）特殊操作

在 BSL-3 的特殊操作要求基础上,增加以下内容。

1. 实验室管理者制定或采用一套生物安全手册,由实验室主任或实验室设施安全负责人来管理人员的进出,只有符合计划需要或保障目的的人员才能准许进入实验室;工作人员要指导特殊的危害,并阅读和遵守有关操作和规程;对工作时间表,所有工作人员要签字,表明每个人进出的时间;要建立对突发事件行之有效的应急方案。

2. 根据操作的致病微生物或实验室的功能,定期收集工作人员的血清样本。建立血清监督要考虑该致病微生物抗体检测方法的可靠性,检测结果要告知受检人员。

3. 工作人员只有通过更衣室和淋浴室才能进出实验室,离开实验室要淋浴。只有在发生事故时,实验室的工作人员才能通过气锁应急通道进出实验室。

4. 实验室里需要的供应品和材料通过双门高压灭菌器、熏蒸消毒柜或互锁缓冲室带入实验室,在每次使用之前要适当地消毒。

5. 从Ⅲ级生物安全柜或 BSL-4 拿出活的或完整无损的生物材料时,首先要放入一个不易破碎容器里,再转入另一个不易破碎的容器里密封,最后通过消毒液渡槽、熏蒸消毒柜或特殊设计的气锁拿出实验室。其他各种污染器材在离开实验室之前必须高压灭菌或消毒,可以被高温或蒸汽破坏的器材可以用气体的或烟雾的方法进行消毒处理。

6. 要建立实验室事故、暴露、雇员缺席或可能与实验室感染相关的疾病的医学监督报告系统,整理和保存相关记录。应有一个附加的设施,以备对具有可疑或已知的实验室获得性感染工作人员进行检疫、隔离和医学观察之用。

（三）一级防护屏障

在 BSL-3 的安全设备基础之上,根据 BSL-4 的特点,在安全设备方面还满足以下要求。

1. 在具有属于 BSL-4 的致病微生物的实验室里的所有操作要在Ⅲ级生物安全柜里进行或Ⅱ级生物安全柜和由生命维持系统供气的一套正压个人工作服联合使用。

2. 当实验室已经被消毒、实验室里没有进行过属于 4 级生物安全防护水平的致病微生物的工作、按照所操作的特殊致病微生物要求,如有疫苗,所有工作人员要免疫并达到保护水平时,可以在 BSL-4 的Ⅱ级生物安全柜里操作 BSL-4 防护水平的病毒。

3. 所有进入实验室的工作人员将完全穿实验室衣服,包括外衣、裤子和内衣或连衣裤工作服和手套。所有个人防护用品在淋浴和离开实验室之前,要脱下留在更衣室。

（四）二级防护屏障

BSL-4 的二级防护屏障比 BSL-3 高,相关设施防护可以参照国家技术标准要求,要关注以下几方面。

1. BSL-4 有淋浴室隔开的外更衣室和内更衣室,也是工作人员进出实验室的通道;不许通过更衣室带入实验室的器材可通过双门高压灭菌器、熏蒸消毒柜、通风气锁传入实验室。

2. 实验室的墙、地面和天花板应是一个便于消毒、防虫和防其他动物的密闭内壳,其内表面要防水、防化学物质和便于局部清扫,这些结构和表面要密封防渗漏;地下排放污水管道的弯管处要充满对靶微生物有效消毒的化学消毒剂,并直接连到液体废物消毒系统;下水道通风口和其他通风系统应安装 HEPA 过滤器。

3. 所有拿出该实验室的污染材料应经过双门高压灭菌器消毒。该实验室的高压灭菌器向外开的门与外面的墙是密封的,高压灭菌器的门是自动控制的。

4. 实验室洗手池、地漏(如果使用)和高压灭菌器的排出物在排放到公共下水道之前,要加热或化学处理消毒。液体废物消毒过程必须使用物理学的和生物学的方法保证有效并可监控。

5. 提供专用的非循环的通风系统,以保证从清洁区到最大危害区的定向气流。要监控相邻区的压力差／气流方向的变动并有警报系统以显示系统的失控。进入和排出的气流有仪表监控并联锁控制,以保证气流维持向内流动。

6. 在生物安全柜型 BSL-4 里,防护区和核心工作区的空气在排出前应通过 HEPA 过滤器净化处理。高效粒子空气过滤器的安装设计要便于过滤器在取下前可以原位消毒,或放在密闭的气密容器里,还应满足过滤器防护性能检测的需要。

7. 在防护服型 BSL-4 里,进入核心工作区的工作人员要穿由生命维持系统供气的正压防护服,生命维持系统包括警报器和紧急供气罐。工作人员在离开核心工作区前,要进行化学消毒淋浴,对工作服表面消毒。核心工作区排出的空气要经过两个高效粒子空气过滤器处理。

第三节　个人防护装备

实验室人员的个体防护装备属于一级防护屏障,是实验室生物安全防护中最为常见和常用的防护装备之一。在生物安全实验室中,个人防护装备主要是保护实验人员免于感染性材料的各种方式的暴露,避免实验室相关感染的发生,如感染性材料实验室操作溢洒,导致工作人员暴露于感染性材料。因此,在操作感染性材料时采取科学合理的个人防护对避免实验室相关感染是非常必要和有效的。

目前,用于病原微生物实验室的个人防护装备的种类繁多,这些防护装备的防护性能、材料、结构和防护对象有很大的不同,要准确使用这些个人防护装备,必须了解这些装备的性能、结构和使用方法,才能达到预期的防护效果。个人防护装备可以分为三类:常规个人防护装备、正压防护装备和生命维持系统防护装备。

一、常规个人防护装备

常规个人防护装备是指工作人员进入 BSL-1 和 BSL-2 工作时必须穿戴的防护装备,以及在特殊情况下使用的防护装备。常规个人防护装备包括手套、工作服、实验服、面罩、面具、护目镜、鞋/靴、鞋套等,对这些防护装备应根据开展实验活动的具体内容来选择适当的个人防护装备(见表 3-4)。

(一)身体防护

生物安全实验室应确保贮存足够的有适当防护水平的清洁防护服可供使用。防护服包括实验服、隔离衣、连体衣、围裙以及正压防护服。在实验室中工作人员应该一直或持续穿上实验服或隔离衣或合适的防护服,清洁的防护服应放置在专

表 3-4　个人防护装备的配备使用

个体防护部位	危险源	个体防护装备
面部防护及呼吸道防护	飞扬物	侧面防护器
	化学试剂的飞溅	护目镜及面部防护器
	光辐射	带滤光镜的装备
	在工作人员可能暴露于腐蚀性材料的所有场所均须提供紧急洗眼设备,且该设备应位于紧急情况下易接近的位置	紧急洗眼设备
	毒气	呼吸防护设备
头部防护	坠落物或某些确定的物体、电击	安全帽
脚部防护	钉子、金属丝、大头针、螺丝钉、大U形钉、金属片等尖锐物	防护鞋/靴
手部防护	化学试剂、切割、划伤、擦伤、刺伤、烧伤、生物学伤害及极端温度伤害	手套

用存放处。污染的防护服应放置在有标志的防漏消毒袋中。每隔适当的时间应更换防护服以确保清洁,当防护服已被危险材料污染后应立即更换。禁止在实验室中穿短袖衬衫、短裤或裙装。所有身体防护装置(实验服、隔离衣、连体衣、正压防护服和围裙)均不得穿离实验室区域。

1. 实验服　实验服可用于下列目的:静脉血和动脉血的穿刺抽取;血液、体液或组织的处理或加工;质量控制、实验室仪器设备的维修保养;化学品或试剂的处理和配制;洗涤、触摸或在污染/潜在污染的工作台面上工作。由于化学或生物危害物质有可能吸附或累积在实验服上,实验服不准穿至实验室区域外。

2. 隔离衣　隔离衣包括外科式隔离衣和连体防护服。隔离衣为长袖背开式,穿着时应该保证颈部和腕部扎紧。当隔离衣太小时,或需要穿两件隔离衣时,里面一件采用前系带穿法,外面一件隔离衣采用后系带穿法。当隔离衣袖口太短

时,可以加戴一次性袖套,以便使乳胶手套完全遮盖住袖口保护腕部体表。隔离衣适用于接触大量血液或其他潜在感染性材料时,如病原微生物的检测和研究人员、口腔医生或尸检人员。一般在BSL-2 和 BSL-3 中使用。

3. 正压防护服　该防护服具有氧气供给装置,包括提供超量清洁呼吸气体的正压供气装置,防护服内气压相对周围环境为持续正压。适用于BSL-3 和 BSL-4 中使用。

(二)眼睛防护

要根据所进行的操作来选择护目镜、安全眼镜和面罩,从而避免因实验物品飞溅对眼睛和面部造成的危害。制备屈光眼镜或平光眼镜配以专门镜框,将镜片从镜框前面装上,这种镜框用可弯曲的或侧面有护罩的防碎材料制成安全眼镜。必须强调的是,实验时不得单纯佩戴隐形眼镜,因为眼镜一旦被伤害,由于疼痛和生理保护反应,隐形眼镜很难立即取下,造成的伤害可能会更大,佩戴隐形眼镜时必须佩戴护目镜。护目镜应该戴在常规视力矫正眼镜或隐形眼镜的外面。面罩(面具)采用防碎塑料制成,形状与脸型相配,通过头带或帽子佩戴。护目镜、安全眼镜或面罩均不得带离实验室区域。

(三)手防护

当进行实验室操作时,手可能被污染,也容易受到锐器伤害。在进行实验室一般性工作,以及在处理感染性物质、血液和体液时,应广泛地使用一次性乳胶、乙烯树脂或聚腈类材料的手术用手套。非一次性手套虽然也可以用,但必须注意一定要正确冲洗、擦除、清洁并消毒。在操作完感染性物质、结束生物安全柜中工作以及离开实验室之前,均应该摘除手套并彻底洗手。用过的一次性手套应该与实验室的感染性废物一起丢弃。手套不得带离实验室区域。实验室或其他部门工作人员在戴乳胶手套,尤其是那些添加了粉末的手套时,曾有发生皮炎及速发型超敏反应等变态反应的报道。应该配备替代加粉乳胶手套的品种。

(四)足部防护

当实验室中存在物理、化学和生物危险因子的情况下,穿合适的鞋和鞋套或靴套,对防止实验人员足部(鞋袜)免受损伤、特别是血液和其他潜在感染性物质喷溅造成的污染以及化学品腐蚀是非常重要的。在生物安全实验室尤其是 BSL-2 和 BSL-3 要坚持穿鞋套或靴套。在 BSL-3 和 BSL-4 要求使用专用鞋。禁止在生物安全实验室中穿凉鞋、拖鞋、露趾鞋和机织物鞋面的鞋。建议使用皮制或合成材料的不渗液体的鞋类以及防水、防滑的一次性或橡胶靴子足部防护装置(鞋套和靴套等不得穿离实验室区域)。

(五)呼吸道防护

在实验室中操作三类危险度以上(包括三级在内)的病原微生物时,工作人员呼吸道的防护是非常重要的,选择适当的呼吸道防护装备,并准确佩戴,对有效防护实验活动中产生的病原微生物气溶胶是至关重要的。

1. 口罩　口罩目前主要有三种:医用外科口罩、医用防护口罩和生物防护口罩三者。这三种口罩对微生物气溶胶的滤除净化效果、佩戴者的适配性差异较大,最好的是生物防护口罩,最差的是医用外科口罩。在 BSL-1 和 BSL-2 处理或操作普通实验材料时,佩戴普通口罩即可,如医用外科口罩等。在 BSL-2 中处理含有三类危险度病原微生物样本或未知样本时,应选择和佩戴生物防护口罩,并在适当的生物安全柜内操作。

2. 防护面罩　防护面罩是一种主动吸气式的呼吸道和面部防护装备,防护效果非常好,不受佩戴时间影响,通用性较好。在 BSL-2 中处理含有呼吸道传播的三类危险度病原微生物样本或高浓度、大容量的样本时,可以选择和佩戴防护面罩,并在适当的生物安全柜内操作。在 BSL-3 和 BSL-4 中处理含有呼吸道传播的二类危险度以上病原微生物样本或高浓度、大容量样本时,可以选择和佩戴防护面罩,并在适当的生物安全柜内操作。

二、正压防护装备

正压防护装备主要用于 BSL-3 和 BSL-4 中处理含有呼吸道传播的危险度第二类以上病原微生物样本或高浓度、大容量样本时。正压防护装备分为半身式的正压防护面罩和全身式的正压防护服二种。正压防护装备的特点是主动供给洁净空气,在保护区域内形成正压,达到保护的目的。正压防护装备中一个主要的组件是可更换的高效粒子过滤器,可以滤除净化空气中颗粒和微生物。

正压防护装备除对呼吸系统防护外,还可提供眼睛、面部和头部或全身的防护,主要由罩体、防护服、空气过滤净化系统、动力系统等几部分构成。

第四节 生物安全实验室防护效果的检测与维护

生物安全实验室通过物理围场的方式将病原微生物局限在实验室的范围内,避免传染材料,特别是防止气溶胶扩散到外环境。为了保证病原微生物实验室在试验操作过程中产生的含有病原微生物的"三废"(即感染性固体废物、感染性液体废物和感染性空气)不扩散到实验室外环境,通过各种物理和/或化学手段,使排出实验室的"三废"中不含有具有感染性的病原微生物。

生物安全实验室的检测与验证主要针对加强型 BSL-2 和高等级生物安全实验室。在《实验室 生物安全通用要求》(GB 19489—2008)中,对 BSL-3 和 ABSL-3、BSL-4 和 ABSL-4 的平面布局作详细的描述,主要包括实验室应明确区分辅助工作区和防护区,应在建筑物中自成隔离区或为独立建筑物,应有出入控制。防护区中直接从事高风险操作的工作间为核心工作间,人员应通过缓冲间进入核心工作间。应安装独立的实验室送排风系统,应确保在实验室运行时气流由低风险区向高风险区流动,同时确保实验室空气只能通过 HEPA 过滤器过滤后经专用的排风管道排出。实验室防护区房间内送风口和排风口的布置应符合定向气流的原则,利于减少房间内的涡流和气流死角;送排风应不影响其他设备(如Ⅱ级生物安全柜)的正常功能。实验室防护区的静态洁净度应不低于 8 级水平。因此,生物安全实验室设施的检测对象主要是防护区的洁净度、辅助工作区和防护区的负压值、气流流速和流向。《病原微生物实验室生物安全通用准则》(WS 233—2017)对加强型 BSL-2 也做出了类似的要求。

《实验室 生物安全通用要求》(GB 19489—2008)11.4 条规定对生物安全实验室设施的检测与验证主要是排放口的高效空气粒子过滤器;生物安全实验室设备的检测与验证,主要是生物安

全柜和安全罩。对已经通过竣工验收的 BSL-3 和 ABSL-3、BSL-4 和 ABSL-4,或者在这些实验室更换高效空气粒子过滤器、生物安全柜更换高效空气粒子过滤器后,都应进行排风口高效空气粒子过滤器对微生物气溶胶滤除率的生物学检测验证。特别明确,"对于新安装的生物安全柜和安全罩及其高效空气粒子过滤器的安装与更换,应由有资格的人员进行,安装或更换后应按照经确认的方法进行现场生物和物理的检测,并每年进行验证。"在中华人民共和国医药行业和卫生行业的相关标准《Ⅱ级生物安全柜》(YY 0569—2011)和《病原微生物实验室生物安全通用准则》(WS 233—2017)中也有对实验室安全设备进行检测的要求,后者在附录 C(资料性附录)提出了对生物安全隔离设备的现场检查要求。

一、设施防护效果的检测与维护

(一)生物安全实验室的洁净度检测

根据《实验室 生物安全通用要求》(GB 19489—2008)和《生物安全实验室建筑技术规范》(GB 50346—2011)的要求,BSL-3 和 ABSL-3、BSL-4 和 ABSL-4 实验室防护区的静态洁净度应不低于 8 级水平。在生物安全实验室建成后或维修、更换高效空气粒子过滤器后,必须对防护区的空气进行洁净度的检测。检测的技术方法可以按照《生物安全实验室建筑技术规范》(GB 50346—2011)和《洁净室施工及验收规范》(GB 50591—2010)中规定的方法进行检测,BSL-3 和 ABSL-3、BSL-4 和 ABSL-4 的实验室防护区的洁净度检测合格范围应该是空气中大于等于 0.5μm 的尘粒数大于 352 000 粒/m³ 到小于等于 3 520 000 粒/m³,大于等于 5μm 的尘粒数大于 2 930 粒/m³ 到小于等于 29 300 粒/m³。

(二)生物安全实验室负压值的检测

根据《病原微生物实验室生物安全通用准则》(WS 233—2017),加强型 BSL-2 核心工作间气压相对于相邻区域应为负压,压差宜不低于 10Pa。在核心工作间入口的显著位置,应安装显示房间负压状况的压力显示装置。《实验室 生物安全通用要求》(GB 19489—2008)的规定,适用于操作通常认为非经空气传播致病性生物因子的 BSL-3 实验室的核心工作间的气压(负压)与

室外大气压的压差值应不小于30Pa，与相邻区域的压差（负压）应不小于10Pa；适用于可有效利用安全隔离装置（如：生物安全柜）操作常规量经空气传播致病性生物因子的BSL-3实验室的核心工作间的气压（负压）与室外大气压的压差值应不小于40Pa，与相邻区域的压差（负压）应不小于15Pa。BSL-3实验室防护区各房间的最小换气次数应不小于12次/h。BSL-4实验室防护区内所有区域的室内气压应为负压，实验室核心工作间的气压（负压）与室外大气压的压差值应不小于60Pa，与相邻区域的压差（负压）应不小于25Pa。

根据《实验室 生物安全通用要求》（GB 19489—2008）的规定，适用于操作通常认为非经空气传播致病性生物因子和可有效利用安全隔离装置（如生物安全柜）操作常规量经空气传播致病性生物因子的ABSL-3动物饲养间的气压（负压）与室外大气压的压差值应不小于60Pa，与相邻区域的压差（负压）应不小于15Pa。适用于不能有效利用安全隔离装置操作常规量经空气传播致病性生物因子的ABSL-3动物饲养间的气压（负压）与室外大气压的压差值应不小于80Pa，与相邻区域的压差（负压）应不小于25Pa。ABSL-4动物饲养间的气压（负压）与室外大气压的压差值应不小于100Pa；与相邻区域的压差（负压）应不小于25Pa。动物饲养间及其缓冲间的气密性应达到在关闭受测房间所有通路并维持房间内的温度在设计范围上限的条件下，当房间内的空气压力上升到500Pa后，20min内自然衰减的气压小于250Pa。

负压值的测定应在所有的门关闭时进行，并应从平面上最里面的房间依次向外测定。

（三）生物安全实验室气流流速和流向的检测

1. 气流流速的检测

（1）单向流气流测定方法：距送风面0.5m的垂直截面。截面上测点间距不应大于2m，测点数应不少于10个，均匀布置。仪器用热球风速仪。

（2）评价标准：应符合生物安全实验室设计的每小时换气次数换算的气流流速，同时应考虑实验室内气流流速不应高于0.24m/h。

2. 气流方向应按以下要求进行检测和评价

（1）测定方法：用发烟器装置测定，测点在送风口和排风口之间的连线方向上，高度为1.1米，均匀布置不少于三个。

（2）评价标准：气流流向应符合GB 19489—2008的6.3.3条的要求。

（四）生物安全实验室高效空气粒子过滤器的物理检测

高效过滤器应按表3-5的要求进行检漏和评价。

表3-5 高效过滤器的检漏

项目	送风系统高效过滤器检漏	排风高效过滤器检漏
检漏方法	粒子计数扫描法，执行《生物安全实验室建筑技术规范》（GB 50346—2011）；《洁净室施工及验收规范》（GB 50591—2010）	粒子计数扫描法，执行《生物安全实验室建筑技术规范》（GB 50346—2011）；《洁净室施工及验收规范》（GB 50591—2010）
检漏工况	送、排风系统正常运行	关闭送风，只开排风，室内含尘浓度（≥0.5μm）不小于5000粒/L
评价标准	超过3粒/L，即判断为泄漏	第一道过滤器，超过3粒/L，即判断为泄漏；第二道过滤器，超过2粒/升，即判断为泄漏

（五）生物安全实验室的气密性检测

生物安全实验室的辅助工作区和防护区污染区房间的气密性应按以下要求进行检测和评价。

1. BSL-3应通过直观检查证实围护结构密封完好。

2. BSL-4除了应通过直观检查证实围护结构密封完好外，还应进行以下的检测和评价：

（1）检测方法：关闭送风气密阀门，关闭门窗，开启排风机，使室内外压差达到160Pa，然后关闭排风机和排风密闭阀。

（2）评价标准：观察微压差计压力的上升速度，每分钟上升不超过16Pa即为合格。

（六）其他检测项目

除上述检测内容之外，还有一些需要的检测的内容，如温度、湿度、噪声和照度，这些参数的检测均按《生物安全实验室建筑技术规范》（GB 50346—2011）；《洁净室施工及验收规范》（GB 50591—2010）的检测方法进行，检测结果符合《实验室　生物安全通用要求》（GB 19489—2008）和《生物安全实验室建筑技术规范》（GB 50346—2011）即可。

（七）生物安全实验室设施高效空气粒子过滤器滤除率的生物检测验证

生物安全实验室排风口安装的高效空气粒子过滤器的物理检测不能够真正反映出其对微生物气溶胶的滤除效果（率），只有通过生物学检测验证，才能真正反映出安装的高效空气粒子过滤器对微生物气溶胶的滤除效果，这种滤除效果反映的是安装到位的高效空气粒子过滤器，不是单独一个高效空气粒子过滤器的效果，生物学检测验证的结果包括三方面的防护效果，一是高效空气粒子过滤器对微生物气溶胶的滤除效果；二是能够反映出安装过程中对高效空气粒子过滤器有没有损伤；三是反映出高效空气粒子过滤器安装的是否严密，不漏气。因此，在对生物安全实验室排风口高效空气粒子过滤器物理检测完毕后，必须用经确认的生物学方法进行检测验证。在《洁净室施工及验收规范》（GB 50591—2010）中也要求，在必要时，对洁净室的回、排风高效过滤器微生物透过率进行检测。

生物安全实验室排风口高效空气粒子过滤器生物学检测验证主要包括以下几个步骤：检查实验室是否处于正常工作状态、本底采样、发生指示微生物气溶胶和指示微生物气溶胶本底的采样、一级和二级高效空气粒子过滤器后的空气样本采集、采集样本的培养计数和计算高效空气粒子过滤器的滤除率。

1. 检查实验室是否处于正常工作状态

每一个 BSL-3、ABSL-3、BSL-4 和 ABSL-4 的负压、每小时换气次数都是不同的，但必须满足GB 19489—2008 规定的最低要求。因此，在对BSL-3、ABSL-3、BSL-4 和 ABSL-4 进行生物学检测验证之前，应向该实验室主管了解实验室的负压、每小时换气次数，同时，要求启动实验室，

使其处于正常运行状态。检查实验室能否达到设定的正常工作状态要求，可以通过以下两个途径：

（1）观察该实验室的自动控制系统，确认实验室的辅助工作区和防护区的负压值是否正常。

（2）观察实验室的辅助工作区、防护区和缓冲间入口处安装的负压指示表的负压值是否正常，观察在关闭所有门 5min 后的负压稳定性，并记录。

2. 本底采样

本底采样包括实验室辅助工作区和防护区的空气本底和过滤后空气本底的采样，本底采样是为了防止出现本底阳性对检测结果的影响。

（1）用 Andersen-2 级空气微生物采样器采集实验室的辅助工作区和防护区的空气本底样品，采样时间为 10min；

（2）用 Andersen-2 级空气微生物采样器采集排风口一级和二级高效空气粒子过滤器后的空气本底，采样时间为 10min。

3. 发生指示微生物气溶胶和指示微生物气溶胶本底的采样

发生指示微生物的选择是非常重要的，进行细菌气溶胶检测验证的指示细菌有黏质沙雷菌和枯草芽孢杆菌两种；进行病毒气溶胶检测验证的指示病毒有耻垢分枝杆菌噬菌体和黏质沙雷菌 SM702 噬菌体两种。

（1）实验室保持正常工作状态；

（2）用微生物气溶胶发生器指示微生物气溶胶，98% 气溶胶粒子的粒径小于 5μm；

（3）在发生指示微生物气溶胶 10min 后，用 Andersen-6 级空气微生物采样器采集本底，采样时间为 1min。

4. 一级和二级高效空气粒子过滤器后的空气样本的采集

在一级和二级高效空气粒子过滤器后采集空气样本的采样器位点最好距离高效空气粒子过滤器 50~100cm，采样器的采样口正对过滤器的中心。采样器用 Andersen-2 级空气微生物采样器，采样时间为 10min。

5. 采集样本的培养计数和计算高效空气粒子过滤器的滤除率

采集空气样本的培养时间和温度，根据所用

指示微生物的种类而定。根据培养出的菌落数或空斑数、采集流量和采样时间,计算出空气中指示微生物的浓度。

二、设备防护效果的检测与维护

生物安全实验室设备的检测验证主要是Ⅱ级生物安全柜和安全罩、高压灭菌器的检测验证,参照国家已有的相关技术标准执行。这里主要介绍生物安全柜和安全罩的检测验证,检测验证的指标是生物学检测验证。

(一)Ⅱ级生物安全柜的检测验证

Ⅱ级生物安全柜是一种负压箱式结构的安全设备,设计用来保护操作者本人、实验室环境以及实验材料避免接触在操作原始培养物、菌毒株以及诊断标本等具有传染性的实验材料时可能产生的传染性气溶胶和溅出物。当对液体或半流体施以能量,例如,摇动、倾倒、搅拌,或将液体滴加到固体表面上或另一种液体内、在对琼脂板划线、用吸管接种细胞培养瓶、采用多道加样器将传染性试剂的混悬液转移到微量培养板中、对传染性材料进行涡旋匀质化、对传染性液体进行离心以及进行动物操作时,均能产生直径小于5μm的气溶胶,因此实验室工作人员通常意识不到吸入这些微小粒子或交叉污染工作台面的其他材料。已经表明正确使用生物安全柜可以有效减少由于暴露于气溶胶所造成的实验室获得性感染以及培养物交叉污染。

Ⅱ级生物安全柜在出厂前就已经完成了物理检测验证(包括噪声、照度、向内风速、下送风速、气流流型等),生物安全柜在实验室安装后,主要是生物学检测,它包括人员保护、样品保护、交叉污染保护和出风口泄漏检测验证。其中人员保护、样品保护、交叉污染保护的生物学检测可以按照国家食品药品管理局《Ⅱ级生物安全柜》(YY 0569—2011)的方法进行检测。

1. 人员保护检测验证

合格判定标准:从6个AGI-30采样器采集到黏质沙雷菌或枯草芽孢杆菌的CFU数量,每次检测时不得超过10个。采样时间达30 min时,裂隙式空气采样器的平板计数不得超过5个菌落。必须重复3次试验。对照平板必须是阳性结果。当平板含有300个以上的黏质沙雷菌或枯草

芽孢杆菌菌落时,即为阳性。

2. 试验样品保护检测验证

合格判定标准:每次试验中,在琼脂平板上黏质沙雷菌或枯草芽孢杆菌的菌落数不得超过5个。必须重复3次试验。对照平板必须是阳性结果。当平板含有300个以上的黏质沙雷菌或枯草芽孢杆菌菌落时,即为阳性。

3. 交叉污染检测验证

合格判定标准:从攻击侧壁到距离侧壁36cm之间的一些琼脂平板可以得到黏质沙雷菌或枯草芽孢杆菌菌落,用作阳性对照。每次测试时,在大于38cm中心处的琼脂平板所得到的菌落总数不得超过2个。在安全柜的左侧和右侧各做3次重复试验。

4. 出风口泄漏检测验证

对出风口的生物检测验证可以及时发现泄漏。出风口泄漏检测采样用Andersen-2级采样器在出风口处采样30min。合格判定标准:每次试验中,在琼脂平板上黏质沙雷菌或枯草芽孢杆菌的菌落数不得超过5个。必须重复3次试验。导致出风口泄漏的主要原因有两个:一是高效空气粒子过滤器与固定框之间密封不严;二是高效空气粒子过滤器在安装过程中有损伤。

(二)安全罩的检测验证

安全罩的检测验证也是生物学检测验证,主要检测高效空气粒子过滤器对微生物气溶胶的滤除率,原理和方法与实验室高效空气粒子过滤器的检测原理和方法一致。

三、个人防护装备的检测与维护

2003年SARS疫情过后,我国生物防护装备的研发得到长足发展,已形成自主研制、消化吸收再创新、进口引进的生物防护装备构成的重大传染病防控装备体系。

(一)生物防护(或医用防护)口罩的检测验证

生物防护口罩或医用防护口罩对微生物气溶胶防护效果的测试评价的技术标准依据是国家、行业和军队的相关技术标准,即《医用防护口罩技术要求》(GB 19083—2010)、《呼吸防护 自吸过滤式防颗粒物呼吸器》(GB 2626—2019)、《自吸过滤式生物防护口罩通用规范》(WSB 59—

2003）、《医用外科口罩》（YY 0469—2011）。

生物防护口罩或医用防护口罩对细菌气溶胶防护效果的测试评价，用金黄色葡萄球菌气溶胶进行检测，滤除率大于99%。生物防护口罩或医用防护口罩对病毒气溶胶防护效果的测试评价，用黏质沙雷菌 SM702 噬菌体气溶胶进行检测，滤除率大于99%。同时，还应测试佩带者佩戴生物防护口罩或医用防护口罩的面型适合度，面型适合度测试值大于100，为合格。

高等级生物安全实验室在选择生物防护口罩或医用防护口罩时，必须满足上述三个条件，即细菌气溶胶和病毒气溶胶的滤除率均大于99%，面型适合度达到100。

（二）正压防护头罩

正压防护头罩也是一种充气过滤式、保护头部和呼吸道的个人防护装备，使用时间有限、需要动力。正压防护头罩对微生物气溶胶滤除效果的测试参照《自吸过滤式生物防护口罩通用规范》（WSB59—2003），细菌气溶胶和病毒气溶胶的滤除率均大于99.99%。

（三）生物防护面具

生物防护面具是一种自吸过滤式、保护头部和呼吸道的个人防护装备，使用时间长、无动力需要、携带方便。生物防护面具对微生物气溶胶滤除效果的测试参照《自吸过滤式生物防护口罩通用规范》（WSB 59—2003），细菌气溶胶和病毒气溶胶的滤除率均大于99.99%。其他物理指标必须达到《呼吸防护 自吸过滤式防毒面具》（GB 2890—2009）的要求。

（四）生物防护服的检测验证

生物防护服分为一次性医用防护服、反复用生物防护服两种，主要保护个体不受各种实验室液体的喷射、飞溅而污染体表。防护服防护效果测试评价的技术标准依据是国家、行业和国际的相关技术标准，即《医用一次性防护服技术要求》（GB 19082—2009）、《血液和体液防护装备 防护服材料抗血液传播病原体穿透性能测试 Phi-X174 噬菌体试验方法》（YY/T 0689—2008）。参照《医用一次性防护服技术要求》的技术标准，进行了合成血液穿透性测试，实验结果没有合成血液穿透的为合格；参照《血液和体液防护装备 防护服材料抗血液传播病原体穿透性能测试 Phi-X174 噬菌体试验方法》（YY/T 0689—2008）的技术标准，进行病毒液体穿透测试的测试评价，穿透液的 5ml 洗脱液中噬菌体 Phi-X174 含量小于 1PFU/ml 为合格。

小 结

生物安全实验室防护是为了减少或消除实验室内外人员被操作对象感染、实验室内外环境的污染而采取的技术方法或综合措施，其基本原理包括围场操作、屏障隔开、有效拦截、定向气流和空气消毒等。一级防护屏障是指生物安全设备和个人防护装备在操作人员和操作对象之间构成的一道防止人员直接接触病原微生物的物理隔离屏障，包括生物安全柜、负压安全罩、各种密闭容器、个人防护装备等。个人防护装备可以分为三类：常规个人防护装备、正压防护装备和生命维持系统防护装备。二级防护屏障是指由实验室设施、生物安全设备在实验室内环境与实验室外环境之间构成的一道阻止病原微生物逃出实验室的物理隔离防护屏障，特殊的设计包括实验室工作区和公共通道的分开、保证定向气流和负压梯度的特殊通风系统、从排出的气体中净化微生物的空气处理系统等。

生物安全实验室分为四个级别，一级生物安全实验室防护水平最低，四级生物安全实验室防护水平最高。一级生物安全实验室是指能够满足从事已知不能引起健康成人疾病的，以及对实验室工作人员和环境可能危害极小的、且有明确生物学特征的微生物研究防护要求的实验室。二级生物安全实验室是指能够满足从事对工作人员和环境有中等潜在危害的微生物操作工作的实验室。三级生物安全实验室是指能够满足通过呼吸道暴露可能引起严重或潜在致死疾病的高致病性病原微生物的临床、诊断、教学、研究或生产的实验室。四级生物安全实验室是指能够满足从事有引起个体生命高度危险的并外来的、通过气溶胶传播的病原微生物，或与未知传播途径相关病原微生物工作的实验室。

思 考 题

一、单项选择题

1. 以下哪一项不是 BSL-1 实验室必须配备的设施

A. 在窗和门入口处安装防昆虫和啮齿动物的纱窗　　B. 洗手池

C. 在工作区域外的存放私人物品的设备　　D. Ⅱ级生物安全柜

E. 为安全运行以及清洁和维护提供充足的空间

2. 关于 BSL-2 实验室的设施要求错误的是

A. 应该安装独立的送排风系统　　B. 实验室所在建筑内配备高压蒸汽灭菌器

C. 门应能够自动关闭,有可视窗　　D. 有适当的火灾报警器

E. 安装防虫的纱窗

3. 下列不属于实验室一级防护屏障的是

A. 生物安全柜　　B. 防护服　　C. 口罩

D. 缓冲间　　E. 鞋套

4. 下列设备中,能够同时保护操作人员、受试样品和环境的有

A. 一级生物安全柜　　B. 二级生物安全柜　　C. 四级生物安全柜

D. 超净工作台　　E. 通风橱

5. 下列对于二级生物安全柜的描述中错误的是

A. 可进一步分为 A1、A2、B1、B2 四型

B. 是目前应用最广泛的类型

C. 工作时经高效过滤器过滤的垂直气流能够保护样品

D. 能够满足操作未知病原体样品的安全要求

E. 可以用于有挥发性有毒化学品和放射性核素为辅助剂的微生物实验

二、多项选择题

1. 二级生物安全水平实验室必须配备的设备有

A. 生物安全柜　　B. 高压灭菌器　　C. 特殊通风系统

D. 正压防护服　　E. 加样枪

2. 下列哪项不是四级生物安全实验室所特有的

A. 全身正压防护服　　B. 独立建筑物,完全隔离　　C. 操作我国第一类病原微生物

D. 通风系统　　E. 生物安全柜

3. 病原体防护水平的考虑因素为

A. 微生物对人、动物、植物和环境的危害　　B. 程序和设施要求

C. 必需的防护水平　　D. 对人员、环境和社会的保护程度

E. 公众的诉求

三、判断题

1. 生物安全柜应安放在靠门或窗户处,有利于通风散气。　　　　　　　　　　（　　）

2. 严禁穿实验工作服离开实验室区域。　　　　　　　　　　　　　　　　　　（　　）

四、思考题

1. 简述不同等级生物安全柜的防护原理和适用范围差异。

2. 生物安全实验室可分几个等级？对设施有哪些基本要求？

五、案例分析题

1961 年,某研究所的实验人员从流行性出血热疫区捕捉到一些野鼠带回实验室,把这些野鼠放在了室内暴露的场所。过了不久,该实验室中有 63 人出现发热的症状,开始被误诊为流感。1 周内又增加了 30 人,怀疑并证实是流行性出血热。本次事故被认为是野鼠身上带有的出血热病毒以气溶胶的形式污染了空气所致。

1. 该事件发生的直接原因是什么？

2. 该类实验所需要的实验条件有哪些？

参考答案

一、单项选择题

1. D   2. A   3. D   4. B   5. E

二、多项选择题

1. CDE   2. CDE   3. ABCD

三、判断题

1. 错误   2. 正确

四、思考题

1. 答案见"表3-1 生物安全柜技术参数和应用对象的比较"。

2. 答案见"第二节 生物安全实验室分级和设施要求"。

五、案例分析题

1. 从人兽共患病疫苗带回的敏感宿主动物,不应该放置在开放的场所,应该马上进行相应的检验检疫,再根据检出病原的情况选择安全的实验条件开展相应的实验活动。

2. 实验动物的检验检疫,需要在二级生物安全实验室或动物二级生物安全实验室以上开展。在确定病原体后,应该根据病原体的种类和实验活动的内容,确定所需要的实验条件。如检出引起肺综合征的汉坦病毒,其培养需要在三级生物安全实验室开展,动物感染实验需要在动物三级生物安全实验室开展。

ER3-1　第三章二维码资源

（赵　卫　李静姝）

第四章 动物实验室的生物安全

实验动物（laboratory animal, LA）是指经人工培育或改造，对其携带的微生物和寄生虫实施控制，遗传背景明确或来源清楚，用于教学研究、教学、生物制品或药品检定，以及其他科学实验的动物。动物实验（animal experiment）指在实验室内，为了获得有关生物学、医学等方面的新知识或解决具体问题而使用实验动物进行的科学研究。当前动物实验受到世界各国的普遍重视，在生物科学领域内，越来越多的研究必须借助动物去探索生物的起源，揭开遗传的奥秘，分析各种疾病与衰老的机制。在动物实验实施过程中，从动物的喂养与给药，保定与麻醉，解剖与取材，到实验结束后动物的处死与尸体的处理，都渗透着实验室生物安全问题，其中也涉及一些威胁人类健康安全的因素。了解动物实验的风险，做好各种防护措施，对动物实验的安全进行是非常有必要的。

第一节 动物实验室生物安全的基本知识

一、实验动物生物安全的定义

（一）实验动物

生物医学实验研究需要高质量的实验动物和准确的动物实验，因此成为完全意义上的实验动物必须具备以下条件：

1. **实验动物培育方面** 一是实验动物需经过特定方法培育，二是新开发实验动物，应使用需符合特定要求的严格的方法进行培育。

2. **微生物控制方面** 所有实验动物所携带的微生物、寄生虫都是在严格的人工控制之下。因实验动物携带的微生物和寄生虫等不仅影响实验动物自身的健康，还可能会影响实验动物接触

者（实验动物饲养人员及实验人员）的健康，同时对动物实验结果也会造成很大影响，所以为了保证人员健康、动物健康及动物实验结果的准确性、重复性等，实验动物的微生物控制也是非常重要的一个环节。

3. **遗传背景方面** 实验动物必须遗传背景明确或来源清楚。所以实验动物是一类遗传限定的动物（genetically defined animal）。

（二）实验动物生物安全

实验动物生物安全（biosafety for laboratory animal）即采取避免由实验动物造成各种危害的综合防护措施。由实验动物造成的危害存在于生产和使用实验动物的各个环节，包括实验动物的引种、保种、繁育、进出口、使用实验动物进行动物实验、从事科研活动等过程中实验动物造成的各种危害。

二、实验动物的分类

（一）国际实验动物健康分级

实验动物按所携带的微生物控制程度可分为不同的级别，国际上分为三级：普通动物（conventional animal, CV animal）、无特定病原体动物（specific pathogen free animal, SPF animal）和无菌动物（germ-free animal, GF animal）。

一级：普通动物，即无人兽共患病病原体和体外寄生虫的动物，是实验动物中微生物质量控制上要求最低的动物。一般饲养在开放的卫生环境里，垫料和饲料须经过一定的清洁卫生处理；饮水符合城市饮用水的卫生标准；外来动物须经过严格的隔离检疫；动物设施应有防野鼠、昆虫等设备；笼具和笼舍需经常性地保持清洁和卫生等。由于普通级动物易感染烈性传染病，或者在采用普通级动物进行实验时，某些刺激因素可能诱发动物隐性感染变为显性感染，并出现相关组

织器官的结构、生理、生化与免疫学改变,从而不同程度的影响实验结果,因此,这种动物一般用于教学和科研预实验用。

二级:无特定病原体动物,即机体内无特定的微生物和寄生虫存在的动物,或在清洁动物的基础上,不带对实验有干扰的微生物,简称 SPF 动物。来自无菌动物或悉生动物,亦可通过剖腹取胎(子宫切开术)后在屏障系统中由 SPF 动物母乳哺育得到。饲养在万级净化以上的屏障设施或隔离系统内,设施内的环境指标按实验动物环境与设施标准进行严格的人工控制,所用物品需经过消毒或灭菌,人员需经过淋浴或风淋后进入,饲养的动物定期采样检测。SPF 动物进行实验的结果具有较高的准确性和重复性,因此,被广泛用于肿瘤免疫学、药物学、毒理学、血清和疫苗制备,以及生物学鉴定等领域。

三级:无菌动物(GF 动物),即机体内外不带有任何现有方法可检测出的微生物和寄生虫的动物。饲养在隔离器内,所用物品和饲料、饮水等都必须经过严格的灭菌处理,隔离器内的空气必须经过超高效过滤器过滤。无菌动物的饲料、饮水必须符合下列要求:没有活的微生物和寄生虫或虫卵,因此必须经过充分的灭菌且必须补充因高压灭菌而破坏的营养成分;无菌动物没有肠道正常菌丛,饲料中还需补充这些细菌合成的营养成分;饲料的组成、形态和气味等应尽可能适合动物的习性和嗜好。无菌动物应用在多方面:由于缺乏微生物的刺激,脾脏和淋巴结发育不良,是微生物学和寄生虫学研究中研究宿主和寄生虫相互关系的绝好实验动物;由于其寿命长,因此可作为老年学研究的动物模型;既无抗原,又无特异性抗体,处于一种免疫"原始状态",故适用于各种免疫学功能的研究。

(二)我国实验动物健康分级

在参照国际实验动物健康分级的基础上,从我国实验动物的实际出发,通过微生物监测手段,按对微生物控制的净化程度,我国将实验动物分为四级:普通动物、清洁动物(clean animal, CL animal)、SPF 动物和无菌动物。

一级:CV 动物,同国际实验动物健康分级标准。

二级:清洁动物,机体内外不携带人兽共患和主要传染性疾病的病原体和体外寄生虫的动物。清洁动物是按照我国国情而设立的等级动物,种群均应来自 SPF 动物或无菌剖腹产动物,饲养在屏障系统设施中。垫料、饲料、用具均通过高压消毒;饮用水须消毒或灭菌处理,如用城市饮用水须酸水(pH 2.5~2.8)处理,鼠笼上带过滤帽,工作人员经淋浴或穿干净工作服、戴上口罩后经风淋入内。清洁动物应用在多方面:实验中某些刺激引起的隐性感染机会微乎其微,对实验的敏感性和实验结果的重复性也较好。

因此,清洁动物目前在我国被广泛用于科学研究、安全性评价和生物制品的生产等领域。

三级:SPF 动物,同国际实验动物健康分级标准。

四级:GF 动物,同国际实验动物健康分级标准。

国内实验动物健康分级法和国际实验动物健康分级法相比,在普通动物和 SPF 动物间加了清洁动物,但清洁动物和 SPF 动物均为屏障系统饲养,清洁动物对微生物控制的要求只是比无特定病原体动物低一点。在科学研究中,根据不同的研究需要选择不同级别的动物会对实验结果产生一定的影响。

三、实验动物检疫

实验动物检疫是指为了防止动物疫病的传播,保护人体健康,维护公共卫生安全,由法定的机构,采用法定的检疫程序和方法,依照法定的检疫对象和检疫标准,对动物进行疫病检查、定性和处理。实验动物检疫中实施微生物和寄生虫监测是保证实验动物质量及标准化的必要手段。通过监测可掌握动物群中病毒、细菌和寄生虫的流行情况,及时诊断感染性疾病,发现并控制其传播,以保证实验动物的健康。

(一)检疫(quarantine)

检疫就是将新进入实验室的动物与已有的动物暂时分离开,直到新到达的动物的健康状况达到合格,并且微生物病原体的状况也被检测合格。尽快实施合理的检疫过程可以预防或减少病原体进入到其他已有的动物中及其对实验室造成的影响。2010 年,我国东北某大学 28 名师生因动物实验所用羊未曾被检疫,感染严重的传染病。因此动物实验室须配备合格的动物检疫员,动物检疫员应具备以下条件:第一,熟悉并掌握动物防检疫方面的法律、法规、规章、标准;第二,熟悉并掌握本地区、相邻地区畜禽疫病以及动物防、检疫工作的基本情况;第三,具备兽医专业中专以上学历或经有关机构考试认可具有相当于兽医中专以上学历,且具有熟练的动物检疫操作技能;第四,有较强的敬业精神,工作细致、认真;第五,能正常开展动物检疫工作,坚守岗位。动物检疫员要根据实际情况制定出检疫流程,对新进入实验室的动物进行健康状况和病原体情况的评估,制定出来的流程要符合兽医学要求和国家的实验动物质量标准。动物检疫员可以根据供货单位所提供的动物质量合格证和检验报告来决定检疫期的长短、新进入动物是否会对工作人员或已有动物造成威胁等。

动物检疫的要求:

1. 实验动物进入检疫室:在检疫室的缓冲间内,用75%酒精喷洒动物的外包装进行消毒,打开紫外灯照射10~15min。

2. 将经上述处理的动物移入检疫室,根据要求进行检疫。

3. 各动物的检疫期不同,大动物为2周,小动物为1周。

4. 在检疫期内观察动物的精神状态、食欲、营养状况、排泄物等,如有任何异常,动物不得用于实验,应退出动物检疫室。

5. 检疫合格的动物经适当处理后由缓冲间或物流通道进入动物实验室。

（二）适应（stabilization）

在检疫期内,不管时间的长短,任何新引进的动物在使用之前,都要使其在生理、心理以及对环境的协调融合上处于平衡状态,经过一定的时间使动物适应新的生活环境。不同的动物对环境的适应期长短要求不同,不同的运输方式、运输时间也会对适应期长短有不同程度的影响,用于不同实验过程也会对新进入动物对环境的适应期长短并达到实验要求的时间有影响。

（三）隔离（isolation）

根据动物种类的不同对动物进行分隔饲养,能够对疾病传播起到很好的预防作用,同时也能减少由于种间冲突而引起的动物生理、心理或行为等的一些变异。一般的做法是将不同的动物饲养在不同的房舍中,小型笼舍、供气式笼架、隔离操作箱等设备都能对不同品种的动物起到隔离的作用,可以用来代替房舍。也可以根据需要在房舍中将不同来源的同种动物放于这些设备中,起到分类隔离的目的。如果两种动物所携带的病原体状态相似,且行为上有兼容性,就可以将这两种动物饲养在同一个房舍中。对于不同来源的同种动物不论获得的途径如何最好也能分开饲养,因为这些动物可能携带不同的病原菌。在动物实验室要经常检查关养动物的笼具及设施,防止动物逃逸、设施对动物造成伤害或动物所携带的病原体对实验室动物或实验饲养人员造成危害;对出逃在外的动物,即使能够确认其来源,一般也不应再放回原处,而应视实际情况作隔离观察或处死丢弃等;实验中须避免搞错动物的分组,因此要养成制作各类标志的良好科研习惯;防止将外观相似的不同品系动物混淆等。

四、动物实验室生物安全相关法规和标准

动物实验室安全对各项动物实验的进行,动物和实验人员的安全都是很重要的,近几年来,我国陆续出台了多部有关动物实验室生物安全的法规与标准,动物实验室的生物安全越来越受到人们的重视。下面就动物实验室生物安全的相关法规和标准作简要叙述。

（一）《实验动物管理条例》

为了加强实验动物的管理工作,保证实验动物质量,适应科学研究、经济建设和社会发展的需要,《实验动物管理条例》已于1988年10月31日经国务院批准,1988年11月14日发布施行。并分别于2011年、2013年和2017年进行了三次修正。

本条例分为八章。第一章:总则;第二章:实验动物的饲育管理;第三章:实验动物的检疫和传染病控制;第四章:实验动物的应用;第五章:实验动物的进口与出口管理;第六章:从事实验动物工作的人员;第七章:奖励与处罚;第八章:附则。对实验动物的饲养、应用、进出口等管理做了细致的规范。

（二）《中华人民共和国进出境动植物检疫法》

《中华人民共和国进出境动植物检疫法》于1991年10月30日第七届全国人民代表大会常务委员会第二十二次会议通过，由中华人民共和国主席令第五十三号公布，自1992年4月1日起施行。2009年做了最新一次修正。

本法是为防止动物传染病、寄生虫病和植物危险性病、虫、杂草以及其他有害生物（以下简称病虫害）传入、传出国境，保护农、林、牧、渔业生产和人体健康，促进对外经济贸易的发展而制定的法律，共分为八章。第一章：总则；第二章：进境检疫；第三章：出境检疫；第四章：过境检疫；第五章：携带、邮寄物检疫；第六章：运输工具检疫；第七章：法律责任；第八章：附则。对检疫对象、检疫制度、检疫单位、国境检疫、携带和邮寄物检疫、发现检疫对象后的处理方法等做出了相应规定。根据危害性将检疫动物分为一类和二类。具体办法由农业行政主管部门制定实施。

（三）《中华人民共和国动物防疫法》

《中华人民共和国动物防疫法》由中华人民共和国第十届全国人民代表大会常务委员会第二十九次会议于2007年8月30日修订通过，自2008年1月1日起施行。为了加强对动物防疫活动的管理，预防、控制和扑灭动物疫病，促进养殖业发展，保护人体健康，维护公共卫生安全，制定本法。《中华人民共和国动物防疫法》分为十章。第一章：总则；第二章：动物疫病的预防；第三章：动物疫情的报告、通报和公布；第四章：动物疫病的控制和扑灭；第五章：动物和动物产品的检疫；第六章：动物诊疗；第七章：监督管理；第八章：保障措施；第九章：法律责任；第十章：附则。本法加强了对动物防疫工作的管理，强调预防、控制和扑灭动物疫病。

（四）实验动物生产和使用许可证制度

近年来，全国已经逐步实行实验动物许可证制度，实验动物许可证包括实验动物生产许可证和实验动物使用许可证。许可证由各省（自治区、直辖市）科技厅（科委）印制、发放和管理。同一许可证分正本和副本，正本和副本具有同等法律效力。有条件的省（自治区、直辖市）应建立省级实验动物质量检测机构，负责检测实验动物生产和使用单位的实验动物质量及相关条件，为许可证的管理提供技术保证。

许可证的有效期为五年，到期重新审查发证。换领许可证的单位需在有效期满的前六个月内向所在省（自治区、直辖市）科技厅（科委）提出申请。省（自治区、直辖市）科技厅（科委）按照对初次申请单位同样的程序进行重新审核办理。

具有实验动物使用许可证的单位在接受外单位委托的动物实验时，双方应签署协议书，使用许可证复印件必须与协议书一并使用，方可作为实验结论合法性的有效文件。

实验动物许可证不得转借、转让、出租给他人使用，取得实验动物生产许可证的单位也不得代售无许可证单位生产的动物及相关产品。

取得实验动物许可证的单位，需变更许可证登记事项，应提前一个月向原发证机关提出申请。停止从事许可范围工作的，应在停止后一个月内交回许可证。许可证遗失的应及时报失。

许可证发放机关及其工作人员必须严格遵守《实验动物管理条例》及有关规定以及本办法的规定。

（五）《实验室生物安全手册》

WHO在1983年就出版了《实验室生物安全手册》，现在使用的是2004年修订的第3版。本书对致病微生物、微生物实验室（包括动物实验室）生物安全的分级标准、实验操作规程、安全防护设备以及实验室建筑设计要求均有详细的介绍和具体的要求，同时还对意外事故的预防、生物安全的组织和培训做了全面的阐述和具体的要求。作为WHO的标准和要求，本书的内容不仅具有权威性，也具有良好的可操作性。

第二节　动物实验中的常见安全问题

实验动物用于病原性研究越来越多，尤其是使用实验动物进行传染病发病机制研究和疫苗、治疗性药物等有效性和安全性评价，已成为必需的研究手段。在使用实验动物进行研究时，生物安全问题应当引起重视。国内外实验室在进行动物实验中意外感染的事故并不少见,甚至危及实验室工作人员的生命,严重者不得不宰杀成千上万只实验动物。因此动物实验室安全是实验动物相关研究者应该特别关注的问题。

SARS 之后,我国相关生物安全的法规、标准不断完善,加之实验室生物安全标准进一步提高,为保障动物实验的生物安全,提供了良好的控制要求。但是,目前依然存在一些认识上、操作上和管理上的问题,如实验动物和实验用动物的使用要求、动物大小与饲养设备的安全控制、福利要求与生物安全的取舍侧重等。实验室安全仍是实验动物相关研究者应该特别关注的问题。

一、动物实验的风险

(一)气溶胶

感染动物释放的气溶胶是实验室感染的重要原因,也是实验室研究人员和工作人员感染疾病的一个主要感染源。实验室内空气微生物污染能引起各种呼吸道传染病、建筑物综合征、哮喘等多种疾病。在这些微生物污染因子中,有些真菌能引起呼吸道过敏反应,有一些细菌和病毒则能够引起呼吸道传染病。微生物气溶胶具有以下几大特性:感染的广泛性;种类的多样性;来源的多相性;活性的易变性;沉积的再生性;播散的三维性。感染是微生物入侵机体引起的病理或生理综合反应。动物实验中产生的感染性气溶胶会危害人类的生活和健康,是常引起外源性感染的因素。

动物实验室是人工控制的一种独特的工作环境系统,动物实验期间,在动物呼吸、更换垫料、饮食和动物排泄等过程中,都会产生许多危害性很大的气溶胶。虽然不同病原微生物在空气中的存活率是不同的,但是微生物气溶胶的形成能促进病原菌的感染。

病原微生物气溶胶与人类接触的频繁性、密切性和其对呼吸道的易感性,决定了它和人类的生命健康有很大的关系,也决定了其感染的广泛性和控制的艰巨性。在动物实验室进行对微生物气溶胶污染或感染的控制是一个全方位的过程。总体来讲分为两方面进行防治,一方面是管理系统。另一方面是应用除(杀)菌的方法控制病原微生物气溶胶的传播,包括物理法和生物法。

(二)物理损伤

在动物实验中,经常会发生动物咬伤的情况。其他的物理损伤包括被玻璃器皿、注射器等刺伤等而发生感染。尤其是在手术过程中,操作人员也可能因操作技术不熟练、动物的挣扎、畏惧等因素被针尖、刀、剪等器械所伤。工作人员还可能因摔倒、扭伤等受到伤害。

(三)生物危害

包括生物废物污染和生物细菌毒素污染。生物废物包括:①实验动物标本,如血液、尿液、粪便和鼻咽试纸等;②检验用品,如实验器材、细菌培养基和细菌、病毒阳性标本等;③实验动物所产生的的各种废物,如废物、废液、废气与尸体等,如果处理不当,将会对周围环境造成污染。如果在没有相应废物和尸体无害化处理设施的环境条件下开展动物实验,将导致严重的不良后果,并产生极坏的社会影响。

(四)动物的破坏和逃逸

动物实验研究中实验动物对个人的生物危害主要表现为各种人兽共患病及实验性病原体的感染和传播。由于饲喂、换笼及各类实验操作中需要与动物密切接触,从事动物实验和动物饲育的人员就成为这类危害的首要受害者。

此外,管理疏漏导致实验动物的逃逸,或实验动物未经完全处死即弃置,而其苏醒后逃逸,亦可将实验室内的病原或有害物质散布到外界。

动物实验室的建筑应确保实验动物无法逃逸,且非实验动物无法进入,同时还要能使动物有一定的自由空间。

(五)人兽共患病

人兽共患病(zoonosis)是在脊椎动物与人类之间自然传播感染的疫病。世界上已证实的人兽共患病约有 200 种,较重要的有 89 种(细菌病 20 种、病毒病 27 种、立克次体病 10 种、原虫病和真菌病 5 种、寄生虫病 22 种、其他疾病 5 种)。

人兽共患病有以下特点:人兽共患病是世界范围的疾病,广泛分布于五大洲,尤其是发展中国家;病种繁多,表现多样,变化多端;人与脊椎动物的人兽共患病由共同的病原体引起,病原体的生物特性极为相似;人与脊椎动物的人兽共患病有密切相关的流行病学证据;有的动物虽自身完全健康,却可感染人类。

实验动物携带的人兽共患传染病病原,如猴疱疹病毒,利什曼原虫和狂犬病毒等,严重威胁着人类的健康和生命,多种病原体都能够引起实验动物的感染,并可能引起实验室工作人员的实验室感染,常见的人兽共患病原体及其易感动物情况见表4-1。

(六)条件致病菌

在动物实验中除了常见的人兽共患病病原菌,还有一些条件致病菌,也会对实验动物和人造成危害。在某种特定条件下可致病的细菌,称为条件致病菌。条件致病菌是人体的正常菌群,当其集聚部位改变、机体抵抗力降低或菌群失调时则可致病,表4-2列举出其中的3种。

表 4-1　常见的人兽共患病原体及其易感动物

病原体	易感动物	传播及危害
狂犬病毒(rabies virus)	犬、猫、猴、人等	接触性传播,散发出现
汉坦病毒(Hantaan virus)	犬、猫、人	消化道、呼吸道、接触、虫媒传播,急性感染,造成人和动物死亡
淋巴细胞性脉络丛脑膜炎病毒(lymphocytic choriomeningitis virus, LCMV)	小鼠、豚鼠、仓鼠、人	垂直传播,人感染表现为流感样或无菌性脑膜炎
猴疱疹病毒(simiae herpesvirus)	猴、人	上呼吸道疾病、接触传播,潜伏期长、死亡率高
沙门菌(Salmonella)	人和所有动物	水源、接触传播,发病急死亡快、隐性感染长期带菌
志贺菌(Shigella)	猴、人	肠道感染,急性者高热、呕吐,慢性者为痢疾
分枝杆菌(mycobacterium)	牛、大象、人	飞沫或皮肤损伤侵入易感机体,多种组织器官的结核病
弓形虫(Toxoplasma gondii)	人和所有动物	病原污染食物,肠道等器官病变
布鲁氏菌病(brucellosis)	猪、犬、人、羊等	消化道、伤口感染,生殖道感染、丧失生育能力
禽流感病毒(avian influenza virus, VIA)	禽、人	呼吸道、接触传播,呼吸道疾病,威胁生命
猪流感病毒(swine influenza virus, SIV)	猪、人	呼吸道、接触传播,急性传染性呼吸系统疾病

表 4-2　几种条件致病菌

病原体	易感动物	场所及危害
变形杆菌(Bacillus proteus)	人、动物	肠道寄生菌、腐蚀物中存在,产生的毒素可引起中毒
沙雷菌(Serratia)	人、动物	存在水和空气中、肠道中常居菌,肺部和尿道感染
大肠埃希菌(Escherichia coli)	人、动物	大肠内寄生菌,正常状况下可认为互利共生;致病的情况下可认为是寄生

(七)其他

如对实验动物过敏,实验动物饲养和使用相关的动物是过敏的高发地。动物实验室工作人员由于经常接触动物过敏反应常见,40%以上的实验动物工作人员出现过过敏症状。应注意避免皮肤接触高压水和蒸汽等。实验中一些有毒性的或强酸、强碱等腐蚀性药品应该按照严格要求分开放置,不然会对实验研究人员和动物管理人员造成伤害。动物实验室人员在使用洗刷笼具的工业去垢剂、清洁剂、消毒剂等化学药品时,应避免化学药品对人体造成的伤害。对动物或人体有损伤的药品不能够和动物饲料放到一起。用于麻醉的一些挥发性液体药物,应该单独储存,按照说明放置到通风良好、温度相对低的库房。

动物实验室的工作人员要熟悉所养每种动物的生活习性和活动方式,了解每种动物可能的危害,并需经过专门的动物知识培训且积累相关的经验,这样才能在进行动物喂养、换料、处理等过程时降低可能受到的伤害。

二、动物实验室的感染途径

病原体侵入生物机体后，会在一定部位定居并生长繁殖，引起机体的一些病理反应，这个过程就是感染。实验室感染主要分为病原体逸散、传播和侵入三种途径，机体遭病原体侵袭后是否发病，一方面与其自身免疫力有关，另一方面也取决于病原体致病性的强弱和侵入数量的多少。

（一）通过黏膜传播

许多病毒都是经黏膜感染而致病的。有些病毒感染可能局限于黏膜，有些病毒感染也可扩散至邻近组织和淋巴管并入血流，引起病毒血症（viremia）。再经血流扩散至靶器官，引起典型病变及临床表现。也有些病毒在感染过程中可形成二次病毒血症，最后侵入靶器官致病。

（二）通过皮肤传播

有些病毒可通过昆虫叮咬或动物咬伤、注射或机械损伤的皮肤侵入机体而引起感染。

（三）吸入传播

有病的畜禽在流鼻涕、打喷嚏和咳嗽时，常会带出病毒或病菌，并在空气中形成有传染性的飞沫，散播疾病，吸入含病原体的气溶胶可引起感染。

（四）食入传播

结核病、布氏杆菌病、沙门氏菌病等的病原体，都可借粪便污染人的食品、饮水和用物而传播。大多数的寄生虫虫卵就存在粪内。

（五）虫媒传播

病原体以生物媒介进行传播，又包括两种方式，一是病原体在虫媒体内没有发育和繁殖，只是通过昆虫的口器、消化道机械传播，如肠道细菌性感染等；二是病原体在虫媒体内经过发育和繁殖，再感染宿主，如森林脑炎、流行性乙型脑炎等。

第三节　动物实验室的生物安全防护设施与操作

实验动物的设施广义是指进行实验动物饲养、保种、维持、生产、实验研究、生物制品生产等设施的总称。狭义上指保种、繁殖、生产、育成实验动物的饲养场所。动物室的要求是避免外界微生物感染饲养的清洁动物或 SPF 动物，所以空气是外排的，而动物是清洁的。此时，进入实验室的工作人员反而可能作为传染源感染动物。生物安全实验室的建筑理念则与之相反，在三级动物生物安全实验室内的动物是不安全因素，要避免动物及其排泄物污染外界环境，所以此实验室内是负压，空气是向内流的。

动物生物安全实验室和生物安全实验室一样，主要根据所研究病原微生物的危害评估结果和危害程度分类划分为一级、二级、三级和四级动物安全水平。根据动物生物安全等级，在设计特征、设备、防范措施方面要求的严格程度也逐渐增加。

一、一级动物生物安全（animal biosafety level 1，ABSL-1）实验室

（一）建筑与设施要求

ABSL-1 实验室适用于饲养大多数经过检疫的储备实验动物（灵长类除外，此类动物应向国家权威机构咨询），以及专门接种了危险度 1 级微生物的动物，如大鼠、小鼠及金黄地鼠白血病病毒、小鼠乳腺瘤病毒等动物。管理动物设施的主任必须制定动物操作和进入饲养场所应遵循的政策、规程和方案，为工作人员制定适宜的医学监测方案，制定并执行安全或操作手册。

实验室与建筑物中的一般通道不需隔开，一般在实验台上操作，针对 ABSL-1 事实验室的装备设施的主要要求（参考 WHO《实验室生物安全手册》第 3 版）：

1. 必须为实验室安全运行、清洁和维护提供足够的空间。

2. 实验室空气直接外排，不得再循环或回流至其他动物饲养区。

3. 实验室墙壁、天花板和地板应当易清洁、防渗漏并耐化学品和消毒剂的腐蚀，地板应防滑。实验台面应是防水的，并可耐消毒剂、酸、碱、有机溶剂和中等热度。

4. 应保证实验室内所有活动的照明，避免不必要的反光和闪光。如实验室有可开关的窗子应装上纱窗。

5. 实验室器具应当坚固耐用，在实验台、生

物安全柜和其他设备之间及其下面要保证有足够的空间以便进行清洁。

6. 要有可靠和充足的电力供应和应急照明，以保证人员安全离开实验室。备用发电机对于保证重要设备的正常运转以及动物笼具的通风都是必要的。

7. 应当有足够的储存空间来摆放随时使用的物品，以免实验台和走廊内混乱。在实验室的工作区外还应当提供另外的可长期使用的储存间。

8. 应当为安全操作及储存溶剂、放射性物质、压缩气体和液化气提供足够的空间和设施。

9. 在实验室的工作区外应当有存放外衣和私人物品的设施。

10. 在实验室的工作区外应当有进食、饮水和休息的场所。

11. 每个实验室都应有洗手池，并最好安装在出口处，尽可能用自来水。

12. 采用机械吸液装置，禁止用口吸液。

（二）标准操作与特殊操作

1. 标准操作

（1）建议穿长工作服，以防止污染。

（2）实验人员从事实验室工作，需由实验室负责人批准，并决定限制或禁止其他人员进入实验室。

（3）实验人员在操作活微生物材料及动物、离开实验室之前均应洗手。

（4）所有污染的液体或固体废物在处理前应去除污染。

（5）感染动物尸体需用防漏、有盖容器运出并焚化。

（6）所有操作均应按规程仔细小心进行，使气溶胶的产生减至最低限度。

（7）实验室应有防昆虫及鼠类的措施。

（8）对锋利物要制定安全对策。

2. 特殊操作

实验室要制定生物安全手册，供需要进入的工作人员阅读并按程序执行。

（三）个人防护装备

ABSL 实验室的个体防护和防护装备重点是要考虑防护动物体液和排泄物，包括唾液、血液、尿液、粪便、呕吐物等产生的气溶胶或直接污染。实验室工作人员在个体防护方面还要考虑防止被动物抓伤、咬伤等造成的伤害和污染。应特别注意：对动物性气溶胶的防护；对实验室获得性疾病（laboratory acquired illnesses）的防护；对人兽共患病的防护。在进行实验动物及动物实验研究，尤其是运用各项新技术、新方法时，必须充分认识其中可能存在的危害性，牢固树立生物安全的概念，切实有效的个体防护装备对确保研究的顺利开展和保护个体的安全都是很重要的。

由于不同的国家受不同的工作环境、不同的职业危害因素、有害物质等因素的影响，个体防护装备的标准也有一些差别。我国对职业安全的分类为 10 类，由于分类没有更加具体化，在实际中难以指导和制定职业安全防护措施和个体防护装备的配置，所以我国 ABSL 实验室在进行个体防护装备采购和制定时，一般会参照国际标准化组织（ISO）或美国国家标准学会（ANSI）等相关标准，再结合我国的具体环境和实验条件制定相关规定。

动物实验室个人防护装置的选择要注意以下四点：

1. 个人防护用品应符合国家规定的有关标准。

2. 在危害评估的基础上，按不同级别实验室的防护要求选择适当的个人防护装备。

3. 个人防护装备的选择、使用、维护应有明确的书面规定、程序和使用指导。

4. 使用前应仔细检查，不使用标志不清、破损等的防护用品。

ABLS-1 实验室：

1. 工作人员在设施内应穿实验工作服。

实验服最好应该能完全扣住。在必须对血液或培养液等化学或生物学物质的溢出提供进一步防护时，应该在实验服或隔离衣外面穿上围裙。实验服、隔离衣、连体衣或围裙不得穿离实验室区域。

2. 与非灵长类动物接触要考虑黏膜暴露对人的感染危险，要戴面部防护设备（如护目镜等）。要根据所进行的操作来选择相应的面部防护装备，从而避免因实验物品飞溅对眼睛和面部造成的危害。制备屈光眼镜（prescription glasses）

或平光眼镜镜框用可弯曲的或侧面有护罩的防碎材料制成（安全眼镜）。护目镜应该戴在常规视力矫正眼镜或隐形眼镜（它们对生物学危害没有保护作用）的外面来对飞溅和撞击提供保护。面罩采用防碎塑料制成，形状与脸型相配，通过头带或帽子佩戴。护目镜、安全眼镜或面罩均不得带离实验室区域。

当进行高度危险性的操作（如清理溢出的感染性物质）时，可以采用防毒面具来进行防护。根据危险类型来选择防毒面具。具有一体性供气系统的配套完整的防毒面具可以提供彻底的保护。有些单独使用的一次性防毒面具（ISO 13.340.30）可用来保护工作人员避免动物实验室气溶胶等生物因子暴露。防毒面具不得带离实验室区域。

3. 必要时使用 I 级生物安全柜。

二、二级动物生物安全（animal biosafety level 2，ABSL-2）实验室

ABSL-2 实验室与 ABSL-1 实验室生物安全水平相似，适用于那些对人及环境有中度潜在危险的微生物和动物实验工作，其不同点在于：①人员经过操作病原性物质专门训练，并由能胜任的科学人员监督管理；②正在工作时限制外人进入实验室；③某些产生传染性气溶胶的工作在生物安全柜或其他物理封闭设备内进行。

（一）建筑与设施要求

设施除与一级生物安全实验室相同部分外，有一些特定的要求：

1. 对于啮齿动物，顶笼过滤器应便于经常使用，最好使用动物屏障柜。

2. 实验室应设眼睛冲洗设备。

3. 如果采用机械通风，气流的方向必须向内。排出的空气要排到室外，不得在建筑物内循环使用。

4. 如有窗户，必须是安全、抗击碎的。如果窗户可以打开，则必须安装防节肢动物的纱网。

5. 可能产生气溶胶的工作必须使用生物安全柜（I 级或 II 级）或隔离箱，隔离箱要带有专用的供气和经 HEPA 过滤的排气装置。

6. 动物设施的现场或附近备有高压灭菌器，供传染性实验室废物处理专用。

（二）标准操作与特殊操作

1. 标准操作

（1）实验人员穿专用实验室防护外衣、罩衣、长衣或专门制服，戴护目镜、口罩、面罩等。

（2）应有适当的医疗监测方案。实验室人员须针对所应用的病原体或潜在的病原体接受适当的免疫或检测（如乙肝疫苗或结核菌素试验皮试），并且应建立适当的血清监测系统。

（3）尽可能地减少非熟悉的新成员进入动物实验使用室。为了工作或服务必须进入者，要告知其工作潜在的危害。

（4）处理动物时要戴双层手套，离开实验室时要把这些衣物留在实验室内消毒处理，严禁带出实验室。

（5）制定安全使用锐利器具的方案。

（6）动物实验室内限制使用针头和注射器或其他锐利器械，只在没有其他选择时才应用，如胃肠外注射等。

（7）可重新接入针头的注射器、无针系统以及其他安全装置在适当的时候可应用。

（8）尽量用塑料制品代替玻璃制品。

（9）所有实验操作过程必须小心，以减少气溶胶的产生和防止其外溢。

（10）所有样品收集并放置在密闭的容器内，贴好标签，避免外漏。

（11）严格执行菌（毒）种保管制度。

（12）当实验动物使用室内操作病原微生物时，在入口处必须有生物危险的标志。

2. 特殊操作

（1）用过的动物笼具清洗拿出之后要高压蒸汽灭菌，或用其他方法消毒。设施内仪器设备拿出检修打包后要消毒。

（2）实验材料外溢时要消毒，打扫干净。如果发生传染性材料的暴露，应立即向设施负责人和管理相关人员进行报告。

（3）所有实验动物使用室内废物在焚烧或进行其他处理之前必须高压灭菌。

（4）与实验无关的物品和生物体不经允许不得带入动物实验使用室。

（三）个人防护装备

1. 工作人员在设施内必须穿实验工作服。离开时须脱去工作服。

2. 急性、容易产生高危险气溶胶的基础上使用个人防护器具,包括对感染动物的尸体、体液的收集和动物鼻腔接种等操作时,要同时使用生物安全柜和个人防护器具(如口罩和面罩等)。

三、三级动物生物安全(animal biosafety level 3,ABSL-3)实验室

ABSL-3 适用于专门接种了危险度 3 级微生物的动物。所有系统、操作和规程每年都需要重新检查及认证。

(一)建筑与设施要求

实验室设施除下列修改以外,应采用一级和二级生物安全水平的基础实验室的设计和设施:

1. 实验室应与同一建筑内自由活动区域分隔开,具体可将实验室置于走廊的盲端,或设隔离区和隔离门,或经缓冲间(即双门通过间或二级生物安全水平的基础实验室)进入。缓冲间的门可自动关闭且互锁,以确保某一时间只有一扇门是开着的。应当配备能击碎的面板供紧急撤离时使用。

2. 实验室的墙面、地面和天花板必须防水,并易于清洁。所有表面的开口(如管道通过处)必须密封以便于清除房间污染。窗户应关闭、密封、防碎。

3. 为了便于清除污染,实验室应密封。必须建立可使空气定向流动的可控通风系统。在构建通风系统时,应保证从 ABSL-3 实验室内所排出的空气不会逆流至该建筑物内的其他区域。空气经 HEPA 过滤器过滤、更新后,可在实验室内再循环使用。当实验室空气(来自生物安全柜的除外)排出到建筑物以外时,必须在远离该建筑及进气口的地方扩散。可以安装取暖、通风和空调控制系统(HVAC)来防止实验室出现持续正压。应考虑安装视听警报器,向工作人员发出 HVAC 系统故障信号。

4. 生物安全柜的安装位置应远离人员活动区,且避开门和通风系统的交叉区。由生物安全柜排出的气体经 HEPA 过滤器过滤后可直接排放,或通过建筑物中的排气系统排放;生物安全柜应每 12 个月检查一次,其排出的空气可以在实验室内再循环。

5. 动物饲养笼可戴滤过帽或在独立通气笼盒(individually ventilated cages,IVC)或隔离器饲养;感染危险度 3 级微生物的动物饲养笼具,必须置于隔离器或在笼具后装有通风系统排风口的房间中。

6. 实验室中应配置用于污染废物消毒的高压灭菌器。如果感染性废物需运出实验室处理,则必须根据国家或国际的相应规定,密封于不易破裂的、防渗漏的容器中。

(二)标准操作与特殊操作

1. 标准操作

(1)在实验室内穿上保护便服用的实验服,重复使用必须消毒。在有传染性动物的室内应戴模压面罩或防毒面具。

(2)制定安全手册或手册草案。除了制定紧急情况下的安全对策、操作程序和规章制度外,还应该根据实际情况制定特殊适用的对策。

(3)限制对工作不熟悉的人员进入实验动物使用室。为了工作或服务必须进入者,要告知其工作潜在的危害。

(4)应有合适的医疗监测方案。实验室人员须针对所应用的病原体或潜在的病原体接受适当的免疫或检测,决定是否对实验人员进行免疫接种或检测,并且应建立适当的血清监测系统。

(5)制定安全使用锐利器具的方案。

(6)所有实验操作过程必须十分小心,以减少气溶胶的产生和防止其外溢。

(7)所有样品收集并放置在密闭的容器内,贴好标签,避免外漏。感染动物废物高压蒸汽灭菌后建议焚烧,且选择在远离城市、人员稀少、易于扩散的地方。

(8)当实验室或封闭单元内有传染性材料或感染动物时,在进入实验室或动物室的门上应标明"生物危险"警告标志,标明传染因子名称以及进入实验室的一些特殊要求,如必须免疫,戴防毒面具或采取其他个人防护措施。

(9)严格执行菌(毒)种保管制度。

2. 特殊操作

(1)只允许用做实验的动物进入动物实验使用室,动物要检查合格才能进入。

(2)对动物管理人员和实验人员应进行与工作有关的专业技术培训,避免微生物暴露,且清楚评价暴露的方法。

（3）所有涉及传染性材料的活动都应在封闭单元中的生物安全柜或其他物理封闭设备内进行。不得在敞开的实验台上进行敞口容器操作。

（4）真空管线用高效空气过滤器及液体消毒剂消毒装置保护。

（三）个人防护装备

1. 操作传染性材料和感染性动物都要使用个人防护器具。工作人员进入实验动物使用室前要按规定穿戴工作服,再穿特殊防护服,不得穿前开口的工作服。离开实验动物使用室时要脱掉工作服,并进行必要的包装,消毒后清洗。

2. 操作感染动物时要戴手套。应广泛地使用一次性乳胶、乙烯树脂或聚腈类材料的手术用手套。在抓取动物时,一方面防止咬伤,另一方面避免污染,一般可带帆布手套或在棉麻手套外层再加一层 PE 手套。可重复使用的手套虽然也可以用,但必须注意一定要正确冲洗、摘除、清洁并消毒。用过的一次性手套应该与实验室的感染性废物一起丢弃。在进行尸体解剖等可能接触尖锐器械的情况下,应该戴不锈钢网孔手套。但这样的手套只能防止切割损伤,而不能防止针刺损伤。手套不得带离实验室区域。

3. 操作具有产生气溶胶危害的感染动物的尸体、体液的收集时,要同时使用Ⅱ级生物安全柜和个人防护器具（如口罩和面罩等）。

4. 在从事可能出现泄漏的工作时可穿一次性防水鞋套,在实验室的特殊区域（如有防静电要求的区域）或 ABSL-3 和 ABSL-4 实验室要求使用专用鞋,如一次性或橡胶靴子等。

四、四级动物生物安全（animal biosafety level 4, ABSL-4）实验室

ABSL-4 实验室适用于专门接种了危险度 4 级微生物的动物。正常情况下,此类设施中的工作与四级生物安全水平的最高防护实验室中的工作有关,国家和地方的规章和规定必须协调以同时适用于这两种实验室。

（一）建筑与设施要求

ABSL-3 实验室的要求也适用于 ABSL-4 实验室,但需增加以下几点:

1. 设有化学消毒淋浴室。

2. 饲养感染危险度 4 级微生物因子的动物

的区域,必须遵照四级生物安全水平的最高防护实验室防护标准。

3. 必须通过气锁缓冲室才能进入设施,气锁缓冲室的洁净侧与限制侧之间必须由更衣室、淋浴室分开。

4. 设施须安装带有 HEPA 过滤器的排风系统进行通风,以确保室内负压。

5. 必须配备双门高压灭菌器来传递物品,洁净端在防护室外的房间内。

6. 必须配备传递气锁舱以供传递不能高压灭菌的物品,其洁净端在防护室外的房间内。

7. 在进行感染危险度 4 级微生物动物的操作时,均必须在四级生物安全水平的最高防护实验室中进行。

8. 所有动物必须饲养在隔离器内。

（二）标准操作与特殊操作

1. 标准操作

（1）进入实验室时,工作人员必须脱下包括内衣裤的全部日常服装,并换上专用防护服;工作结束后,必须脱下防护服进行消毒,淋浴后再离去。

（2）制定特殊的安全手册或措施。除了制定紧急情况下的安全对策、操作程序和规章制度外,还应该根据实际情况制定适用的对策。

（3）工作人员必须接受过最高水平的微生物学培训,熟悉其工作中所涉及的危险以及必要的预防措施。未经培训的人员禁止进入实验动物使用室。为了工作或服务必须进入者,要告知其工作潜在的危害。

（4）所有进入 ABSL-4 设施的人员应建立动物监督,包括适当免疫接种、血清收集及暴露危险等有效协议和潜在危害预防措施。

（5）制定安全使用锐利器具的方案。

（6）所有实验操作过程必须十分小心,以减少气溶胶的产生和防止其外溢。外溢一旦发生,应由经过从事传染性实验工作训练和有经验的人处理。

（7）实验人员在操作培养物及动物后要洗手,离开设施之前脱掉手套并洗手。

（8）所有样品收集并放置在密闭的容器内,贴好标签,避免外漏。

（9）当实验动物使用室内操作病原微生物

时,在入口处必须有生物危险的标志。

（10）严格执行菌（毒）种保管制度。

（11）进行传染性实验须指派 2 名以上的实验人员。

（12）与实验无关的材料不许进入实验动物使用室。

2. 特殊操作

（1）采取更多的措施控制人员进入,如 24 小时警卫和出入安全检查系统。实验人员应通过更衣室和淋浴间进入或离开设施,每次离开前均应淋浴。除非紧急情况,实验人员不得通过气压过渡舱进、出实验室。

（2）在三级安全柜内进行操作,实验人员的便服应脱在外更衣室。当准备离开实验室进入冲洗间前,实验人员应在内更衣室脱去实验室服装。脏衣服在送洗衣房前应高压灭菌。

（3）在 ABSL-4 防护服实验室进行操作时,实验人员须彻底更衣。脏衣服在送洗衣房前应高压灭菌。

（4）室内所需材料和用品应通过双层门的高压灭菌舱或熏蒸消毒舱。高压灭菌舱和熏蒸消毒舱两侧的门是交替开启的,从而确保只有在其消毒循环完成后,外侧门才能被打开。

（5）应定期对实验人员进行血清分析,并将结果通知受检者。

（三）个人防护装备

1. 所有操作均在Ⅲ级生物安全柜内进行,并配备相互传递和消毒设施。实验室工作人员须穿正压防护服方可进入。

2. 重复使用的物品,包括动物笼在拿出设施前必须消毒。

五、无脊椎动物实验室的生物安全

和脊椎动物一样,动物设施的生物安全等级由所研究的或自然存在微生物的危险度等级决定,或根据危险度评估结果来确定。对于某些节肢动物,尤其是飞行昆虫,必须另外采取如下的预防措施:

1. 已感染和未感染的无脊椎动物应分开房间饲养。

2. 备有喷雾型杀虫剂。

3. 房间能密闭进行熏蒸消毒。

4. 应配备制冷设施,以备必要时降低无脊椎动物的活动性。

5. 所有通风管道和可开启的窗户均要安装防节肢动物的纱网。

6. 进入设施的缓冲间内应安装捕虫器,并在门上安装防节肢动物的纱网。

7. 水槽和排水管上的存水弯管内不能干涸。

8. 所有废物应高压灭菌,因为对于某些无脊椎动物,任何消毒剂均不能将其杀死。

9. 对会飞、爬、跳跃的节肢动物幼虫和成虫应坚持计数检查。

10. 放置蜱螨的容器应竖立置于油碟中。

11. 已感染或可能感染的飞行昆虫必须收集在有双层网的笼子中。

12. 已感染或可能感染的节肢动物可以在冷却盘上操作。

13. 必须在生物安全柜或隔离箱中操作已感染或可能感染的节肢动物。

第四节　动物实验中的基本操作规范

管理人员对实验动物的饲养和管理,在动物实验的进行过程中,实验人员对实验动物的操作和处理,以及实验人员对实验动物进行实验操作后的护理等内容,这些都包括在动物实验的基本操作规范内容里。这些基本操作内容不仅适用于常规实验室中的动物饲养管理,同样对动物生物安全实验室的动物饲养管理也是适用的。清楚并在动物实验室中遵守动物实验中的基本操作规范,不仅是保证动物实验的安全性、可重复性的必要要求,也是动物实验中体现动物福利的基本要求。

一、实验动物护理的基本原则

（一）护理原则

实验动物是经过科学育种和繁殖生产的,同时遗传背景清楚,携带的微生物状况明确,并对其生态学、生物学、形态结构了解的特殊动物。因此,对其护理也有严格的要求,应遵循以下基本原则:

1. 实验动物饲养和使用应遵守国家相关法律和规定。

2. 应明确使用实验动物的理由和目的。

3. 明确实验所使用动物的种类和数量,动物的数量应满足统计学的要求。

4. 完善操作规程,避免或减轻因实验对动物造成的不适和痛苦,包括使用适当的镇静、镇痛或麻醉方法。禁止不必要的重复操作,且禁止在非麻醉的状态下进行动物手术。

5. 严格按程序实施实验后动物的处理,包括麻醉、止痛、实验后的护理或用麻醉方法处死。

6. 实验过程中要求保证实验动物的良好生活条件,包括饲养环境的合适性、符合动物生长需求的饲料和细心的护理等。对动物的饲养要能保持其生活习性,保证动物生长在健康、舒适的环境。

7. 研究人员和实验动物操作人员应接受实验动物的基本知识和操作技能等方面的培训。

8. 使用过程中要求保证周围环境和实验人员的安全。

9. 动物实验室符合标准并得到认可后,根据申请的动物种属和数量,合理安排动物的饲养和使用。

10. 实验动物必须在实验室制定的区域进行饲养和使用,操作完成后动物也必须尽快被送回其原来的饲养区域。

11. 动物实验应该在实验室制定的区域内进行。这样才能保证动物和实验人员的安全以及周围环境的安全。

(二)小动物饲养

动物实验中用到的小动物主要指小鼠、大鼠、豚鼠等啮齿类动物,其饲养要能遵循以下的原则:

1. 饲养并使用的动物必须按国家标准或实验特殊要求检验合格,充分准备后进入实验室,饲养人员应按实验设施规定程序要求进入实验室进行小动物的饲养管理。

2. 工作人员要定时地观察动物饮食状况和精神状况,有无异常表现,患病或死亡。

3. 更换垫料需要在负压罩下进行,防止气溶胶扩散,感染工作人员。

4. 动物要能够随时进食、随时饮水,工作人员要定期检查水、料是否充足并及时补给,同时保证其他饲养条件完备。

(三)大动物饲养

动物实验中用到的大动物主要指狗或猴及非人类灵长类动物等,其饲养应遵循下列原则:

1. 使用动物必须按国家标准或实验特殊要求,检验合格,充分准备后方可进入动物实验室,饲养人员应按实验设施规定程序要求进入实验室进行大动物的饲养管理。

2. 工作人员应将每只动物日摄取总量分批次喂给,以保证动物的进食量和减少浪费。应经常检查饮水装置,及时补充水分,使动物能够及时饮水。

3. 工作人员喂给动物的瓜果、蔬菜等必须洗净消毒。禁止喂给腐烂发霉不洁的食物,饮水要清洁。

4. 工作人员每周对饲喂动物所用的小推车、食物、水容器等用品进行两次消毒。

5. 工作人员应每天打扫动物饲养区域,保持清洁,每周消毒地面三次。

6. 室内光照,要求明暗各 12h 自动交替。

7. 饲养笼具应考虑对动物排泄物便于收集处理,并利于清洁消毒。

二、动物实验过程的行为规范

(一)物理限制

物理限制指在实验过程中用手或工具限制动物活动的过程,其中实验过程包括检查、收集标本、给药、治疗或实验操作等。

物理限制的主要原则和要求有:虽然不同动物做不同的实验所用限制时间不同,但要尽量减少限制的时间,以达到实验目的为基准;工具的设计应合理,不要仅考虑实验的便利,主要考虑尽量减少动物的不适,避免伤害;限制的工具不能作为常规的饲养工具,限制工具要和常规的饲养工具分清楚;在限制过程中,如果发生损伤或严重的行为改变,应暂停或禁止限制,并给予处理或治疗;实验过程中要以保证实验人员和周围人员的安全为准则。

(二)饮食限制

实验用动物不论大动物还是小动物原则上都要求随时饮食,小动物一般不限制食物,能够自由进食,而大动物要固定给予食物,如果一些实验需要动物限制食物或水的摄入量,应保证动物存活所需要的最低需求量。食物的限量应依据科学的论证,其限量的标准应容易操作,如动物体重的百分比或正常摄入量的百分比。对水分的限量摄入,要防止动物发生脱水现象,并保持动物的膳食平衡。

(三) 手术操作

有些实验需要对动物进行手术,即打开或刺穿动物的身体,一般来讲,手术会对动物的身体或生理功能产生较大的损害,同时,实验人员也容易被血液、体液污染或被器械、针头刺伤,存在潜在生物污染的威胁,因此实验人员在手术过程中必须做到以下几点:一定要使用适当的镇静、镇痛或麻醉方法进行操作;做好器材、防护等的准备工作;禁止不必要的重复操作;不提倡短期内用一个动物进行多个手术实验,但是,为充分利用动物资源,经动物伦理委员会许可,在可能的条件下可以实施多个手术实验;严格实验操作规程,防止发生血液、体液外溅和针刺伤,避免生物污染;手术后的动物、标本以及所用器具材料等必须按规定程序妥善处置。

(四) 其他操作

1. 投药

根据实验的具体要求,再依据动物的种类差异选择不同的途径进行给药。常用的给药途径有灌胃和静脉注射。对接种了高致病性病原微生物的动物,特别是大动物,将动物麻醉后进行灌胃或静脉注射是较为安全的方式。小动物灌胃或静脉注射可根据具体的实验情况选择是否麻醉,静脉注射时须使用固定器,以防动物抓伤或逃逸。

2. 采样

原则上活检时应对动物进行麻醉。对接种了病原体的大动物进行采血或体检时,要求将动物麻醉,以利于实验的进行。对小动物进行灌胃、注射和采血时,可不麻醉动物,但实验操作中要有固定等措施防止动物逃逸以及抓咬。

3. 标本运输

对于动物标本的运输要严格按照有关规定标准执行,要求用防渗漏的容器来装标本,以免造成感染等危害,容器在放入标本后要密闭运输。

4. 送检单

送检单的填写内容应该包括送检目的、送检物品、送检单位、送检人、送检日期、联系人以及联系方式等信息。

(五) 动物实验的废物处理

1. 血液和体液标本的处理

用于抗体、抗原、病原微生物、生化指标等检查的血液和体液标本,按照要求进行处理并检测,检测后的标本经 121℃,30min 高压消毒处理。

2. 动物脏器组织的处理

动物器官组织,尤其是用于病原微生物分离的组织按照标准规定程序进行处理;用于病理切片的组织,需要经过甲醛等方法固定后再进行切片;剩余的组织经 121℃,30min 高压消毒处理。

3. 动物尸体的处理

安乐处死后的动物尸体,取材完毕后,经 121℃,30min 高压灭菌处理后,集中送环保部门处理。ABSL-3 实验室及以上级实验室的感染动物尸体需经室内和双扉两道高压灭菌,才能移出实验室。

4. 动物咽拭子的处理

用于病原分离和 PCR 检测的咽拭子,按照各自实验的具体要求进行处理后,分别施行病毒分离和 PCR 检测实验,剩余的标本经过 121℃,30min 高压消毒处理。

5. 病原分离培养物的处理

病原分离的培养物,不管检测的是阳性结果还是阴性结果,都需要经过 121℃,30min 高压消毒处理。

三、事故的处理规范

为了有效预防动物实验室事故,保证实验结果的科学准确,保障实验动物和工作人员的健康和生命安全,防止和杜绝实验室污染对周围环境造成严重污染,在动物实验室要有处理事故的规范以确保一旦发生实验室污染事件及安全事故时,能及时、规范、科学、迅速有效地控制。动物实验室应建立处理意外事故应急预案,并体现在动物实验室生物安全手册中,具体包括下列内容。

(一) 病原微生物污染应急处置措施

1. 实验室如果发生一般病原微生物泼溅或

泄漏事故,按生物安全的有关要求,根据病原微生物的抵抗力选择敏感的消毒液进行消毒处理。

(1)如果病原微生物泼溅在实验室工作人员皮肤上,立即用75%的酒精或碘伏进行消毒,然后用清水冲洗。

(2)如果病原微生物泼溅在实验室工作人员眼内,立即用生理盐水或洗眼液冲洗,然后用清水冲洗。

(3)如果病原微生物污染了空气、工作人员的衣服、鞋帽上或实验室桌面、地面,应立即选用75%的酒精、碘伏、0.2%~0.5%的过氧乙酸或500~10 000mg/L有效氯消毒液等进行消毒处理。

(4)如果病原微生物感染了动物,应及时对动物进行隔离处理等避免造成更大的危害。

2. 实验室发生高致病性病原微生物泄漏、污染时,实验室工作人员应及时向实验室污染预防及应急处置专业小组报告,在2h内向卫生主管部门报告,并立即采取以下控制措施,防止高致病性病原微生物扩散。

(1)封闭被污染的实验室或者可能造成病原微生物扩散的场所。

(2)开展流行病学调查。

(3)进行现场消毒。

(4)对染疫或者疑似染疫的动物采取隔离、捕杀抢救等措施。

(5)其他需要采取的预防、控制措施。

3. 如果工作人员通过意外吸入、意外损伤或接触暴露,应立即紧急处理,并及时报告实验室污染预防及应急处置专业小组。

(1)如果工作人员操作过程中被污染的注射器针刺伤、金属锐器损伤,解剖感染动物时操作不慎被锐器损伤或被动物咬伤或被昆虫叮咬等,应立即施行急救。首先用肥皂水和清水冲洗伤口,然后挤伤口的血液,再用消毒液(如75%酒精、2 000mg/L次氯酸钠、0.2%~0.5%过氧乙酸、0.5%的碘伏)浸泡或涂抹消毒,并包扎伤口(厌氧微生物感染不包扎伤口)。

(2)必要时服用预防药物,如果发生人类免疫缺陷病毒(HIV)职业暴露时,应在1~2小时以内服用HIV抗病毒药。

(二)化学性污染应急处置措施

1. 一般化学性污染应急处置措施

(1)如果实验室发生有毒、有害物质泼溅在工作人员皮肤或衣物上,立即用自来水冲洗,再根据毒物的性质采取相应的有效处理措施。

(2)如果实验室发生有毒、有害物质泼溅或泄漏在工作台面或地面,先用抹布或拖布擦拭,然后用清水冲洗或使用中和试剂进行中和后用清水冲洗。

(3)如果实验室发生有毒气体泄漏,应立即启动排气装置将有毒气体排出,同时开门窗使新鲜空气进入实验室。如果发生吸入毒气,造成中毒应立即抢救,将中毒者移至空气良好处使之能呼吸新鲜空气。

2. 严重化学性污染应急处置措施

按照《中国公共卫生突发事件调查处理》第二章第四节急性化学性伤害调查处理的方法进行处置。

(三)实验室安全事故应急处置措施

1. 实验室一旦发生火灾,一定要迅速而冷静地首先切断火源和电源,并尽快采取有效的灭火措施。水和沙土是最常用的灭火材料。

2. 若出现触电事故,应先切断电源或拔下电源插头,若来不及切断电源,可用绝缘物挑开电线,在未切断电源之前,切不可用手去拉触电者,也不可用金属或潮湿的东西挑电线。若触电者出现休克现象,切断电源后要立即进行人工呼吸,并请医生治疗。

3. 按有关规范或制度做好实验室贵重物品、危险品、有毒有害物质、动物种类和数量的保管和使用记录。一旦发现有物品被盗,应立即报告有关部门,查明被盗数量,估计造成后果的严重程度,制定并采取有效的控制措施。如果发现有动物逃逸,应由熟练掌握实验动物捕捉和固定方法的工作人员立即进行捕捉,查看逃逸原因,做相应处理措施,防止再逃并造成环境污染或其他危害。

小　结

　　当前越来越多的临床、基础和药物实验都必须借助实验动物进行分析探索,动物实验和动物实验室生物安全受到世界各国的普遍重视,在动物实验的实施过程中,各个环节都渗透着实验室生物安全问题,一旦处理不当,会造成非常严重的后果,威胁人类的健康安全。本章主要介绍实验室动物生物安全的基本知识,动物实验中的风险,四级动物生物安全实验室的建筑设施和设备要求、标准操作和特殊操作及个人防护装备,动物实验中的基本操作规范等。所有进入动物实验室的人员,在日常工作中必须严格遵守动物实验室的各项规章制度和操作规范,做好个人防护,了解动物实验室实验事故的处理规范,减少和避免动物实验室生物安全事故的发生。

思　考　题

一、判断题

1. 实验动物分为四级,主要有:普通级、特殊级、清洁级、无特定病原体级。（　　）
2. 申请实验动物使用许可证时,须有经过专业培训的实验动物饲养和动物实验人员,所有人员不需持证上岗。（　　）
3. 从饲养室和实验室外引入实验动物时,必须实行检疫;经检疫合格的,才可繁育、使用。（　　）

二、选择题

1. 实验动物生产、使用许可证每（　　）发放一次,取得许可证的单位,必须接受每年的复查,复查合格者,许可证继续有效

A. 1 年　　　　　　　　B. 2 年　　　　　　　　C. 3 年　　　　　　　　D. 5 年

2. 实验动物中微生物质量控制上要求最低的动物

A. 普通动物　　　　　B. 无特定病原体动物　　C. 无菌动物　　　　　　D. 清洁动物

3. ABSL-1 适用于饲养大多数经过检疫的储备实验动物,除了

A. 大鼠、小鼠类　　　B. 犬类　　　　　　　　C. 灵长类动物　　　　　D. 兔

4. 实验室发生高致病性病原微生物泄漏、污染时,实验室工作人员应及时向实验室污染预防及应急处置专业小组报告,在（　　）小时内向卫生主管部门报告

A. 4　　　　　　　　　B. 8　　　　　　　　　　C. 10　　　　　　　　　D. 2

5. 动物检疫员应具备以下条件

A. 熟悉并掌握动物防检疫方面的法律、法规、规章、标准

B. 熟悉并掌握本地区、相邻地区畜禽疫病以及动物防、检疫工作的基本情况

C. 具有熟练的动物检疫操作技能,无需兽医学等专业学历

D. 能正常开展动物检疫工作,坚守岗位

6. 动物实验中的条件致病菌包括

A. 变形杆菌　　　　　B. 沙雷菌属　　　　　　C. 支原体　　　　　　　D. 立克次体

三、思考题

　　2013 年 4 月至 2014 年 9 月,美国某大学发生了感染病原体小鼠逃跑的事件,前后共有 8 只小鼠逃跑,逃逸率约为 0.001%。逃跑的小鼠有的跳到研究人员身上,有的跑到冰柜下方,而研究人员则经常用扫帚柄拦阻乱窜的小鼠。因为这些小鼠已感染了 SARS 病毒或甲型 H_1N_1 流感病毒,卫生部门对此事表示忧虑。

　　问题:

　　1. 分析导致发生此类事件的原因是什么?

　　2. 如果是你碰到了此类事件,会如何处理?

参 考 答 案

一、判断题

1. 错误　　2. 错误　　3. 正确

二、选择题

1. D　　2. A　　3. C　　4. D　　5. ABD　　6. AB

三、思考题

可以从动物实验室管理,动物实验室的操作规范等方面进行分析。

ER4-1　第四章二维码资源

（叶冬青）

第五章 生物安全实验室的主要设备及其应用

生物安全实验室需要一些仪器设备,防止、减少实验操作中感染性气溶胶、溅出物、废物等对实验室环境及人员造成感染,如生物安全柜、灭菌器等。本章主要介绍这些设备的工作原理、使用及操作流程。

第一节 生物安全柜

生物安全柜是实验室主要的物理隔离设备,是为操作原代培养物、细菌、病毒以及诊断性标本等具有感染性的实验材料时,用来保护实验室人员、环境和实验材料,避免或减少对操作过程中可能产生的感染性气溶胶和溅出物对实验人员感染而设计的负压过滤装置。

一、生物安全柜的概述

生物医学科技的不断发展,实验室工作的重要性也得到不断体现,但由于各种原因发生的实验室感染,对于实验室人员和实验室环境,乃至更广泛人群和环境将造成极大的威胁。譬如,当摇动、倾注、搅拌或将感染性液体滴加到固体表面上或另一种液体中,或对感染性液体进行离心时,均有可能产生气溶胶。对琼脂平板划线接种细菌、用吸管接种细胞培养瓶、利用加样器将感染性试剂的混悬液转移到微量培养板中、对感染性物质进行匀浆及涡旋振荡等过程,都有可能产生感染性气溶胶。由于这种直径小于100μm的微小液滴肉眼无法看到,所以实验室工作人员通常意识不到这种颗粒的存在,并可能由于吸入感染性颗粒或交叉污染工作台面的其他材料,而造成实验室感染。正确使用生物安全柜可以有效减少研究者的实验室获得性感染以及培养物交叉污染,同时也能够保护环境和实验对象。

随着人们实验室生物安全意识的提高,生物安全柜的应用日益广泛。多年以来,生物安全柜的基本设计已经历了多次改进,其主要变化分别表现在排风系统和送风系统。一方面是排风系统增加了HEPA过滤器。对于直径为0.3μm的颗粒,HEPA过滤器可以截留99.97%,而对于更大或更小的颗粒,则可以截留99.99%。HEPA的这种特性也使其能够有效地截留已知的传染因子,确保从生物安全柜中排出的是完全不含微生物的空气。另一方面送风系统的改进是将经HEPA过滤的空气输送到柜内工作台面上,从而保护工作台面上的实验材料不受污染,通常被称为实验对象保护(product protection)。

二、生物安全柜的分类和选择

生物安全柜通过在实验操作区域形成负压,防止实验过程中产生的气溶胶外泄,保护操作人员;通过对输入生物安全柜内的空气经高效空气过滤器过滤,在生物安全柜内形成洁净的环境,保护操作对象;从生物安全柜内排放的空气经高效空气过滤器过滤后释放,保护外环境和更广泛人群。

(一)生物安全柜的分类

生物安全柜的分类是依据欧洲EN 12469:2000标准和美国NSF 49标准,以及我国对于生物安全柜制定的标准YY 0569—2011等来分类,根据生物安全柜正面气流的速度、送风和排风的方式、防护对象和防护水平的不同,分为Ⅰ级、Ⅱ级和Ⅲ级,见表5-1。基于生物安全柜应用上的差异,其相互间在设计上都存在一定的差异,主要包括:从前面的操作口吸入空气的速度;在工作台面上再循环空气的量以及从安全柜中排出空气的量;安全柜的排风系统是经专门的排风系统还是经建筑物的排风系统、气流是重新循环至房间内还是排放到建筑物的外面;安全柜是负压状态下的生物学污染管道和压力通风系统,还是由负压管道和压力通风系统所包围的生物学污染管道和压力通风系统等。

当操作挥发性或有毒化学品时,不能使用将空气重新循环而排入房间的生物安全柜。Ⅱ级

B1 型安全柜则可用于操作少量挥发性化学品和放射性核素。若需要操作大量放射性核素和挥发性化学品时,应使用Ⅱ级 B2 型安全柜,这一类型的安全柜也称为全排放型安全柜。不同类型生物安全柜(按对生物遏制情况)见表 5-2。

表 5-1 Ⅰ级、Ⅱ级和Ⅲ级生物安全柜间的差异

生物安全柜	正面气流速度 /(m·s⁻¹)	气流百分数(%)		外排连接方式
		重新循环部分	排出部分	
Ⅰ级 [a]	0.36	0	100	硬管
Ⅱ级 A1 型	0.38~0.51	70	30	排到房间或套管连接处
外排风式Ⅱ级 A2 型 [a]	0.51	70	30	排到房间或套管连接处
Ⅱ级 B1 型 [a]	0.51	30	70	硬管
Ⅱ级 B2 型 [a]	0.51	0	100	硬管
Ⅲ级 [a]	NA	0	100	硬管

注:NA——不适用。

[a] 所有生物学污染的管道均为负压状态或由负压的管道和压力通风系统围绕。

表 5-2 不同类型生物安全柜(按对生物遏制情况)

类型	对生物遏制程度及排气工作原理	适用范围
Ⅰ型	保护工作人员和环境	枯草芽孢杆菌
Ⅱ型	保护工作人员、环境和试样	
A1 型	前窗气流速度最小量或测量平均值至少应为 0.38m/s。70% 气体通过 HEPA 过滤器再循环至工作区,30% 的气体通过排气口过滤排出	普通微生物、普通细菌培养
A2 型	前窗气流速度最小量或测量平均值至少应为 0.5m/s。70% 气体通过 HEPA 过滤器再循环至工作区,30% 的气体通过排气口过滤排出	检测甲型、乙型和丙型肝炎细胞毒素
B1 型	70% 气体通过排气口 HEPA 过滤排除,30% 的气体通过供气口 HEPA 过滤再循环至工作区	艾滋病抗体或梅毒抗体检测
B2 型	100% 全排型安全柜,无内部循环气流	挥发性化学品和核放射物作为添加剂的微生物
Ⅲ型	采用手套箱严格保护工作人员、环境和试样	SARS、埃博拉病毒

(二)生物安全柜与排风系统的连接方式

生物安全柜与排风系统的连接方式,一般应满足表 5-1 的要求,并能方便高效过滤器的更换。Ⅱ级 A1 型和外排风式 A2 型生物安全柜的设计使用了套管(thimble)或伞形罩(canopy hood)的连接方式。套管安装在安全柜的排风管上,以便将安全柜中需要排出的空气引入建筑物的排风管中。在排风套管和安全柜的排风管之间保留一个直径差约为 2.5cm 的小开口,以便让房间的空气可以吸入到建筑物的排风系统中。建筑物排风系统的排风能力,要求能够满足房间排风和安全柜

排风的要求。

Ⅱ级 B1 型和Ⅱ级 B2 型生物安全柜必须通过硬管连接,即没有任何开口、牢固地连接到建筑物的排风系统,或最好是连接到专门的排风系统。同时,建筑物排风系统的排风量和静压必须与生产商所指定的要求正好一致。对硬管连接进行生物安全柜认证时,要比将空气再循环送回房间或采用套管连接的生物安全柜更费时。

(三)生物安全柜的选择

实验室选择生物安全柜,主要根据实验过程中微生物实验的生物安全级别,同时考虑个人、环

境、实验室实际环境,并根据所需保护的类型,进而选取不同级别(型号)的生物安全柜。表5-3列出了不同实验室生物安全等级适用的生物安全柜。

表5-3　不同实验室生物安全等级适用的生物安全柜

实验室生物安全等级	生物安全柜应用等级	提供的防护		
		人员	试验样品	环境
BSL-1、BSL-2、BSL-3	Ⅰ	可	否	可
BSL-1、BSL-2、BSL-3	Ⅱ(A1, A2, B1, B2)	可	可	可
BSL-4	Ⅲ	可	可	可

三、生物安全柜的使用

(一)使用前的准备

实验操作前应列出在安全柜内放置所需实验材料的清单,以减少手臂穿过脆弱的安全柜气幕屏障的运动次数。由于安全柜内放置的材料和设备会干扰柜内气流,导致紊乱,甚至造成交叉污染、破坏防护能力。所以,多余的实验材料(如手套、培养皿、培养瓶和培养基等)应放在安全柜的外面。只有当前工作直接需要的材料和设备可置于安全柜内。应注意的是,绝不能让实验记录本、废塑料包装物、移液器等堵住安全柜的前格栅,所有此类操作都应在操作台上距前格栅10cm以外进行。

生物安全柜开机平衡后才能使用。譬如二级生物安全柜有一个开口的前操作面,便于操作,但也存在污染隐患。若柜机平衡不好,会产生区域性污染,无法避免外界空气进入操作台进而污染样品或污染物经操作台外泄危害操作人员。

开始工作前,应使生物安全柜的风机事先运转至少3~5min,以净化柜内空气,净化过程能去除柜内各种粒子。同时,操作人员应调节座位高度,确保自己的脸在操作窗开口之上。穿防护服和戴手套后,手臂放进安全柜内约1min后,才能开始实验操作,目的是使安全柜恢复稳定状态,并让气流冲刷掉沾在防护服和手套表面的微生物。当操作人员的胳膊静置平放于前格栅上时,室内空气可能直接流向工作区域而不是流入前格栅,而稍稍抬起胳膊则可缓解该问题。

开始操作前应关闭工作台面下方的排气阀,这样,万一有溅出污染物情况发生时,污染物就不会逸出安全柜以外。

生物安全柜是按照每天运行24h的能力设计的,安全柜的连续运转有助于控制实验室内尘埃和其他气溶胶粒子的浓度。但从节能的角度出发,建议仅当需要时才开启生物安全柜。

(二)柜内材料的放置

生物安全柜的操作台面上可放置一块塑料衬底的吸水毛巾(但不可放置于前格栅和后格栅通风口上)。放置毛巾不但可以用于日常清洁,更重要的是一旦有液体洒出时能减少气溶胶和喷溅物的形成。工作结束后,注意将毛巾折叠放进生物安全柜灭菌包内进行高温高压灭菌。

安全柜内的一切材料应尽量放置在远离前格栅,靠近操作台面后部的位置,但不能阻挡后格栅,易产生气溶胶的设备(如旋转搅拌机、台式离心机)也应置于安全柜内操作台的后部,以便气流分路器发生作用。对于一些大件物品,如生物危害灭菌包、放废弃移液管的托盘、吸滤瓶等均应放置在生物安全柜内的一侧。为了避免物品之间的交叉污染,柜内材料的摆放应呈横向一字摆开,避免回风过程引发交叉污染。同时也能避免堵塞回风隔栅而影响风路。

操作中应按照沿工作台面由清洁区流向污染区的方向进行,操作台上材料的移动也是遵循由低污染性物品向高污染性物品移动的原则,以避免移动过程中污染性高的材料对柜体内部的污染。

某些常规工作也会妨碍生物安全柜的正常运行,如需进行高温高压处理的生物危害收集袋不应取出生物安全柜外封口,直立式吸管收集容器也不应在生物安全柜内使用,也不能放置在柜外的地面上。往生物安全柜内放置物品造成的频繁进出活动会破坏生物安全柜内空气屏障的整体性,降低生物安全柜对操作人员和操作对象的保护能力。生物安全柜内一般使用盛有适当化学消毒剂的、水平放置的废弃吸管收集盘。对于可能被污染的材料,在进行表面消毒之前不能取出生物安全柜。污染材料应放置在一个密闭的容器内,再转移到高压灭菌器,或其他消毒设备。

（三）使用中的注意事项

操作人员手臂快速而大幅度的进出安全柜会扰乱气幕，降低安全柜提供的局部屏障的保护作用。因此，操作人员应放慢手臂的进出速度，操作时手应该尽量平缓移动，以直角进出安全柜的开口，则会减少这种危害。操作人员的所有操作应在距离前面的格栅30cm外的台面进行；同时应尽量避免房间内其他人员的活动，如快速走动、开关房门等也可能干扰安全柜的气幕屏障。

生物安全柜中一般不需要紫外灯。若要使用紫外灯，应该每周进行清洁，以除去可能影响其杀菌效果的灰尘和污垢。同时，对安全柜重新认证时，应检查紫外线的强度，以确保有适当的光发射量。当房间中有人时，最好关闭生物安全柜内的紫外灯，以保护眼睛和皮肤，避免因不慎暴露于紫外线而造成伤害。

在生物安全柜内原则上应避免使用明火。因为使用明火会对气流产生影响；此外，使用过程中产生的高温且细小的颗粒杂质，会被带入滤膜进而损伤过滤效果；再者，在处理挥发性物品和易燃物品时，也易造成危险。若需要对接种环进行灭菌，可以使用微型燃烧器或电炉。

实验室中应张贴如何处理溅出物的实验室操作规则，每一位实验室操作人员都应阅读并理解这些规程。一旦在生物安全柜中发生有生物危害的物品溅出时，应在安全柜处于工作状态下立即进行清理。需要使用有效的消毒剂，并在处理过程中尽可能减少气溶胶的生成。同时，对于所有接触溅出物品的材料都要进行消毒、高压灭菌。

生物安全柜内的警报装置主要有窗式报警器和气流报警器。窗式警报器只能安装在带有滑动窗的安全柜上，发出警报时提示操作人员将滑动窗移到了不恰当的位置。处理这种警报时，只要将滑动窗移动到适宜的位置就可以了。对于气流警报器的报警，表明生物安全柜的正常气流模式受到了干扰，此时应立刻停止工作，并通知实验室主管。

（四）生物安全柜使用后的处理与维护

实验结束时，生物安全柜内的包括仪器设备在内的所有物品都应清除表面污染，并移出安全柜。不能长期置于安全柜内。生物安全柜的工作台面、四周以及玻璃的内外侧等部位都要用消毒剂进行擦拭，所用的消毒剂应能杀死安全柜里可能发现的任何微生物。

生物安全柜的工作台面、内壁表面（不含送风滤器扩散板）、观察窗内面，应选择合格的消毒剂如乙醇、次氯酸钠、过氧化氢、过氧乙酸等。注意使用次氯酸钠等漂白剂擦拭后，还应用无菌水再擦拭一遍，以清除残余的氯（氯可对不锈钢面造成腐蚀）。若用未灭菌的水进行擦拭时，可能重新污染生物安全柜的表面，尤其当需要无菌空间时（如保持培养细胞的生长），应考虑到这一点。

同样，所有放置于生物安全柜中的材料和容器的表面也应以70%乙醇等消毒剂擦拭，以免将外界环境中的污染物带入。这一步骤能减少霉菌孢子的引入，从而减少对培养物的污染。若要进一步降低生物安全柜内放置和使用材料上所携带的微生物，可以定期消毒孵箱和冰箱。

生物安全柜在移动以及更换过滤器之前，必须清除污染。最常用的方法是采用甲醛蒸汽熏蒸。此时，先将生物安全柜密闭起来，准备控制甲醛的量。当相对湿度在65%以上、温度在24℃~40℃时，甲醛蒸汽熏蒸的消毒效果最好。由于甲醛气体是高剧毒性气体，且干燥环境下，甲醛浓度达到7.75%时会产生爆炸。所以，用甲醛蒸汽熏蒸清除生物安全柜的污染应由有资质的专业人员进行。

（五）生物安全柜的检测认证

在生物安全柜安装时以及每隔一定时间以后，应由有资质的专业人员按照生产商的说明，对每一台生物安全柜的运行性能以及完整性进行认证，以检查其是否符合国家及国际的性能标准。

生物安全柜防护效果的评估和测试内容主要包括：安全柜的完整性、高效空气过滤器的泄漏、向下气流的速度、正面气流的速度、负压/换气次数、气流的烟雾模式、警报和互锁系统。还可以选择进行漏电、光照度、紫外线强度、噪声水平以及振动性的测试。

第二节　灭　菌　器

灭菌器泛指能达到灭菌要求的一切设备,即能在一定时间内杀灭一切微生物(包括细菌芽胞),达到无菌保证水平的设备。《医疗机构消毒技术规范》(WS/T 367—2012)中指出灭菌的保证水平为 10^{-6},即一件物品经灭菌处理后仍然有微生物存活的概率为 10^{-6}。灭菌器是生物安全实验室中的重要设备之一,现已被广泛应用于医疗、教学及科研单位。

一、灭菌器的分类

灭菌设备在保障实验室生物安全方面发挥了重要的作用。目前,应用灭菌器达到灭菌水平常用的方法包括物理灭菌和化学灭菌,前者主要采用热力灭菌、辐射灭菌等方法,后者主要利用环氧乙烷、过氧化氢、甲醛、戊二醛、过氧乙酸等化学灭菌剂,以规定的条件,在化学灭菌剂合适的浓度和有效的作用时间下,达到灭菌的效果。

(一)物理灭菌器

1. 热力灭菌器　利用热力灭活微生物达到防治疾病传播的处理方式,是历史悠久且有效的消毒方法,利用高温可以使菌体变性或凝固,酶失去活性,从而使细菌死亡。

热力灭菌包括湿热灭菌法和干热灭菌法。其中的高压蒸汽灭菌法由于热力对细菌的良好穿透力,所以是当前杀菌能力最强的热力灭菌方法,高压蒸汽灭菌器也是所有灭菌器中历史久、应用广、价格便宜的灭菌设备之一。干热灭菌器则主要用于不易被蒸汽穿透、易被湿热破坏、能耐受较高温度的物品。

2. 辐射灭菌器　利用电离辐射杀灭病原体,如采用放射性同位素发出的 γ 射线杀灭微生物和芽孢。国际通用的辐射灭菌剂量一般为25 000Gy(1Gy=1J/kg)。主要适合热敏物料和制剂的灭菌,常用于微生物、抗生素、激素、生物制品、中药材和中药方剂、医疗器械、药用包装材料以及高分子材料的灭菌。

辐射灭菌器主要包括紫外线照射、电离辐射、臭氧灭菌灯、微波消毒灭菌等,目前已广泛用于医疗器械等的消毒。其中的紫外线照射消毒最为人们所熟知。

(二)化学灭菌器

1. 环氧乙烷灭菌器　属于化学灭菌设备,是一次性使用无菌医疗器械生产企业的关键设备。通过在一定的温度、湿度和压力条件下,使用环氧乙烷气体实施熏蒸灭菌。环氧乙烷为易燃易爆的有中度毒性气体,具有芳香的醚味,在室温条件下很容易挥发成气体,沸点为 10.8℃,当浓度过高时可引起爆炸,所以环氧乙烷灭菌器的安装操作和使用管理均有其特殊要求。

2. 甲醛灭菌器　甲醛灭菌器通过压力和温度的控制,激发酒精和甲醛成为化学混合气体,并通过水蒸气压力变换增加混合气体的穿透力,通过温度控制增强混合气体的灭菌能力。

3. 过氧化氢等离子体灭菌器　在低温(约45℃)、低湿(约 10% RH)、短时间(少于 75min)的条件下,过氧化氢等离子体灭菌器即可完成全部灭菌过程,而且灭菌对象范围广,如金属制品、非耐热制品、非耐湿制品等。但不适用于液体、粉末类物体的灭菌,对于单端封闭的细管类制品灭菌则需采取附加工序。

由于过氧化氢是一种强氧化剂,所以对某些被灭菌物体表面有一定氧化作用,但不会造成功能性影响。

二、灭菌器的工作原理

(一)高压蒸汽灭菌器的工作原理

高温对细菌具有明显的致死作用,所以热力消毒灭菌是最为常用的杀死微生物的物理手段,高压蒸汽灭菌器则是当前应用最普遍、最成熟,效果最可靠的灭菌器。根据排放冷空气的方式和程度不同,高压蒸汽灭菌器分为下排气式压力蒸汽灭菌器和预真空压力蒸汽灭菌器两类。后者需要的灭菌时间较短,对灭菌物品的损害轻微,但价格较贵,应用未普及。目前在国内广泛应用的主要是下排气式压力蒸汽灭菌器,但灭菌时间较长。

1. 下排气式压力蒸汽灭菌器　下排气式压力蒸汽灭菌(又称为重力置换式高压灭菌器)是利用重力置换原理,通过使热蒸汽在灭菌器中自上而下,将冷空气由下排气孔排出(装有高效空气过滤器),排出的冷空气全部由饱和蒸汽取代。

蒸汽的压力增高,温度也随之增高。通过蒸汽释放的潜热使物品达到灭菌的要求。一般情况下,在 103.4kPa(1.05kg/cm²)压力条件下,在 121.3℃下维持 15~20min,即能杀死包括具有顽强抵抗力的细菌芽胞在内的一切活微生物,达到灭菌目的。

2. **预真空压力蒸汽灭菌器** 预真空压力蒸汽灭菌器是利用机械抽真空的方法,在灭菌柜室内形成负压,蒸汽得以迅速穿透入物品内部进行灭菌。蒸汽压力达 205.8kPa(2.1kg/cm²),温度达 132℃~135℃,到达灭菌时间后,抽真空促使灭菌物品迅速干燥。预真空压力蒸汽灭菌器具有灭菌周期短、效率高、节省人力、时间和能源等优点,完成整个灭菌周期仅需 25min,冷空气排除得较彻底,对物品的包装和摆放要求较低,真空状态下物品不易被氧化损坏。对多孔性物品的灭菌效果很理想。根据一次性或多次抽真空的不同,分为预真空和脉动真空两种,后者空气排除得更彻底,效果更可靠。

预真空式高压蒸汽灭菌器的缺点是设备昂贵,维修费用较高,而且存在小装量效应,即如果灭菌物品放置过少,反而灭菌效果较差。并且由于预真空压力蒸汽灭菌器需要抽真空,故一般不适用于液体的灭菌。

(二)干热灭菌器的工作原理

干热是指相对湿度在 20% 以下的高热,不适宜用湿热灭菌的材料,如需要保持干燥以待使用的玻璃容器、不锈钢金属容器,以及易被水破坏的产品(如凡士林、粉末等),则可以使用干热灭菌器。但是由于干热空气具有比热容低、热传导率差等特点,与湿热法相比,往往需要较高的温度、较长的加热和冷却时间。实际上是一种焚化过程,通过提高微生物的温度,使其中的蛋白质和核酸的更重要生物高分子产生非特异性氧化而被破坏。

对流传热是干热灭菌的一种传热方式,譬如电热烤箱通电加热后的空气在一定空间内不断对流,产生均一效应的热空气直接穿透物体,循环往复,灭菌载物架得到加热并逐渐升温。因此可以用电热烤箱进行消毒灭菌,适用于瓷器、玻璃器皿、明胶海绵、液体石蜡、各种粉剂、软膏等。

燃烧法也属于干热法,是一种简单、迅速、彻底的灭菌方法。但是由于对物品的破坏性较大,故应用范围有限。一些耐高温的器械(金属、搪瓷类),在急用或无其他方法消毒时,可采用烧灼法。某些特殊污染,如破伤风梭菌、气性坏疽病原体、绿脓杆菌等污染的敷料,以及其他已经被污染且无保留价值的物品,如纸张、垃圾等,应放入焚烧炉内焚烧,使之炭化。

(三)环氧乙烷灭菌器的工作原理

环氧乙烷作为广谱气体杀菌剂,在低温下能杀灭细菌繁殖体及芽胞,以及真菌和病毒等,灭菌较彻底。环氧乙烷气体具有蒸汽压高的特点,30℃时即可达 141kPa,正是这种高蒸汽压决定了环氧乙烷熏蒸消毒时的穿透力较强,可以实现包装灭菌,延长无菌物品的有效期限。此外,环氧乙烷杀菌广谱,对大多数物品无腐蚀、无损害,消毒后可迅速挥发,特别适宜于不耐高温和高湿的物品,如精密器械、电子仪器、光学仪器、心肺机、起搏器、书籍文件等,均无损害及腐蚀等副作用。

(四)甲醛灭菌器的工作原理

甲醛灭菌器通过对压力和温度的控制,激发酒精和甲醛成为化学混合气体,并通过水蒸气压力变换增加混合气体的穿透力,通过温度控制增强混合气体的灭菌能力。一般甲醛灭菌器的工作温度是 60℃或者 78℃,灭菌剂的配方为 3% 酒精 +2% 甲醛水溶液 +95% 蒸馏水。

(五)过氧化氢等离子体灭菌器的工作原理

等离子体灭菌具有常温灭菌、灭菌时间短、灭菌后灭菌剂无残留、金属和非金属器械均适用的特点,且具有便捷和能耗低、对工作场所的条件要求较宽松等优点,受到医药卫生、生物工程和食品等行业的欢迎。而且过氧化氢(双氧水)本身就是一种消毒剂,其灭菌过程可在低温、低湿的条件下快速完成,对于不耐热和不耐湿的器械,尤其是腔镜手术器械的灭菌发挥不可替代的作用。

过氧化氢在低浓度气体状态下杀灭孢子的能力远高于液态,汽化的过氧化氢 750~2 000µL/L浓度相当于液态 3×10⁶µL/L 的灭菌效果,原理在于更易生成游离的羟基,以进攻细胞成分如脂类、蛋白质和 DNA 等。过氧化氢等离子体灭菌的最大特点是低温、无毒、灭菌完成后没有残留物、可立即使用。

（六）辐射灭菌器的工作原理

1. 紫外线照射　紫外线消毒的工作原理是利用适当波长的紫外线破坏微生物机体细胞中的 DNA 或 RNA 的分子结构，造成生长性细胞死亡和 / 或再生性细胞死亡，从而达到杀菌消毒的目的。国际照明委员会（CIE）对紫外辐射给出了明确的波段定义，即 100~400nm 的电磁辐射称为紫外线。具体分为 3 个波段，即紫外线 A（315~400nm）、紫外线 B（280~315nm）和紫外线 C（100~280nm）。由于 100~200nm 属真空紫外线，在空气中很快被氧吸收而形成臭氧，因此紫外线 C 常被理解为 200~280nm 波段。消毒使用的紫外线一般是紫外线 C。

2. 微波消毒灭菌　微波是一种高频电磁波，其杀菌的作用原理，一为热效应，所及之处产生分子内部剧烈运动，使得物体内外温度迅速升高；二为综合效应，诸如化学效应、电磁共振效应。目前已广泛应用于食品、药品的消毒，如有报道利用微波对手术器械包、微生物学实验室用品等进行灭菌。若物品先经 1% 过氧乙酸或 0.5% 新洁尔灭湿化处理，则可以发挥协同杀菌作用，照射 2min，可使杀灭芽胞率由 98.81% 增加到 99.98%~99.99%。

三、灭菌器的使用

（一）高压蒸汽灭菌器的使用

1. 下排气式高压蒸汽灭菌器的使用　将需要灭菌的物品放入消毒室内，紧闭室门。先使蒸汽进入夹套，蒸汽压力逐步上升，达到所需的控制压力后，将冷凝水泄出器前面的冷凝阀旋开少许，再将总阀开放，使蒸汽进入消毒室。冷凝阀的开放目的是使冷凝水和空气从消毒室内排出，以确保消毒室达到所需的温度。此时，可看到夹套的蒸汽压力下降，消毒室的蒸汽压力上升。当消毒室温度表达到预选温度时，开始计算灭菌时间。达到灭菌时间后，让消毒室内的蒸汽自然冷却或予以排气。在消毒室压力表下降到"0"位 1min~2min 后，将门打开。再等待 10min~15min 后，方取出已灭菌的物品。由于余热的作用和蒸发，包裹即能干燥。需要注意的是，对于液体类物品，应待高压蒸汽灭菌器自然冷却到 60℃ 以下，再开门取物，不得使用快速排出蒸汽的方法，以防突然减压，造成液体剧烈沸腾或容器爆炸。物品灭菌后，一般可保留 2 周。不同物品灭菌所需的压力、温度及时间见表 5-4。

表 5-4　灭菌所需时间、温度和压力

物品种类	灭菌所需时间 /min	蒸汽压力 /kPa	表压 /（lbf·in⁻²）	饱和蒸汽相对温度 /℃
橡胶类	15	104.0~107.9	15~16	121
敷料类	15~45	104.0~137.3	15~20	121~126
器械类	10	104.0~137.0	15~20	121~126
器皿类	15	104.0~137.0	15~20	121~126
瓶装溶液类	20~40	104.0~137.0	15~20	121~126

注：1lbf/in²=6.895kPa。

2. 预真空式高压蒸汽灭菌器的使用　为实现较好的灭菌效果，应采用饱和蒸汽。预真空式高压蒸汽灭菌器在通入蒸汽前会有一预处理阶段，即柜室内抽负压至 2.6kPa（空气排除约 98%），然后再由中心供气室经管道将蒸汽直接输入消毒室，这样不但可以保证消毒室内的蒸汽分布均匀，而且整个灭菌所需的时间也可缩短，对需灭菌的物品损害较小。因此，预真空式高压蒸汽灭菌器除了具有下排气式高压蒸汽灭菌器所具备的灭菌系统、蒸汽输送系统、控制系统、安全系统以及仪表监测指示系统外，还需要有抽负压系统和空气过滤系统，整个机器运转由电脑控制。

预真空式高压蒸汽灭菌器的使用方法：首先打开蒸汽管道阀门，将柜室夹层和管道内的空气和积水排净，使夹套内达到预定的压力和温度（104℃ ~167℃），将需要灭菌的物品放入柜室，关紧柜门，柜室内抽负压至 2.6kPa，然后向柜室内输入蒸汽，将控制阀移至"消毒"的位置，随后按机器的程序自动运行，灭菌完毕，待恢复常压后打开柜门取出物品。

3. 高压蒸汽灭菌器使用的注意事项

（1）灭菌时各种包裹不应过大、过紧，采用下排气压力蒸汽灭菌器时，物品包的体积不得超过 30cm×30cm×25cm，采用预真空式高压蒸汽灭菌器时，物品包的体积不得超过 30cm×30cm×50cm。灭菌器内包裹的摆放不要排得太密，以免妨碍蒸汽的透入，影响灭菌效果。

（2）定期作好灭菌效果的监测，可使用化学指示剂、热电偶计和生物指示剂。其中以化学指示卡广泛用于高压蒸汽灭菌效果的常规监测，卡上的特定色带在一定的温度及饱和蒸汽结合条件下受热变色。灭菌前将化学指示卡放入每一待灭菌的物品包中央，在灭菌结束时即刻观察化学指示卡，判断灭菌的各项指标是否已达到要求的参数，颜色变至规定的标准色，可认为该包灭菌合格，变色不符合要求应视为灭菌不合格。

生物指示剂为最可靠的监测方法，一般用于周期性验证高压蒸汽灭菌的效果。

（3）易燃和易爆炸物品如碘仿、苯类等，禁用高压蒸汽灭菌法。锐利器械如刀、剪等也不宜用此法灭菌，以免变钝。瓶装液体灭菌时，要用玻璃纸和纱布包扎瓶口，如用橡皮塞，应插入针头排气。所盛液体一般为瓶体积的 3/4，以免沸腾泄漏。

（4）已灭菌的物品应做好标记，同时注明有效日期，以便识别，并需要与未灭菌的物品分开放置，以免弄错。

（5）每次灭菌前，应检查安全阀的性能是否良好，使用中也应密切观察运行是否正常，并由专人负责，以便及时发现问题，以免发生意外。

（6）在使用高压蒸汽灭菌过程中，应注意排净压力蒸汽灭菌器内的冷空气，即在升温到排汽且有连续水蒸气喷出 10min~15min 时再关闭排汽孔，由于空气的膨胀压大于水蒸气的膨胀压，所以，在同一压力下，含空气蒸汽的温度低于饱和蒸汽的温度，即出现压力达到、但实际温度低的现象，达不到彻底灭菌的目的。

（7）达到灭菌时间后，关闭电源，使压力自然下降。当压力指针到"0"后，打开锅盖，若压力未降到"0"时就打开排气阀，会因锅内压力的突然下降，使容器内的培养基由于内外压力不平衡而冲出烧瓶口或试管口，造成棉塞沾染培养基而发生污染。

（二）干热灭菌器的使用

1. 干热灭菌器的使用　首先把要灭菌的物品放在灭菌器内，物品勿与灭菌器底部及腔体内壁接触。玻璃器皿灭菌前应先干燥。接通电源，将灭菌器的通气孔适当打开，目的是使灭菌器内的湿空气能够逸出。当内部温度达到 100℃时关

闭。此时，调节温度控制器旋钮，直到内部温度达到所需要的温度，注意保持温度恒定。干热灭菌器由空气导热，传热速度较慢，一般繁殖体在干热 80℃~100℃条件下经 1h 可以被杀死，芽胞则需要 160℃~170℃、2h 方可被杀死。灭菌结束后切断电源。待灭菌器内的温度下降至 60℃时，才能打开灭菌器取出灭菌物品，同时将温度调节旋钮调到零点，并打开通气孔。

2. 干热灭菌器使用的注意事项

（1）物品包装应选择有利于热传导的包装材料，物品不宜过大，不超过 10cm×10cm×20cm，安放的物品不能超过灭菌器高度的 2/3，物品间应留有充分的空间。油剂、粉剂的厚度不超过 0.635cm，凡士林纱布条厚度不超过 1.3cm。

（2）当温度高于 170℃时，有机物会炭化，所以有机物品灭菌时，温度不宜过高。燃烧时务必要注意安全，须远离易燃、易爆物品，如氧气、汽油、乙醚等。同时在燃烧过程中不得添加乙醇，以免引起火焰上窜而导致灼伤或引起火灾。由于干热法可使锐利器械变钝，失去光泽，故锐利器械不采用此法。

（3）电热烤箱灭菌后待箱内温度降至 50~40℃以下时方可开启柜门，以防炸裂。

（4）微波对人体有一定危害性，其产生的热效应可损伤睾丸、晶状体等，长时间照射还可导致神经功能紊乱。使用时可设置不透微波的金属屏障或戴特制的防护眼镜等。

（三）环氧乙烷灭菌器的使用

1. 环氧乙烷灭菌器的使用　首先将环氧乙烷置于密闭容器内，由于环氧乙烷易燃、易爆，且对人有毒，所以必须在密闭的环氧乙烷灭菌器内进行。将物品放在柜室内，关闭柜门，预温加热至 40~60℃，抽真空约至 21kPa 时，通入环氧乙烷，用量 1kg/m³，在最适相对湿度 60%~80% 条件下作用 6~12h。灭菌完毕后，打开柜门，取出物品。由于环氧乙烷不能杀灭被有机物覆盖的微生物，故此所有物品应彻底清洗并风干后，才能装入灭菌器。

2. 环氧乙烷灭菌器使用的注意事项

（1）环氧乙烷灭菌器应存放在阴凉、通风、无火源、无电开关处，每小时不少于 10 次的空气交换量。应有明显的易燃易爆的警示标识。用时轻

取轻放,勿猛烈碰撞。

（2）袋内物品放置不宜过紧。装载物品应使用金属篮筐或金属网架,物品之间留有空隙,灭菌物品不能接触柜壁。装载量不能超过灭菌器总体积的80%。

（3）消毒时,应注意环境的相对湿度和温度。钢瓶需加温时热水不可超过70℃。消毒容器不能漏气（检测有无漏气,可用浸有硫代硫酸钠指示剂的滤纸片贴于可疑部位,如有漏气,滤纸片由白色变为粉红色）。

（4）环氧乙烷对皮肤、眼及黏膜的刺激性强,如有接触,立即用流动清水或生理盐水彻底冲洗至少15min。在环氧乙烷消毒的操作过程中,如有头昏、头痛等中毒症状时,应立即离开现场,到通风良好处休息。环氧乙烷不适用于食品、液体、油脂类和粉剂类的灭菌。

（5）环氧乙烷有一定吸附作用,消毒后的物品,应放置在通风环境,待气体散发后再使用。每年应对灭菌环境进行环氧乙烷浓度的监测。灭菌环境中环氧乙烷的浓度应低于2mg/m³。

（四）过氧化氢等离子体灭菌器的使用

1. **过氧化氢等离子体灭菌器的使用** 过氧化氢等离子体灭菌器的循环过程包括四个阶段。①除湿阶段:使密闭容器和发生器内的空气流通,目的是减少相对湿度;②调节阶段:将过氧化氢气体引入空气流,直到达到预期的消毒浓度;③消毒阶段:继续通入过氧化氢气体,使其浓度保持在预期的消毒浓度;④通风阶段:将水分和过氧化氢气体排出,直到灭菌器内的过氧化氢浓度在容许范围之内。

过氧化氢等离子体灭菌器的灭菌温度只有45℃,湿度只有10%RH,是真正的低温、低湿;使用中仅需要电源,全部灭菌程序自动化,操作简单;同时还具有灭菌时间短的特点,真正实现降低成本、提高效率、增加收入的目标。需要注意的是,并非所有的不耐热和不耐湿的物品均适合该法,适用过氧化氢等离子体灭菌的物品应具有较好的疏水性能、化学稳定性和生物相容性。

2. **过氧化氢等离子体灭菌器使用的注意事项**

（1）灭菌物品必须彻底清洗,这是保障灭菌效果的首要前提;同时应充分干燥,譬如清洗后的管腔器械可联合高压气枪和干燥柜的适用;再者,物品应合理包装,宜使用专用包装材料和容器。灭菌物品中不可有植物性纤维材质,包括纸、海绵、棉布、木质类、油类和粉剂类等。

（2）不锈钢材质的管腔长度小于或等于500mm,直径大于或等于1mm;聚乙烯和聚四氟乙烯材质长度小于或等于2m,直径大于或等于1mm。当物品长度1~2m,直径1~5mm时,需使用增强剂。

（3）过氧化氢等离子体灭菌器主要基于过氧化氢的氧化而达到灭菌目的,所以应合理利用装载空间,装载时塑面须朝向一个方向,适量装载。灭菌物品不得接触灭菌腔内壁;其装载高度距腔体顶端8cm。每次灭菌循环应将不同类物品混合放置,不能只放金属类物品,有利于灭菌介质的穿透而提高灭菌合格率。

（五）紫外线消毒器的使用

1. **紫外线消毒器的使用** 紫外线消毒的适宜温度是20~40℃,温度过高或过低都会影响消毒效果,需要适当延长消毒时间。当利用紫外线消毒器用于空气消毒时,环境的相对湿度低于80%较好,否则也要延长消毒时间。空气或水中的悬浮粒子也会影响消毒效果。紫外线辐照能量低、穿透能力弱,仅能杀灭直接照射到的微生物。因此,必须使消毒部位充分暴露于紫外线。

不同种类的微生物对紫外线的敏感性不同,用紫外线消毒时必须使用照射剂量达到杀灭目标微生物所需的照射剂量。当利用紫外线杀灭被有机物保护的微生物时,应注意加大照射剂量。若是针对未知目标微生物,一般需要采用大于60W的紫外线灯,且照射时间不低于30min。

2. **紫外线消毒器使用的注意事项**

（1）使用紫外线消毒器时,应保持紫外线灯表面的清洁,一般每两周用酒精棉球擦拭一次。

（2）利用紫外线灯消毒室内空气时,应注意保持房间的清洁干燥,减少尘埃和水雾,当温度和相对湿度不能达到相应要求时,应适当延长紫外线照射时间。

（3）紫外线对细菌有杀伤力,对人体同样有一定的伤害,开启消毒灯时,应避免对人体直接照射,必要时可使用防护眼镜,不能直接用眼睛正视光源,以免灼伤眼角膜。

小 结

涉及病原微生物的实验室,当实验活动中操作原代培养物、细菌、病毒株以及诊断性标本等具有感染性的实验材料时,可能引起实验室人员感染、实验室内外环境的污染等事故。因此,通过构建实验室一级屏障中的安全设备,如生物安全柜、灭菌器和负压隔离器等,有助于避免或减少实验室生物危害。本文主要介绍一级屏障中主要的安全设备(生物安全柜和灭菌器)的工作原理、分类及其相应的操作流程,以及这些安全设备使用中的注意事项。通过学习和理解生物安全柜和灭菌器的工作原理,进而掌握正确选择和规范使用这些安全设备的技能,并联合个人防护装备的使用,即基于有效的一级隔离,旨在保护实验室人员免于实验室感染性物质的暴露,避免实验室感染,保障实验室生物安全。

思 考 题

一、选择题

1. 在安全柜型生物安全四级实验室,生物安全四级病原微生物感染的实验动物应饲养在什么级别安全柜内

A. 一级生物安全柜　　　　　　　　B. 二级生物安全柜　　　　　　　　C. 三级生物安全柜

D. 四级生物安全柜　　　　　　　　E. 五级生物安全柜

2. 生物安全柜操作时废物袋以及盛放废弃吸管的容器放置要求不正确的是

A. 废物袋以及盛放废弃吸管的容器等必须放在安全柜内而不应放在安全柜之外

B. 因其体积大,可以放在生物安全柜外的一侧就可以

C. 污染的吸管、容器等应先在放于安全柜中装有消毒液的容器中消毒 1h 以上,方可处理

D. 消毒后的废物可转入医疗废物专用垃圾袋中进行高压灭菌等处理

E. 废物袋以及盛放废弃吸管的容器应置在生物安全柜内的污染区

3. 杀灭芽胞最可靠的方法是

A. 干热灭菌法　　　　　　　　B. 流通蒸汽灭菌法　　　　　　　　C. 高压蒸汽灭菌法

D. 巴氏灭菌法　　　　　　　　E. 辐射灭菌法

4. 高压蒸汽灭菌的条件是

A. 121℃,15~30min　　B. 115℃,15~30min　　C. 160℃,1h　　D. 160℃,2h　　E. 120℃,30min

5. 辐射灭菌法不包括

A. 紫外线　　　　B. 红外线　　　　C. 热射线　　　　D. 燃烧　　　　E. 微波

6. 下列哪种不是实验室暴露的常见原因

A. 因个人防护缺陷而吸入致病因子或含感染性生物因子的气溶胶

B. 被污染的注射器或实验器皿、玻璃制品等锐器刺伤、扎伤、割伤

C. 感染性物质经皮肤涂抹的动物染毒实验中,由于动物皮毛抖动造成实验人员暴露

D. 在离心感染性材料及致病因子过程中发生离心管破裂,致病因子外溢导致实验人员暴露

E. 在生物安全柜内加样、移液等操作过程中,感染性材料洒溢

7. 高压蒸汽灭菌的纱布敷料、棉球打开未用完,最长保存期为

A. 24h　　　　　B. 10h　　　　　C. 48h　　　　　D. 12h　　　　　E. 6h

二、判断题

1. 生物安全实验室中,生物安全柜应根据实际要求配备,特殊情况下可用超净工作台代替。　　　　　　(　　)

2. 凡有害或有刺激性气体发生的实验均应在通风柜内进行。　　　　　　(　　)

3. 人和动物的血清一般采用低热灭菌。　　　　　　(　　)

参 考 答 案

一、选择题

1. C　　2. B　　3. C　　4. A　　5. D　　6. E　　7. A

二、判断题

1. 错误　　2. 正确　　3. 错误

ER5-1　第五章二维码资源

（苏　虹）

第六章　实验室生物安全操作

近年来随着实验室人员感染事件的相继发生,诸多实验室安全隐患已逐渐演化为现实危害,实验室生物安全现状令人担忧。当实验室活动涉及具有传染性的病原微生物,包括病毒、细菌、放线菌、支原体、立克次体、螺旋体、真菌和寄生虫等,实验人员就可能发生被病原微生物感染的潜在危险,并且可能引发因实验室内病原微生物的泄露、扩散而造成相关传染性疾病的传播流行,严重时可能引发社会动荡、经济停滞等严重后果。因此,从事生物安全实验室的所有工作人员必须树立牢固的法律意识,依法研究,按章操作。每一名生物医学实验室工作者必须具有强烈的社会责任感,重视实验室生物安全并熟悉相应的防范措施。

第一节　实验室生物安全操作的重要性

规范的实验室生物安全防护包括微生物操作技术规范的应用、适当的防护设备、正确的实验室设计和维护以及如何通过实验室生物安全管理等来减少实验人员发生实验室感染乃至感染的扩散。从实验室生物安全操作角度考虑,实验室感染主要与实验人员的人为操作失误、不良的实验技术以及仪器使用不当等有关,这就要求实验人员应充分考虑实验活动过程中涉及的所有因素,尽可能地降低其风险,避免遭受所操作生物因子的危害,确保自身不受实验对象的感染,并保证危险生物因子不向实验室外扩散,同时确保周围环境不受其污染。因此,规范的实验操作是保障实验室生物安全的重要基础工作之一。

一、实验室感染事件引发的思考

1. 1988年5—9月,国外某微生物实验室的8名实验人员罹患急性布鲁氏菌病。该病作为乙类传染病,与甲型H_1N_1流感、艾滋病、炭疽病等20余种传染病并列。这8名实验人员均观察到血清滴度呈4倍以上增高,其中5名患者的血培养羊布鲁氏菌3型阳性。调查后发现,在事件发生的6周之前,实验人员在从一个就医患者体内分离布鲁氏菌标本时,未使用生物安全柜。该临床分离的标本随后被鉴定出也是羊布鲁氏菌3型,推测本次实验室感染是经空气传播。

2. 2003年9月9日,新加坡1名27岁的患者被确诊感染了冠状病毒。他在新加坡国立大学微生物实验室主要从事西尼罗病毒研究工作;同时还在新加坡国家环境局环境卫生研究院的三级生物安全实验室做一些研究工作。事件发生后,由11名专家组成的国际调查小组经过全面调查SARS发生的原因:(1)从该研究者使用过的西尼罗病毒冻存标本中,检测到SARS冠状病毒(SARS-CoV);(2)通过对其体内分离到的病毒基因组序列分析,结果显示该序列与实验室所研究过的SARS-CoV病毒株基因序列高度同源;(3)该研究者进入实验室时,并未按照要求做好充分的个人防护;(4)在该研究者进入实验室前2天,在实验室空气中检测到SARS-CoV。

3. 2010年12月19日,国内某大学发生布鲁氏菌实验室感染事件。该校动物医学院的学生及教师因使用未被检疫的山羊进行实验,自2011年3月14日到5月25日,相继有27名学生和1名教师被发现感染布鲁氏菌,引发布鲁氏菌病。这起实验室感染事件给患者造成了严重的健康损害,社会影响恶劣。

4. 2012年5月,位于萨里郡的英国动物卫生和兽医实验室管理局(Animal Health and Veterinary Laboratories Agency, AHVLA)的研究人员在处理炭疽杆菌时发生严重错误,他们本应将热灭活后无害的样品送往附近的 AHVLA 下属实验室以及位于约克和贝尔法斯特的研究机构，但却不慎混淆了试管，将活体炭疽样本送出。虽然负责发送的工作人员在高等级实验室操作样本，无暴露风险，但一些接收了错误样本的工作人员却是按照灭活样本处理的。事件发生后，英国健康安全局立即关闭了实验室。调查发现，共有 2 名不知情的工作人员暴露于炭疽杆菌，所幸他们此前均已接种过炭疽疫苗。

近年来国内外相继发生的几起严重的实验室感染事件，均为实验人员未能严格执行实验室生物安全管理与病原微生物的标准化操作所致，这些事件为实验室生物安全敲响了警钟。

二、关注实验室生物安全操作

实验室事故、伤害以及与实验操作有关的感染主要是由于实验室的设计建造不规范、实验设备的配置不合理、个人防护装备的使用不当以及未严格遵从标准化的操作程序和管理规程等造成的。实验室生物安全防护是对实验室的风险因子进行评估并制定相应的预防措施，以避免危险生物因子造成实验人员及相关人员的暴露，防止有害因子向实验室外扩散并导致危害的综合措施。

实验室生物安全建设已得到国家相关部门的高度重视，关注实验室生物安全，提高实验室生物安全意识，开展有针对性的生物安全防护已成为实验室工作的重中之重。"硬件、软件和实验人员"是构成实验室生物安全的三要素，其中尤以"人"为核心要素。若实验操作人员在实验室内不能实施标准化操作规程，再高级的设施设备也发挥不了应有的作用，再好的管理制度也得不到落实。所以，规范实验室安全操作对于保障实验室生物安全至关重要。

第二节　实验室常见生物安全操作技术的规范

近年来有关实验室生物安全问题越来越引起人们的重视，一方面实验室工作人员需要暴露于感染性病原微生物，极容易造成实验室感染性事件发生。另一方面，在病原微生物实验室日常实验操作过程中难以避免产生气溶胶，如标本混匀、吸吹、离心、培养液的倾倒和转移、移液、开启安瓿瓶等，容易使操作环境被病原微生物污染从而造成检测样本间的交叉污染，影响检测结果的可靠性。

一、微生物接种的生物安全操作

微生物接种是生物医学领域研究中最常用的基本操作，主要用于微生物的分离纯化。具体来说，就是在无菌条件下，用接种环或接种针等专用工具，将微生物转接到适于其生长繁殖的培养基上或活的生物体内的过程，从而实现所需微生物的纯化鉴定，获得单纯菌落等。培养基经高压灭菌后，使用经过灭菌的工具（如接种针和吸管等）在无菌条件下接种含菌材料（如样品、菌苔或菌悬液等）于培养基上，这个过程即无菌接种操作。在实验室检验中的各种接种必须是无菌操作。当微生物接种涉及病原体或潜在病原体时，生物安全防护必不可少，具体的生物安全操作要求包括以下几方面：

1. 微生物接种时，打开培养皿（Petri dish）的时间应尽量缩短。用于接种的器具必须经过干热或火焰等严格灭菌。

2. 琼脂平板要尽可能选用表面光滑的，不用表面粗糙的平板。

3. 接种环（inoculating loop）经火焰灭菌时，不要直接灼烧接种环，以免残留在接种环上的菌体爆溅，产生气溶胶而污染空间。为了防止热接种放入菌液中产生气溶胶，可用两个接种环轮换使用。

4. 为避免转移物质洒落，微生物接种环的直径应为 2mm~3mm，并完全封闭，手柄的长度应小于 6cm 以减少震动。或采用一次性灭菌棉签。

5. 尽量使用封闭式微型电加热消毒接种环，避免在本生灯的明火上加热而引发感染性物质的爆溅。最好使用不需要再进行消毒的一次性接种环。

6. 培养基和试剂的灭菌通常采用湿热灭菌或过滤灭菌，灭菌后必须进行灭菌效果的监测。

7. 制备含有有毒物质的添加成分（尤其是抗生素）时，需要特别小心，必要时在通风橱内操作，避免因粉末的扩散而造成实验人员的过敏或发生其他不良反应。

8. 所有污染的和未使用的培养基的弃置应采用安全的方式,并且应符合国家和地方法规等的规定。

二、细胞培养的生物安全操作

细胞培养技术在生物技术和生物医药相关研究领域中的应用非常广泛,可分为原代培养和传代培养,有贴壁、悬浮、灌流和三维培养等多种培养方式。随着细胞培养在各个领域的应用内涵逐渐的深入,随之也产生了相应的生物安全问题,受到广泛关注。实验室进行细胞培养的过程中,外来污染因子是对生物的主要危害来源。因为存在的外来污染因子会通过某些特殊物从而对细胞培养产生一定的污染,影响生物健康和环境的安全。操作应注意以下几方面:

1. 细胞培养前,必须彻底对手、手臂清洁和消毒。细胞培养中涉及的各种用品,使用前均进行酒精喷擦。使用的一次性无菌塑料用品开封后必须单独存放。

2. 细胞培养室的紫外灯的开关应有明显标识,尽量设置在实验室的外面,做到离开实验室后打开,进入实验室后关闭,避免开着紫外灯进行实验操作。紫外灯有一定的寿命,若不能提供足够的辐射能量须及时更换。使用过程中,还应避免过夜消毒,最好使用定时开关,设定消毒时间。

3. 酒精灯内的酒精不能少于其容积的 1/4,也不能装得太满,以不超过容积的 2/3 为宜。燃着的酒精灯,若需添加酒精,必须熄灭火焰。添加酒精时一定要借助小漏斗,以免将酒精洒出。

4. 大量酒精的储存,应避免高温,远离火源。同时储存酒精时需配备干粉灭火器。

5. 注重细胞培养室的环境卫生,培养良好的无菌观念。除紫外线照射外,每次进出培养间要用来苏或新洁尔灭擦地、清理台面,减少空气悬浮细菌颗粒。细胞培养试验台与培养储存柜、清洁区等要保持较远距离。

6. 保持细胞培养箱的环境清洁,定期进行表面消毒灭菌。

7. 在液氮中冻存细胞或菌(毒)株,应选择密封、耐低温的专用冻存管。冻存前要仔细检查冻存管有无裂痕和破损、密封垫是否丢失、冻存管

是否拧紧,用封口膜密封冻存管接口处,装入冻存袋后放入液氮罐,避免液氮进入冻存管。如果是冻存的菌毒种,一定要控制在相应实验室环境中,在复苏前需要明确一旦出现冻存管爆炸的消毒处理措施。

三、血清分离的生物安全操作

血清是指血液凝固后,在血浆中除去纤维蛋白原及某些凝血因子后分离出的淡黄色透明液体,可将血样静置直接分离、水浴加温分离或离心后获得。血清分离作为实验室的常规工作,应严格执行标准化操作规程;只有经过严格培训的实验人员才能进行血清分离这项工作,具体的生物安全操作要求包括以下几方面:

1. 血清分离操作时应戴手套,同时做好眼睛和黏膜的防护措施。严格执行规范的实验操作技术,避免或尽量减少喷溅和气溶胶的产生。

2. 进行实验操作时,血液和血清应当小心吸取,不能倾倒。

3. 严禁用口吸液,必须使用移液管(pipette)等。

4. 移液管使用后应完全浸入适当的消毒液中;并且在处理之前,或洗刷及灭菌再利用前,注意需要浸泡足够长的时间,然后再丢弃或灭菌清洗后重复使用。

5. 操作前应准备有适当的消毒剂,用于及时处理喷溅和溢出的样品。

6. 带有血凝块等的废弃样品管,在加盖后应置于适当的防漏容器内高压灭菌和／或焚烧。

四、移液的生物安全操作

移液是常用的实验室操作,通常使用移液管或移液辅助器。许多与实验室有关的感染都是经口吸入和食入危险性物质所造成的,而最常见的移液操作危害正是用口吸取液体造成的。具体的生物安全操作要求包括以下几方面:

1. 尽可能使用一次性塑料移液管。使用移液管吸取液体时,应使用移液辅助器,严禁用口吸取。

2. 使用移液管前,首先要看一下移液管标记、准确度等级、刻度标线位置等。应检查其管口和尖嘴无破损,否则不能使用。

3. 所有移液管应带有棉塞,以减少移液器具

的污染。

4. 感染性物质不能使用移液管反复吹吸混合，应防止因用空气吹打液体而导致泡沫的产生。

5. 不能将液体从移液管内用力吹出，应将移液管出口尖端靠着容器内壁，使溶液依靠重力沿容器内壁自然流下，待移液管内溶液流净后，再等待15s，取出移液管。

6. 刻度对应（mark-to-mark）移液管不需要排出最后一滴液体，因此最好使用这种移液管。

7. 污染的移液管应完全浸入盛有适当消毒液的防碎容器中，并应在消毒剂中浸泡适当时间后再进行处理。

8. 盛放废弃移液管的容器不能放在外面，应当放在生物安全柜内。

9. 在打开隔膜封口的瓶子时，应使用可以使用移液管的工具，而避免使用皮下注射针头和注射器。

10. 为了避免感染性物质从移液管中滴出而扩散，在工作台面应当放置一块浸有消毒液的布或纸，使用后将其按感染性废物处理。

11. 移液辅助器的使用不应该产生其他感染性危害，同时应选用易于灭菌和清洁的移液辅助器。

12. 移液辅助器使用完毕，可以将其竖直挂在移液枪架上，避免掉下来。当移液辅助器枪头或移液管里有液体时，切勿将移液辅助器水平放置或倒置，以免液体倒流腐蚀活塞弹簧。

13. 在每阶段工作结束后，必须采用适当的消毒剂清除工作区的污染。

五、冷冻干燥物质的生物安全操作

冻干物质保存于安瓿瓶中，打开装有冻干物质的安瓿瓶时必须十分小心，因为其内部可能处于负压，当打开安瓿瓶的瞬间，突然冲入的空气可能会使一些物质扩散进入空气。所以，样品应该在生物安全柜内打开，并准备好消毒剂。同时，实验人员应当了解样本对身体健康的潜在危害，并接受过如何采用常规预防措施的培训。建议按照以下的生物安全操作步骤：

1. 当从冷冻储存器材中取出安瓿瓶时，实验人员应进行眼睛和手的防护，如戴护目镜和口罩等。需注意的是，通过这种方式储存的安瓿瓶在取出时应对其外表面进行消毒处理。

2. 取出安瓿瓶后首先需要清洗安瓿瓶外表面的污染；若管内有棉花或纤维塞，可以用工具在管上靠近棉花或纤维塞的中部锉一个痕迹。

3. 用一团酒精浸泡过的棉花将安瓿瓶包起来用以保护双手，并手持安瓿瓶从标记的锉痕处打开。

4. 将安瓿瓶顶部小心移去，并按照污染物进行处理，若塞子还在安瓿上，则用消毒镊子去除。

5. 缓慢向安瓿瓶中加入一些液体来重悬冻干物质，避免出现泡沫。

还需注意的是，不能将装有感染性物质的安瓿瓶浸入液氮中，因为这样会导致有裂痕或密闭不严的安瓿，在取出时发生破碎或爆炸；如需要低温保存的话，安瓿应储存在液氮上面的气相中。建议将感染性物质真空冷冻干燥，储存于 −80℃冰箱或干冰中。

第三节　实验室中常见仪器的生物安全操作规范

实验室伤害以及与工作有关的感染主要是由于人为失误、不良实验技术以及仪器使用不当造成的。本节简要介绍实验室中常见通用仪器，如离心机、样品搅拌/振荡/研磨器、锐器、培养箱、冰箱和速冻器、应急喷淋装置等的生物安全操作规范。

一、离心机的生物安全操作

离心机（centrifugal machine）是应用转子绕固定旋转轴旋转产生离心沉降运动，对物质中不同密度、不同分子量的组分进行分离的机械，是生物安全实验室必不可少的设备。如果操作不当、机械故障及离心管破裂等，均可导致气溶胶的产生，对操作者、实验室其他工作人员、实验过程及实验室环境产生危害，因此正确使用离心机非常重要。离心机的安装、使用和维护应遵循以下生物安全操作规范：

1. 所有的离心机应处于正常的工作状态并具有良好的机械性能，以避免伤害事故的发生。根据厂家的说明书进行操作，并应制定标准操作程序。

2. 严格按照操作手册操作离心机,在操作记录簿上详细记录离心机和转头使用情况,建立完整的转头运行记录(对每个转头分别记录,按小时累计)和预防性维护程序,以减少机械性故障发生。

3. 离心机应放到适宜的位置和高度,以便工作人员能够看见离心机内部,正确放置十字轴和离心桶,并便于进行更换转头、放好离心管、拧紧转头盖等各项操作。

4. 离心桶和十字轴应按质量配对,并在装载离心管后正确平衡。使用转头时应注意转头盖与转头型号是否匹配。

5. 用离心管前,应检查是否配套且有无破损,离心管过大或底端与套管脱空,都可造成离心管破碎事故,最好使用塑料离心管。老化、变色、龟裂、变形的离心管坚决不用。

6. 安放离心管前,应将套管内留存的杂物,如玻璃碎屑等清除干净,以免离心时损坏离心管。套管中可放少量的消毒液以减少离心管破碎时造成的污染。

7. 用于离心的离心管,应当始终牢固盖紧(最好使用螺旋盖),外壁不得有病原微生物污染,不要沿离心管壁倾倒微生物悬液,否则事后应消毒管壁。

8. 对于危险度3级和4级的微生物,必须使用可封口的离心桶(安全杯)。

9. 空离心桶应当用蒸馏水、70% 乙醇或异丙醇来平衡。盐溶液或次氯酸盐溶液对金属具有腐蚀作用,因此不能使用。

10. 操作指南中应给出液面距离心管管口需要留出的空间大小。离心管绝不要装得太多,当离心管装得太满时可能发生泄漏。最大为离心管的3/4。

11. 当使用固定角离心转子时,必须小心不能将离心管装得过满,否则会导致漏液。

12. 离心机转速应逐渐调整,不得突然加速或停止。一旦发现异常情况(噪声或震动),应立即停止离心机。

13. 由于离心后离心管内形成大量气溶胶,离心完毕后在打开离心机之前等候5min,使气溶胶沉淀下来,以防止事故发生。

14. 对于高致病性的病原微生物,必须要高度警惕离心过程中产生的气溶胶风险。离心含传染性强的微生物溶液时,应尽量使用生物安全型离心机。如果离心机为非生物安全型,离心机最好置于负压通风柜(橱)内,或采用带负压罩的离心机,以及时吸出离心机排出的气体,并排至实验室的过滤通风系统。

15. 超速离心机和真空泵之间应安装高效空气过滤器。

16. 每次使用前应检查离心转头和离心桶有无腐蚀点以及极细的裂隙,以确保安全。每次使用后,要及时擦干离心机腔内积水,清除离心桶、转子和离心机腔的污染,如污染明显,应重新评估离心操作规范;并应将离心桶或转头倒置存放使平衡液流干。

17. 对于超高速离心机,需要放置在离心室。在离心过程中,工作人员须保持安全距离。超高速离心后,样本取出时要注意离心管内压力变化,防止内容物飞溅被沾染。

二、样品搅拌器、振荡器和研磨器的生物安全操作

实验人员在使用生物安全实验室其他常用仪器设备如组织匀浆器、振荡器等时,应经过专门的实验技术训练,熟悉相关仪器设备的性能、用途和使用方法,严格按照使用说明书的要求操作,遵守操作规程,防止意外事故的发生。

(一)组织匀浆器、粉碎器及研磨器

可能造成危害的主要因素:气溶胶、溢漏和容器破碎。具体的生物安全操作要求包括以下几方面:

1. 由于家用(厨房用)匀浆器密封不严并可能释放气溶胶,所以应使用专为实验室设计的、结构上可以最大限度地减少或避免气溶胶释放的仪器设备。目前已有不同规格的匀浆器(homogenizer)可供使用,但仍应关注产生气溶胶的危险性。当使用匀浆器处理危险度3级的微生物时,应该在生物安全柜中进行装样及开启。

2. 尽量选用在转子轴承和"O"垫圈等处有特殊防漏设计的机型,或者使用消化器。器具的盖、管与瓶体应处于良好状态、无裂缝或变形;盖子应能密封紧固,保持垫圈完好无损。

3. 当在生物安全柜内操作仪器,打开粉碎器罐体前应等待 30min,使罐内的气溶胶沉降或采用冷冻法凝聚气溶胶。

4. 使用匀浆器和超声处理器(ultrasonicator)时,应选择有一定强度的透明塑料箱遮罩设备,并在操作后立即进行消毒处理。若可能的话,这些仪器可以在生物安全柜内覆盖塑料罩后进行操作。操作结束后,也在生物安全柜内打开容器。超声处理器操作人员应采取听力保护措施,并戴手套保护皮肤,以防洗手时使用清洁剂的化学损伤。

5. 玻璃研磨器(glass grinder)外部应使用吸收材料包裹,应戴手套把持,以采用聚四氟乙烯(polytetrafluoroethylene,PTFE)塑料研磨器较为安全。操作和打开组织研磨器时应当在生物安全柜内进行。

(二)培养搅拌器(stirrer)、振荡器(oscillator)和混合器(votex)

可能造成危害的主要因素包括气溶胶、飞溅物和溢出物。具体的生物安全操作要求包括以下几方面:

1. 首先应使用实验室专用的搅拌器和拍打式混匀器。

2. 使用这些仪器前,所涉及的管子、盖子、杯子或瓶子都应该保持完好,无裂隙、无变形。盖子、垫圈应恰好配套,保持完好。采用结实的螺旋盖培养瓶,瓶口装有防护滤膜,必要时附加封闭措施。

3. 在混匀、振荡的过程中,容器内的压力会增大,所以仪器运行中应控制样品量,避免破碎时样品容器内的压力骤然增加,含有感染性材料的气溶胶可能会从容器和盖子之间的空隙逸出。并且由于玻璃可能破碎而释放感染性物质并伤害操作者,因此,推荐使用塑料容器,如聚四氟乙烯塑料容器较为安全。

4. 当使用振荡器和混合器时,应有防护装置,并在生物安全柜里操作。尤其是使用涡旋振荡器时,必须在生物安全柜内操作,且操作的容器必须为密闭的,以避免产生气溶胶和发生液体溅洒。振荡时液面高度不能高于容器的规定值,选取合适的振荡速度。

5. 操作结束后,应在生物安全柜里开启容器。

三、锐器使用的生物安全操作

锐器,即尖锐器具,如针头、注射器、移液枪头、刀片及玻璃等,除特殊情况外,禁止在实验室使用。操作感染性物质时均应戴乳胶手套,并在生物安全柜中进行。

(一)注射器、针头的生物安全操作

注射器和皮下注射器的针头是一种危险的器械。有固定皮下注射针头的注射器不能用于移液。为了减少偶尔的意外注射、气溶胶的产生或逸出,当有替代的方法可以利用的时候,应避免使用注射器。必须使用注射器和针头以及其他锐器时,应遵循以下生物安全操作规范:

1. 实验操作过程中,要保证充足的光线,特别注意防止被针头等锐器刺伤或划伤。

2. 注射和吸取感染性物质时,尽可能使用一次性注射器。操作者手的位置一定要保持在针头的后面,以防误伤自己。

3. 用过的针头直接放入防刺破的盛废弃锐器的容器中,禁止折断、剪断、折弯、重新盖帽,禁止用手直接从注射器上取下。

4. 针头必须牢固安装在注射器上,防止用力过大使针头突然脱落产生气溶胶。尽可能使用带针头套的注射器、无针头的系统和其他安全装置。

5. 从带橡皮塞的瓶中抽取感染性物质时,应用棉球将瓶口与针头围住,以防向内注入空气或拔出针头时产生的气溶胶溢出。

6. 装满注射器时尽量减少注射器内泡沫和气泡的产生。排除掉注射器内多余的气体、液体和泡沫,须垂直打入湿的含合适消毒剂的脱脂棉花内或打入含有消毒棉花的小瓶内。

7. 不要为了混匀而用注射器将有感染性物质的液体强力地注射进开口的小瓶里。如果注射器的针头在试管里液面下,则用注射器混合仅仅是用来补液。

8. 在从橡皮塞中拔出注射器和针头时,用含适当消毒剂的脱脂棉花包裹和塞住针头。

(二)其他锐器和锐器盒的生物安全操作

1. 尽可能用塑料器具代替玻璃器具。玻璃试管和玻片等只能用实验室级别(硼硅酸盐)的玻璃,任何破碎或有裂痕的玻璃器具均应丢弃。

2. 打碎的玻璃器具,禁止用手直接清理,必须使用其他工具,如扫把、簸箕、夹子或镊子等。盛放碎玻璃的应为坚壁容器,且在丢弃前必须彻底消毒。如有需要,可专门设置大容量利器盒,用于放置破碎的玻璃量筒、烧杯等。被污染的台面或地面进行消毒净化处理。

3. 锐器盒或耐扎的纸板箱等盛放锐器的容器应有生物安全标志,使用前要检查是否完好无损,且不能装得过满,应在内容物达到 2/3 前置换。如涉及病原微生物的实验废物,必须进行高温高压灭菌处理,送储时再装入黄色塑料袋,贴好标签。盛放锐器的容器由专门机构和人员收集、处理,绝对不能丢弃于垃圾场。

四、培养箱的生物安全操作

培养箱是实验室常用的设备之一,科学的维护和安全的操作能大大提高培养箱的使用寿命。培养箱的生物安全操作和维护应注意以下几点:

1. 所有的培养箱都应具备合格的产品质量,以保证能够正常工作,避免因故障而造成生物安全事故的发生。

2. 培养箱尽可能地安装于温、湿度变化较小的地方,使用三脚插头插座应妥善接地。培养箱不宜在高电压、大电流、强磁场等反常环境下使用,严格按照电气安全操作守则执行。

3. 培养箱应放置在适当的高度以及水平的位置,以便于培养物品的取放。培养箱的冷凝器与墙壁之间距离应大于 100mm,箱体侧面应有 50mm 间隙,箱体顶部至少应有 300mm 空间保证良好的散热性。同时应确保所培养的物品放置处于水平状态。

4. 培养箱启动前应全面熟悉和了解各组成配套仪器、仪表的说明书、掌握正确的使用方法。根据厂家的说明书进行操作,并应制定标准操作程序,避免人为操作造成的仪器故障。

5. 开启培养箱时,不得用力过大、过猛,拉开门上的磁性门吸(约 3~5cm 宽的缝隙)后,应停留 30~60s,方可缓慢将门开启至最大。实验人员的脸部不得正对着门缝,以避免吸入微生物气溶胶。

6. 培养箱如果需要通气时,必须确保管道通畅并且不发生泄漏,气源最好由清洁区供应。在生物安全实验室内用于高致病性病原微生物使用的培养箱,必须在通气管道末端加装 HEPA 过滤器,以防止进气口暴露时发生病原微生物的泄漏。

7. 严禁含有易挥发性化学溶剂、爆炸性气体和可燃性气体置于箱内,培养箱附近不可使用可燃性喷雾剂,以免电火花引燃。

8. 培养箱有断电保护功能,因此压缩机停机后再次启动要达 90s 左右,从而更好地保护好压缩机。

9. 培养箱在搬运、维修、保养时应避免碰撞和摇晃震动,最大倾斜度应小于 45°。

10. 长时间停止使用时应关闭总电源及设备后部的电源开关。同时培养箱工作时应避免频繁开门以保持温度稳定,同时防止灰尘污物进入工作室内。

11. 箱内外应每日保持清洁,每次使用完毕应当进行清洁。长期不用也要经常擦拭箱壁内胆和设备表面,以保持清洁,增加玻璃的透明度。请勿用酸、碱或其他腐蚀性溶液来擦拭外表面。

12. 如果在培养箱内发生病原微生物泼洒喷溅,应及时对培养箱内污染部位进行消毒处理。通过生物学检测,未发现病原微生物后,方可继续使用培养箱。

13. 培养结束后把电源开关关闭,如不立刻取出实验样品请勿打开箱门。

14. 实验工作结束后,应对培养箱内部进行终末消毒,并进行微生物检测,以确保培养箱内没有病原微生物残余,从而避免发生病原微生物污染的事故。

15. 每年必须对培养箱温度控制和通气控制进行检定一次以上。

五、冰箱和速冻器的生物安全操作

冰箱或冰柜是保持恒定低温的一种制冷设备,常用的有 4℃、0℃、−20℃、−80℃或可调节温度的冰箱或冰柜等。速冻器是一种快速冷冻的设备,在生物安全实验室大多使用液化气体(如液氮、干冰)做速冻介质。冰箱和速冻器是生物安全实验室不可缺少的重要仪器,用于保存试剂、样品、疫苗及菌(毒)种等。冰箱和速冻器的安装、使用与维护也应遵循相关的生物安全操作规范。

（一）冰箱与冰柜的生物安全操作

1. 冰箱、低温冰箱、干冰柜及冷藏库应当定期除霜和清洁,应清理出所有在储存过程中破碎的安瓿、试管及含有感染性物质的器皿并消毒。清理时应进行面部防护,并戴厚橡胶手套,保持通风,清理后要对内表面进行消毒处理。

2. 对储存在冰箱或冷冻库中的所有感染性物质或有毒物质及器皿料进行适当分类,安全措施应该与危害等级相同。

3. 储存在冰箱内的所有容器应当清楚地标明内装物品的科学名称、储存日期和储存者的姓名。未标明的、过期的或废旧物品应当高压灭菌后丢弃。对于冰箱内的储存物应有详细的目录或清单,特别是应当保存一份冻存物品的清单。

4. 冰箱内储存试剂必须密封好。实验室冰箱中不放置食品。

5. 冰箱周围留出足够空间,一般左右及后部留出 10cm、上部最少 30cm 的距离,周围不堆放杂物,影响散热。

6. 除非有防爆措施,否则严禁将易燃液体保存在冰箱里,冰箱的门上应张贴标准操作程序和注意事项。贮存危险化学品的冰箱为防爆冰箱或经过防爆改造的冰箱。

7. 对于储存高致病性病原微生物菌毒种的冰箱应实行双人双锁,并且必须在等到实验室负责人同意后方可开取。严格控制高致病性病原微生物菌毒种,确保不发生人为外泄事件。

（二）液氮贮存罐的生物安全操作

液氮生物容器简称液氮罐,根据《液氮生物容器》(GB/T 5458—2012) 的规定,按照用途,液氮罐分为贮存型和运输型两类。贮存型液氮贮存罐液氮保存时间长,适用于静置室内长时间保存活性生物材料。运输型在设计上增加了抗震性能。在生物医学领域内的疫苗、菌（毒）种、细胞以及人、动物的器官,都可以浸泡于液氮罐储存的液氮中,长期活性保存。需要使用时,取出解冻复温即可使用。液氮贮存罐的生物安全操作要求如下:

1. 液氮罐要存放在通风良好的阴凉处,不要在太阳光下直晒。由于其制造精密及其固有特性,无论在使用或存放时,液氮罐均不准倾斜、横放、倒置、堆压、相互撞击或与其他物件碰撞,要做到轻拿轻放并始终保持直立。

2. 液氮罐在充填液氮之前,首先要检查外壳有无凹陷,真空排气口是否完好。若被碰坏,真空度则会降低,严重时进气不能保温,这样罐上部会结霜,液氮损耗大,失去继续使用的价值。其次,检查罐的内部,若有异物,必须取出,以防内胆被腐蚀。

3. 填充液氮时要小心谨慎。对于新罐或处于干燥状态的罐一定要缓慢填充并进行预冷,以防降温太快损坏内胆,减少使用年限。充填液氮时不要将液氮倒在真空排气口上,以免造成真空度下降。盖塞是用绝热材料制造的,既能防止液氮蒸发,也能起到固定提筒的作用,所以开关时要尽量减少磨损,以延长使用寿命。

4. 使用过程中,每天都应随时检查液氮罐的使用情况,可以用眼观测也可以用手触摸外壳,若发现外表挂霜,应停止使用;特别是颈管内壁附霜结冰时,不宜用小刀去刮,以防颈管内壁受到破坏,造成真空不良,而是应将液氮取出,让其自然融化。

5. 取放提斗时,应先将提斗略为提高,使斗底离开底座,再将提斗平行移至罐的中央,顺其自然向上提,动作要从容迅捷,不可使用强力,以免扭弯或折断把柄,取放提斗时还要注意避免碰擦颈管内壁,以免损坏颈管,手柄要放至分度圈内,盖好盖塞以免多跑氮。

6. 每年对液氮罐内部要清洗并干燥 1~2 次,步骤如下:①从容器取出提手和液氮,放置两天左右,这样容器内部温度即上升到 0℃附近;②用 40℃~50℃的温水或配以中性去垢剂注入液氮罐内,然后用布擦洗;③用水进行冲洗;④倒置容器使干燥,可以采用自然风干法或热风吹干法。如采用后者,温度限制在 40℃~50℃之间,应避免 60℃以上热风,以免影响液氮罐性能,缩短使用年限。

7. 液氮罐只能用于盛装液氮,不能盛装其他冷藏剂。

六、应急喷淋装置的生物安全操作

根据《实验室　生物安全通用要求》(GB 19489—2008) 的规定,应在实验室（BSL-2 和 BSL-3）工作区配备应急喷淋装置,包括洗眼装置和喷淋装置,其作用是当有害化学药品（遇水后不发生对人体有进一步伤害反应的化学药品）喷到身上或眼睛中时，用水紧急喷淋及冲洗。工作人员应进行有效的实际操作训练，掌握其操作方法。应急喷淋装置的安装和使用应注意：

1. 应急喷淋装置必须安装在危险工作区域附近，有效救护的半径范围为10m或15m处，走廊有显著引导标志。应急喷淋装置1.5m半径范围之内，不能有电气开关，以免发生电器短路。

2. 洗眼装置应保持洗眼水管的通畅，每周擦拭洗眼喷头，便于工作人员紧急时使用。当在实验工作中遵循了所有应注意的事项以后，如发生腐蚀性液体或生物危害液体喷溅至工作人员的眼睛时，工作人员应当（或在同事的帮助下）在就近的洗眼装置用大量缓流清水冲洗眼睛表面至少15~30min。洗眼装置水量水压适中（喷出高度8~10cm），水流畅通平稳。

3. 应急喷淋装置应保持管道的通畅，在使用中可用大量冷水淋洗污染的部位，至少需要20min。如果为化学物品溅出污染，需要大量急水冲洗。

4. 应急喷淋装置水管总阀处常开状，喷淋头下方无障碍物。

5. 当发生意外伤害事故时，通过应急喷淋装置的快速喷淋、冲洗，把伤害程度减轻到最低限度。应急喷淋装置只是对眼睛和身体进行初步的处理，不能代替医学治疗，情况严重的，必须尽快进行进一步的医学治疗。

七、其他常见仪器的生物安全操作

（一）微波消解炉的生物安全操作

微波消解炉在高压条件下加快消解反应速度，缩短消解时间，可用于土壤、饲料、植株、种子、矿石等化学分析之前的样品消解处理。安全操作要求如下：

1. 使用前了解实验过程中使用的各种材料的热力学特性，了解微波消解炉中所用试剂材料的特性。

2. 禁止在密闭系统中消解易燃易爆物质。

3. 严格控制样品量，每个消化罐中有机样品量≤2g，无机样品量≤10g。对于含有机物的混合样品，应视为有机样品处理。

（二）烘箱的生物安全操作

常用于样品的预处理，安全操作要求如下：

1. 样品放置不要太拥挤，要保证上下空气自然流通，最下层加热板上不得放置样品，禁止烘焙易燃、易爆、易挥发及有腐蚀性的物品。

2. 样品不能与烘箱内温度传感器接触，更不能挤压传感器，否则将导致控温失灵，造成火灾。

3. 烘箱在升温过程中，使用者不能离开烘箱，应随时观察温度变化。当温度达到所需的温度时，应注意观察指示灯是否在恒温状态，确认恒温后方可离开。使用时，温度不要超过烘箱的最高使用温度。

4. 一旦遇到烘箱温度控制失灵的状况，特别是烘箱内冒烟时（千万不能打开烘箱门），应立即关掉电源，等到温度降下来之后，再打开烘箱门，清理箱内残物。

（三）马弗炉的生物安全操作

常用于样品的灰化处理，安全操作要求如下：

1. 马弗炉须放置在室内平整的工作台上，与电炉放置位置不宜太近，防止过热使电子元件不能正常工作；搬动温控器时，应将电源开关关闭，同时避免震动。

2. 第一次使用或长期停用后再次使用时，应先进行烘炉，温度设在200~600℃，时间约4h。

3. 使用时，炉膛温度不得超过最高使用温度，也不要长时间在额定温度以上工作。

4. 禁止向炉膛内直接灌注各种液体及熔解金属，要经常保持炉膛内的清洁。

5. 取放样品时，应先关闭电源，样品应轻拿轻放，以保证安全和避免损坏炉膛。

（四）冻干机（冷冻干燥机）的生物安全操作

操作中应注意减少气溶胶的产生和直接接触污染，安全操作要求如下：

1. 制备样品应尽可能扩大其表面积，其中不得含有酸、碱性物质和挥发性有机溶剂。

2. 样品必须完全冻结为冰，如有残留液体会造成气化喷射。

3. 启动真空泵前，需检查出水阀是否拧紧，充气阀是否关闭，有机玻璃罩与橡胶圈的接触面是否清洁无污染，必要时须涂抹少量真空脂，保证密封良好。

4. 注意冷阱的温度约为 -65℃，必须戴保温手套操作，防止冻伤。

5. 使用空气过滤器保护真空管。

6. 使用合适的降低污染的方法,如化学方法。

7. 使用全金属制造的湿气捕捉器和蒸汽冷凝器。

8. 仔细检查所有的玻璃真空器皿,看表面是否有划痕,只使用专为真空操作设计的玻璃器皿。

(五)水浴锅的生物安全操作

水浴锅容易滋生细菌、藻类和真菌,实验人员在打开水浴锅盖子时会形成气溶胶,这些气溶胶不仅会污染培养物和实验室环境,更重要的是对人员造成潜在感染性危害。应注意:

1. 在水中添加消毒剂,如杀菌剂、除藻剂等,定期进行清洗与消毒。

2. 叠氮化钠可与一些金属形成爆炸性复合物,因此不要用叠氮化钠防止微生物的生长。

3. 物理消毒是一种理想的消毒方法,每周可将温度提高到90℃及以上1次,维持30min,以达到有效的杀灭作用。

4. 水浴锅一旦发生标本的溢出或者破损时应立即清洗。首先应将所有标本取出,破损的标本应丢弃,因已被污染而终止培养的标本,按感染性废物处置;完整的标本应仔细清除外表面的污染,可采用消毒湿巾擦拭等方法消毒。

小　结

本章主要阐述了实验室生物安全操作的重要性、实验室常见生物安全操作技术的规范和实验室中常见仪器的生物安全操作规范。实验室常见生物安全操作技术包括微生物接种的生物安全操作、细胞培养的生物安全操作、血清分离的生物安全操作、移液的生物安全操作和冷冻干燥物质的生物安全操作。实验室中常见仪器的生物安全操作规范介绍了离心机、样品搅拌器、振荡器、研磨器、锐器、培养箱、冰箱、速冻器、应急喷淋装置、微波消解炉、烘箱、马弗炉、冻干机、水浴锅等实验室常用仪器的生物安全操作。所有进入实验室人员,均应高度重视实验室生物安全操作的重要性,经过专门的实验技术培训,在日常工作中必须严格遵守实验室的各项实验仪器操作规范和实验技术操作规范,掌握常见实验室通用仪器设备的使用安全,熟悉相关仪器设备的性能、用途和使用方法,严格按照使用说明书的要求操作,并做好个人防护,减少和避免实验室生物安全事故的发生。

思 考 题

一、单项选择题

1. 开启冻干物质安瓿瓶时,由于压力降低其部分冻干物可能会溅出,合适的操作环境是(　　)

A. 实验台上　　　　　　　　　B. 无菌室内　　　　　　　　　C. 通风橱内

D. 生物安全柜内　　　　　　　E. 应急喷淋装置旁

2. 与液氮有关的操作和储存,以下事项**不正确**的是(　　)

A. 每年对液氮罐内部要清洗并干燥1~2次

B. 操作人员需戴防寒手套、安全防护面罩或防护眼睛

C. 多余的液氮不可倾倒于公共场所的地面,但可倒入水槽处理

D. 对于管道、阀门的解冻,可以用水冲,不能敲打、火烤和电加热

E. 液氮罐需储存于阴凉、通风的位置,不可放置于暖气旁或者有强烈阳光照射的地方

3. 使用离心机时下列操作**不正确**的是(　　)

A. 用于离心的离心管必须始终盖紧盖子

B. 可以用盐溶液或次氯酸盐溶液平衡空离心管

C. 离心机转速应逐渐调整,不得突然加速或停止

D. 每次使用后要清除离心桶、转子、离心机腔的污染

E. 使用固定角度的离心转子时,必须注意离心管不要装得太满以防溢出

4. 使用移液管时,下列哪项操作是正确的(　　　)

A. 可以用移液管中强制性吹出液体

B. 可以向有感染性物质的液体吹入空气

C. 可以用移液管反复吸入和抽出感染性物质

D. 刻度对应移液管不需要排出最后一滴液体

E. 盛放废弃移液管的容器不能放在实验区,应放在生物安全柜外

5. 洗眼装置水量水压适中,是指(　　　)

A. 喷出高度 3~5cm

B. 喷出高度 6~7cm

C. 喷出高度 8~10cm

D. 喷出高度 12~15cm

E. 喷出高度 20~30cm

二、判断题

1. 两个可移动液氮罐之间,只需将管子接口拧紧,就可以进行液氮的充装。　　　　　　　　(　　　)

2. 生物安全实验室内的锐器应在使用后立即放入耐扎容器中,并在内容物达到 2/3 前置换容器。　(　　　)

3. 移液器在吸取不同液体时,可以不更换移液器吸头。　　　　　　　　　　　　　　　　(　　　)

4. 当移液器吸头中含有液体时,可以将移液器水平放置。　　　　　　　　　　　　　　　(　　　)

5. 储存高致病性病原微生物菌毒种的冰箱应实行双人双锁,并且必须在等到实验室负责人同意后方可开取。
　　　　　　　　　　　　　　　　　　　　　　　　　　　　　　　　　　　　　　(　　　)

三、思考题

1. 简述装有冻干物质安瓿瓶开启时的生物安全操作步骤。

2. 实验室中使用注射器和针头时,应如何避免操作者受到伤害?

四、案例分析题

研究生小李的实验项目中需要用细胞扩增鼠痘病毒。某天上午,小李从二氧化碳恒温箱中拿出细胞培养瓶,拧紧细胞瓶盖,放 -80℃冰箱冻存细胞,之后从 -80℃取出细胞培养瓶放在普通实验室操作台上室温融化。等了 40 多分后,小李准备进行第一次冻融时,发现实验台上、地面上都是融化了的细胞培养液。小李赶忙穿上实验服,戴上手套想把细胞培养瓶拿到生物安全柜里,没想到拿起细胞培养瓶时,培养液又漏洒的到处都是。小李仔细检查细胞培养瓶才发现,瓶底有条裂缝。小李赶紧用浸透 75% 酒精的专用棉垫覆盖 30min,然后用纸巾把实验台和地面都擦拭干净,又喷了几遍 75% 酒精。随后小李把漏了的培养瓶用生物安全袋装好后放入实验室的垃圾桶里,又把生物安全柜用 75% 酒精擦拭干净后,离开实验室打开紫外灯照射消毒。

【讨论】

1. 本次事件中小李的错误操作主要有哪几处?

2. 请给出预防此类事件发生的防范措施。

参 考 答 案

一、单项选择题

1. D　　2. C　　3. B　　4. D　　5. C

二、判断题

1. 错误　　2. 正确　　3. 错误　　4. 错误　　5. 正确

三、思考题

1. 安全操作步骤如下:

(1)实验人员首先进行眼睛和手的防护,如戴护目镜和口罩等。

(2)从冷冻储存器材中取出安瓿瓶,对其外表面进行消毒处理。

(3)清洗安瓿瓶外表面的污染;若管内有棉花或纤维塞,可以用工具在管上靠近棉花或纤维塞的中部锉一个痕迹。

(4)用一团酒精浸泡过的棉花将安瓿瓶包起来用以保护双手,并手持安瓿瓶从标记的锉痕处打开。

(5)将安瓿瓶顶部小心移去,并按照污染物进行处理;若塞子还在安瓿上,则用消毒镊子去除。

(6)缓慢向安瓿瓶中加入一些液体来重悬冻干物质,避免出现泡沫。

2. 操作使用注意以下事项:

(1)实验操作过程中,要保证充足的光线。

（2）注射和吸取感染性物质时，尽可能使用一次性注射器。操作者手的位置一定要保持在针头的后面。

（3）用过的针头直接放入锐器盒中，禁止折断、剪断、折弯、重新盖帽，禁止用手直接从注射器上取下。

（4）针头必须牢固安装在注射器上。尽可能使用带针头套的注射器、无针头的系统和其他安全装置。

（5）从带橡皮塞的瓶中抽取感染性物质时，应用棉球将瓶口与针头围住，以防向内注入空气或拔出针头时产生的气溶胶溢出。

（6）装满注射器时尽量减少注射器内泡沫和气泡的产生。排除掉注射器内多余的气体、液体和泡沫，需垂直打入湿的含合适消毒剂的脱脂棉花内或打入含有消毒棉花的小瓶内。

（7）不要为了混匀而用注射器将有感染性物质的液体强力地注射进开口的小瓶里。如果注射器的针头在试管里液面下，则用注射器混合仅仅是用来补液。

（8）在从橡皮塞中拔出注射器和针头时，用含适当消毒剂的脱脂棉花包裹和塞住针头。

四、案例分析题

1. 本次事件中小李的错误操作主要有 4 处，包括：

（1）在进行病毒冻融前，未做好防护措施。

（2）未选用可耐反复冻融的细胞培养瓶，导致细胞培养液漏出。

（3）酒精适用于表面消毒，不是对所有的样本、所有病毒、细菌都敏感。

（4）扩增病毒用的细胞培养瓶、漏出的培养液、用过的移液管等都要放到指定的可高压灭菌型生物废物垃圾袋中，实验结束进行高压灭菌处理，不应该随意扔至普通垃圾桶内。

2. 防范措施建议如下：

（1）实验人员参与有关活菌毒株的工作之前，必须要接受实验室生物安全培训，考核通过后方可获准进行病原体操作。

（2）根据《人间传染的病原微生物名录》了解所操作的病原危害等级，明确感染性材料操作相关的风险识别点、菌毒株特性及实验室发生病原泄漏时应采用的紧急措施。

（3）熟悉所操作病原体的敏感消毒剂，如杀灭鼠痘病毒用 2% 氢氧化钠、0.5% 福尔马林、3% 苯酚，操作毒株的实验室需在人员离开后打开紫外灯照射至少 30min。

（4）一旦发生病原体泄漏后应及时通知实验室安全负责人，事后应记录在案。

ER6-1　第六章二维码资源

（任国峰）

第七章　生物安全实验室的消毒与灭菌

微生物广泛存在于自然界,极易在适宜条件下繁殖生长。微生物由核酸、蛋白质、脂类和多糖等有机物质组成,若环境变化剧烈可造成微生物因代谢障碍而生长受到抑制甚至死亡。根据这一现象,在实验室进行微生物相关操作时,可以采用多种物理、化学或生物方法来杀灭或清除环境中的病原微生物,避免微生物对实验人员的感染。因此掌握消毒与灭菌的概念和方法至关重要。与消毒相关的术语如下:

消毒(disinfection):用物理、化学和生物方法灭菌或去除外传播媒介上病原微生物使其达到无害化的处理过程。一般用消毒剂(disinfectant)可达到消毒目的。

灭菌(sterilization):用物理、化学和生物方法灭菌或去除外传播媒介上一切微生物(包括细菌芽孢)使其达到无害化的处理过程。一般首选物理方法达到灭菌的目的。

防腐(antisepsis):杀灭或抑制活体组织上微生物生长和繁殖的方法。

防腐剂(antiseptics):是能抑制活微生物生长和繁殖的化学制剂。使用同一种化学药品在低浓度时常为防腐剂,但浓度提高后,可作为消毒剂来杀灭微生物。

抑菌(bacteriostasis):用物理、化学方法抑制或妨碍微生物生长、繁殖及活性的过程。

无菌(asepsis):是指环境或物体不存在有生命活动的微生物的状态。

无菌操作:防止微生物进入生物体或污染无菌物品的操作技术。

第一节　物理消毒灭菌法

消毒与灭菌选用的处理方法不同,可概括为两大类:物理消毒灭菌法和化学消毒灭菌法。消毒只需选用具有一定杀菌效力的方法,而灭菌比消毒要求更高,处理更难,包括杀灭细菌芽孢在内的全部病原微生物和非病原微生物。用于消毒灭菌的物理因素有热力灭菌法、射线杀菌法和滤过除菌法等。

一、热力灭菌法

热力灭菌法就是利用热能使微生物中的核酸或蛋白质变性的方法,分为干热灭菌法和湿热灭菌法两种。

(一)干热灭菌法

干热灭菌是通过使用火焰或干热空气使微生物脱水干燥致使蛋白质变性而达到灭菌的效果。

1. **焚烧**　是使用直接点燃或焚烧的方法灭菌,这是最彻底的灭菌方法,但仅适用于动物尸体或废弃的污染物品等。

2. **烧灼**　直接用火焰灭菌,常用于微生物学实验室的接种环、试管口、镊子和剪刀等的灭菌。

3. **干烤**　利用干烤箱灭菌,一般可选择的灭菌条件为:160~180℃作用1~2h。常用于高温下不变质、不损坏、不蒸发的物品灭菌,如玻璃制品、瓷器和注射器等。待灭菌物品要洗净、干燥,物品在干烤箱中摆放要有空隙,不能超过箱体内高度的2/3。干烤完毕后,应待温度降至40℃以下时方可开箱,以防炸裂。

(二)湿热灭菌法

湿热灭菌法是指用饱和水蒸气、沸水或流通蒸汽进行灭菌的方法。在同样温度条件下,湿热灭菌效力较干热灭菌强。因为:①在湿热状态下,微生物较易吸收水分,使蛋白质易于凝固而变性;②湿热的穿透力比干热强,水或蒸汽导热的效率明显优于空气;③湿热的蒸汽有潜热存在,每克水由气态转化为液态可以释放出约2 200J的热能,因此可迅速提高被灭菌物体的温度。

1. **煮沸法**　1个大气压下水的沸点是100℃,

煮沸 100℃、5min 可杀死细菌的繁殖体。煮沸法简单方便，主要用于注射器、刀剪和食具等的消毒。在水中加入 2% 的碳酸氢钠进行煮沸，既可提高沸点达到 105℃，也可增强消毒的效果，防止金属器械生锈。

2. 高压蒸汽灭菌法 为最有效的灭菌方法，在高压蒸汽灭菌器（autoclave sterilizer）中进行，可杀灭包括芽孢在内的一切微生物。在一个大气压下，蒸气的温度是 100℃，如果蒸气被限制在密闭的容器中，随着压力升高，蒸气的温度也相应升高。在 103.4kPa 蒸气压下，温度达到 121.3℃，维持 15~20min，可杀灭包括细菌芽孢在内的所有微生物。常用的灭菌仪器有下排气压力蒸汽灭菌器、预真空压力蒸汽灭菌器和脉动真空压力蒸汽灭菌器。适用于耐高温、耐湿物品的灭菌，如普通培养基、生理盐水和敷料等实验室试剂及器材、物品和医用器械的灭菌。

3. 流动蒸汽消毒法 又称常压蒸汽消毒法，是利用一个大气压下 100℃的水蒸气进行消毒。细菌繁殖体经 15~30min 可被杀灭，但芽孢常不被全部杀灭。该法常用的器具是阿诺德（Arnold）消毒器。

4. 间歇蒸汽灭菌法 利用反复多次的流动蒸气间歇加热以达到灭菌的目的。将需灭菌物置于流通蒸汽灭菌器内，100℃加热 15~30min，杀死其中的细菌繁殖体；取出后放 37℃孵箱过夜，使芽孢发育成繁殖体，次日再重复蒸一次，如此连续 3 次以上，可达到灭菌的效果。适用于一些不耐高热的含糖和牛奶等培养基，可将温度设置在 75~80℃，每次加热 30~60min，次数增加至 3 次以上，也可达到灭菌目的。

5. 巴氏消毒法 用较低温度杀灭液体中的病原菌或特定微生物，而仍保持物品中所需的不耐热成分不被破坏的消毒方法。设定温度在 71.7℃，经 15~30s 可消毒牛乳等食品。

二、射线杀菌法

射线杀菌法包括非电离辐射法（日光、紫外线等）和电离辐射法（α、β、γ 和 X 射线），主要利用紫外线、臭氧及高能射线，使微生物的蛋白质发生光解、变性，使核酸和酶遭到破坏而致微生物死亡。

（一）紫外线

紫外线是一种电磁波，波长 200~300nm（包括日光中的紫外线），具有杀菌作用，其中以 253.7nm 杀菌作用最强，这与 DNA 吸收光谱范围相符。紫外线主要作用于 DNA，使一条 DNA 链上两个胸腺嘧啶以共价键结合形成二聚体，从而干扰 DNA 的复制和转录，导致微生物死亡或突变。

紫外线可杀灭多种微生物，包括细菌繁殖体、芽孢、病毒和支原体等。它的穿透力较弱，仅能杀灭直接照射到的微生物。玻璃、纸张、水蒸气或空气尘埃等均能阻挡紫外线，因此，消毒时应使消毒部位充分暴露，保持紫外灯、房间内和照射物品表面清洁。一般用于无菌实验室（如细胞实验室等）的空气消毒、不耐热物品的表面消毒。

在实验室中，常用紫外灯进行消毒。应按房间面积选择安装紫外灯的功率大小和数量，悬吊式紫外线灯对室内空气消毒时应为 $1.5W/m^3$，照射时间依据紫外线灯管的功率大小、被照空间及面积大小以及灭菌效果测定结果而定。照射时间一般为 30min 以上；紫外线灯与被照物体的距离以不超过 1.2m 为宜。杀菌波长的紫外线对人体皮肤和眼角膜有损伤作用，使用紫外灯照射时应注意防护或离开实验室。使用中的 30W 紫外线灯低于 $70\mu w/cm^2$ 时应及时更换。

（二）辐射

辐射指由场源发出的电磁能量中一部分，以电磁波或粒子的形式向外扩散。

1. 电离辐射 电离辐射线具有较高的能量和较强的穿透力，可直接或间接作用于微生物的核酸、蛋白质及酶系统，对微生物产生致死效应。用于灭菌的电离辐射线有 γ 射线、X 射线和高能电子等，其中以 ^{60}Co-γ 射线最常用。电离辐射法的机制在于产生游离基，破坏 DNA。由于射线照射时不使物品升温、穿透力强，在足够剂量时，对各种细菌均有致死作用，因此，常用于大量一次性医用塑料制品、生物制品、食物和药品等的消毒和灭菌。用于食品消毒可不破坏其营养成分。

2. 微波辐射 是波长为 1~1 000mm 的电磁波，可使物品中的极性分子发生高速运动并引起互相摩擦、碰撞，使温度迅速升高而达到消毒灭菌的目的。微波可穿透塑料薄膜、玻璃和陶瓷物质，但不能穿透金属表面，因此可用于检验室用品、非金属器械和食具、药杯等用品的消毒。消毒中常用的微波有 2 450MHz 与 915MHz 两种，但由于微波炉内的热效应分布不均,故灭菌效果不可靠。

三、滤过除菌法

滤过(filtration)除菌法是用物理阻留的方法将液体或空气中的细菌除去,达到无菌的效果。滤菌器(bacteria filter)含有微小孔径,液体和气体可以通过,但大于孔径的细菌等颗粒不能通过。主要用于不耐高温灭菌的血清、抗生素、毒素、药液和空气等的除菌,但不能去除比孔径小的微生物(如病毒、支原体和某些L型细菌等)。实验室常用的滤菌器有薄膜滤菌器、石棉滤菌器(亦称赛氏滤器)和玻璃滤菌器等。其中,用于除菌的薄膜滤菌器由硝酸纤维素膜制成,根据孔径大小分为多种规格,用于除菌的滤膜孔径为0.22μm。将玻璃细纱加热,压成圆板后固定于玻璃漏斗中制成玻璃滤菌器,其中,G5、G6型用于除菌。用石棉做滤板,制成石棉滤菌器,除菌时选用EK型。

四、超声波杀菌法

不被人耳感受的高于20kHz/s的声波,称为超声波,超声波可裂解多数细菌,尤其是革兰阴性菌对其更为敏感,但往往有残存者。目前超声波主要用于粉碎细胞,以提取细胞组分或制备抗原等。超声波裂解细菌的机制主要是它通过水时发生的空(腔)化作用,在液体中造成压力改变,应力薄弱区形成许多小空腔,逐渐增大,最后崩破。崩破时的压力可高达1 000个大气压。

五、干燥与低温抑菌法

有些细菌的繁殖体在空气中干燥时会很快死亡,例如脑膜炎球菌、霍乱弧菌和梅毒螺旋体等。但有些细菌的抗干燥力较强,如溶血性链球菌、结核分枝杆菌,而芽孢的抵抗力更强,如炭疽芽孢杆菌的芽孢耐干燥20余年。干燥法常用于保存食品,造成生理性干燥,使细菌的生命活动停止,从而防止食物变质。低温可使细菌新陈代谢减慢,故常用作保存细菌菌种,当温度回升至适宜范围时,又能恢复生长繁殖。为避免解冻时对细菌的损伤,可在低温状态下真空抽去水分,此法称为冷冻真空干燥法(lyophilization),是目前实验室保存菌种的最好方法,一般可保存微生物数年至数十年。

第二节 化学消毒灭菌法

许多化学药物能影响细菌的化学组成、物理结构和生理活动,从而发挥防腐、消毒甚至灭菌的作用。消毒剂是所有用来消毒的化学制剂的总称。根据消毒剂的作用机制不同,又分成不同的种类。多种化学消毒剂能够作用于细菌,破坏细菌的有机分子,改变细菌的正常结构,从而达到杀灭环境中的微生物或降低其在环境中的污染程度的目的。消毒剂不仅能破坏细菌,而且一般都对人体组织有害,因此不能内服,只能外用或用于环境的消毒。

一、消毒剂的主要种类

消毒剂按照其作用的水平可分为:灭菌剂(sterilant)、高效消毒剂(high-efficacy disinfectant)、中效消毒剂(intermediate-efficacy disinfectant)、低效消毒剂(low-efficacy disinfectant),见表7-1。

表7-1 消毒剂的种类

种类	消毒程度	消毒剂
灭菌剂	杀灭一切微生物	甲醛、戊二醛、环氧乙烷、过氧乙酸、过氧化氢、二氧化氯等
高效消毒剂	杀灭一切细菌繁殖体(包括分枝杆菌)、病毒、真菌及其孢子等,对细菌芽孢也有一定的杀灭作用,达到高水平消毒要求	含氯消毒剂、二氧化氯、臭氧、甲基乙内酰脲类化合物
中效消毒剂	仅可杀灭分枝杆菌、真菌、病毒及细菌繁殖体等微生物,达到消毒要求	含碘消毒剂、醇类消毒剂、酚类消毒剂等
低效消毒剂	仅可杀灭细菌繁殖体和亲脂病毒,达到消毒要求	苯扎溴铵等季铵盐类消毒剂、氯己定(洗必泰)等双胍类消毒剂,汞、银、铜等金属离子类消毒剂及中草药消毒剂

（一）含氯消毒剂

含氯消毒剂是能溶于水、产生次氯酸的消毒剂的总称。氯化合物有漂白粉、次氯酸钙、次氯酸钠。含氯消毒剂杀菌谱广、作用迅速、低毒，其有效成分是溶于水中产生的次氯酸，可有效杀灭各种微生物。次氯酸分子量很小，容易进入细菌体内，使细菌蛋白快速氧化。通常所说的含氯消毒剂中的有效氯（available chlorine）是衡量含氯消毒剂氧化能力的标志，是指含氯消毒剂氧化能力相当的氯量，用 mg/L 或 % 浓度表示。在实验室使用时，常规应用的有效氯浓度应为 0.1%（1g/L），但如果遇到存在大量有机物或微生物污染时，推荐提高有效氯浓度至 0.5%（5g/L），并相应地延长消毒时间。

含氯消毒剂适用于浸泡、擦拭、喷洒与干粉消毒等方法。在实验室中，含氯消毒剂可用于墙面、地面、物体表面、玻璃器皿及污水等的消毒灭菌。含氯消毒剂有刺激性气味，对金属有腐蚀性，对织物有漂白作用，不稳定，一般现用现配，杀菌效果易受有机物和 pH 的影响，使用时应加以注意。

1. 氯（chlorine）　次氯酸钠（sodium hypochlorite）的杀菌作用主要是通过水解后形成次氯酸，后者再进一步分解形成新生态氧，新生态氧具有极强的氧化性，使菌体和病毒的蛋白质变性，从而杀死病原微生物。次氯酸杀菌作用快速，但性能不稳定。次氯酸的杀菌效率相对很低，这是由于 OCl⁻ 带负电荷，而细菌本身也带有负电荷，所以次氯酸根离子难以进入细菌细胞壁而扩散。

2. 含氯石灰（bleaching powder）　有效成分是次氯酸钙，是一种有较高稳定性的强氧化剂。含氯石灰溶于水后，生成次氯酸和次氯酸盐，并释放氧，使细菌蛋白质或酶发生氧化。另外，释放出的氯还能取代蛋白质氨基中的氢离子使蛋白质变性，从而杀灭微生物。由于本品含有氯化钙，容易吸潮，性质极不稳定，放置于一般条件下保存，有效氯每月会自然减少 1%~3%，遇光、热、潮湿和在酸性环境下则分解速度加快。

3. 二氯异氰尿酸钠（sodium dichloroisocyanurate，优氯净）　属有机氯消毒剂，有效氯含量大于 60%。白色晶粉或颗粒状的固体，是氧化性杀菌剂中杀菌最为广谱、高效、安全的消毒剂，可强力杀灭细菌芽孢、细菌繁殖体、真菌等各种致病性微生物，对肝炎病毒有特效杀灭作用。性质稳定，即使贮存于高温高湿条件下，有效氯也丧失极少。溶解度为 25%，对循环水系统的硫酸还原菌、铁细菌、真菌等有彻底的杀灭作用。

4. 三氯异氰尿酸　白色结晶，有较强的氯味，有效氯含量大于 89.7%，25 ℃时溶解度为 1.2%。含氯消毒剂属高效消毒剂，具有广谱、高效、低毒、有强烈的刺激性气味、对金属有腐蚀性、对织物有漂白作用，受有机物影响很大，消毒液不稳定等特点。

5. 氯胺 T（chloramine-T）　化学名称为对甲苯磺酰氯胺钠，又称氯胺，是世界上最早使用的化学消毒剂。因其对人体的刺激性小、腐蚀性小，使用极为广泛。氯胺 T 水溶液的稳定性较差，需要密封保存于暗处。溶液可形成次氯酸，但因其水解常数较低，次氯酸释放较慢，因此作用时间较长。氯胺的杀菌能力强，对细菌繁殖体、病毒、真菌孢子及细菌芽孢都有杀灭作用。

常用含氯消毒剂化学性质及使用浓度见表 7-2。

表 7-2　常用含氯消毒剂化学性质及使用浓度

	消毒剂	分子式	分子量	有效氯含量	使用浓度
无机氯化合物	氯（次氯酸钠）	NaOCl	74.5	5% 或 10%	1~5g/L
	含氯石灰（次氯酸钙）	Ca（ClO）₂	142.99	25%~32%	1%~20%
有机氯化合物	氯胺（氯胺 T）	C₇H₇O₂NClNa·3H₂O	227.645	25%	20g/L
	二氯异氰尿酸钠	C₃N₃O₃Cl₂Na	219.95	粉剂：60%	1.7~8.5g/L
				片剂：1.5g	1~4 片/升
	三氯异氰尿酸	C₃O₃N₃Cl₃H	232.42	粉剂：89.7%	1.2%

注：使用方法以国家卫生健康委员会卫生许可批件为准，以上使用浓度仅供参考。

（二）烷化剂

烷化剂可作用于微生物蛋白质中的氨基和羟基，从而破坏蛋白质分子，达到杀灭微生物的目的。其中，环氧乙烷和甲醛取代细菌酶蛋白中的氨基、羧基、羟基或巯基上的氢原子，戊二醛则取代氨基上的氢原子，使酶失去活性。并且环氧乙烷等能穿透包裹物，对分枝杆菌、病毒、真菌和细菌芽孢均有较强的杀菌力。缺点是它们对人体皮肤、黏膜有刺激和固化作用，并可使人致敏，且有些烷化剂，如 β- 丙脂等可能有致癌作用，因此不可用于空气、食具等消毒。一般仅用于医院中医疗器械的消毒或灭菌，且经消毒或灭菌的物品必须用灭菌水将残留的消毒液冲洗干净后才可使用。

1. 戊二醛（glutaraldehyde） 分子式 $C_5H_8O_2$，分子量 100.3。戊二醛具有高效、广谱杀菌作用，对金属腐蚀性小、受有机物影响小等特点。其灭菌浓度为 2%~2.5%（20g/L）以上。作用于细菌繁殖体 10min、肝炎病毒 30min 可达到灭活效果，但要杀死细菌芽孢则一般需要 10h 以上。用于不耐热的医疗器械和精密仪器的消毒与灭菌，常用浸泡法。戊二醛具有毒性，对人体皮肤黏膜有刺激性，使用时应该做好防护，避免直接接触，防止溅入眼内或吸入体内。不建议采用喷雾法或用溶液对环境表面擦拭。戊二醛能够凝固蛋白质，因此要特别注意在消毒灭菌前将物品清洗干净。使用过程中应随时用测试条对戊二醛的浓度进行监测。

2. 环氧乙烷（epoxyethane） 分子式 C_2H_4O，分子量 44.05。环氧乙烷通过对微生物蛋白质分子的烷基化作用，干扰酶的正常代谢而达到消毒灭菌的效果。环氧乙烷杀菌力强、杀菌广谱，可杀灭各种微生物，细菌繁殖体和芽孢对环氧乙烷的敏感性差异很小。环氧乙烷液体与气体都有杀菌作用，但常用环氧乙烷气体。环氧乙烷易燃、易爆、且对人体有毒，必须在密闭的环氧乙烷灭菌器内进行，故一般实验室较少使用。

3. 甲醛（formaldehyde） 又称福尔马林，分子式 HCHO，分子量 32。甲醛对所有微生物（包括细菌芽孢）都有杀灭作用，但对朊病毒无灭活作用。甲醛气体灭菌效果可靠，使用方便，对被作用的物品无损害。可用于对湿、热敏感，易腐蚀物品的灭菌。甲醛制剂分为多聚甲醛和甲醛两种，加热后可产生气体，用于封闭空间（如生物安全柜和房间）的清除污染和消毒。5% 甲醛水溶液可以作为液体消毒剂。在进行甲醛熏蒸时，应将空间密闭，相对湿度维持在 70%~90%，温度在 18℃ 以上。甲醛气体的穿透性差，污染的表面应尽量暴露，不应用于紧密包装物品的消毒；被消毒物品应间隔一定距离摆放，以保证消毒效果。甲醛疑有致癌作用，它具有刺鼻的气味，其气体能够刺激眼睛和黏膜，因此必须在通风橱或通风良好的地方储存和使用，消毒后，一定要去除残留甲醛气体，也可用抽气通风或用氨水中和法，整个过程操作人员要做好防护。甲醛也是常用的防腐剂，可防止或抑制微生物生长繁殖。

（三）醇类

醇类消毒剂可去除细菌胞膜中的脂类，凝固菌体蛋白质，导致细菌死亡。醇类消毒剂可杀灭细菌繁殖体，破坏多数亲脂性病毒，但不能杀灭细菌芽孢，属于中效消毒剂。最常用的是乙醇和异丙醇，鉴于醇类消毒剂容易挥发，应采用浸泡消毒，或反复擦拭以保证作用时间。另外，醇类消毒剂可受有机物影响。近年来，国内外有许多复合醇消毒剂，这些产品多用于手部皮肤消毒。

1. 乙醇（ethanol） 分子式是 C_2H_5OH，分子量 46.07。乙醇具有强的穿透力和杀菌力，使细菌蛋白质变性。能杀灭细菌的繁殖体及大多数真菌和含脂病毒，但不能杀灭细菌芽孢，短时间内不能灭活乙型肝炎病毒，故一般不用于肝炎病毒的消毒。乙醇使用浓度的最佳范围为 60%~80%，低于 60% 时其杀菌效果会受到影响，高于 90% 会迅速凝固表层的蛋白质，影响乙醇穿透，杀菌效力反而减低。乙醇对皮肤黏膜有刺激性、对金属无腐蚀性，易挥发、不稳定，受有机物影响很大，应采用反复擦拭以保证作用时间。

2. 异丙醇（isopropyl alcohol） 分子式 C_3H_7O，分子量 61。可凝固蛋白质，导致微生物死亡。异丙醇系无色挥发性液体，70% 的溶液用于浸泡、擦拭消毒。与乙醇相比，异丙醇的杀菌作用更强，且挥发性低，但毒性较高，主要用于皮肤消毒等。异丙醇蒸气对眼及呼吸道黏膜有刺激作用，对中枢神经系统有麻醉作用。

（四）氧化剂

过氧化物类消毒剂有强氧化能力,可将酶蛋白中的 –SH 转变为 S–S,使微生物的酶失活。这类消毒剂包括过氧化氢、过氧乙酸、二氧化氯、高锰酸钾和卤素等。它们消毒后在物品上不残留毒性,但因其氧化能力强,高浓度时可刺激、损害皮肤黏膜且腐蚀物品,并且由于它们的化学性质不稳定,需现用现配,并储存在避光阴凉的地方。

1. 过氧化氢（hydrogen peroxide）　分子式 H_2O_2,分子量 36。过氧化氢具有广谱、高效、速效、无毒和纯品稳定性好等优点,但对金属及织物有腐蚀性,受有机物影响很大,稀释液不稳定。过氧化氢在水中可形成氧化能力很强的自由羟基,破坏蛋白质的分子结构。常用 3% 的溶液清除实验台和生物安全柜（biological safety cabinet, BSC）工作台面的污染,还可冲洗伤口,可用 1.0%~1.5% 过氧化氢漱口。

气态过氧化氢的杀灭细菌能力大于液态过氧化氢的 200 倍以上,由此出现了利用过氧化氢气体的消毒灭菌技术。以过氧化氢为消毒媒介的灭菌设备可称为过氧化氢发生器消毒机。过氧化氢干雾灭菌将过氧化氢消毒剂雾化为小微粒,颗粒大小与细菌相当,能够长时间悬浮在空气中,从而保证消毒剂与空气中的细菌充分接触而达到消毒灭菌目的。适用于医院病房、实验动物中心、小型仓库、疾控实验室、救护车及飞机舱等的消毒灭菌,也适用于小型空间生物安全柜等。

2. 过氧乙酸（peroxyacetic acid）　分子式 $C_2H_4O_3$,分子量 76.05。过氧乙酸具有广谱、高效和低毒等优点,易溶于水,可杀灭细菌繁殖体和芽孢、真菌和病毒等。但对金属及织物有腐蚀性,受有机物影响大,稳定性差。适用于耐腐蚀物品、环境及皮肤等的消毒与灭菌。常用消毒方法有浸泡、擦拭和喷雾法。常用浓度为 0.1%~1.0%。1.0% 的溶液浸泡 30min 可杀死细菌芽孢,0.5% 过氧乙酸作用 30~60min 可灭活乙肝病毒。用过氧乙酸消毒后的物品,需放置 1~2h 后使用。

3. 碘（iodine）和碘伏　碘分子能快速渗透细胞壁,通过形成氨基酸和不饱和脂肪酸,导致蛋白合成困难和细胞膜改变。碘是被临床广泛应用的皮肤消毒剂,其所含表面活性成分能改变溶液对物体的湿润性,可在皮肤表面上形成一层极薄的杀菌薄膜。具有协助碘穿透有机物作用,并能乳化脂肪,缓慢持久的释放有效碘,加强碘的杀菌作用。含碘消毒剂具有速效、低毒、稳定性好和对皮肤黏膜无刺激等特点。但对铜、铝、碳钢等二价金属有腐蚀性,受有机物影响很大。碘多用于皮肤和黏膜等的消毒。可使用擦拭或冲洗等方法。

4. 二氧化氯（chlorine dioxide）　在含氯消毒剂中,二氧化氯是国际上公认的唯一的高效消毒灭菌剂,它可以杀灭一切微生物,包括细菌的芽孢和病毒。与次氯酸相比,二氧化氯对微生物细胞壁有较强的吸附穿透能力,能有效地氧化细胞中含有巯基的酶从而灭活细菌,因此更容易杀灭病菌。并且,二氧化氯无毒、无刺激、使用剂量低、无残留毒性。各种毒性实验均证实了它的安全性,因此被世界卫生组织定为 AI 级,使用其消毒十分安全。

（五）酚类化合物

酚类化合物是最早使用的消毒剂之一,至今已有一百多年的历史。低浓度酚类化合物可破坏菌细胞膜,使胞质内容物漏出;高浓度时使菌体蛋白质凝固。也有抑制细菌脱氢酶和氧化酶等作用。它们对细菌繁殖体和有包膜病毒具有活性,但对细菌的芽孢无效。这类消毒剂对水中的钙镁离子敏感,会降低消毒效果,因此建议用蒸馏水或去离子水配制。常用于物体表面的消毒。

1. 三氯生（triclosan）　分子式 $C_{12}H_7Cl_3O_2$,分子量 289.5。是一种安全、高效、广谱抗菌剂,三氯生的抗菌活性是进入细菌细胞而影响细胞浆膜和 RNA、脂肪酸和蛋白质合成。可溶于多种有机溶剂（如乙醇、丙酮等）及表面活性剂。三氯生与人体皮肤有很好的相溶性,对皮肤无刺激性,因此常广泛应用于消毒洗手液、卫生香皂、肥皂、牙膏、洗面奶和卫生洗液等,另外,还广泛用于治疗牙龈炎、牙周炎及口腔溃疡等疗效牙膏及漱口水中,建议使用浓度为 0.05%~0.3%。

2. 氯二甲酚（chloroxylenol）　又称氯间二甲酚（PCMX）、4–氯间二甲酚,分子式 C_8H_9ClO,分子量 156.61,是一种广谱的防霉抗菌剂,对多数革兰氏阳性菌、革兰氏阴性菌、真菌、金黄色葡萄球菌和链球菌有效,对细菌芽孢无效。常用 5% 水溶液,用于皮肤及创面消毒,偶有皮肤过敏现象。它可作为防霉抗菌剂广泛应用于消毒或个人护理用品,如去屑香波、洗手液、肥皂和其他卫生用品等。

3. 甲酚皂溶液(也称来苏水,lysol) 为甲酚、植物油、氢氧化钠的皂化液,含50%的甲酚。来苏水可杀灭细菌繁殖体与某些包膜病毒,对芽孢则需高浓度长时间才有杀灭作用。

(六)季铵盐类化合物等表面活性剂

表面活性剂又称去污剂,易溶于水,能减低液体的表面张力,使物品表面油脂易乳易于除去,故具清洁作用。并能吸附于细菌表面,改变胞壁通透性,使菌体内的酶、辅酶、代谢中间产物逸出,呈现杀菌作用。

表面活性剂有阳离子型、阴离子型和非离子型三类。因细菌带阴性电荷,故阳离子型对其杀菌作用较强。阴离子型,如烷苯磺酸盐与十二烷基硫酸钠,解离后带阴性电荷,因此对革兰阳性菌也有杀菌作用。非离子型对细菌无毒性,有些反而有利于细菌的生长。

1. 苯扎溴铵(新洁尔灭)为阳离子表面活性剂,能降低表面张力,使脂肪乳化,故有清洁除污作用,能改变细胞浆膜的通透性,使菌体内一些重要物质外渗,阻碍其代谢而呈杀菌作用。是常用的季铵盐类消毒剂,常用于消毒的表面活性剂,对多数细菌繁殖体及某些病毒(如流感、疱疹等包膜病毒)有较好的杀灭能力,对革兰阳性菌、革兰阴性菌、真菌等均有作用,但对结核菌及真菌的作用差,对芽孢只有抑制作用,对肝炎病毒无灭活作用。对皮肤黏膜无刺激、毒性小、稳定性好,用于皮肤黏膜及环境物品的消毒。

2. 吐温-80(tween-80)为非离子型表面活性剂,对结核分枝杆菌有刺激生长、并有使菌分散的作用。

二、化学消毒灭菌方法

化学消毒灭菌方法是指利用化学消毒剂渗透至细菌体内,破坏其生理功能,抑制细菌代谢生长,从而达到消毒目的。

(一)浸泡法(immersion)

将待消毒的物品浸没在消毒溶液中,在标准的浓度和时间内,达到消毒灭菌目的。浸泡法杀菌谱广、腐蚀性弱,常用于不能或不便蒸煮的物品,按不同被消毒物品和消毒溶液的种类,确定消毒溶液的浓度与浸泡时间长短。浸泡前须将被消毒的物品洗净擦干,浸没在消毒溶液内,注意打开物品的轴节或套盖,管腔内需注满消毒溶液。若浸泡中途添加物品,需要重新计时。浸泡法消毒的器械在使用前用无菌生理盐水冲洗干净,避免消毒溶液刺激人体组织。

(二)擦拭法(rubbing)

是用化学消毒溶液擦拭物体表面或进行皮肤消毒,在标准的浓度和时间里达到消毒灭菌目的方法。擦拭法选用易溶于水、穿透性强、无显著刺激性的消毒溶液,如巴氏消毒液等。

(三)喷雾法(nebulization)

借助喷雾器将化学消毒溶液均匀喷洒在空气中和物品表面,产生微粒气雾进行消毒的方法。喷雾的化学消毒溶液可选用过氧乙酸,如0.2%过氧乙酸用于墙壁、地面等的消毒,0.5%过氧乙酸用于实验室空气消毒,对细菌芽孢污染的表面,每立方米喷雾2%过氧乙酸8ml并保持30min以上可以消灭99.9%的细菌芽孢。

(四)熏蒸法(fumigation)

是利用消毒药品加热或加入氧化剂所产生的气体进行消毒,在标准的浓度和时间里达到消毒灭菌目的。适用于室内表面、室内物品及空气消毒或精密贵重仪器和不能蒸、煮、浸泡的物品进行消毒,也可用熏蒸法在消毒间或密闭的容器内对被污染的物品进行消毒灭菌。常用熏蒸消毒剂为甲醛、过氧乙酸或环氧乙烷气体。消毒时,须将门窗紧闭12~24h,消毒后再打开门窗进行通风换气,熏蒸法对各种细菌、病毒引起的传染病效果较好。

(五)环氧乙烷气体密闭消毒灭菌法

将环氧乙烷气体置于密闭容器内,在标准的浓度、湿度和时间内达到消毒灭菌目的。环氧乙烷能杀灭细菌繁殖体及芽孢,以及真菌和病毒等。消毒后可迅速挥发,特别适用于不耐高热和温热的物品,如精密器械、电子仪器、光学仪器、心肺机、起博器、书籍文件等,均无损害和腐蚀等副作用。如本章前面所述,环氧乙烷易燃、易爆、且对人体有毒,须在阴凉、通风、无火源、无电开关处,并在密闭的环氧乙烷灭菌器内进行,一般可用柜室法或丁基橡胶袋法。柜室法可将物品放入环氧乙烷灭菌柜内,关闭柜门,预温加热至

40~60℃,抽真空后通入环氧乙烷,用量 1kg/m³,作用 6~12h,灭菌完毕排气后,打开柜门取出物品。丁基橡胶袋法将物品放入特制的袋内,挤出空气,环氧乙烷给药先放安瓿于袋内,扎紧袋口后打碎安瓿瓶使气体扩散;亦可将钢瓶放在 40~50℃温水中气化后与袋底部胶管相通使气体迅速进入,用药量为 2.5g/L,橡胶袋底部通气口关闭,20~30℃室温中放置 8~24h。

需要注意的是,环氧乙烷气体有一定吸附作用,消毒后的物品,应置通风环境,待气体散发后再使用。本品液体对皮肤、眼及黏膜刺激性强,如有接触,立即用水冲洗。在环氧乙烷消毒操作中,如有头昏、头痛等中毒症状时,应立即离开现场,至通风良好处休息。

三、影响消毒灭菌效果的因素

消毒剂的消毒效果受多种因素的影响,如所选消毒剂的性质和使用方法、微生物的种类、敏感性以及环境因素(温度、酸碱度和有机物存在与否)等。选择和使用消毒剂时应充分考虑这些因素,因为处理得当可提高消毒效果,反之则会影响消毒的效果。

(一)消毒剂的性质、浓度与作用时间

各种消毒剂的物理化学性质影响其杀菌效力。不同消毒剂的作用机制不同,决定了消毒剂对各种微生物的杀灭效果也不同。如表面活性剂对革兰阳性菌的杀灭效果比对革兰阴性菌好;甲紫对葡萄球菌作用较强。

一般而言,一种消毒剂的浓度不同,其消毒效果也不同。消毒剂的浓度越大,作用时间越长,消毒灭菌的效果就越好。绝大多数消毒剂在高浓度时具有杀菌作用,在低浓度时只能起到抑菌的作用,但是醇类消毒剂例外。60%~80% 的乙醇或 50%~80% 异丙醇杀菌效果最好,当浓度过高会使菌体表面蛋白质迅速凝固,消毒剂难以渗入菌体内部,降低杀菌效果。消毒剂在一定浓度下,对细菌的作用时间愈长,消毒效果也愈好。

(二)温度与酸碱度

消毒剂对微生物的杀灭是一个化学反应过程,温度越高,杀菌作用就越强。例如,使用 2% 的戊二醛杀灭 10^4/ml 炭疽芽孢杆菌的芽孢时,当温度从 20℃提高到 56℃,杀灭时间可从 15min 减少到 1min,但是不同消毒剂杀菌效果受温度影响的程度不同。酸碱度也影响消毒剂的作用效果,如酚类消毒剂在酸性溶液中效果好,但戊二醛水溶液呈弱酸性,不具有杀芽孢的作用,只有在加入碳酸氢钠呈碱性环境后才发挥杀菌作用。新洁尔灭的杀菌作用是 pH 愈低所需杀菌浓度愈高,在 pH 3 时所需的杀菌浓度较 pH 9 时要高 10 倍左右。

(三)微生物的种类与数量

微生物的种类不同,对消毒剂的敏感性也不同。微生物对化学消毒剂的敏感性从高到低的顺序为:亲脂病毒(有脂质膜的病毒,如乙型肝炎病毒、流感病毒等)、细菌繁殖体、真菌、亲水病毒(没有脂质包膜的病毒,例如甲型肝炎病毒、脊髓灰质炎病毒)、分枝杆菌(如结核分枝杆菌、龟分枝杆菌)、细菌芽孢(如炭疽杆菌芽孢、枯草杆菌芽孢)、朊病毒(感染性蛋白质)。在使用时应根据消毒对象污染微生物的种类选择相适宜的消毒剂种类。另外,消毒对象中微生物数量越大,消毒就越困难,所需消毒剂的浓度和作用时间也越长。

(四)有机物

血液、痰液、脓液或培养基成分等有机物常会出现在消毒灭菌的环境中,影响消毒剂的作用效果。有机物可在微生物表面形成保护膜,阻碍消毒剂与其充分接触。有机物中的蛋白质与消毒剂结合后常常会使消毒浓度降低,影响消毒效果。受有机物影响较大的有次氯酸盐、乙醇、苯扎溴铵等,而酚类消毒剂受的影响较小。

另外,金属离子、表面活性剂或一些拮抗物质也对消毒剂的效果有影响。

第三节　消毒灭菌效力的确认

实验室的消毒灭菌是保证实验室生物安全的重要环节之一。消毒灭菌的效果确认是用物理、化学和微生物学等指标评价消毒灭菌设备运转是否正常、消毒剂是否有效、消毒方法是否合理以及消毒效果是否达标。工作人员需经过专业培训,掌握一定的消毒灭菌知识,熟悉消毒设备和药剂性能,选择合理的采样时间(消毒后、使用前),在严格的无菌操作下对消毒与灭菌的效力进行跟踪检测,从而确认选用的消毒灭菌法,达到预期

目的。

一、消毒灭菌效力确认的标准

1. 国际 美国官定分析化学家协会（Association of Official Analytical Chemists，AOAC）制定的消毒剂效力测定法，包括官方方法960.09"消毒剂的杀菌和洗涤的消毒作用"（Official Method 960.09 "germicidal and detergent sanitizing action of disinfectants"）和方法966.04"消毒剂杀灭孢子的活性"（Method 966.04 "sporicidal activity of disinfectants"）。

2. 国内 中华人民共和国国家标准《消毒与灭菌效果的评价方法与标准》（GB 15981—1995）和国家卫生健康委员会（原卫生部）的《医疗机构消毒技术规范》（WS/T 367—2012）。

灭菌合格的标准为：能杀灭全部枯草杆菌黑色变种芽孢或嗜热脂肪芽孢杆菌 ATTC7953。

二、消毒灭菌效力确认时需要考虑的因素

消毒剂在工业生产过程中要按照标准方法进行效力的确认。实验室应使用公认的消毒剂。选择适当的实验方法和验证用菌株，这些是消毒灭菌效力确认结果科学准确的前提和保证。

化学消毒剂特别是在稀释状态下，如暴露于空气中或与其他物质接触时易于分解或挥发，常会降低其消毒效力，因此应对消毒剂稀释液进行有效期确认。对于消毒效果公认的消毒剂来说，所测含量在产品有效期内，不得低于企业标准的下限值。其稀释液的有效期确认可测定有效成分含量或用杀菌效力测定方法。

对于消毒剂的效力确认分为实验室实验、模拟现场与现场实验。常用的杀灭试验有：悬液定量杀灭试验、载体浸泡定量杀灭试验和载体喷雾定量杀菌试验等。试验中，使用浓度为产品说明书规定的该消毒剂对某一有代表性消毒对象的最低使用浓度。定量杀菌试验时，选择消毒对象中抵抗力最强的微生物作为验证菌株，以说明书规定的最低浓度和最短时间验证其消毒效果。对用于灭菌的消毒剂则以说明书中规定的使用浓度和其0.5倍的作用时间验证其灭菌效果。对于专用于灭菌而不作他用的消毒剂，只须做枯草杆菌黑色变种芽孢杀灭试验，可不做病毒、真菌、分枝杆菌及细菌繁殖体杀灭试验，但对既可用于灭菌，又可用于消毒的消毒剂则按上述要求选择相应微生物进行试验；对枯草杆菌黑色变种芽孢杀灭达到消毒要求（杀灭对数值≥5.00）的消毒剂，以不低于此浓度用作消毒时可不做病毒、真菌和分枝杆菌杀灭试验。在消毒剂效力确认试验前，应使用化学中和剂或其他残留消毒剂去除法中和或去除残留的消毒剂，并不影响指示菌的使用。

三、消毒灭菌效力确认用指示物

（一）消毒剂消毒效果评价用指示微生物

在对液体消毒剂消毒效果评价时，将消毒剂置于20℃±2℃水浴中，测定在使用浓度下杀灭指示微生物达到消毒或灭菌所需的最短时间（min）。根据国家卫生健康委员会（原卫生部）颁布的《医疗机构消毒技术规范》（WS/T 367—2012），在实验中使用的指示微生物包括：

1. 细菌

（1）细菌繁殖体：金黄色葡萄球菌（Staphylococcus aureus）ATCC 6538 为化脓性球菌的代表，大肠埃希菌（Escherichia coli）8099 为肠道菌的代表，铜绿假单胞菌（Pseudomonas aeruginosa）ATCC 15442 为医院感染中最常分离的细菌繁殖体的代表，白色葡萄球菌（Staphylococcus albus）ATCC 8032 为空气中细菌的代表，龟分枝杆菌脓肿亚种（Mycobacterium chelonaei subsp.abscessus）ATCC 93326 为人结核分枝杆菌的代表。

（2）细菌芽孢：枯草杆菌黑色变种芽孢（Bacillus subtilis var. niger spores）ATCC 9732 为细菌芽孢的代表。

2. 真菌 白假丝酵母菌（俗称白色念珠菌，Candida albicans）ATCC 10231 和黑曲霉（Aspergillus niger）ATCC 16404 为致病性真菌的代表。

3. 病毒 脊髓灰质炎病毒 I 型（poliovirus-I）疫苗株为病毒的代表。

（二）灭菌效力确认用生物指示剂

灭菌效果确认常使用生物指示剂，通常是将一定数量的生物指示菌吸附于惰性载体上，如滤纸片、玻片和不锈钢片等，也可直接制备生物指示菌的悬浮液。生物指示剂是一类活的微生物

制剂,一般是细菌的芽孢。用于生物指示剂的微生物应具备的条件是:①无致病性;②容易培养;③菌株稳定,存活期长;④菌种的耐受性大于待灭菌物品中可能存在的微生物。生物指示剂是用于确认灭菌设备的性能和灭菌程序的最直观有效的指标。

在消毒灭菌中常用的生物指示剂见表7-3。

表7-3　常用生物指示剂

灭菌方法	常用的生物指示剂
干热灭菌法	枯草杆菌黑色变种芽孢 ATCC 9372
湿热灭菌法	嗜热脂肪芽孢杆菌 ATCC 7953
⁶⁰Co-γ 射线辐射灭菌法	短小芽孢杆菌 ATCC 27 142
紫外线消毒	枯草杆菌黑色变种芽孢 ATCC 9372 大肠埃希菌 ATCC 8099
过滤除菌法	缺陷假单胞菌 ATCC 19 146
环氧乙烷气体灭菌法	枯草杆菌黑色变种芽孢 ATCC 9372
过氧化氢	嗜热脂肪芽孢杆菌 ATCC 7953 或枯草杆菌黑色变种芽孢 ATCC 9372

在使用生物指示剂时,将其按设计放于灭菌设备的不同部位。经灭菌作用时间完成后,在无菌室内将菌片接种于相应的细菌培养基中,与此同时,应设未经灭菌处理的菌片作为对照,将它们分别于37℃培养24h或72h。接种灭菌后菌片的培养基应清亮、无混浊,表示无菌生长;接种未经灭菌处理的对照菌片的培养基应呈混浊状态,表示生物指示剂具有活性。

(三)压力蒸汽灭菌效力化学指示卡

化学指示卡是监测压力蒸汽灭菌法灭菌条件和效果的专用指示卡,用于灭菌包中心灭菌情况的监测。化学指示卡适用于医院、卫生防疫等部门对衣服、敷料包和手术包等压力蒸汽灭菌效果以及灭菌操作条件的检验。

化学指示卡使用方法:将化学指示卡放置拟灭菌物品包中央。按灭菌操作的常规,预热、彻底排除空气;当压力锅内温度达到121℃后,保持20min以上,卡面指示剂在灭菌过程的湿热作用下,产生变色反应,灭菌完毕,即刻将指示卡取出观察化学指示卡颜色变化。在上述温度范围内,

指示卡达到或深于产品所示标准色,表示符合灭菌条件,浅于标准色则表示不符合灭菌条件。

使用化学指示卡注意事项:①用过的指示卡其变色部分不宜用火焚烧,以防产生粉尘。不适用于132压力蒸汽灭菌效果的检测;②水滴将指示卡浸湿可影响变色准确性,灭菌时避免与金属、玻璃等易有凝结水的表面或其他潮湿物品接触;③避光、室温、通风、干燥、密封保存,禁止与酸、碱性物质接触;④在有效期内使用。

第四节　生物安全实验室常用的消毒灭菌方法

各类生物学实验室,特别是微生物学实验室,在操作中经常涉及到致病微生物及其感染性生物因子。为预防实验室感染的发生、保护实验室工作人员安全、保障微生物实验的顺利进行、避免感染因子污染环境,有效地进行实验室的消毒灭菌至关重要。

一、消毒、灭菌的基本原则

在进行实验室消毒灭菌工作时,需要注意以下环节:

(一)选择有效的消毒灭菌方法

1. 根据微生物的种类、数量和污染后的危害程度来选择有效的消毒灭菌方法　消毒首选物理方法,不能用物理方法消的,根据对化学消毒剂的敏感程度不同,选择灭菌剂、高效消毒剂、中效消毒剂或低效消毒剂等化学消毒方法。

2. 根据消毒物品的性质选择消毒方法　选择消毒方法时既要考虑保护消毒物品不受损坏,也要达到消毒灭菌的效果。根据消毒对象的理化特性(如是否耐热、耐湿和耐腐蚀等)选择消毒灭菌的方法。

(二)实验室材料的预清洁

尘土、污物及有机物会影响消毒灭菌的效果,因此,在消毒灭菌前,应选用与随后使用的消毒剂相容的清洁剂进行预清洁。关于污染物品清洗消毒的规定:

1. 被朊病毒、气性坏疽及突发原因不明的传染病病原体污染的诊疗器械、器具和物品。应执

行《医院消毒供应中心 第2部分:清洗消毒及灭菌技术操作规范》(WS/T 310.2—2016)中规定的处理流程。被朊病毒污染器材和物品的处理流程:疑似或确诊朊病毒感染的患者宜选用一次性诊疗器械、器具和物品,使用后应进行双层密闭封装焚烧处理;可重复使用的污染器械、器具和物品,应先浸泡于1mol/L氢氧化钠溶液内作用60min,再按照清洗—消毒—干燥—灭菌的方式进行处理,压力蒸汽灭菌应选用134~138℃、18min或132℃、30min或121℃、60min。

2. 被气性坏疽污染物品和器材的处理流程应符合《医疗机构消毒技术规范》(WS/T 367—2012)的规定和要求。应先采用含氯或含溴消毒剂1 000~2 000mg/L浸泡30~45min后,有明显污染物时应采用含氯消毒剂5 000~10 000mg/L浸泡至少60min后,再按照清洗—消毒—干燥—灭菌的方式进行处理。

3. 突发原因不明的传染病病原体污染的处理应符合国家当时发布的规定要求。

4. 被其他传染病病原体污染的器材和物品可先清洗,再根据消毒原则选择合适的消毒方式。

(三)及时彻底的消毒措施

若不慎发生微生物培养物摔碎或其他实验微生物泄漏事故,不论这些微生物是否具有致病性,均应立即对污染及可能波及的区域进行消毒处理;全部实验结束后,根据实验情况,对需要消毒灭菌的实验物品、实验器材和实验环境进行消毒处理。

(四)定期监测消毒灭菌的效果

使用经卫生行政部门批准的消毒灭菌设备和药品,并按照批准使用的范围和方法在消毒中使用。必须对消毒灭菌效果定期进行随机抽检,如对使用中的化学消毒剂应进行生物和化学监测;对高压蒸汽灭菌和环氧乙烷气体灭菌应进行工艺监测、化学监测和生物监测;紫外线消毒应进行灯管照射强度监测和生物监测。应定期对消毒灭菌物品进行随机抽检,消毒物品不得检出致病性微生物,灭菌物品不得检出任何微生物。

(五)做好有效的个人防护

在进行实验室及其物品消毒灭菌过程中,操作人员应根据选择的消毒灭菌方法进行有效的个人防护。既要预防微生物感染,又要避免消毒灭菌过程中理化因素对人体(包括皮肤、呼吸道、眼角膜等)的损害。

二、各类物品和环境的消毒灭菌方法

根据在实验中操作处理的生物材料不同,所包含的微生物毒力也各不相同,根据消毒的对象不同,需要选择适当的消毒灭菌方法。

1. 实验室常选择的消毒灭菌方法(表7-4)。

表7-4 实验室常选择的消毒灭菌方法

消毒对象	常选择的消毒灭菌方法
实验室空气	紫外线照射:$1.5W/m^3$,≥30min 0.5%过氧乙酸气溶胶喷雾;$20ml/m^3$密闭作用60min 甲醛熏蒸:$12g/m^3$,≥6h,应用氨气的形式来中和甲醛气体
实验室地面、物体表面(实验台、桌椅、柜子、冰箱和门把手等)	0.1%过氧乙酸拖地 含氯消毒剂:有效氯1 000~2 000mg/L,10~15min,0.2%~0.5%过氧乙酸:10~15min 若表面被明显污染,消毒剂应覆盖浸没污染物,作用30~60min
冰箱内、外表面	0.3%过氧乙酸喷洒擦拭,作用30min
生物安全柜内表面(工作台面、内壁)	含氯消毒剂:有效氯1 000~2 000mg/L,10~15min 75%乙醇:擦拭2~3遍
生物安全柜局部环境	紫外线照射:$1.5W/m^3$,≥30min 甲醛熏蒸:$12g/m^3$,≥6h,总体积×$11g/m^3$确定多聚甲醛的用量;(中和甲醛:计算以氨气的形式来中和甲醛气体所需的NH_4HCO_3或其他替代品的理论当量,按110%称取以确保完全中和甲醛)
玻璃制品、金属物品	干烤灭菌:160~180℃,1~2h 高压蒸汽灭菌:121℃,15min

消毒对象	常选择的消毒灭菌方法
使用过的玻璃制品、耐热的塑料制品	有效氯 2 000mg/L 的含氯消毒剂或 0.5% 过氧乙酸浸泡 1h 后洗净,使用前 121℃、15min 高压蒸汽灭菌
不耐热塑料制品	有效氯 2 000mg/L 的含氯消毒剂或 0.5% 过氧乙酸浸泡 1h 后清水洗净,用环氧乙烷消毒柜,在温度 54℃,相对湿度 80%,环氧乙烷气体浓度为 800mg/L 的条件下,作用 4~6h
受污染的橡胶制品(橡胶手套、吸液球等)	有效氯 2 000mg/L 的含氯消毒剂或 0.5% 过氧乙酸浸泡 1h 后清水洗净,121℃、15min 高压蒸汽灭菌
一次性废物品、液体废物、菌(毒)种、生物样本、其他感染性材料和污染物等	高压蒸汽灭菌:121℃、15min
实验防护服、帽子和口罩等纺织品	高压蒸汽灭菌:121℃、15min
实验动物尸体	焚烧
工作人员手部	0.3%~0.5% 碘伏、75% 酒精或其他快速洗手液揉搓 1~3min

2. 生物安全柜(密闭房间)用甲醛熏蒸消毒的基本程序 清除生物安全柜之前需确定型号、大小、循环参数及消毒剂的降解、吸收及与安全柜材料的兼容性,以维持生物安全柜的完整性和确定消毒时间,要使用能让甲醛气体独立发生、循环和中和的设备可使用甲醛蒸汽发生器来进行安全柜的熏蒸,使用参照厂家说明书。

(1)计算生物安全柜的总体积;

(2)总体积 ×11g/m³ 确定多聚甲醛的用量。中和甲醛:计算以氨气的形式来中和甲醛气体所需的 NH₄HCO₃ 或其他替代品的理论当量,按110% 称取以确保完全中和甲醛;

(3)确保生物安全柜排风管道的气密性(关闭风阀);

(4)为能够紧急排出甲醛,在生物安全柜旁预先放置一根软管,其必须与排风装置相连;

(5)加热设备放置于工作台面,多聚甲醛均匀分布在加热设备的加热表面上;

(6)在生物安全柜内的另一加热装置盛放中和试剂(NH₄HCO₃ 或相当的产品),密闭,与安全柜中的空气隔绝,以免熏蒸时发生中和作用;

(7)封闭生物安全柜的工作区开口,如电线出口、观察窗连接处等;

(8)接通加热装置的电源(生物安全柜外);

(9)在多聚甲醛完全蒸发时拔掉电源插头以断电,使生物安全柜静置至少 6h;

(10)给第二个加热装置通电,使碳酸氢铵蒸发,然后拔掉电源插头,接通生物安全柜电源两次,每次启动约 2 秒让碳酸氢铵气体循环。在移去前封闭塑料布和排气口罩单,应使生物安全柜静置 30min;

(11)使用前应擦掉生物安全柜表面上的残渣。实验室中要张贴如何处理溢出物的实验室操作规则,每一位实验室的成员均需阅读并理解这些规程,在生物安全柜中发生有生物学危害的物品溢出时,应在安全柜处于工作状态下立即进行清理。

三、实验室消毒灭菌的管理要求

实验室必须对消毒、灭菌效果定期进行监测。灭菌合格率必须达到 100%,不合格的物品不得离开实验室。

(一)使用中的消毒剂、灭菌剂,应进行生物和化学监测

1. 生物监测 消毒剂每季度监测一次,细菌含量必须 <100cfu/ml,不得检出致病微生物。灭菌剂每月监测一次,不得检出任何微生物。

2. 化学监测 应根据消毒、灭菌剂的性能定期监测,含氯制剂、过氧乙酸等应每日监测,对戊二醛的监测应每周不少于一次。

3. 消毒灭菌物品的监测 应定期对消毒、灭菌物品进行随机抽检,消毒物品不得检出致病性微生物,灭菌物品不得检出任何微生物。

（二）高压蒸汽灭菌效果监测

高压蒸汽灭菌应进行工艺监测、化学监测和生物监测。工艺监测应每锅进行，并详细记录。化学监测应每包进行，对于高危险性物品需进行中心部位的化学监测。真空压力灭菌器每天灭菌前进行 B-D 试验，生物监测应每月进行，新灭菌器使用前必须先进行生物监测，合格后方可使用。

（三）紫外线消毒效果监测

紫外线消毒应进行灯管照射强度监测和生物监测。

灯管照射强度监测每半年应进行一次，不得低于 $70\mu w/cm^2$。新使用的灯管也要进行监测，不得低于 $100\mu w/cm^2$。

生物监测必要时进行，要求经消毒后的物品或空气中的自然菌应减少 90.00% 以上，人工染菌杀灭率应达到 99.90%。

（四）环境监测

环境监测包括对空气、仪器设备、物体表面和工作人员手的监测。在怀疑有实验室污染时应进行环境监测。

小 结

微生物由核酸、蛋白质、脂类和多糖等有机物质组成，若环境变化过剧可造成微生物因代谢障碍而生长受到抑制甚至死亡。根据这一现象，在实验室可以采用多种物理、化学或生物方法来杀灭或清除环境中的病原微生物，避免微生物对实验人员的感染。本章介绍了实验消毒与灭菌的基本概念，物理消毒灭菌、化学消毒灭菌、生物安全实验室常用的消毒灭菌方法以及工作原理、有效浓度、选择标准、消毒灭菌效力的确认及注意事项。

消毒是用物理、化学和生物方法灭菌或去除外传播媒介上病原微生物使其达到无害化的处理过程。灭菌使用物理、化学和生物方法灭菌或去除外传播媒介上一切微生物使其达到无害化的处理过程。物理消毒灭菌法有热力灭菌法、射线杀菌法和滤过除菌法、超声波杀菌法、干燥与低温抑菌法。化学消毒灭菌法利用化学消毒剂渗透至细菌体内，来影响细菌的化学组成、物理结构和生理活动，抑制细菌代谢生长，从而发挥防腐、消毒甚至灭菌的作用。根据消毒剂的作用机制不同，分为灭菌剂、高效消毒剂、中效消毒剂、低效消毒剂。消毒剂的消毒效果受多种因素的影响，选择和使用消毒剂时应充分考虑消毒剂的性质和使用方法、微生物的种类、敏感性以及环境因素，提高消毒效果。

思 考 题

选择题

1. 杀灭包括芽孢在内的所有微生物的方法称为

A. 消毒　　　　　　B. 无菌　　　　　　C. 灭菌　　　　　　D. 灭活　　　　　　E. 防腐

2. 判断彻底灭菌的依据是

A. 细菌繁殖体被完全消灭　　　　　B. 芽孢被完全消灭　　　　　C. 细菌菌毛蛋白变性

D. 鞭毛蛋白被破坏　　　　　E. 细菌的荚膜被破坏

3. 热力灭菌的方法中，效力最强的是

A. 煮沸法　　　　　B. 干烤　　　　　C. 巴氏消毒法

D. 使用流通蒸气　　　　　E. 使用 103.4kPa 高压蒸汽

4. 紫外线的杀菌机制是

A. 破坏细菌 DNA 构型　　　　　B. 破坏酶系统　　　　　C. 破坏菌体蛋白

D. 干扰蛋白质合成　　　　　E. 破坏 RNA

5. 属于表面活性剂的是
A. 高锰酸钾　　　　　　　　　　B. 来苏水　　　　　　　　　　C. 甲醛
D. 0.05%~0.1% 度米芬　　　　　　E. 龙胆紫

6. 去除血清标本中污染的细菌常用
A. 巴氏消毒法　　　　　　　　　B. 紫外线照射法　　　　　　　C. 煮沸法
D. 滤过除菌法　　　　　　　　　E. 高压蒸汽灭菌法

7. 漂白粉属于
A. 酚类消毒剂　　　　　　　　　B. 醇类消毒剂　　　　　　　　C. 氧化剂消毒剂
D. 表面活性剂　　　　　　　　　E. 酸碱类

8. 对血清培养基的灭菌,应选用
A. 煮沸法　　　　　　　　　　　B. 巴氏消毒法　　　　　　　　C. 间歇灭菌法
D. 流通蒸汽灭菌法　　　　　　　E. 高压蒸汽灭菌法

9. 乙醇消毒剂常用的浓度是
A. 100%　　　　B. 95%　　　　C. 75%　　　　D. 50%　　　　E. 30%

10. 消毒的含义是
A. 杀灭物体上所有的微生物　　　B. 杀死病原微生物　　　　　　C. 使物体上无活菌存在
D. 抑制微生物生长繁殖的方法　　E. 能杀死细菌芽胞

参 考 答 案

选择题

1. C　　2. A　　3. E　　4. A　　5. E　　6. D　　7. C　　8. E　　9. C　　10. B

ER7-1　第七章二维码资源

（孔 英　隋琳琳）

第八章　实验室生物安全管理

实验室是科学研究的基地，是科技发展的源泉，为科学技术进步做出了不可磨灭的贡献。然而，随之而来的各种实验室安全问题，如实验室感染、火灾、爆炸、毒物泄漏等所造成的人身伤害层出不穷，触目惊心的事件给我们敲响了有关实验室安全的警钟。尤其值得一提的是，近年生物安全实验室中一系列潜在危害越来越引起人们的重视。生物安全实验室是指在研究传染性疾病或微生物时，能够避免病原体对实验者及公众人群造成意外伤害、避免对环境造成污染的实验室，主要包括：研究用实验室、动物实验室、临床检验实验室、公共卫生实验室和传染病检测实验室等。实验室生物安全管理既包括了人们在实验室研究过程中所接触到的各种生物性因素可能对人造成的危害，也涵盖了工作场所中所涉及到的各种环境因素可能给人带来的各种危害。因此，加强实验室安全教育，规范实验室安全管理是十分必要的。

第一节　实验室环境安全防护要求

实验室是一个复杂的场所，实验过程中经常用到各种化学药品和仪器设备，以及水、电、燃气，还会遇到高温高压、低温、真空、高电压、高频和带有辐射源和生物有害因子如：细菌、病毒、核毒素等。因此，从业人员若缺乏必要的安全管理和防护知识，不仅会影响实验结果的准确程度，严重时还会造成人员生命安全和财产的巨大损失。因此，加强实验室环境的安全管理对于提高工作效率，保护工作人员的身体健康是非常必要的。实验室环境包括内部环境和外部环境，影响内部环境因素包括：室内温度、湿度和洁净度、实验室有害气体、噪声、电磁干扰、冲击震动、微生物污染

等；影响外部环境因素包括：环境微生物污染、大气中灰尘、外部电磁干扰、电源电压、海拔、大气压强、雷电、大气中有害气体等。因此了解上述各相关因素的实验室环境安全防护要求具有重要意义。

一、实验室环境要求和控制

（一）实验室通风要求

实验室通风与舒适性空调系统的通风设计要求不同，实验室通风主要解决的是工作环境对人员的身体健康和劳动保护问题，其主要目的是提供安全舒适的工作环境，减少人员暴露在危险空气中的可能。主要目的是避免有害气体所造成的实验室内空气污染，从而在实验室污染物未完全扩散之前将它按要求排放出去。

实验室污染是指由于实验室内引入能释放有害物质的污染源，导致环境中有害物质在浓度或种类上不断增加，当有害物质在有限的空间达到一定程度后，会引起人体不适甚至导致疾病的发生。

实验室内污染物的来源主要包括：①挥发性的有机或无机污染物，如硫氧化物、氮氧化物、氯化烃气体及其酸雾等；②实验室及其装修的背景材料；③实验过程中产生的微生物气溶胶等。以上因素均能造成实验室的空气污浊甚至污染，从而影响到实验室人员的身体健康，因此实验室的通风就显得十分必要。值得一提的是，最有效的实验室通风应该是在有害气体产生时就直接把它们收集起来并按照排放标准和规定排出室外。

实验室通风方式通常采用自然通风或排气扇强制排风，使室内二氧化碳浓度低于0.15%。原则上实验室通风要求新风全部来自室外，然后再100%地排出室外，通风柜的排气不在室内循环。化学实验室对于换气的要求是每小时10次，物理

实验室每小时大于10次,实验室无人时可以减少为6次。实验室应设有足够数量的通风柜,并且不作为唯一的室内排风装置,仪器室或产生危险物质的仪器上方设局部排风系统。

为了保证实验室内具有充足的新风,需要利用空调系统直接送入实验室的新风,这部分新风根据实验室排风量的变化而变化,另一部分空调系统送入的非实验室区域过道、房间等再通过实验室门缝补给。实验室的负压通过送排风的风量和送排风风口的布置来实现,气流通常从办公、管理用房、内过道到产生危险物质的实验房间。通风柜的位置应在远离空气流动、湍流大的地方,远离行走区域和空气新风区。新风从远离通风橱的地方引入,空气流动路径远离通风橱。实验室的补风最传统的方式就是整体补风,利用吸顶式风口或者风柱式进行补风,主要是调节室内外压差,保证补充足够的新风。如果是室内负压的情况,则对补风量要求不高,根据对负压值的要求,一般补风量占排风比例的50%~80%,低于50%则补风效果不好且负压过大,高于80%可能会影响负压稳定性。室内正压的话,补风量应不低于120%。值得注意的是,无论实验室的通风还是补风,通风系统的设置一定要严格按照生物安全实验室的分级标准要求进行。

(二)实验室温湿度要求

不同实验室对环境温湿度的要求,主要参考不同实验仪器、不同试剂和不同检测项目的需求,按照各自具有温湿度的条件规定。此外还要从实验人员生理方面的舒适性和人性化方面考虑,如人体温度在18℃~25℃、相对湿度35%~80%的范围内,总体感觉要舒适得多。从医学角度来看,环境干燥和喉咙炎症的发生频率存在着某种因果关系,因此在设置实验室温湿度时,要充分参考上述几方面的因素。在控制实验室温湿度范围时,通常一般实验室要求夏季的适宜温度为18℃~28℃,冬季为16℃~20℃。夏季适宜湿度为30%~70%,冬季一般不低于30%,夏季不大于70%,当然有些贵重仪器对实验室的温度和湿度还有不同的特殊要求。

通过各项措施保证实验室环境的温湿度在控制的范围内,并对实验室环境温湿度进行监控和做好监控的记录。从以上各要素相关要求中选择

一定范围作为该实验室环境控制的允许范围,并科学地制定环境条件控制方面的管理程序是非常必要的。

(三)实验室采光和照明要求

实验室内的采光和照明不仅为了满足人们视觉功能的需要,而且直接影响到人体大小、形状、质地和色彩的感知。实验室的采光和照明通常从两方面考虑,首先要考虑人体的生理适应性;其次要考虑满足实验结果的需要。

在常规实验室内,原则上提倡合理利用自然光源,如合理选择门窗的位置和大小,并使天花板和墙壁对光有较强的反射。窗户宜安装窗帘遮光。实验室在设计时就应考虑采光要求,保证实验室窗户的最佳朝向,而且还要避免室内直射阳光。

实验室所使用的照明设备的配备,既要保证有良好的照明又要保证实验人员的正常操作,光源应以日光灯为宜。实验室照明灯具的数量、功率、布置方式和悬挂高度必须满足平均照度的要求。灯具悬挂高度距实验台面不应低于1 700mm,而且要尽量避免使用裸灯。实验室核心工作间的照度应不低于350lx,其他区域的照度应不低于200lx,宜采用吸顶式防水洁净照明灯。针对照明的要求应考虑如下因素:①电气照明的照度既不能太低,也不能太高,以免影响正常的操作和引起事故。②灯具的类型与选择应保证防火安全;操作易燃易爆物品的实验室,照明灯具应尽量做成嵌入式壁灯,检修门应开向墙外,且需有良好的通风,室内采光面应用双层玻璃严格密封,而且至少有一层为高强度玻璃。③化学实验室宜采用荧光灯照明,以减少灯管的发热,放射性实验室和微生物学实验室,为减少表面污染和便于去污,应采用贴顶式或嵌装式灯具,而避免使用吊灯。④为考虑应急时的需要,实验室还应配备紧急电源,供事故照明之用,一旦停电,可以保证疏散通道和重要场所的照明需求。

(四)实验室给排水要求

实验室给水和排水系统是完全不同的两套设施。实验室给排水应该是在建筑给排水的基础上特殊设计的两套布局。

1. 在进行实验室给水系统设计时,水量、水质和水压都要保证足够,除了实验和日常的基本

用水以外,还要考虑和配置相应的消防设备给水。对于高层实验室,若室外的给水管网不能充分满足其高层用水需求或者水压存在经常或周期性不足的时候,为确保高层实验室的安全供水,应该设置屋顶水泵、水箱或者局部加压设备,甚至在进水口进行断流水池的设置。实验室内部给水管道要能够布局合理,这样就便于管道的维护。内部的管道线尽可能地短,同时避免交叉,以使供水更加安全、可靠。普通实验室管道通常是沿着走道、墙壁、天棚或柱角等位置,走明线,方便观察,但是极易积累灰尘。因此,在安全要求比较高的实验室中通常尽可能进行暗装,将管道敷设在地下室、天棚、管沟或公用管廊内部。值得注意的是,所有的暗设管道都应该在控制阀门的位置设置相应的检修孔,以方便故障维修。

普通实验室的给水系统通常只设置一根引入水管即可满足要求,但如果大型实验楼的消防栓数量较多或者实验的设备需要安全供水,就应该同时设置两根引入给水管道。

生物实验室的给水设计通常参考如下要求:①BSL-3、BSL-4应该保证两路水源的单独供水,这样是为了避免供水管发生故障而不能满足供水需求。在进行设计时,要采用双路水源独立供水,在独立双路水源的供水条件具备时,应该另设出水量可供两天以内实验用水的专用高位水箱的备用供水,为保证供水的压力,要同时设稳压增压装置;②根据实验工艺要求,BSL-3、BSL-4一般划分为清洁区、半污染区和污染区。进入半污染区和污染区的给水管道要设置独立系统,同时要在供水管进入半污染区和污染区之前进行有效防止倒流污染的装置设施。给水管检修阀门都应设置在实验室以外的设备管道层等安全区以内,以方便对给水管道进行检修;③BSL-3、BSL-4的半污染区和污染区给水管路用水点的位置应该设置止回阀。

放射性实验室的给水系统管道入口,其给水管网常常采用上行下给式,应设置于干净区,以避免扩散污染。同时还要确保进出实验室的液体和气体管道系统牢固、不渗漏、防锈、耐压、耐温(冷或热)及耐腐蚀,应在关键节点安装截止阀、防回流装置或HEPA过滤器等;如果有真空装置,应该设置相应机制防止真空装置的内部被污染;不

应将真空装置安装在实验场所之外。

2. 实验室排水系统应根据排出废水的性质、成分和受污程度来进行设置。排水管道的设置同样需要进行合理的布局,尽量少用管道转角,以防止杂质堵塞,在安排上要相对集中,这样就便于出现故障后的维修。排管时要尽量沿着走道、柱角、墙壁、天棚等,但要注意,避免穿过精密仪器室等卫生安全需求较高的实验室。主管道应尽量安排在靠近杂质较多、排水量较大的设备的位置。

对于有害物质要预先进行处理才可排出,甚至要设置独立的排水管道进行局部处理,方可排入室外的排水管网。有害物质的排放要符合国家规定的排放标准。

在设计和建设生物安全实验室时,除了参考国外相关实例外,还要严格遵循国家规范和生物安全实验室的给排水设施配置的相关要求。

根据实验室级别的排水设施要求如下:

(1)BSL-1(ABSL-1):每个实验室应在靠近出口处设置洗手池。

(2)BSL-2(ABSL-2):实验室应在靠近出口处设置洗手池、应急冲洗眼睛设施和紧急喷淋装置等。

(3)BSL-3(ABSL-3):应在半污染区和污染区的出口处设置洗手装置,其供水应该安装防回流的装置,应为非手动开关供水管。清洁区应设淋浴装置,必要时应在划分的半污染区设置紧急消毒喷淋装置等。主实验室内部不应设置地漏,半污染区和污染区的排水应同其他排水进行完全隔离,通过专门的管道收集到独立的装置,并进行消毒杀菌处理。

(4)BSL-4(ABSL-4):除同BSL-3要求之外,应在半污染区和污染区之间的缓冲空间内设置化学淋浴装置。

放射性废水的排放,要按照其化学性质和其放射性水平分流排出,同时要进行一定的处理。废水量不大的小型实验室可采用一个排水系统。但是废水量虽小但是浓度却较高,则可用专门的容器进行收集,送往废水贮存处或进行相应的处理。排出的放射性废水不可贯通洁净区,而应由洁净区向受污区排流,避免扩散污染。如果排放的污水放射性物质水平较高的话,就要设置专用的排水管沟、竖井、管槽,同时采取必要的防护措

施（详见放射性物质的生物安全章节）。如果放射性废水有腐蚀性，则一定要选用恰当的耐腐蚀材料来制作管料，避免腐蚀泄露。一般而言，排水管沟可用砖进行砌筑，若需要防护或地下水位较高就需要用混凝土砌建。管沟的覆面则用水泥抹面，碳钢或不锈钢覆面，同时刷防锈漆。

（五）实验室动力要求

原则上不同实验室应按照不同实验设备的配置和实验要求提供必要的稳压、恒流、稳定频率和抗干扰的电源装置，必要时还要配备专用电源。实验室电力供应要符合国家技术标准和计量法规的规定要求。实验室使用的供电电源应满足实验室的所有用电要求，且应有冗余。同时要在安全的位置设置专用配电箱。一般情况下，实验室应具备 300kW 配电容量，能够进行相应规模的强电实验，并且具备较完备的电压、电流、功率、流量和温度等基本物理量的测试条件和配备变频器、信号发生器、示波器等通用强弱电实验装置。不同的仪器设备应根据具体的仪器设备的用电量和使用安全范围进行配备用电量。值得一提的是，实验室（实验台）电源电路最需要关注的是电路安全，电路安全包含防止触电、漏电、防止电气火灾。地线和漏电保护装置应符合国家的要求，避免电力布线暴露电路的焊接、布线合理规范。生物安全柜、送风机和排风机、照明、自控系统、监视和报警系统应配备不间断备用电源，电力供应至少应维持在 30min 以上，此外还要充分考虑到大型仪器设备对动力的特殊要求。

二、实验室污染的环境保护

实验室应当依照国家环境保护规定和实验室污染控制标准、环境管理技术规范的要求，建立和健全实验室废水、废气和危险废物污染防治管理的规章制度，并设置专（兼）职人员，实施监察、督促和落实实验室废水、废气及危险废物的处置和排放是否符合国家法律、行政法规或相关管理办法的规定。

（一）水污染的防治

科研实验室和相应的生物实验室都可能产生实验室污水。一般情况下，不同实验室污水均有其各自实验室的污水特点和排放性质，如不同实验室污水产生的污水量不同、污水形成的成分各异、危险性大小不同等复杂多变的特点。

化学实验室废水中所含污染物性质主要可以分为有机废水和无机废水两大类。无机废水主要含有重金属、重金属络合物、酸碱、氰化物、硫化物、卤素离子以及其他无机离子等。有机废水含有常用的有机溶剂、有机酸、醚类、多氯联苯、有机磷化合物、酚类、石油类、油脂类物质。相比而言，有机废水比无机废水污染的范围更广，带来的危害更严重。不同废水的污染物组成不同，因此处理方法和程度也不相同。

生物安全实验室产生的废水如：淋浴间废水、实验室内水池排水、清洗间洗物池排水、高压灭菌器产生的冷凝水、紧急事故处理后的废水（如洗眼器、紧急喷淋废水）等均可能有大量细菌、病毒等病原微生物和其他未知危害的生物因子，以及化学实验药剂等有毒有害产物，如果将这些污水直接排入公共管道，会严重危害公共卫生和自然水体，将可能引起传染病暴发流行和一些不可预知的后果。

放射性废水主要来源于研究或应用同位素的实验室，应用放射性物质的医疗或其他应用放射性同位素（如 ^3H、^{131}I、^{32}P 等）作为标记和示踪的实验室，以及接触放射性材料的工作人员所用的防护服的洗涤等。放射性危害有较强的隐蔽性，不易被察觉。当放射性废水进入环境后会造成水和土壤污染，之后放射性核素可通过多种途径进入人体，给环境和人类健康造成威胁，同时会给社会群众精神和心理上带来不安和恐慌，不利于社会的稳定。

实验室污水处理应本着分类收集，就地、及时地原位处理，简易操作，以废治废和降低成本的原则。实验室有机废水处理方法可以借鉴其他有机废水的处理。

实验室产生的废水，必须按照国家有关规定进行无害化处理；符合国家有关排放标准后，方可排放。生物实验室废水排放标准要严格按照中华人民共和国国家标准《病原微生物实验室生物安全管理条例》（2018 修订版）中病原微生物实验室污染物排放标准执行。

一般来讲，有机废水处理技术主要包括生物法和物化法。对有机物浓度高、毒性强、水质水量不稳定的实验室废水，生物法处理效果不佳，而物化法对此类废水的处理表现出明显的优势。实验药品回收、对实验室废物进行分类处理及回收循环再利用，不仅能减小对环境的污染，而且能减少化学药品的浪费。对高浓度实验室有机废水，将其中的有机溶剂如醇类、酯类、有机酸、酮及醚类等回收循环使用后，再用化学方法处理；对浓度高、毒性大且无法回收的有机废水，需要进行集中焚烧处理。

生物实验室污水处理设备的处理方法常见的有五种。①水解法：对有机酸或无机酸的酯类的处理，可以利用加入氢氧化钠，在室温或加热下进行水解。水解后，如果废液无毒害，把它中和、稀释之后，就可以排放了。如果含有有害物质时，用吸附等方法加以处理；②氧化分解法：在含水的低浓度有机类废液中，对其易氧化分解的废液，用过氧化氢将其氧化分解，再利用水解法彻底解决；③吸附法：用活性炭、硅藻土等具有良好吸附效果的物质使其充分吸附后和吸附剂一起焚烧；④溶剂萃取法：对含水的低浓度废液，用与水不相混合的正己烷之类挥发性溶剂进行萃取，分离出溶剂层后，把它进行焚烧。再加入空气，将水层中的溶剂吹出；⑤焚烧法：将可燃性物质的废液，置于燃烧炉中燃烧，必须监视至烧完为止；对难燃烧的物质，可把它与可燃性物质混合燃烧；对含水的高浓度有机类废液，也能进行焚烧处理；对燃烧会产生有害气体的废液，必须用配备有洗涤器的焚烧炉燃烧，必须用碱液洗涤燃烧废气，除去其中的有害气体。

针对水污染防治，通常提倡的是：循环利用、一水多用、净化处理、达标排放。水污染的净化有物理法（沉淀、过滤、离心、浮选、蒸发、结晶、汽提、萃取、吹脱及反渗透等）、化学法（混凝、中和、氧化还原、电解、吸附等）、生物法（活性污泥法、生物膜法、生物氧化、污水灌溉等），在实际污水处理中，往往要通过几种方法组合的处理系统才能奏效。

（二）烟尘和废气污染的防护

烟尘是由气体和固体物质组成的，其中有害气体，如 CO、SO_2 等。固体物质主要是被气体带出的灰尘颗粒及部分未燃尽的碳粒，通常将直径在 $10\sim100\mu m$ 的尘粒称为落尘，小于 $10\mu m$ 的称为飘尘。针对烟尘的治理如改造锅炉、改进燃烧方式和安装消烟除尘设施等，都是防治烟尘污染的重要措施。消烟除尘装置有麻石水膜除尘器、冲击水浴除尘器与静电除尘器等。除尘装置的选用，要综合分析多种因素，然后作出最终选型。

为避免废气污染实验室环境，通常应在废气排放口采取相应的净化措施。废气净化方法有很多种，如冷凝法（主要利用冷介质对高温有机废气蒸汽进行处理，可有效回收溶剂。处理效果的好坏与冷媒的温度有关，处理效率较其他方法相对较低，适用高浓度废气的处理）、燃烧法（须用电加热将废气加热到起燃温度，考虑到高温燃烧法回收的热量超过生产所需的热能，故并不合适）、吸收法（即采用适当的吸收剂，如柴油、煤油、水等介质，在吸收塔内进行吸收，吸收到一定浓度后进行溶剂与吸收液的分离，溶剂回收，吸收废液重新利用或另行处理，采用这种方法的关键是吸收剂的选择。由于溶剂与吸收剂的分离较为困难，因此其应用受到了一定的限制）及吸附法（采用多孔活性炭或活性炭纤维吸附有机废气，饱和后用低压蒸汽再生，再生时排出溶剂废气经冷凝、水分离后回收溶剂，适用于不连续的处理过程，特别对低浓度有机废气中的溶剂回收有很好的效果）等，实际应用中要根据废气的性质选择适当的净化方法。冷凝法是将在常温下为液体状态的有害蒸气通过冷凝分离出来；燃烧法是将有害气体和蒸汽通过燃烧氧化使其变成无害物质；吸收法是用适当的液体吸收剂处理有害气体或蒸气的混合物，使其中的有害气体或蒸气溶解于液体中；吸附法是使有害气体吸附在固体表面，以达净化目的。

（三）噪声污染的防治

我国制定的《中华人民共和国环境噪声污染防治法》中把超过国家规定的环境噪声排放标准并干扰他人正常生活、工作和学习的现象称为环境噪声污染。

实验室噪声很容易使人疲劳，噪声过大则会使人多消耗40%左右的精力，甚至造成职业损伤，所以应防止实验室工作区噪声水平过高。实验室噪声污染可以引起工作人员耳部的不适，如耳鸣、耳痛、听力损伤，损害心血管；可以引起如神经系统功能紊乱、精神障碍、内分泌紊乱甚至事故率升高；可使人出现头晕、头痛、失眠、多梦、全身乏力、记忆力减退以及恐惧、易怒、自卑甚至精神错乱；女性受噪声的威胁，还可以有月经不调、流产及早产等，如导致女性性功能紊乱，月经失调，流产率增加等。所以必须充分重视声音环境，尤其是噪声污染。实验室噪声主要来源于实验仪器在运行过程中产生的机械噪声和实验室人员在特殊的实验操作过程中产生的噪声。

噪声标准（理想值～极限值）（平均声级分贝A）：

睡眠：35~50；

交谈思考：40~60；

听力保护：75~90。

噪声的预防和控制一方面依靠行政管理和合理规划；另一方面要采取控制技术（控制声源、中断传播途径及个人保护），如声音传播途径的控制（减少反射、隔声、消声、阻尼与隔振及隔声障板）及个人防护（防护用品有耳塞、耳罩及护耳棉等）。

在选择和安置设备时应考虑其本身的噪声水平和其对工作区总噪声的贡献。应采取措施将噪声降至最低或减少噪声的产生。实验室隔声装置，国内实验室噪声级一般应以 40~45dB 为宜，国际标准允许噪声级为 38~42dB；实验室防震主要是增加阻尼，减少震动，沥青是较廉价的阻尼材料；精密仪器可用橡胶、塑料等防震材料。

（四）电磁污染防护

电磁污染是指天然和人为的各种电磁波的干扰及有害的电磁辐射，实验室电磁污染主要来自于所操作的仪器设备。实验室的仪器设备所产生的电场和磁场的交互变化产生电磁波，电磁波向空中发射或产生汇汛现象，叫电磁辐射。过量的电磁辐射就造成了电磁污染。电磁污染是指电磁辐射对环境造成的各种电磁干扰和对人体有害的现象。

人为的电磁污染包括有：①脉冲放电，如切断大电流电路时产生的火花放电，其瞬变电流很大，会产生很强的电磁。它在本质上与雷电相同，只是影响区域较小。②工频交变电磁场，如在大功率电机、变压器以及输电线等附近的电磁场，它并不以电磁波的形式向外辐射，但在近场区会产生严重电磁干扰。③射频电磁辐射，如无线电广播、电视、微波通信等各种射频设备的辐射，频率

范围宽，影响区域也较大，能危害近场区的工作人员。

在射频电磁场下，生物机体会因吸收辐射能量，而产生热效应、非热效应以及累积效应，当射频电磁场的辐射强度被控制在一定范围时，可对人体产生良好的作用，如用理疗仪治病。但当它超过一定范围时，电磁辐射对人的视觉系统、机体免疫功能、心血管系统、内分泌系统、生殖系统和遗传、中枢神经系统等都产生不同程度的影响，如能激活原癌基因，诱发癌症等。多种频率电磁波特别是高频波和较强的电磁场作用于人体的直接后果是在不知不觉中导致人的精力和体力减退，使人的生物钟发生紊乱，记忆、思考和判断能力下降，容易产生白内障、脑肿瘤、心血管疾病以及妇女流产和不孕等，甚至引起癌症等病变。

屏蔽与接地防护是限制电磁场的漏泄、降低或消除电子设备的电磁辐射的一项根本性的有效措施。屏蔽又分为单元屏蔽与整体屏蔽。单元屏蔽有：振荡回路、高频输出变压器、输出馈线、工作电路、磁控管等的屏蔽。整体屏蔽可以是设备整体屏蔽或屏蔽操作室。后者缺点是不能避免对外环境的污染。屏蔽体与场源间距要大一些，设备屏蔽体形状应为圆柱，形成圆滑过渡。屏蔽体应尽量减少不必要的孔洞，各部件连接要好，所有屏蔽部件都必须妥善进行射频接地。此外，还应做好吸收防护（吸波材料可用于微波源的周围，如塑料、橡胶、胶木。陶瓷等基材中加入铁粉、石墨、木材等）、隔离与微波泄漏防护（可采用线路微波泄漏和线路隔离等措施来消除干扰与辐射）、距离防护（自动化操作或远距离屏蔽控制）、匹配输出（负载匹配程度愈高，电磁泄漏愈小。所以应合理设计、合理使用，并采用双层屏蔽，最大限度地减小电磁泄漏）、个体防护及全面规划，合理设计建筑结构及植树绿化。

第二节 实验室生物安全
管理和相关制度

实验室安全是实验室管理过程中的重要工作，也是一切实验室工作正常进行的基本保证。实验室安全包括三方面内容：实验室的人员安全、

实验设备和设施的安全以及对周围环境的安全。为保障实验室安全，除对进出实验室的相关人员进行行为规范和安全性教育之外，还应针对实验室安全的特点设立专门的制度，以保证实验室工作顺利进行。

一、生物实验室日常管理制度

为保证实验室的正常有效运转和实验室安全，根据具体实验室的管理标准，可以制定适用于特定实验室的操作守则，以达到对进入实验室内部的人员进行行为规范。

实验室日常规章制度通常参照如下管理内容：

1. 凡在实验室工作、学习人员，均要牢固树立"以人为本"的观念，牢固树立安全意识，坚持"安全第一，预防为主"原则，克服麻痹大意思想，保障人身安全。

2. 非本实验室有关人员未经允许不得进入本实验室，如外来人员参观或进入实验室，提前预约并报经有关负责人批准同意，方可进入实验室。

3. 实验室内应保持安静、整洁，不得大声喧闹，保持实验室物品摆放整齐，不得在实验室堆放杂物，仪器设备布局合理。要爱护实验室的相关基础设施。

4. 严禁在实验区域吸烟和吃零食，不得在实验室内休息过夜和开展娱乐活动等。严禁在实验室内用煤气、电炉烹调食物及取暖等。除工作需要并采取必要的安全保护措施外，空调、电热器、计算机、饮水机等不得在无人情况下开机过夜。

5. 实验室贵重物品如手提电脑、照相机和录像机等须由专人保管，使用完毕必须放入橱柜并上锁，办公桌内请勿大量存放现金及有价证券等。

6. 实验室钥匙的配发、管理由实验室主任负责。不得将钥匙随意转借他人，不准私配实验室钥匙，若有遗失必须及时汇报。人员调动或离校等情况应及时采取措施，办理报失或移交手续。

7. 工作中使用明火时必须有人看守，以免引起火灾。水槽内禁止堆放容易漂浮的物品或倒入容易堵塞的垃圾，确保下水管道的畅通。节假日加班和夜间工作尤其要特别注意水、电、煤气安全，及时消除隐患。实验室如有盗窃等意外事故发生，应及时处置，保护好现场，报告保卫处及实验室处。事故发生所在单位应配合调查和处理，并写出事故报告。

8. 严禁将易燃、易爆物品和杂物等堆放在烘箱、箱式电阻炉、冰箱（冰柜）等附近，保持实验室通风。使用和储存易燃、易爆物品的实验室应根据实际情况安装通风装置，严禁吸烟和使用明火，大楼和实验室应有"严禁烟火"的警示牌，配置必要的消防、冲淋、洗眼、报警和逃生设施，并有明显标识。

9. 使用电气设备应配备足够的用电功率和电线，不得超负荷用电；空气开关应配备必要的漏电保护器；电气设备和大型仪器须接地良好，对电线老化等隐患要定期检查并及时排除。实验室内不得乱拉电线，所有仪器设备的电线、插头及插座和接线板必须符合用电要求，若有损坏，应及时与相关部门联系并及时修好，且各仪器的故障、维修及解决过程均须记录备案。

10. 管理剧毒化学品、易制毒物品、民用爆炸物品时，应严格遵守双人保管、双人收发、双人使用、双人运输、双人双锁的"五双"制度，精确计量和记录上述物品的使用情况，防止被盗、丢失、误领、误用。如发现问题应立即报告保卫处、实验室负责人和当地公安部门，具体规定可以另行制定。

11. 化学药品存放室要安装防盗门窗，并保持通风。不同类别试剂应分类存放，实验室不得存放大量危险化学品，走廊等不准存放危险化学品。重视危险性气体的使用和存放场所的安全，高压钢瓶须有固定设施以防倾倒，易燃、易爆气体和助燃气体（氧气等）不得混放在一起，并应远离热源和火源，保持通风。不得使用过期、未经检验和不合格的气瓶，各种气瓶必须按期进行技术检验。

12. 不同微生物实验应在相应级别的实验室（BSL-1，BSL-2，BSL-3 和 BSL-4）中进行。

13. 化学实验废物必须分类存放，定期将化学废物由临时存放处转移，由相应的管理人员联系有化学废物处理资质的单位进行处置。保证危险品的使用与保管、化学与生物废物（气、液、固态物）的处置安全。产生有害废气的实验室必须按规定安装通风、排风设施，必要时须安装废气吸收系统，保持通风和空气新鲜。

14. 实验室如发现存在安全隐患，要及时向所在科室或实验室负责人、保卫处、实验中心报告,并采取措施进行整改。在安全隐患消除之前,不得开放、使用实验室。对安全隐患隐瞒不报或拖延上报的,主管部门将对相关责任人进行严肃处理。对于违反规定的事故责任者,应视其情节轻重,予以教育或相应的处理(包括赔偿损失)。

15. 使用有关仪器设备之前应仔细阅读使用说明书,严格按照各类实验的操作规程或实验指导书规定进行实验操作,不懂即问,不可盲目或野蛮操作。实验室各台仪器设备的说明书、有关资料均应有固定保存处,阅读完后请放回原处,勿带出实验室。

16. 仪器设备使用完毕后,实验人员应填写使用记录。若仪器设备发生故障,须及时通知有关负责人,操作人员不得自行处理。

17. 大型、贵重、稀缺的精密仪器应建立以技术岗位责任制为核心的管理制度,要由专人负责保管和安装调试,以免影响仪器精密度或造成损坏。进入精密无尘实验室时必须穿工作服,操作人员必须经培训上岗,并按照仪器操作规程使用大型仪器设备。使用大型仪器必须按规定和格式要求填写"仪器使用登记本",出现故障或仪器异常时应记录情况,以便检查和维修。不得使用连接有仪器设备的计算机做与仪器功能无关的工作。

18. 实验结束或离开实验室时,必须按规定采取结束或暂离实验的措施,并查看仪器设备、水、电、燃气和门窗关闭等情况,应先切断或关闭水、煤气及不使用的设备电源,并关好门窗。处理好实验材料,实验剩余物和废物,清除室内外的垃圾,生物和化学废物应用专用容器收集,进行高温高压灭菌后统一收集和处理。不得丢弃在自来水下水道或普通垃圾箱内。

二、实验室人员的生物安全培训制度

严格的实验室安全培训制度是工作人员人身安全的重要保障,特别是对于从事烈性传染病研究的人员必须要有更严格的培训管理制度。

生物安全教育内容一是要加强学习,二是要大力宣传。所有实验室人员(包括实验室辅助人员及新来的工作人员)要着重学习《中华人民共和国传染病防治法》《病原微生物实验室生物安全管理条例》《医疗废物管理条例》《医疗卫生机构医疗废物管理办法》《消毒管理办法》等法律法规和相关管理办法,提高生物安全意识。同时还应自觉遵守实验室的生物安全制度,将各项生物安全制度张贴在醒目位置,负责人要不断督促学习,提高全体工作人员的生物安全意识,要责任到人。实验室人员的生物安全培训要有特定的组织架构,具体的培训计划与措施。

(一)培训的组织构架

在相应的研究机构中,实验室负责人为实验室生物安全的第一责任人,实验室从事实验活动应当严格遵守有关国家标准和实验室技术规范、操作规程。实验室负责人应当指定专人监督检查实验室技术规范和操作规程的落实情况。

实验室或者实验室的设立单位应当每年定期对工作人员进行培训,保证其掌握实验室技术规范、操作规程、生物安全防护知识和实际操作技能,并进行考核。工作人员经考核合格的,方可上岗。

从事高致病性病原微生物相关实验活动的实验室,应当每半年将培训、考核其工作人员的情况和实验室运行情况向省(自治区、直辖市)人民政府卫生主管部门或者兽医主管部门报告。

(二)培训规划与措施

实验室管理部门在制订有效的安全计划时,应该保证将安全操作规程贯穿于实验人员的基本训练之中。培训对象是实验室所有相关人员,其中包括:管理人员、实验人员、运输工、清洁工、修理工等,这些人员均应接受生物安全方面的严格培训。培训工作不但要对新员工进行培训和指导,对老员工也要进行周期性的再培训工作。培训的主要目的在于使所有相关人员熟悉工作环境,了解和掌握所从事病原微生物的特征与危害、预防措施和所从事实验活动的操作程序,掌握所使用仪器设备的性能和操作程序,了解生物安全常识,掌握意外事故发生时的处理程序与方法等。实验技术人员的培训要从实际工作需要出发,坚持有计划、有目标、分期分批进行以及骨干人员重点培养的原则。

1. 培训目的

通过培训可以使实验技术人员在职业道德、实验技术、简单维修技能、管理水平、外语与计算机应用能力等方面都有所提高,从而更好地履行各项职责。具有高级职称的实验技术人员应当作为培训导师承担起本实验室技术人员培训的业务指导工作。

2. 实验室人员培训规划

培训内容应该涉及在实验室工作中,所有能够导致工作人员危害的所有过程和可能发生危险的因素,例如:①呼吸道吸入危险,如用接种环在培养皿上划线、接种,打开培养箱,将采集的全血进行离心等过程产生有害气溶胶;②消化道吸入危险,如处理标本、涂片和培养等;③皮下损伤的危险,使用注射器或针头所致;④有动物咬伤和抓伤的危险,如处理动物时可能导致的咬伤、抓伤;⑤处理血液和其他有潜在危险的致病性物质的危险;⑥对感染性物质的消毒和处理的危险;⑦生物安全突发事件的应急预案等。

3. 培训方式

应有严格的培训计划和培训内容,可以采取专题讲座、广播介绍、计算机辅助教学、交互式影像等方式进行。新员工上岗后还应由有经验的员工或技术负责以传、帮、带的方式让新员工充分熟悉和掌握工作程序,尽可能对新员工采用直观的亲身传授方式,并辅以文字材料学习,如有特别要求时也可及时提出。参加培训人员可通过各种短期培训班或系统学习本专业及相近专业的有关课程等方式完成培训计划。

培训内容是受培训者为了实现实验操作目标所必须掌握的知识和技术。通常由对工作和相关要求最为了解的人员确定生物安全培训的规划与内容,其他的内容可能集中在训练如何解决工作中发生的问题,以及学习如何纠正人们在使用某一技术过程中常犯的错误等方面。还不能确定某种教学方法是否会比另一种更好,教学方法的优劣很大程度上取决于特定的培训需要、培训对象的构成等。有效的培训一定要考虑培训对象的特点。接受实验室安全规程的培训、有关潜在危险知识的培训、消毒知识及相应专业技能培训,掌握预防暴露、识别危险因素以及暴露后安全处理程序,按照规范要求操作。工作人员必须考核合格后上岗,并每年度复测一次。教学内容(如培训课程、录像带和文字材料等)不应该同所教授的技术或主题相冲突、相抵制或没有关联。此外,提

供与实际工作条件相似的实践机会有助于将技能应用到实际工作中。

4. 培训效果评价

由于衡量结果的标准多样,因此对培训效果的评估很难表明培训计划是否合格。通常的结果为,培训对象与其他人相比,对课程内容会有更好的理解、掌握和应用。对培训最完整的评估应包括:①检查培训对象对所进行培训的反应;②考核培训对象对所培训的熟悉了解和操作执行情况;③评估培训对象在工作中的行为变化;④按培训机构的目标来考查是否已有明显的效果。培训所造成的知识或能力上的差异,可能提示需要更长的培训时间或采用其他的培训方法。

实验室负责人应负责建立培训档案,记录被培训者的培训经历。其中包括:培训对象、培训时间、培训教师、考核或评估结果等。

(三)生物实验室的准入要求

严密的防护措施可以克服人为错误和技术水平不足所带来的危险,从而有效保护实验室工作人员的身体健康和公共安全,使实验室人员意识到实验室危害及其控制方法是预防实验室感染和事故发生的关键。

执行生物实验室人员准入制度的目的,是明确进入实验室人员的资格要求,避免不符合要求的人员进出实验室或承担不必要的相关工作,从而避免造成与生物安全相关的责任事故。实验室准入要求的适用范围包括所有进出生物实验室的工作人员,准入要求的具体执行由实验室负责人或指定专人负责实验室人员的准入监督和实施。该准入制度必须落实到人,单位生物安全管理部门有权要求所有实验室工作人员必须接受相关生物安全知识、法规制度的培训及考核,从事实验室工作的人员必须进行岗前培训和必要的体检;从事实验技术的人员必须具备有相关专业教育经历,相应的专业技术知识和工作经验,熟练掌握自己范围内的技术标准、方法和设备的技术性能,熟练掌握与岗位工作相关的检验方法和标准操作规程,能够独立进行检验和结果的处理,分析和解决检验工作中的一般技术问题,有效保证所承担环节的工作质量;熟练掌握消毒原则和技术,掌握意外事故和生物安全事故的应急处置原则和上报程序;实验人员在下列情况下进入实验室特殊

工作区域需经过实验室负责人的同意：身体出现开放性损伤；患有发热性疾病；呼吸道感染或免疫力低下；正在使用免疫抑制剂或免疫耐受；妊娠。实验活动的辅助人员（废物管理人员和保洁人员）应掌握责任区内的生物安全基本情况，了解与所承担职责有关的生物安全知识和技术、个人防护方法等基本内容的训练，熟悉岗位所涉及消毒知识和技术，了解应急处置原则和上报程序。外来实验室参观学习的工作人员进入实验室控制区应有相关领导的批准，并遵守实验室的生物安全相关制度，进入实验室人员需要备案。

三、实验室人员的健康体检和免疫制度

1. 对新从事实验室技术人员必须进行上岗前体检，不符合岗位健康要求的人员不得从事相关工作。

2. 实验室人员要在身体状况良好的情况下从事相关实验工作，出现发热、呼吸道感染、开放性损伤和怀孕等情况时，不宜再从事致病性病原微生物的相关工作。

3. 实验室负责人在批准外来学习和进修人员进入实验室之前，应了解其健康状况，必要时安排其进行临时性体检。

4. 实验室人员应根据岗位需要进行免疫接种或服用预防性药物。

5. 实验室可根据工作开展情况对各类人员进行必要的临时性免疫接种和服用预防性药物。

6. 实验室工作人员出现与本实验室从事的高致病性病原微生物相关实验活动有关的感染临床症状或者体征时，实验室负责人应当向负责实验室感染控制工作的机构或者人员报告，同时派专人陪同及时就诊；实验室工作人员应当将近期所接触的病原微生物的种类和危险程度如实告知诊治医疗机构。接诊的医疗机构应当及时救治；不具备相应救治条件的，应当依照规定将感染的实验室工作人员转诊到具备相应传染病救治条件的医疗机构；具备相应传染病救治条件的医疗机构应当接诊治疗，不得拒绝救治。

四、实验室仪器设备安全管理

为加强仪器设备的使用管理，保障设备运行安全，提高设备的完好率和使用率，制定相应的管理制度十分必要。在仪器管理过程中，遵守操作规程、仪器校准，及时淘汰不合格的设备是质量管理的重要环节。使用经国家有关部门批准或注册的、有质量保证的仪器及试剂；制定规范的标准操作规程（仪器操作 SOP 文件），并予以遵守；仪器使用、维修、校准有完整的程序及文字记录资料，以保证检测系统的完整性及有效性。检测仪器应有专人管理和保管、有操作记录，有效期管理符合要求，及时淘汰经检定不合格的设备与试剂（含校准品和质量控制样品），并有文字记录资料。

（一）实验设备管理

要保证仪器经常处于完好可用状态。仪器设备的使用，必须实行岗位责任制，制定操作规程、使用和维修保养制度，专人负责技术安全工作，做到坚持制度，责任到人。仪器设备要建立严格的实物验收和技术验收制度，到货后要经技术小组及时开箱清点检验和安装调试，确认各项技术指标均符合要求后，填写验收合格登记卡，方可报销入库，否则应及时退货。进口仪器设备，要在索赔期内完成验收工作的各项事宜，对质量不合格的仪器设备，要及时提出索赔报告，完成索赔工作，以免受到不应有的损失。仪器设备必须按精密程度分级使用，并应对性能和指标进行定期检验、计量和标定，以确保仪器的精度和性能。

加强仪器设备的维修和保养工作，一般仪器设备应做到随时保养和维修；精密贵重仪器应做到精心维护，定期检修和检测，防止障碍性事故的发生。仪器设备一般不得拆改，如确需拆改时，须按管理权限履行审批手续。

精密贵重仪器和大型设备，必须选派业务能力较强的管理人员或实验技术人员负责管理和指导使用，对上机操作人员必须进行技术培训，考核合格后方可使用仪器。

精密贵重仪器和大型设备要建立技术档案，档案内容应包括仪器设备出厂的资料，从购置报告到报废整个过程的管理使用、维护、检修及校验等记录和文书资料，使之成为仪器设备管理使用的技术依据。重视对陈旧的仪器设备（尤其是精密贵重仪器和大型设备）的技术改造工作，使之重新发挥作用，对拟改造的仪器设备，必须提出技术、效益和经济的合理性论证报告，经批准后

实施。

（二）大型仪器设备使用

大型精密贵重设备的使用单位要制定严格的操作规程及维护保养等管理制度，并认真执行，应设专人管理和专职人员操作。管理使用人员使用仪器设备时，要认真阅读技术说明书，熟悉技术指标、工作性能、使用方法、注意事项，严格遵照仪器设备使用说明书的规定步骤进行操作。对于大型精密贵重仪器设备，要严格执行持证上岗的制度，无证人员不得操作大型精密仪器设备。初次使用仪器设备人员，必须在熟练人员指导下进行操作，熟练掌握后方可进行独立操作。

实验时使用的仪器设备及器材，要布局合理，摆放合理，便于操作、观察及记录等。电子仪器设备通电前，确保供电电压符合仪器设备规定输入电压值，配有三线电源插头的仪器设备，必须插入带有保护接地插座中，保证安全。使用仪器设备时，其输入信号或外接负载应限制在规定范围之内，禁止超载运行。光学化学仪器及其配件，使用时要轻拿轻放，防止震动，切勿用手触摸光学玻璃表面。发现灰尘及污染物时，不可以用手或抹布擦拭，必须使用专用品或专用工具清除。有些仪器设备不宜在磁场或电场中操作使用，必须采取屏蔽措施，防止仪器设备损坏或降低测量精度。机械类仪器设备，使用前必须进行空载运转确保无故障后方可加载使用。用前润滑，用后擦拭干净，注意日常维护、保养。仪器设备不准随意拆改或解体使用，确因需要开发新功能或改造更新等，需按分级管理权限，履行审批手续后再实施。经常进行仪器设备的保养与维护，并存放在干燥通风之处，待用时间过长的仪器设备，应定期通电开机，防止潮湿和发霉损坏仪器设备及其零部件。

建立大型精密贵重仪器设备技术指标定期校验和标定制度，保持应有的技术指标。做好使用原始记录。大型精密贵重仪器设备和一些有特殊要求的仪器设备应根据仪器设备的特点，制定具体的仪器设备操作规程。

仪器设备的使用和管理要实行考核制度，以促使专职使用和管理人员努力完成岗位职责，不断提高业务水平。考核的具体内容应该包括：①培养不同层次人才的数量和经济、社会效益；②设备利用率；③设备功能的发挥程度和技术开发的项目数；④设备维护的完好率和运行环境完善程度；⑤技术档案、使用管理制度的健全和执行情况。

五、实验室钥匙管理制度

门与锁是预防盗窃的一道屏障，管理好钥匙，防止钥匙丢失，对保护公共财物的安全是十分重要的。为加强实验室钥匙管理，积极预防盗窃，因此应该适当做出相应规定：①实验部门负责人要加强对下属人员钥匙管理工作的教育，使全体人员认识到管理好钥匙，防止钥匙丢失是预防盗窃案件发生以及避免安全问题发生的重要环节。②钥匙的发放范围应仅限于在本实验室长期工作的人员。同时各实验室负责人对门锁钥匙持有者要进行登记。③持有各实验室和办公室门锁钥匙的人员，要加强对钥匙的保管，平时门锁钥匙不得随意放置，不得将门锁钥匙随意转借他人。未经实验部门负责人同意，门锁钥匙不得自行配制。④实验室与办公室的门锁钥匙如有丢失，应及时报告有关管理人员，同时应采取措施，立即更换门锁。

贵重物品柜、毒品柜的钥匙必须严格妥善保管。储存毒麻药品的专用柜钥匙，要实行双人双锁管理，即钥匙要由负责毒麻药品的专门人员和管理员保管，到货验收和领取时至少由双人开箱验收和签字。

各实验室负责人要妥善管理各实验柜、实验台钥匙，要有钥匙清单，办理好实验台钥匙的借还登记。工作人员调离实验室时，要及时向交接人员交清所有钥匙。凡因钥匙丢失或保管不当，造成公共财物被盗事件的，将追究其相应的责任，并根据事件情节轻重，责令其赔偿部分或全部损失。

六、实验室安全用电管理制度

实验室是用电比较集中的地方，特点是人员多，设备多，线路多。为保证实验室工作人员和国家财产的安全，保证实验室各项工作的正常开展，本着做好安全工作必须遵循的"安全第一，预防为主"的原则，对实验室的安全用电问题要做好如下工作：

1. 确保仪器设备用电安全以及良好的接地保护，队接地保护情况、电缆的完整性进行一次检查,并将结果记录后归档。为保证高压设备(如高压电泳仪等)的安全,电器设备必须接地或用双层绝缘,在潮湿环境中的电器设备要安装接地故障断流器。

2. 实验室所在的建筑应根据建筑的高度及其周边环境情况,应当安装避雷装置的必须安装符合要求的避雷装置,实验室所在的建筑(或实验室内部)必须安装符合使用要求的地线,避雷装置和地线不能混同使用。

3. 实验室应装有分布合理的足够的插座,以减少在插座上接上其他多用插座并避免拖拉过多的电线。作为仪器维护措施的一部分,每年至少应对所有用电插座的完好状态进行检查,以及在存在易燃气体或蒸汽有可能导致爆炸的危险环境中,应使用专门为此设计的防爆电器设备。

4. 电器设备的维修与维护只能由具有正式资格的维修人员进行。实验室技术人员不得私自维修建筑物的电力设施,任何涉及开关、插座、配电箱、保险器、断路器等的维修工作应由该建筑物的维修人员或其他有资格的人员进行。

5. 实验室所用的室内、外线路和装置,均应由相关的有资格的人员安排架设、安装和施工。所用管线、装置和各种元器件均应通过正当渠道从国家认定具有生产和制造资质的厂家或销售单位采购。实验室根据工作需要进行改、扩建时,新的用电系统建成后,废弃不用的旧线路旧装置均要立即拆除。室内需搭建各种临时用电线路时,应经相关的电管部门同意并由专门施工队伍搭建。

6. 实验室内的用电线路和配电盘、板、箱、柜等装置,及线路系统中的各种开关、插座、插头等均应经常保持完好可用状态,熔断装置所用的熔丝必须与线路允许的容量相匹配,严禁用其他导线替代。室内照明器具都要经常保持稳固可用状态。对少数不能中断运行的仪器应设有不间断补充电源。可移动的设备应接地或采用更先进的方法防止发生触电事件,但全部塑封无法接地的仪器例外。

7. 对实验室内可能产生静电的部位及装置要心中有数,要有明确标记和警示,对其可能造成的危害要有妥善的防护措施。对于可能散布易燃易爆气体或粉体的建筑内,所用电器线路和用电装置均应按相关规定使用防爆电气线路和装置。

8. 实验室内所用的高压、高频设备要定期检修,要有可靠的防护措施。实验室用电容量的确定要兼顾事业发展的需要,增容要留有一定余量,实验室用电量应严禁超负荷运行。

9. 实验室应有严格的用电管理制度并认真落实,对进入实验室的工作人员和其他人员,应经常进行安全用电教育,把安全用电制度落到实处。

七、实验室安全用火管理制度

在进入实验工作之前就应对火灾的隐患进行调查研究,在实验工作过程中,要经常对火险的隐患做出相应的评估,如使用化学物品的数量和性质,可能发生的化学反应以及电器设备的隐患,哪些操作方法已经改变了,新增了哪些化学物品,在上届消防培训之后增加了哪些新的工作人员,工作之余是否有无人看守的自动化实验仪器在运转等。

常见的火源隐患包括明火、加热器件和电火花(电灯开关、电动机、摩擦和静电),故存放易燃气体的场所,应安装防爆灯具和开关,使用专门防爆设计的电器设备。

对于易燃性液体的供给量应控制在有效并安全进行实验的最小量,待处理的用过的可燃性液体也应计算在内。瓶装氧气和相应可燃气的供应应该被控制在最小需求量。要妥善安排安全柜内的易燃液体的容器,管道的材料应与安全柜的柜体有相同的绝热性能。

安全柜不能与室内的空气相通。安全柜的容积不应超过19L,装有一个弹性闭合盖、喷口罩以及一个减压阀。在喷口处应安装一个火焰消除器。禁止用冰箱储存易燃液体。如果确实需要,应存放在专门的防爆冰箱内。冰箱应远离火源。

从储藏罐里倒出易燃液体,应在专门的储藏室或通风橱内进行。运送易燃液体时,其金属容器应有接地装置。加热易燃易爆液体(燃点低于94℃)必须在通风橱进行,不能用明火加热。

安装易燃易爆物的容器应经当地有关消防部门审核批准。此外应对电气设备的接地、漏电保护和墙上插座的接地、极性进行年度检查,杜绝各种火源隐患。

实验室常规火焰加热灭菌装置的安全使用：实验室中常用到的火焰加热或灼烧灭菌装置有酒精灯、本生灯和电子式火焰灭菌器。

酒精灯是目前实验室常用的低中温加热及灼烧灭菌工具。因此掌握酒精灯的燃烧特点是十分必要的。如何使用酒精灯呢？酒精灯灯芯通常是用棉绳做成的，新换的灯芯要在酒精内充分浸润，点燃酒精灯时最好要用火柴引燃，不适合使用打火机或者已燃的酒精灯点燃其他的酒精灯。正确的做法是使用点燃的火柴棒从酒精灯侧旁靠近灯芯点燃酒精灯。熄灭灯焰时，要将盖子由火焰的侧面盖上，以免由上方盖上时被灼伤，同时也可避免在盖内累积太多的热量。盖子盖上后要尽量密合，以防止灯内的酒精在灯头处尚有余温的情形下挥发太快。

酒精灯在长时间不用时应将灯内的酒精倒出，储存在密闭的玻璃容器中。酒精灯不用时切记盖子一定要盖上，只有在欲点火时盖子才应打开。因为任何时候移去盖子酒精就持续挥发，若是酒精灯周围通风不良，挥发的气体会累积在酒精灯的周围，点火时很容易产生气爆现象而遭遇火焰灼伤。酒精灯的玻璃部分有任何的裂痕时都不可继续使用，应立即更换。

酒精灯不小心打翻时，只需以湿抹布由火的侧方滑上掩盖住泼洒的范围即可灭火，或是以自身为准，由内往外从火的侧方盖下，切莫由正上方往下盖，以免灼伤自己，火焰扑灭后，应立即将门窗打开，尽快使空气中的酒精蒸汽尽快散尽，此时勿在其周围点火。

本生灯是实验室中高温加热与灼烧灭菌工具。因其火焰温度较高，故灯具的材质必须使用耐热金属，其使用可燃气混合空气进行燃烧。本生灯使用的燃料在室温时是气态，应特别注意管线的安全。使用前必须检查所有开关是否在关闭的状态，确定所有的开关都在关闭的状态时，应于无漏气情况下，才能打开燃气的总开关。点火后逐渐开气，遇燃气漏气时，须及时检修。使用时，先以火柴或点火枪等点火工具放在本生灯的顶端燃烧口处点火，接着打开本生灯的燃气开关至适当大小送出燃气，此时燃气即被点燃，若在3~5s内未见燃气被点燃应立即关闭燃气开关，待

十秒后再重复前述点火的动作，若仍未能点燃，可再重复点火程序。通常燃气输送的管线过长时，初次点火较不易被点燃，因为此时燃气可能尚未送达本生灯处。点燃燃气时火焰色泽应为黄红色，此时若火焰过大或过小都应立即调至适宜的程度。若在多次重复点火的动作后仍未能点燃，此时应仔细观察，若未闻到燃气味，代表燃气的供应有问题，应检查燃气开关是否正常或燃气是否用完。若闻到燃气味，则应检查是否空气开关未关闭、点火枪不正常或本生灯的出气口有堵塞的情形。待情况排除并且燃气味消除后才可再次点火。燃气点燃后紧接着应打开空气开关，空气的送入可使燃烧变得较完全，此时火焰会渐呈蓝色。

本生灯在使用时要注意火焰的调整，当空气量不够时，火焰会呈黄色，有时甚至会产生黑烟，此种黄色火焰不仅温度较低，而且因燃烧不完全，黄色火焰区内的细小碳粒子将会附着在被加热物外壁上，此时可以通过增加空气进入量改善，再将火焰调到完全燃烧的淡蓝色状态，当空气的输入量适宜时，火焰的颜色会呈现完全的蓝色，而且燃烧的温度也会增高。燃气不用时应立即关火。关闭燃气时宜先关闭空气开关再将燃气关上。

实验结束时应先将总开关关上，再将管线内的燃气由本生灯烧光，以保证安全。

使用本生灯时若不小心失火，应立即关闭燃气开关，再做其他抢救措施。在使用本生灯时，遇风大或天冷时，不可将门窗紧闭，以免空气不足产生一氧化碳中毒。在生物安全柜内进行操作应禁忌长时间使用酒精灯和火焰式的本生灯，因为持续燃烧所产生的热效应会干扰生物安全操作柜内的气体层流，且火焰热气会大大缩短HEPA高效滤层的寿命。

实验室失火时千万不要惊慌，应根据情况进行灭火，常用的灭火剂有：水、沙、二氧化碳灭火器、四氯化碳灭火器、泡沫灭火器和干粉灭火器等。特别强调的是：要根据起火的情况选择使用不同灭火剂进行灭火！如金属钠、钾、镁、铝粉、电石、过氧化钠着火，应用干沙灭火；比水轻的易燃液体，如汽油、笨、丙酮等着火，可用泡沫灭火器；有灼烧的金属或熔融物的地方着火时，应用干沙

或干粉灭火器。电器设备或带电系统着火,可用二氧化碳灭火器或四氯化碳灭火器。

八、实验室防爆安全管理

对于应用和储存易燃易爆物质的实验室,必须为一到二级耐火建筑,要求通风良好,能防止日晒,并远离热源。贮有易燃易爆物质的库房还应与其他建筑物有足够的安全距离,室内严禁烟火,并按有关规定选用防爆设施。易燃易爆物质要分类贮存,搬运时,应轻拿轻放。对其进行各种作业时,禁止使用能打击产生火花的铁质工具,贮存可燃、助燃性气体的库房和使用气瓶时,应远离明火,其距离应在 10m 以上。严防易燃气体和助燃气体混合在一个气瓶内,或这两种气瓶混放在一个库房内,如氯与氨、氯与乙炔、氢与氧、乙炔与氧等。气瓶内气体不能用尽,必须留有剩余压力。

对于遇水易燃烧物质的储存,必须注意相应物质的防潮和防水。化学氧化剂的储存和运输应注意与有机易燃物质相隔离。易燃的固体物质应以金属容器包装为好,少量该物质储存可装入玻璃瓶内。使用氢气等易燃气体的实验室,设计时必须符合防爆要求,尤其通风效果要良好。对于上述物质可能引起的火灾,了解各自的扑救办法是十分必要的。基本火灾扑救办法有:①冷却法(将水浇到燃烧的物质上,使其温度低于着火点可灭火);②窒息法(用 CO_2、氮气、泡沫或石棉、浸水的被子、麻袋及沙子等不燃烧或难燃烧的东西覆盖在燃烧物上,使之不能与空气或其他氧化剂充分接触可灭火);③隔离法(将着火点附近的可燃物搬到远离火源的地方,把火灾限制在最小范围)。

常用的灭火机有泡沫灭火机,内装碳酸氢钠、发沫剂和硫酸铝溶液适合扑救油类火灾,但不能扑救电器油类火灾。其效能 20L 的灭火机射程 8m,喷射时间 60s,使用时倒过来稍加摇动或打开开关即可。

酸碱灭火机内装碳酸氢钠水溶液和一瓶硫酸,用于扑救木材、棉花、纸张等火灾,不能扑救电器油类火灾。其效能 20L 灭火机射程 10m,喷射时间 50s,使用时倒过来溶液即可喷出。

二氧化碳灭火机,内装压缩成液体的二氧化碳,适于扑救贵重仪器和设备及电气火灾,不能扑救金属钠、钾、镁、铝等火灾。其效能要接近着火

地点保持 3m 远。使用时,拿好喇叭筒对准火源,打开开关液体部可喷出。

四氯化碳灭火机内装四氯化碳液体,用于扑救电气火灾,不能扑救金属钠、钾、镁、铝、乙炔、乙烯、二硫化碳等火灾。其效能 3kg 灭火机射程是 3m,喷射时间 30s,有毒。使用时打开开关,液体可喷出。

干粉灭火机,内装碳酸氢钠干粉和一个高压二氧化碳小钢瓶,适用于扑救石油、石油产品、油漆、有机溶剂和电设备等火灾,不能防止复燃。其效能 8kg 干粉喷射时间 14~16s,射程 45m,无毒。使用时提起圆环,干粉即可喷出。

灭火机保存于通风、干燥防日晒处,每年检查一次。其他灭火机,放在方便地方、防止喷嘴堵塞,注意使用期限,冬季防冻并按规定进行检查。

九、钢瓶压缩气体的使用管理

所有送来的各种压缩钢瓶应有按照国家标准的特殊染色和验收标志,同时还应标明气体的名称和合格证,不得使用过期或检验不合格的压缩钢瓶承装压缩气体。除在使用中的钢瓶外,一律戴上螺旋帽。所有钢瓶必须与其螺旋帽盖相匹配、底部无锈、贴有标签和压力测试日期;压缩钢瓶的储存应分别按气体介质不同分别放在单独的房间内,须存放在干燥、通风和防火的场所。任何压缩气体钢瓶的存放地点均不得靠近热源,可燃和助燃气体钢瓶使用时应与明火保持不小于 10m 的距离。搬动钢瓶时要轻拿轻放,绝不可以随意放倒滚动。压缩钢瓶内的气体不易用尽,必须要留有一定的压力和重量,钢瓶压力在不小于 1.0mPa 时就应及时更换气瓶。钢瓶要有固定的装置以防倾倒,更换钢瓶时要先关闭气瓶总阀门并减少压力,轻轻拧开而不得用力,以免管道内的剩余气体憋压而产生爆鸣现象。更换完气体钢瓶后再用力拧紧,慢慢打开总阀门,查看气体钢瓶压力表,在确认没有漏气的情况下,使钢瓶输出压力正常方可离开。制冷气体须按生产厂商规定的安全制度进行操作和使用。交接班前后要检查钢瓶的使用情况,认真做好压缩钢瓶的检查记录。

十、实验室档案管理制度

档案材料是指实验室建设、管理、教学和科研

等活动中形成的具有保存价值的管理性文件、工作过程性文件、技术性文件。建档材料要保证完整、准确、系统，并进行科学的分类归档，建立完备的实验室档案是实验室科学管理的重要环节，是实验室管理走向正规化、制度化和科学化的重要保证。

（一）实验室工作基本信息

实验室工作基本信息收集整理工作是实验室日常工作的一项重要内容。在实验室工作人员都有义务、有责任向信息管理人员提供有关信息资料，并做到经常化、制度化。实验室要设立专门的信息管理人员，负责收集整理其他工作人员提供的基本信息。对实验室的各类记录、表格、账卡及科研活动交流材料等，做好实验室专职人员工作日志记录和实验室研究活动记录，为基本信息的收集提供更为全面的原始依据。

1. **实验室基本信息**　实验室工作基本信息主要是指实验室建立以来在人才培养、教学、科研中取得的重要成果，目前具有的水平，在实验室建设与管理方面独到的经验等。其中包括：实验室基本情况，如实验室名称、批准建制文件（含实验室建立、撤销、合并、调整等）、面积、检查评比和评估情况等；同时也要包括实验室及设备管理工作的法规、制度、文件等（如国家及各部委、省科技厅及相关部门和省市有关实验室工作的法规文件；实验室建制审批文件；实验室管理规章制度）；实验室年度工作总结及实验室人员考核表等，以及有关实验室工作的各种报告、报表或数据等。

2. **实验室人员信息**　实验室人员信息，包括实验室专职人员姓名、出生年月、籍贯、文化程度、毕业学校、专业、职称、职称授予时间、业务专长、论文数量、级别、实验室人员分工、考核情况、人数统计、组成、结构及变动情况等。

3. **实验室仪器设备信息**　仪器设备的相关信息记录中，应该包括仪器设备和低值耐用品的账、卡、物等文字资料和技术资料、设备配置清单、更新情况、利用率、完好率、仪器使用、维修记录、设备领用和材料消耗记录、大型设备的操作规程、使用情况记录、功能开发及效益评价。

4. **其他信息**　包括实验室管理的各类文件、制度、实验研究的有关论文、成果鉴定证书、实验室经费收支使用情况、机构布置的临时性任务完成情况和事故处理材料等。

（二）实验室原始记录

原始记录是科研人员进行科研活动的证据性文件，是建立实验室工作档案的第一手资料。为了保证科学实验的客观、准确、及时和完整地记录整个科研过程，完整地反映整个实验过程的清晰轨迹和研究过程和结果，做好实验室工作原始记录，建立第一手工作档案，是非常必要的。原始记录具有真实性、及时性、准确性和可靠性的特点。

原始记录主要包括项目名称、实验名称、实验目的、实验日期、实验环境、实验依据、实验材料和方法、实验过程和实验结果、实验人员和复核人员等。

通常对原始记录的要求通常有如下规定：①原则上必须记录在经过审批符合相关规定的记录表格中如实填写实验记录，不得临时用其他纸张替代，信息量要足够（包括环境特征和其他需要说明的问题），以排除不确定因素；②应用蓝色或黑色钢笔、签字笔等不能被涂改，并可长期保存字迹的应用笔填写，不能够用铅笔填写，记录纸张中不应留有空白，不做填写的栏目应做适当说明或用一根长横线划掉；③应在实验过程中及时详实记录，原则上不允许补记；④记录中所有文字、数字和签名均应字迹工整、记录准确和本底清晰（原则上不允许改动，若发现有不当并改动时，一定要由原始记录者本人更改和签字并注明签字日期。若原始记录的更改超过五分之一时，应重新整理记录，并将原记录附后）；⑤原则上每份记录必须有实验人员和质控人员的亲笔签名以作确认，并标明日期。

（三）仪器设备信息

仪器设备档案包括：①仪器设备履历表（包括仪器设备名称、型号或规格、制造商、出厂日期、仪器设备唯一识别号、购置日期、验收日期、启用日期、放置地点、用途和主要技术指标等）；②仪器购置申请、说明书原件、产品合格证和保修单；③验收记录；④检定证书和校验记录；⑤保养维修记录和使用记录；⑥损坏、故障、改装或修理的历史记录。贵重仪器购买论证报告、操作规程、维修测试情况记录等资料信息管理档案。

（四）图书资料信息

图书资料由实验室责成专人负责借阅与管

理。图书资料的订购由图书管理人员做出计划，交实验室领导审核批准后购买。购进图书、杂志及影像制品应及时分类、登录、建档管理。建立借用管理档案，图书、杂志及影像制品要保持完整，丢失或损坏者一律照价赔偿。借阅图书资料者可在图书资料管理员处办理有关借阅手续。凡借出图书，必要时图书管理员有权随时收回。年终及时整理图书，杂志按年份装订成册，登记建档保管。

除以上信息需要建档之外，还应对以下信息进行建档，并加强科学管理：①建立开放管理档案（开放管理档案包括实验室开放管理制度、实验室开放申请程序、实验室开放项目、实验室开放安全协议书、开放实验记录、实验室开放人员等）；②建立经费管理档案（经费管理档案包括各类经费立项申请报告、批准计划额度、经费使用报告、购置仪器清单、消耗材料清单。对实验使用的材料订购、领用、库存和各类经济合同及经费使用效益报告等均建立管理档案）；③建立实验室工作考核档案（对实验室工作人员的工作业绩、平时考核记录和年终考核结果，要建立考核管理档案，并同时建立计算机管理数据库）；④建立档案专人管理制度（档案管理实行主任负责制，对实验室管理档案工作要有专人负责，随时装盒和录入计算机管理数据库）。

第三节 实验室操作对象的安全管理

一、化学危险物品管理

由于有机化学实验室所用的药品多数是有毒、可燃、有腐蚀性或受到热源（如电火花）易诱发爆炸的（如叠氮铝、乙炔银、乙炔铜、高氯酸盐、过氧化物等受震和受热都易引起爆炸），在有机化学实验室中工作，若粗心大意，就容易发生事故。

（一）有毒有害化学品的安全管理

化学危险物品是指具有易燃、易爆、有毒、腐蚀等性质的固体、液体、气体（通常不包括一般的化学药品）。对腐蚀药、易爆物、易燃物、毒性试剂等应进行专人、定位、定量保管，并有严格的保管

与使用制度。

实验室必须重视发生化学危险品飞溅和溢出的可能性。有关工作人员都应接受培训，以掌握处理突发事故的知识。培训应包括化学危险品飞溅和溢出的识别，熟悉向管理部门通报的方法和保护自身安全应采取的措施。在多数飞溅和溢出事故中，实验室可以决定撤离的区域，并通知有关专业部门处理。如果由外部专门机构处理飞溅和溢出物，则实验室就必须中断工作，直到隐患排除。对于可能发生化学危险品飞溅和溢出的实验室，必须制定紧急处理措施，该措施应包括以下内容：①制定应急措施和与外部机构的协作方法；②工作人员职责、权限、培训和汇报制度；③紧急情况的发现和预防；④安全距离和避险场所；⑤岗位安全和控制；⑥疏散路线和过程；⑦清除污染；⑧急救与医疗；⑨紧急警报和相应事后总结等措施；⑩个人防护装备和抢救器材。

在对高毒或剧毒性化学品，如氰化物、高汞盐［$HgCl_2$、$Hg(NO_3)_2$ 等］、可溶性钡盐（$BaCl_2$）、重金属盐（如镉、铅盐）、三氧化二砷等剧毒药品，进行操作时，要特别小心。有毒药品不得随便倒入下水道。盛装金属汞的容器应将瓶口塞紧，因为金属汞较易蒸发，可通过呼吸道进入体内，并逐渐积累而造成慢性汞中毒。一旦金属汞洒落在容器外，必须尽可能收集起来，并用硫黄粉盖在洒落汞的地方使汞蒸气变成不挥发的硫化汞后再进行清除。同时还必须要了解哪些化学药品具有致癌作用或蓄积毒性。

1. 操作有毒气体时的注意事项 操作有毒气体（如 H_2S、Cl_2、Br_2、NO_2、浓 HCl 和 HF 等）应在通风橱内进行。久藏的乙醚使用前应除去其中可能产生的过氧化物。进行容易引起爆炸的实验，应有防爆措施。针对易燃、易爆和腐蚀性药品的使用，首先要明确可燃性试剂必须用水浴、油浴、沙浴或可调电压的电热套等方法加热，绝不可以使用明火。实验室内不可存放过多有机溶剂如乙醚、丙酮、乙醇、苯等易燃物。使用和处理可燃性试剂时，必须在没有火源和通风的实验室中进行，试剂用毕要立即盖紧瓶塞。

苯、四氯化碳、乙醚、硝基苯等的相关蒸气在长久嗅时会使人嗅觉减弱，所以也应在通风良好的情况下使用。在使用氢气时要严禁烟火，点燃

氢气前必须检验氢气的纯度。进行有大量氢气产生的实验时，应把废气排向室外，并需注意室内的通风。操作有毒挥发性试剂时，应在通风橱里操作，并戴口罩、手套和防护目镜。

2. 操作易燃易爆元素和化学物质的注意事项　钾、钠和白磷等暴露在空气中易燃烧，所以，钾、钠等碱性金属应保存在煤油或石蜡油中，白磷可保存在水中，取用时要用镊子。有些物质如磷、金属钠、钾、电石及金属氢化物等，在空气中易氧化自燃。还有一些金属如铁、锌、铝等粉末，比表面大也易在空气中氧化自燃。这些物质要隔绝空气保存，使用时要特别小心。特殊试剂应进行特殊处理，如钯碳等用完后应立即回收并用水封存，切不可随意倒入垃圾桶，以免发生自燃后酿成火灾。

操作易燃易爆性化学品（如乙醚、石油醚、乙醇、甲醇、丙酮、四氢呋喃、乙酸乙酯等）时，应在通风环境好的环境下进行，切不可用敞口容器放置或加热。用于加热回流的溶剂切勿造成密闭系统，须加上回流装置和新装的干燥管。试剂标签上均标明其是否易燃易爆或者毒性和注意事项，在使用前建议细看标签。实验室不得大量存放易燃易爆（如乙醚等）试剂。有些有机化合物遇氧化剂时会发生剧烈爆炸或者燃烧。使用易然气体如氢气、氧气时，要在通风好的情况下进行，严禁明火并远离热源或者能产生火花的地方操作。严禁将强氧化剂和强还原剂放在一起。所用的废弃试剂应倒入废液缸中，酸、碱及氧化试剂和还原试剂应分开放置。

3. 操作刺激性和腐蚀性化学品的注意事项　取用酸、碱等腐蚀性试剂时，应特别小心不要洒出。废酸应倒入废酸缸中，但不要往废酸缸中倾倒废碱，以免因酸碱中和放出大量的热量而发生危险。

在热天取用氨水时，最好先用冷水浸泡氨水瓶，使其降温后再开瓶取用。因为浓氨水具有强烈的刺激性气味，一旦吸入较多氨气时，可能导致头晕或晕倒。氨水溅入眼内，严重时可能造成失明。操作大量可燃性气体时，严禁同时使用明火。

对某些强氧化剂（如氯酸钾、硝酸钾、高锰酸钾等）或其混合物不能进行研磨，否则将引起爆炸。对于银氨溶液是不宜进行留存的，因其久置后会生成氮化银而容易爆炸。

制备和使用具有刺激性的、恶臭和有害的气体（如硫化氢、氯气、光气、一氧化碳、二氧化硫等）及加热蒸发浓盐酸、硝酸、硫酸等时，应在通风橱内进行。有机溶剂（如苯、甲醇、硫酸二甲酯）多为脂溶性液体，经皮吸收后不仅对皮肤及黏膜有刺激性作用，而且对神经系统也有损伤。将氯酸钾、过氧化物、浓硝酸等氧化剂与其他试剂分开放置。

大多数生物碱具有强烈毒性，可经皮肤吸收，少量即可导致中毒甚至死亡。所以操作时须穿上工作服、戴上手套和口罩。

无水试剂的处理一定要按照规定方法操作，如四氢呋喃，先用无水氯化钙干燥，然后再加入钠金属丝或者氢化铝锂。有些药品（如苯、有机溶剂、汞等）能透过皮肤进入人体，应避免与皮肤接触。强酸、强碱、强氧化剂、溴、磷、钠、钾、苯酚、冰醋酸等都会腐蚀皮肤，特别要防止喷溅入眼内。液氧、液氮等低温也会严重灼伤皮肤，使用时要小心，进入实验室应穿实验服。

（二）化学危险品的采购与管理

化学危险品的采购要由管理实验室的负责人根据需要经相关部门审批后购入。原则上要求随用随购，因特殊原因需提前购入或使用后结余的药品要放入库房中保存，原则上不允许存放实验室。

化学危险品的购入、管理由实验部门指派工作仔细认真、责任心强、工作作风严谨的人来负责。购入时必须认真组织验收，严格履行保管和使用手续。临时存放的化学危险品，药用专柜由双人双锁管理，使用时要由使用人填写使用申请单，实验部门负责人签字后方可取用。

化学危险品保管地点应有相应的防火、防爆、防静电、隔离、监测、报警等设施，物品的保管应该科学化。化学危险品要储存在通风、低温、阴凉、干燥的房子内，特别要注意性质相抵触的危险品绝对不能堆放在一起。应当分类、分项存放，相互之间保持安全距离。遇火或受潮容易燃烧、爆炸或产生有毒气体的化学危险品，不得在露天、潮湿、漏雨或低洼容易积水的地点存放。受阳光照射易燃烧、易爆炸或产生有毒气体的化学危险品和桶装、罐装等易燃液体、气体应当在阴凉通风地点存放。

化学性质防护与灭火方法相互抵触的化学危险品,不得在同一仓库或同一储存室存放。化学危险品管理人员要认真学习保管业务,掌握保管方法和危险品燃烧的灭火知识及其他应急知识。剧毒品的购买必须向有关单位申请并批准备案,严格落实"五双"制度:即"双人管理、双人使用、双人运输、双人保管和双把锁"为核心的安全管理制度和各项安全措施。管理人员需报保卫处备案。管理人员调动,须经部门主管批准,做好交接工作,并备案。对剧毒和放射性物品的出、入库须有精确计量和记载。

库存的各类物品,根据原始凭证,及时进行增减记账,定期进行账物核对,严格做到账物相符,并建立计算机管理信息档案。采用化学危险品进行实验时必须谨慎小心,严格按操作规程进行,做好劳动保护工作,必要时应有人监护。

盛装化学危险物品的容器都应有清晰标记。每一种化学危险物品应有材料安全数据表显示它的特性。实验室技术人员有责任熟悉并向同事介绍化学危险物品的安全操作。使用化学危险品的地方应备齐急救器材和用品,人员具备消防、急救知识,并有定期检查和培训制度,定期检查,奖优罚劣,严防事故的发生。

(三)化学危险物品使用准则

化学实验室存有许多腐蚀性、毒性、易燃和不稳定试剂,属化学危险物品。实验室工作使用化学危险物品应向有关机构备案,并遵守相应管理规定。所有化学危险物品的容器都应有清晰标记。目前,广泛应用配制好的试剂和试剂盒,致使有些化学危险物品不易被识别,对这些试剂和试剂盒的成分应予复审并给予适当标记。实验室管理人员有责任向工作人员介绍化学危险物品。每一种化学危险物品应有材料安全数据表显示它的特性。实验室技术人员有责任熟悉并向同事介绍化学危险物品的安全操作。

1. 材料安全数据表及标签　购进可能有危害的化学物品都必须附有材料安全数据表。所有危险化学品都需要以易于识别的形式进行标记,使专业和非专业人员很容易警觉其潜在的危险性。标记可以是文字、图标、标准化代码或多种形式并存。

2. 腐蚀品的储存和搬运　腐蚀物品应放在接近地面处储存,以减小坠落的危险。注意不要在同一区域内存放互相不能共存的化学物品。例如,乙酸或乙酸酐等有机酸应与硫酸、硝酸或高氯酸等强氧化剂分开储存。酸性试剂瓶的搬运:搬运体积超过500ml的浓酸试剂时,必须用运载托车。使用任何化学物品之前,应安排好处理容易破碎或溢出物品的容器。使用腐蚀性物品的场所,应设有合适的急救沐浴设施和洗眼装置。易燃易爆液体应在合格的容器里储存。分装时应有明确的易燃和可燃性标记,工作储备量控制在最低限度。易燃或可燃性液体的储量超过10L,至少应有一间专用储藏室,储存可燃性液体的仓库应远离明火和其他热源。可燃性液体如需要在冰箱内存放,该冰箱的设计必须符合避免产生蒸汽燃烧的要求,实验室所有的冰箱门都应标明可否用于存放易燃、可燃性液体。所有挥发性腐蚀物品的操作,都必须在化学通风橱中进行。

(四)化学污染物的清除与处理

每个实验室都应负责日常的清污工作。在结束常规工作时、工作交班、发生紧急事件如清除化学危险品飞溅和溢出物后,都需要进行清污工作。需外送维修的设备,只有在实验室管理人员确认没有化学危险物品污染时,才能外送维修。

废弃化学物品:所有废弃化学物品都应按照危险物品处理,除非能够确定它们的性质。清洁喷溅和溢出有害物质的所用材料,包括吸附物和相关中和物都被认为是有害废物。

运输:实验室应指定专职人员负责容器转运,并将其放置在指定的废物堆放场所。在有可能发生化学危险品喷溅和溢出的实验室,必须制定紧急处理措施。

该措施应包括以下内容:制定应急措施和与外部机构的协作方法;工作人员职责、权限、培训和汇报制度;紧急情况的预防和发现;安全距离和避险场所;岗位安全和控制;疏散路线和过程;清除污染;急救与医疗;紧急警报和相应措施;事后总结;个人防护装备和抢救器材。实验室应指定专人协调和负责处理实验室有害化学废物。化学废物应放置在密闭、有盖的容器中。化学废物的包装应有标签,标签应包含以下内容:日期、来源、实验室来源、成分、物理性质(气体、液体等)、体积、危险性（易燃或易爆）。

二、致病微生物的安全管理

生物源性危害是指对人类、动物有危害或潜在危害的传染源。它直接通过传染或间接通过环境媒介而使人类发病。医学或生物实验室常常有送检病人标本或做动物实验，所以有遭受生物源危害的可能性。因为病人标本或动物体内可能存在致病的细菌、病毒、真菌和寄生虫等，所以在标本收集、处理和丢弃废物过程中应严格遵守消毒隔离制度。在医院中临床检验部门常常是风险比较高的场所，检验标本可能含有感染性或潜在感染性的物质，因此工作人员要具备安全防护意识及安全知识，确保科室布局、流程、管理及防护设施符合生物安全管理的要求；对感染性废物与剧毒药品要正确处理，防止污染环境，建立防灾及意外事故对策，确保实验室安全。致病性微生物的安全管理办法应按照 2004 年国务院公布施行的《病原微生物实验室生物安全管理条例》执行。

（一）致病性微生物的污染途径

微生物实验室的工作人员在接触标本和操作过程中可能被感染。在微生物实验室内，可能接触的微生物可分为三类：①病毒，如肝炎病毒（特别是乙型及丙型）和人类免疫缺陷病毒；②细菌，如结核分枝杆菌、鼠疫耶尔森菌；③其他具有高毒力的病原体，如真菌、立克次体、衣原体、支原体等。因为从病史和体检不能鉴定所有病人的病原体，所以当接触和处理所有的体液时，均应执行"常规安全防护措施"。

致病性微生物可以通过下列途径引起感染：

1. **通过空气传播引起的感染**　在取下装有标本的试管塞子时、溶液洒落在坚硬的表面上、用未加塞子的试管进行离心或溶液（包括接种环内的溶液）加热太急时，具有感染性的溶液在上述各种情况下，可能形成气烟雾散布在空气中，从而引起致病微生物的实验室感染。

2. **经口传播引起的感染**　用口吸移液管可能导致微生物进入人体引起感染。感染也可通过间接途径，如饮食或吸烟前没有彻底洗手引起"手－口"途径的感染。

3. **通过直接接种引起的感染**　偶然的针刺、碎玻璃划伤和动物咬伤均可通过直接接种引起感染。临床标本中的感染源也可通过被纸张轻微划伤的手指、很轻的擦伤或损伤的表皮进入人体造成感染。

4. **通过黏膜接触引起的感染**　一些病原体包括肝炎病毒和人类免疫缺陷病毒，能够通过与黏膜（如眼结膜）的直接接触进入人体。所以在擦拭眼睛、更换隐形眼镜或使用化妆品前应彻底洗手。

5. **通过节肢动物媒介引起的感染**　蚊、蜱、蚤和其他体外寄生虫均为潜在传染源，特别是当室内喂养有动物时，极易造成实验室感染。

6. **血源性病原体间接接触引起的感染**　临床实验室工作人员都面临着接触血源性病原体的可能性。为了减低对乙型肝炎病毒（HBV）、丙型肝炎病毒（HCV）、人类免疫缺陷病毒（HIV）的感染，每个实验室都应制定相应的控制接触感染源的方案。方案应包括以下内容：①控制目的；②一般管理职责；③感染风险评估；④具体方案的执行方法；⑤疫苗接种；⑥接触病原体后的评估和随访；⑦记录资料保存和课目培训等。

另外，每个实验室都应确定每个职员工作岗位的潜在接触的程度。一旦确定有接触潜在感染源的可能，应采取硬件控制和操作过程控制，以减少或消除接触这些潜在感染源的可能。各单位应提供相应的个人防护装备，如手套、工作服、实验服、面罩、面具、护目镜和鞋套等。并讲解何时使用和如何使用。

（二）致病性微生物安全防护

1. 通常我们认为，来自所有病人的血液和体液都被认为是具有感染性的。所有血液和体液的标本都应放置于具有安全盖的结构优良的容器里，以防在运输过程中发生泄漏。采集标本时应防止污染容器的外表或随标本的检验单。如果存在潜在的或实际的污染，则应再加双层包装。

2. 所有的标本应加上生物危害标签。所有处理血液和体液的工作人员都应戴上手套。如果有可能发生血液或体液的喷溅，则应使用面部防护装备。血液或其他体液发生泄漏或工作结束后，均应使用合适的化学杀菌剂对实验室工作区进行表面消毒。可使用新鲜配制的漂白粉溶液（次氯酸钠 1∶10 稀释液）和 2.5% 甲酚溶液或其他有效的溶液对所有的工作台进行消毒。漂白剂溶液应至少作用15min,使用其他的消毒剂可参考其产品说明书。实验中用过的污染物品在重复使用前或装入容器中按感染性废物进行处理前,应先进行去污处理。

3. 被血液或其他体液污染的设备在实验室内或外送商家进行维修之前,应先进行清洁和消毒。无法彻底消毒的设备必须贴上生物危害的标签。手或其他部位的皮肤在接触血液或其他体液后必须立即彻底清洗。在实验工作结束后或取下手套后应立即洗手。在离开实验室之前应脱下所有的个人防护装备。

4. 如果实验人员工作时有可能接触到血液或其他可能具有感染性的物质、病人的黏膜或损伤的皮肤、处理污染的物品及表面时,都应戴上手套。在进行血管穿刺时,包括静脉采血、手指或脚背穿刺,也应戴上手套。如果手套破损、刺破或失去其屏障功能,则应尽快更换。清洗或消毒会损害一次性手套的质量,故不得重复使用一次性手套,在接触病员后应更换手套。

5. 工作区应使用吸收性强的纸张覆盖。在移液、混合、振荡、搅拌或离心时,必须防止发生气烟雾。对于组织学和病理学检查、微生物培养之类的常规操作,并不需要在生物安全柜内进行。但是,如果操作过程中会产生气溶胶,则应使用相应防护级别的生物安全柜,这些操作包括混匀、超声雾化和剧烈搅拌。

6. 生物安全柜是微生物实验室里控制生物危害的最好的方式之一。实验室可根据需要选择合适的型号,并应根据产品说明书进行安装、使用和维修。实验室应制定安全柜的维护规程,以确保安全柜内合适的气流流速,并适时更换滤器。安全柜的放置应远离气流不稳定的地方,通风口的设置应按着产品说明书要求安装。在维护、移动和处理安全柜之前必须对生物安全柜进行消毒。

7. 被高毒力微生物(如土拉巴斯德杆菌和粗球孢子细菌等)污染的物品,处理前必须经过高压灭菌,包括用于隔离的设备和材料。培养分枝杆菌和两性真菌用的平皿和试管必须使用胶带密封,用高压蒸汽灭菌后进行处理或焚化处理。普通标本和使用过的培养基应弃置于结实的塑料袋中;可重复使用的物品和污染的器具应置于装有次氯酸钠1∶10稀释液或其他合适的消毒剂的不锈钢容器内,然后进行高压灭菌、清洗和再次灭菌;对医疗废物处理的管理应遵守有关法规,所有关于血源性感染危险控制的常规安全措施都可应用于整个微生物实验室。

三、生物实验室废物管理

关于生物和化学实验室环境与安全的管理方面,国内目前仍然很混乱。少数财力雄厚的高校和研究所可能对毒害性化学试剂废物有专门收集和处理程序,而很多地方院校和地方实验室可能还存在盲区。为了教学科研正常秩序,规范和加强科研院所的实验室废物管理工作,防止实验室废物污染和危害环境,保障广大科研人员的身体健康,根据国家相关法律法规,制定相关的管理规定就显得十分必要。

(一)实验室废物管理原则

在实验室内,废物最终的处理方式与其污染被清除的情况是紧密相关的。对于日常实验室用品而言,绝大多数的玻璃器皿、仪器以及实验服都可以重复或再使用,少部分实验室废物需要处理。废物处理的首要原则是:所有感染性材料必须通过消毒、高压灭菌或焚烧等手段在实验室内得以处理。实验室内的废物处理包括感染性物质、溶剂、化学试剂及可燃物品,以及检验后的标本、培养物、容器、用具、废液等。实验废物处理前首先要进行分类,如分为:可回收实验残余物、一般固体废物、一般液体废物、有毒性废物、放射性物质废物等。对不同种类废物应分类存放,分别处理。一般固体废物如无回收利用价值可直接丢弃在垃圾桶内;一般液体废物如无回收利用价值并无可燃性挥发物时可直接通过下水道排放,有可燃性挥发物的应在室外洒泼在指定位置(空旷处);有毒性废物可做减毒、除毒处理的经减毒、除毒处理后按第三、四条方法处理;不能够进行减毒或除毒处理的可以通过焚烧、深埋或按环保部门规定的方法处理;放射性物质废物在安全容器内放置至规定的时间,再通过焚烧、深埋或按环保部门规定的方法处理。

(二)生物废物的处理办法

处理潜在感染性微生物或动物组织的所有的实验室物品,在被丢弃前首先应考虑是否对这些物品进行了有效的清除污染或消毒。丢弃已清除污染物品时，还应考虑是否会对直接参与丢弃的人员或可能接触到丢弃物的人员造成任何潜在的生物或其他方面危害。

在遵守国家和国际相关规定基础上，将需要清除污染并丢弃的物品装在容器中根据需要进行高压灭菌或焚烧。高压蒸汽灭菌是清除污染时的首选方法。需采用不同颜色标记的可以高压灭菌的塑料袋进行包裹后高压灭菌。也可采用其他可以除去或杀灭微生物的替代方法进行处理。

废物可以分成以下几类：①可重复或再利用的按普通家庭日常废物丢弃的非污染（非感染性）废物；②污染（感染性）的锐器，如皮下注射用针头、手术刀、刀子及破碎玻璃，这些废物应收集在带盖的不易刺破的容器内，并按感染性物质处理；③通过高压灭菌和清洗来清除污染后重复或再使用的污染材料；④高压灭菌后丢弃的污染材料；⑤直接焚烧的污染材料。

处理生物安全危害时，应设有生物危害标志。盛放锐器的一次性容器必须是不易刺破的，而且不能将容器装得过满。当达到容量的四分之三时，应将其放入"感染性废物"的容器中进行焚烧，如果实验室规程需要，可以先进行高压灭菌处理。盛放锐器的一次性容器绝对不能丢弃于垃圾场。任何高压灭菌后重复使用的污染（有潜在感染性）材料不应事先清洗，任何必要的清洗、修复必须在高压灭菌或消毒后进行。除锐器按上面的方法进行处理以外，所有其他污染（有潜在感染性）材料在丢弃前应放置在防渗漏的容器（如有颜色标记的可高压灭菌塑料袋）中高压灭菌。高压灭菌后，物品可以放在运输容器中运送至焚烧炉。卫生保健单位的废物不应直接丢弃到垃圾场。如果实验室中配有焚烧炉，污染材料可放在指定的容器（如有颜色标记的袋子）内直接运送到焚烧炉中。盛放废物的容器在重新使用前应高压灭菌并清洗。

在处理高致病性病原微生物时，在实验室门上应标有国际通用的生物危害警告标志。并且采用通用的警告标志系统明确标识装有危险生物制品的容器或被其污染的物品，在危险废物的容器、存放血液和其他有潜在感染性物品的冰箱、以及处理尖锐物品的容器上，所贴的标签应标明通用

的生物危害标志。用于存储、运输的容器应加上标签或颜色编码标志，并在存储、运输前将容器盖上。如实验室用常规预防措施来处理所有标本，同时标本或容器又存放在实验室内，可不使用标签或颜色编码标志；但如果离开实验室，就必须使用标签或颜色编码标志。实验室应指定专责人员负责容器转运，并将其放置在指定的废物堆放场所。

规范的微生物学操作技术是实验室安全的基础，而专门的实验设备仅仅是一种补充，绝不能替代正确的操作规范。使用安全设施并结合规范的操作将有助于降低危险。选择设备时应符合一些基本原则，在设计上应能阻止或限制操作人员与感染性物质间的接触；建筑材料应防水、耐腐蚀并符合结构要求；设备装配后应无毛刺、锐角以及易松动的部件；设备的设计、建造与安装应便于操作、易于维护、清洁、清除污染和进行质量检验。应尽量避免使用玻璃及其他易碎的物品。可燃物品不论是否有传染性，最好在焚化炉中烧毁。

对于工作人员来说掌握规范（安全）的微生物学操作技术（GMT）是必要的。每个实验室都应该采用（安全操作手册），其中定义了已知的和潜在的危害，并规定了特殊的操作程序来避免或尽量减小这种危害。

（三）化学废物的处理办法

化学废物的包装应有标签，标签应包含以下内容：①日期；②污染物质的成分；③实验室来源；④物理性质（气体、液体等）；⑤体积；⑥危险性（易燃或易爆）。能与水相溶的溶剂须用水冲淡后倒入下水道，与水不相溶的溶剂可用耐腐蚀性的运输用容器收集后进行回收或用焚化炉烧毁，处理固体的化学试剂时，必须首先考虑是否具有毒性，如无毒且溶于水者，可用水冲入下水道。必须牢记酸性和碱性物质要分别进行处理，否则同时冲入水将引起化学反应。

化学实验室大多数废气、废液、废渣都是有毒物质，其中还有些是剧毒物质和致癌物质，如果直接排放，就会污染环境，损害人体健康。处理化学废物通常采用以下方式：

1. **露天焚烧法**　用于可燃性废物。对于易燃物，可选择风向稳定的天气，放在地上的金属浅盘内（如放置于土坑内），然后引燃烧除。操作者

应站上风处,保持一定的安全距离。必要时,为了确保安全,可用导火索引燃。焚烧地点应选僻远无人的空旷处所。由于燃烧不完全,常可形成多量黑烟和有毒的刺激性烟雾,严重时可使作物枯萎,家畜中毒,甚至可使周围建筑物的门窗、家具上的油漆遭受损坏。此方法的缺点是易于造成环境污染,当处理量大时,不宜应用本方法。

2. **焚秽炉焚烧法**　在处理时,可先烧危害性不大的废物,如废纸等,待炉温升高后再焚烧其他物品。这样可使易燃液体的蒸汽获得充分的燃烧,并使刺激性有毒物质分解。有些物质(如醛、胺、硫醇、肼类,氯苯等)可先用废易燃溶剂溶解,再喷入焚秽炉内烧掉。使用焚秽炉处理易爆物时,应注意防止发生事故。操作者应有必要的个人防护用具(如工作服,防护眼镜,手套等)。室内应有灭火设备,设有安全出口。在焚秽炉中焚烧化学废物的优点是不易造成环境污染。

3. **下水道排放法**　适用于可溶性废物,排放应满足以下要求:①不污染水源,排放浓度应符合国家有关河道污染容许水平的规定;②不形成易燃蒸汽或其他危险性产物;③不会腐蚀或损坏下水道,不影响下水道的正常运行。需要注意的是,放射性物质的排放应符合特殊的要求。

4. **蒸发法**　一些具挥发性的有机物或溶剂,数量不大时,可用此法,如甲醇、二硫化碳、乙醚、丙酮、苯、乙酸乙酯等。操作应在通风橱内进行。

5. **掩埋法**　此法是将有害废物深度掩埋于远离居民区、不扩散和污染水源(地下水或露天水源)和种植作物的地点。掩埋地点应有记录,必要时可在四周设置障碍物及醒目标志。

6. **易爆化学品的处理**　在销毁时,处理易燃易爆物品应特别小心,由易燃易爆物品的存放处直到销毁场所的途中均应防止剧烈震荡或滚动,且须使用防护用具和对物质进行屏蔽,容器应妥善包扎,外垫防震垫料。销毁处应选空旷无人场所,避免在酷暑高温时进行处理。无机过氧化物可用过量的亚硫酸钠溶液分解。在有些场合,如含有多量过氧化物的乙醚等,可直接用撞击、引爆的方法处理。

(四)放射性废物的处理办法

放射性废物处理的具体办法可参见《放射性物质管理办法》的相关内容,其主要内容均依据《中华人民共和国放射性污染防治法》《城市放射性废物管理办法》《放射性同位素与射线装置放射防护条例》和《放射性物品运输安全管理条例》等相关文件制定。

小　结

实验室是科学研究的基地,是科技发展的源泉,为科学技术进步做出了不可磨灭的贡献。然而,随之而来的各种实验室安全问题,如实验室感染、火灾、爆炸、毒物泄漏等所造成的人身伤害层出不穷,触目惊心的事件给我们敲响了有关实验室安全的警钟。实验室生物安全管理既包括了人们在实验室研究过程中所接触到的各种生物性因素可能对人造成的危害,也涵盖了工作场所中所涉及到的各种环境因素可能给人带来的各种危害。本章共设置三节:实验室环境安全防护要求、实验室生物安全管理和相关制度以及实验室操作对象的安全管理。首先讲解了实验室环境对实验人员的影响和安全防护,其中重点讲了环境要求和控制,并从实验室的人员安全、实验设备和设施的安全三个方面讲解了实验室生物安全管理和相关制度,最后讲解了对实验室操作对象的安全管理。实验室安全管理的最终目的就是要建立一个以最合理的费用支出获取最大的安全保障,并经过危险评价,确定可接受的风险,将危险降低至可容许的程度,减少实验过程中发生灾害的风险,确保研究人员的健康和公共环境安全。

思 考 题

一、选择题

1. 以下有关实验室用电的注意事项中,不正确的是

A. 实验前先检查用电设备,再接通电源;实验后,先关仪器设备,再关闭电源

B. 工作人员离开实验室或遇到突然断电,应关闭电源,尤其要关闭加热器的电源开关

C. 电源或电器设备的保险丝烧断或空气开关断开后,可以用金属导线或其他代用品代替,以保证机器正常运行

D. 不得将供电线路任意放在通道上,以免因绝缘层破损造成短路

2. 实验室原始操作记录的封面不小心被细菌污染了,通常比较合适的消毒方法是

A. 应用高压蒸汽灭菌　　　　　　　　　　B. 应用干烤消毒

C. 应用紫外线进行照射　　　　　　　　　D. 采用 75% 的酒精浸泡

3. 生物实验室工作人员安全的一般要求不包括

A. 实验室工作区内绝对禁止吸烟

B. 实验室工作人员均应戴上手套

C. 实验室工作人员禁止留长发

D. 实验室工作人员必须穿着遮盖前身的长袖隔离服或长袖长身的工作服

4. 操作玻璃器具时应遵循下列下述安全规则,其中哪项除外

A. 不使用破裂或有缺口的玻璃器具

B. 不用猛力取下玻璃试管上的塞子,粘紧的试管可用刀切开分离

C. 接触过传染性物质的玻璃器具,消毒之前,应先行彻底的清洗

D. 破裂的玻璃器具和玻璃碎片应丢弃在有专门标记、单独的、不易刺破的容器里

二、判断题

1. 误吸入溴或氯等有毒气体时,应立即吸入少量的酒精和乙醚的混合蒸汽,以便于解毒,同时应到室外呼吸新鲜空气,再行送入医院。 (　　)

2. 开展病原微生物类实验场所产生的废物,在分类处理前,首先考虑的应该是先自行高压蒸汽灭菌。 (　　)

3. 实验室内的浓酸、浓碱等化学品的处理,一般要先中和后,然后再进行倾倒,并使用大量的水冲洗管道。 (　　)

4. 实验中需使用电源时,当手、脚或身体沾湿或踩踏在潮湿的地面时,此时切忌启动电源开关或触摸带电器具。 (　　)

5. 实验室废弃物不得直接倒入下水道或作为普通垃圾处理。 (　　)

参 考 答 案

一、选择题

1. C　　2. C　　3. C　　4. C

二、判断题

1. 正确　　2. 错误　　3. 正确　　4. 正确　　5. 正确

ER8-1　第八章二维码资源

（冯乐平　冯乔）

第九章　病原微生物实验室的管理

病原微生物的生物安全管理是保证生物实验室安全开展工作的重要内容之一。实验室生物安全状态是通过设施设备、个人防护、安全操作技术规范以及管理四大要素来实现的。近年来，随着各国对实验室生物安全工作的重视，生物安全实验室设施设备条件不断改善，个人防护装备不断得到发展，可能会导致一些实验室工作人员错误地认为目前状况比以往更加安全了，然而遗憾的是，现实的状况并非如此，近年来实验室获得性感染病例仍时有发生。这些现象说明，在重视和改善硬件条件的同时，增强安全意识，严格执行实验室安全管理制度与操作技术规范，仍是做好病原微生物实验室管理的关键。

第一节　病原微生物实验活动管理

按照《病原微生物实验室生物安全管理条例》的要求，国家对病原微生物实验室实行分级管理，根据实验室对病原微生物的生物安全防护水平，并依照实验室生物安全国家标准的规定，将实验室分为一级、二级、三级、四级。不同级别实验室及所开展的实验活动采取不同层面的管理和审批措施。

一、实验室备案管理

按照《病原微生物实验室生物安全管理条例》的要求，新建、改建或者扩建一级、二级实验室，应当向设区的市级人民政府卫生主管部门或者兽医主管部门备案。设区的市级人民政府卫生主管部门或者兽医主管部门应当每年将备案情况汇总后报省（自治区、直辖市）人民政府卫生主管部门或者兽医主管部门。一级、二级实验室不得

从事高致病性病原微生物实验活动。

据了解，我国绝大多数的省级卫生行政部门对辖区内的 BSL-2 实验室进行了备案管理，部分省级卫生行政部门专门针对 BSL-2 实验室的备案下发过文件通知。目前各省、设区的 BSL-2 实验室的备案内容与形式暂时尚没有具体的要求与标准，但相关备案应涵盖以下内容：单位名称、单位性质、病原微生物种类、实验活动内容、实验室负责人、实验室安全员、工作人员数量、生物安全柜、高压灭菌器、洗眼器等设备的数量等内容；针对 BSL-2 实验室的备案形式，一般以提交备案表格与清单居多。

二、实验室生物安全认可

三级、四级实验室应当通过实验室国家认可。国务院认证认可监督管理部门确定的中国合格评定国家认可中心依照实验室生物安全国家标准《实验室　生物安全通用要求》（GB 19489—2008）以及《病原微生物实验室生物安全管理条例》的有关规定，对三级、四级实验室进行认可；实验室通过认可的，颁发相应级别的生物安全实验室认可证书，证书有效期为 5 年。

三、实验活动审批

（一）活动的审批

三级、四级实验室从事高致病性病原微生物实验活动，应当具备实验目的和拟从事的实验活动符合国务院卫生主管部门或者兽医主管部门的规定；通过实验室国家认可；具有与拟从事的实验活动相适应的工作人员；工程质量经建筑主管部门依法检测验收合格。

三级、四级生物安全实验室，需要从事某种高致病性病原微生物，或者疑似高致病性病原微生物实验活动的，应当报省级以上卫生行政部门批准。

实验室申请从事《人间传染的病原微生物名录》规定的在四级生物安全实验室进行的实验活动或者申请从事该实验室病原微生物名单和项目范围外的实验活动的,由国家卫生健康委员会审批;申请从事该实验室病原微生物名单和项目范围内且在三级生物安全实验室进行的实验活动,由省级卫生行政部门审批,并报国家卫生健康委员会备案。

为了预防、控制传染病,需要对我国尚未发现或者已经宣布消灭的病原微生物从事相关实验活动的,应当经国家卫生健康委员会批准,并在国家卫生健康委员会指定的实验室中进行。

拟从事未列入《人间传染的病原微生物名录》的高致病性病原微生物或者疑似高致病性病原微生物实验活动的实验室应当先进行危害性评估,提出实验室生物安全防护级别,并按照程序报国家卫生健康委员会审批。

(二)应具备的条件

三级、四级生物安全实验室,申请开展某种高致病性病原微生物或者疑似高致病性病原微生物实验活动,应当具备以下条件:

1. 实验活动是以依法从事检测检验、诊断、科学研究、教学、菌(毒)种保藏、生物制品生产等为目的;

2. 实验室的生物安全防护级别应当与其拟从事的实验活动相适应;

3. 实验室应当具备与所从事的实验活动相适应的人员、设备等;

4. 实验室应当根据《人间传染的病原微生物名录》,对拟从事实验活动的高致病性病原微生物或者疑似高致病性病原微生物的危害性进行评估,并制定切实可行的生物安全防护措施、意外事故应急预案及标准操作程序。

第二节 病原微生物样本的分类、采集、包装与运输

一、病原微生物分类

2004年,国家出台了《中华人民共和国传染病防治法》与《病原微生物实验室生物安全管理条例》提出对病原微生物实行分类管理,对传染病菌种、毒种和传染病检测样本的采集、保藏、携带、运输和使用实行分类管理,并建立健全严格的管理制度。国家根据病原微生物的传染性、感染后对个体或者群体的危害程度,将病原微生物分为四类,其中第一类、第二类病原微生物统称为高致病性病原微生物。卫生部于2006年1月11日正式发布《人间传染的病原微生物名录》,具体内容包括相应病原的中英文名称、分类学地位、危害程度分类、实验活动所需生物安全实验室级别以及运输包装分类等内容。在此名录中的运输包装分类处,又将病原微生物分为A类和B类,具体见本节"病原微生物样本包装与运输"。该名录由三个附表组成:表1是"病毒分类名录"(示例见表9-1),包括160种病毒,其中一类病原微生物29种,二类病原微生物51种,三类病原微生物74种,附录还包含了朊病毒;表2是"细菌、放线菌、衣原体、支原体、立克次体、螺旋体分类名录",包括155种病原;表3为"真菌分类名录"。尤其重要的是在名录之后,对有关名词和具体情况进行了详细说明与解释,对指导实际工作开展具有重要意义。

二、病原微生物样本的采集

实验室检测样本包括血液、体液、分泌物、排泄物及组织等,通常采集血液、鼻咽分泌液、痰液、粪便、脑脊液、疱疹内容物、活检组织或尸检组织等。通常传染源的待检样本中都可能存在有感染性的病原微生物,且有时样本中的病原体及传播途径未知,所以要严格按照实验室生物安全操作程序进行样本的采集。做好严格的个人防护,不仅是对自身的负责,更是对周围环境的安全负责。

样本采集时,既要做到早、快、近(离病变部位近)、多、净(避免交叉污染),又要注意样本包装问题。原则上讲,烈性传染病样本采集后尽量就地检测,必要时才运送到具备条件的其他实验室进行检测。

采集病原微生物样本应当具备以下国家规定的条件和技术标准:

1. **硬件要求** 必须具有与采集病原微生物样本所需的生物安全防护水平相适应的设施设备,包括个人防护用品(隔离衣、帽、口罩、鞋套、手套、防护眼镜等)、防护材料、器材和防护设施等;

表 9-1　病毒分类名录示例

| 序号 | 病毒名称 | | | 危害程度分类 | 实验活动所需生物安全实验室级别 | | | | | 运输包装分类 | | 备注 |
	英文名	中文名	分类学地位		病毒培养	动物感染实验	未经培养的感染材料的操作	灭活材料的操作	无感染性材料的操作	A/B	UN编号	
1	alastrim virus	类天花病毒	痘病毒科	第一类	BSL-4	ABSL-4	BSL-3	BSL-2	BSL-1	A	UN2814	
30	bunyamwera virus	布尼亚维拉病毒	布尼亚病毒科	第二类	BSL-3	ABSL-3	BSL-2	BSL-1	BSL-1	A	UN2814	
81	acute hemorrhagic conjunctivitis virus	急性出血性结膜炎病毒	小RNA病毒科	第三类	BSL-2	ABSL-2	BSL-2	BSL-1	BSL-1	B	UN3373	
155	guinea pig herpes virus	豚鼠疱疹病毒	疱疹病毒科	第四类	BSL-1	ABSL-1	BSL-1	BSL-1	BSL-1			

2. 人员要求　样本采集人员要求受过专门训练,掌握相关专业知识和操作技能;

3. 防护措施　应始终坚持标准的防护措施,具有有效的防止病原微生物扩散和感染的措施;

4. 技术要求　具有保证病原微生物样本质量的技术方法和手段。整个采集过程应做好详细的记录,包括对样本的来源、采集过程和方法等应做好详细记录。

三、病原微生物样本包装与运输

实验室生物安全管理的目标,是保护实验室工作人员的健康和生命安全,防止病原微生物泄漏或通过被感染的实验室工作人员传播到一般人群。如何及时、安全、有效地将感染性物质运输至目的地还须多个环节共同作用的结果。感染性及潜在感染性物质的运输要严格遵守国家和国际规定。这些规定描述了如何正确使用包装材料,以及其他的运输相关要求。在实际运输过程中,包装材料的质量与性能是保障感染性物质安全运输的前提,是安全运输过程中的重要环节之一。面对烈性传染病病原,如果缺乏有效的运输监管,存在溅洒、泄露、甚至被恐怖分子盗用的风险,就必须要求航空部门和实验室管理部门进行监管。

（一）国际运输规定

《感染性物质运输规定（按各种运输方式）》以联合国《危险性货物运输》的规章范本为基础。联合国的这些推荐意见是由危险性货物运输的联合国专家委员会制定的。要成为法律上的规章合法的一部分,必须由有资格的权威机构将联合国规章范本应用到国家规定和国际规章范本中。

国际民航组织（International Civil Aviation Organization, ICAO）是联合国的组织之一,其针对危险性货物运输制定的《危险性货物安全空运的技术说明》（ICAO-TI）已于 1983 年 1 月 1 日生效。该文件是法律性文件,强制执行,每两年更新发行一次。

在国际民航组织发布 ICAO-TI 的同时,国际航空运输协会（International Air Transport Association, IATA）也颁布了一个新的规则,名为《危险品规则》（IATA DGR）,这一规则是在国际民航组织的 ICAO-TI 的基础上,以国际航空运输协会的附加要求和有关文件的细节作为补充。IATA DGR 每年更新一次。由于 IATA DGR 使用方便,可操作性强,在世界航空运输领域中作为操作性文件被广泛使用。该文件将航空运输的危险品划分为九大类,其中第 6.2 类即为感染性物质,并根据其传染性和危险等级将其分为 A、B 两类感染性物质。而其中的《感染性物质运输指南》（infectious suvustances shipping guidelines）的内容是专门针对感染性物质运输的一个指导性文件，它的内容基于 IATA DGR 的所有要求，不仅适用于空运，同样适用于其他诸如海运、陆运、铁路运输、邮政运输以及快递系统。

（二）我国运输规定

为加强危险品航空运输管理，促进危险品航空运输发展，保证航空运输安全，依据《中华人民共和国民用航空法》等法律法规制定《中国民用航空危险品运输管理规定》（CCAR-276-R1），自 2014 年 3 月 1 日起施行。该《规定》分总则、危险品航空运输的限制和豁免、危险品航空运输许可程序、危险品航空运输手册、危险品航空运输的准备、托运人的责任、经营人及其代理人的责任、危险品航空运输信息、培训、其他要求、监督管理、法律责任、附则 13 章 145 条。根据 CCAR-276-R1 的规定，所有的操作必须符合 ICAO-TI 的要求。

2004 年 11 月 12 日，《病原微生物实验室生物安全管理条例》公布，该条例在第二章第十条、第十一条、第十二条、第十三条及第十七条对高致病性病原微生物菌（毒）种或者样本的运输做了明确的规定。条例指出，运输高致病性病原微生物菌（毒）种或者样本，应当通过陆路运输；没有陆路通道，必须经水路运输的，可以通过水路运输；紧急情况下或者需要将高致病性病原微生物菌（毒）种或者样本运往国外的，可以通过民用航空运输。

2005 年 12 月 28 日，卫生部发布《可感染人类的高致病性病原微生物菌（毒）种或样本运输管理规定》，进一步从高致病性病原微生物菌（毒）种或样本的分类管理、运输及接收单位、运输包装材料及运输管理审批方面做出了明确的规定。2006 年，卫生部印发《人间传染的病原微生物名录》，该名录在病原微生物的运输包装分类上做出了明确的要求。

（三）运输审批

1. 范围

按照运输管理规定的要求，《人间传染的病原微生物名录》中规定的第一类、第二类病原微生物菌（毒）种或样本，以及《人间传染的病原微生物名录》中第三类病原微生物运输包装分类为 A 类的病原微生物菌（毒）种或样本，以及疑似高致病性病原微生物菌（毒）种或样本，按照管理规定进行运输管理。从事疾病预防控制、医疗、教学、科研、菌（毒）种保藏以及生物制品生产的单位，因工作需要运输高致病性病原微生物菌（毒）种或者样本的，运输前须申请审批，待获得《可感染人类的高致病性病原微生物菌（毒）种或样本准运证书》后方可运输。

2. 审批

（1）申请在省（自治区、直辖市）行政区域内运输高致病性病原微生物菌（毒）种或样本的，由省（自治区、直辖市）卫生行政部门审批。

（2）申请跨省（自治区、直辖市）运输高致病性病原微生物菌（毒）种或样本的，应当将申请材料提交运输出发地省级卫生行政部门进行初审；对符合要求的，省级卫生行政部门应当在 3 个工作日内出具初审意见，并将初审意见和申报材料上报国家卫生健康委员会审批。

（3）根据疾病控制工作的需要，应当向中国疾病预防控制中心运送高致病性病原微生物菌（毒）种或样本的，向中国疾病预防控制中心直接提出申请，由中国疾病预防控制中心审批。

3. 申报材料

申请运输高致病性病原微生物菌（毒）种或样本的单位，在运输前应当向省级卫生行政部门提出申请，并提交以下申请材料（原件一份，复印件三份）：

（1）可感染人类的高致病性病原微生物菌（毒）种或样本运输申请表；

（2）法人资格证明材料（复印件）；

（3）接收高致病性病原微生物菌（毒）种或样本的单位同意接收的证明文件；

（4）《可感染人类的高致病性病原微生物菌（毒）种或样本运输管理规定》第七条第（二）、（三）项所要求的证明文件（复印件）；

（5）容器或包装材料的批准文号、合格证书（复印件）或者高致病性病原微生物菌（毒）种或样本运输容器或包装材料承诺书；

（6）其他有关资料。

接收单位应当符合以下条件：

（1）具有法人资格；

（2）具备从事高致病性病原微生物实验活动资格的实验室；

（3）取得有关政府主管部门核发的从事高致病性病原微生物实验活动、菌（毒）种或样本保藏、生物制品生产等的批准文件。

（四）包装

为了安全、及时、有效地运输高致病性病原微生物菌（毒）种或者样本等感染性物质，我国多采用航空运输的方式。采用航空运输遵循前面提到的国际空运协会每年发布的《感染性物质运输指南》及国际民用航空组织发布的《危险物品安全航空运输技术细则》（Doc 9284-AN/905）。

1. 感染性物质及分类

感染性物质是那些已知或有理由认为含有病原体的物质。病原体是指能使人或动物感染疾病的微生物（包括病毒、细菌、支原体、衣原体、立克次体、放线菌、真菌和寄生虫等）和其他因子，如朊病毒。IATA DGR 中将感染性物质分为 A、B 两类。

（1）A 类（category A）感染性物质

以某种形式运输的感染性物质，当与之发生接触时，能够导致健康人或动物永久性残疾、生命威胁或者致死疾病感染性物质。A 类感染性物质使人染病或使人和动物都染病者，联合国编号为 UN2814，其运输专用名称为"感染性物质，可感染人（infectious substances, affecting humans）"；仅使动物染病者，联合国编号为 UN2900，其运输专用名称为"感染性物质，只感染动物（infectious substances, affecting animals）"。

（2）B 类（category B）感染性物质

不符合 A 类标准的感染性物质。联合国编号为 UN3373，其运输专用名称为"生物物质，B 类（biological substance, category B）"。

2. 运输方式的选择

实际运输过程中，交通工具的选择至关重要，条例中提出，运输菌（毒）种或样本可以选择陆路运输、水路运输以及航空运输。考虑到所运输物质的特殊性及国内目前的运输现状，我国国内主要通过两种运输途径实现，即汽车陆路运输与航空运输。

对于距离较近的短途运输，无疑汽车陆路运输方式是首选，按照运输管理规定的要求需要通过运输审批的菌（毒）种或样本，国内目前采用的是专人专车运输方式，即固定运输车辆，由经过生物安全培训的专业人员（不少于 2 人）陪同运输，避免选择公共汽车、出租汽车、铁路运输等人口流动性较大的公共交通工具，同时车上须配备相应的防护装备、急救箱及消毒材料等，一旦发生泄露等生物安全事故，陪同运输人员可以保护自己，并且及时做好相应的处理，将危险降为最低。

对于距离远，行车不方便的区域，航空运输是目前运输菌（毒）种或样本最及时、高效、安全的运输途径，且航空系统对于菌（毒）种或样本的运输要求极为严格，达到航空运输的所有要求，则其他运输模式要求足够满足。

3. 包装要求

在感染性及潜在感染性物质运输中选择使用三层包装系统，即内层容器，第二层包装以及外层包装。针对 A、B 两类感染性物质及其对应的 UN 编号，其包装材料也分别有着不同的要求。

（1）A 类感染性物质

包装系统包括：防水的主容器、防水的辅助包装、强度满足其容积、质量及使用要求的刚性外包装。除固体感染性物质外，必须在主容器和辅助包装之间填充足量的能够吸收所有内装物的吸附材料。多个易损坏主容器装入一个辅助包装时，或者将它们分别包裹或者隔离，以防止它们彼此接触。外包装外部尺寸，最小边长不小于 100mm。主容器和辅助包装，必须能承受在 -40℃至 $+55$℃温度范围内 95kPa 的内部压力而无渗漏。图 9-1 为 A 类感染性物质的包装与标签。

（2）B 类感染性物质

包装系统包括：主容器、辅助包装和刚性外包装。包装材料必须能承受运输过程中的震动与负载。容器结构和密封状态能防止在运输过程中由于震动、温度、湿度或压力变化而造成的内容物漏失。主容器必须装在辅助包装中，使之在运输过程中不被破损、刺穿或将内容物泄漏在辅助包装中。必须使用适当的衬垫材料将辅助包装安全固定在外包装中。内容物的任何泄漏都不得破坏衬垫材料或外包装的完好性。图 9-2 为 B 类感染性物质的包装与标签。

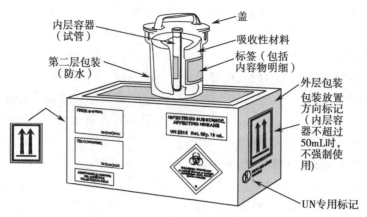

图 9-1　A 类感染性物质的包装与标签

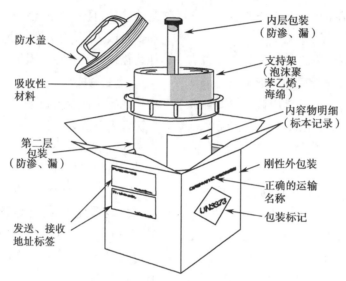

图 9-2　B 类感染性物质的包装与标签

多个易碎的主容器装入一个单一的辅助包装时,必须将他们分别包裹或隔离,以便防止彼此接触。外包装至少有一个大于 100mm×100mm 的表面。外包装必须张贴 UN3373 标记。

（3）其他物质

对于在冷藏或冷冻条件下运输的物质,则同样必须满足 IATA DGR 相关要求:首先,包装材料须能够承受可能的非常低的温度（如液氮）,并且保持完好,同时能够承受失去制冷作用后所产生温度和压力的影响。其次,在使用冰或干冰（固态二氧化碳）等冷冻剂时,必须将其置于辅助包装周围或合成包装件的中间。必须使用内部支架,在冰或干冰消融后,辅助包装与包装件仍能保持原位不动,且包装材料必须防泄漏。对于使用干冰作为冷冻剂的运输包装件,则包装件必须能够排出二氧化碳气体,以防产生可能使包装破裂的压力。

（五）意外处置

高致病性病原微生物菌（毒）种或者样本在运输、储存中被盗、被抢、丢失、泄漏的,承运单位、护送人、保藏机构应当采取必要的控制措施,并在 2h 内分别向承运单位的主管部门、护送人所在单位和保藏机构的主管部门报告,同时向所在地的县级人民政府卫生主管部门或者兽医主管部门报告,发生被盗、被抢、丢失的还应当向公安机关报告;接到报告的卫生主管部门或者兽医主管部门应当在 2h 内向本级人民政府报告,并同时向上级人民政府卫生主管部门或者兽医主管部门和国务院卫生主管部门或者兽医主管部门报告。

县级人民政府应当在接到报告后 2h 内向设区的市级人民政府或者上一级人民政府报告;设区的市级人民政府应当在接到报告后 2h 内向省（自治区、直辖市）人民政府报告。省（自治区、直辖市）人民政府应当在接到报告后 1h 内,向国务院卫生主管部门或者兽医主管部门报告。

任何单位和个人发现高致病性病原微生物菌（毒）种或者样本的容器或者包装材料,应当及时向附近的卫生主管部门或者兽医主管部门报告;接到报告的卫生主管部门或者兽医主管部门应当及时组织调查核实,并依法采取必要的控制措施。

第三节　病原微生物保藏管理

病原微生物菌（毒）种是国家重要的生物资源和战略资源,与生物安全、人类健康、环境保护和可再生能源等密切相关。病原微生物是微生物学的重要组成部分,是能够引起人类各种疾病的致病性微生物,是传染病防治研究的重要基础材料和基本信息来源,是掌握我国重大传染病的过去、现在及未来发展趋势的重要载体,也是评价其疾病防治措施效果的基础和前提。在实验室生物安全日益得到广泛关注的形势下,病原微生物菌（毒）种作为实验室生物安全管理的核心内容,做好保藏管理尤为重要。我国是一个微生物资源较为丰富的国家,但规范性的病原微生物菌（毒）种保藏工作与国外发达国家相比存在一定差距。从历史背景看,我国原有各机构保藏的病原微生物缺乏必要统一管理,实物资源保藏分散,新时代下,继续做好我国病原微生物保藏机构运行与管理,依法、规范开展菌（毒）种保藏和管理工作,确保国家生物安全,已成为坚持和落实总体国家安全观一项重要内容。

一、保藏工作的有关背景

菌（毒）种保藏是一项重要的微生物学基础工作,是将分离得到的野生型或经人工改造得到的用于科学研究等方面的有价值的菌（毒）种,用各种适宜的方法妥善保存,保持菌（毒）种的纯度、活性、基因信息的完整性、避免菌（毒）种变异和退化,在长时间内保持较高的存活率及遗传稳定性,以便用于科学研究和生产的长期使用。菌（毒）种是进行微生物学研究和应用的基本材料,是开展传染性疾病预防控制的重要保障,是发展生物工程的重要基础条件之一,微生物菌（毒）种得到安全、长期、有效的保藏,是发挥其重要作用的前提。因此,菌（毒）种保藏管理工作至关重要。

近代微生物菌（毒）种收集、保藏活动始于20世纪20年代。方心芳先生于20世纪30年代后期,在黄海化学工业研究社开始了最初的菌种收集和保藏工作。在方心芳先生的建议下,1951年中国科学院成立了全国性的菌种保藏委员会,就菌种的收集、保藏和各有关单位的分工合作等提出了有益的建议。委员会在1953年成为具有实体的保藏机构。1979年,国家科学技术委员会批准成立了中国微生物菌种保藏管理委员会,该委员会下设7个国家级专业菌种保藏管理中心,分别负责农业、工业、林业、医学、兽医、药用及普通微生物菌种资源的收集、鉴定、保藏、供应及国际交流任务。1985年,卫生部根据中国微生物菌种保藏委员会管理和组织条例的规定,为了加强医学微生物菌种的保藏管理,制定了《中国医学微生物菌种保藏管理办法》,该办法规定了组织及任务、菌种的分类、菌种的收集、保藏、供应、使用、领取及邮寄、对外交流。同时设立了中国医学真菌菌种保藏管理中心、中国医学细菌菌种保藏管理中心、中国医学病毒菌种保藏管理中心及专业实验室。1986年,国家科学技术委员会颁布实施了《中国微生物菌种保藏管理条例》。2003年,卫生部又指定了一批SARS毒株和样本的保管单位。

2004年,SARS实验室感染事故发生后,中国加大了对菌（毒）种的管理力度,《病原微生物实验室生物安全管理条例》随即出台。2006年1月,卫生部印发的《人间传染的病原微生物名录》以及2009年发布《人间传染的病原微生物菌（毒）种保藏机构管理办法》,都将病原微生物所需生物安全实验室级别、运输包装分类及菌（毒）种的保藏管理进行了明确与细化。近年来,随着新发再发传染病的不断发生,为了适应新形势、新挑战,更好的管理菌（毒）种,新的名录正在更新、完善与修订中。

二、保藏管理机构

2009年10月1日,《人间传染的病原微生物菌（毒）种保藏机构管理办法》施行,我国人间传染的病原微生物菌（毒）种管理工作依据新的规定执行。保藏机构是指由国家卫生健康委员会指定的,按照规定接收、检定、集中储存与管理菌(毒)种或样本,并能向合法从事病原微生物实验活动的单位提供菌(毒)种或样本的非营利性机构。保藏机构分为菌(毒)种保藏中心和保藏专业实验室。菌(毒)种保藏中心分为国家级保藏中心和省级保藏中心。

保藏机构的设立及其保藏范围应当根据国家在传染病预防控制、医疗、检验检疫、科研、教学、生产等方面工作的需要,兼顾各地实际情况,统一规划、整体布局。

国家级菌(毒)种保藏中心和保藏专业实验室根据工作需要设立。省级菌(毒)种保藏中心根据工作需要设立,原则上各省(自治区、直辖市)只设立一个。

三、病原微生物菌(毒)种或样本的保藏管理

人间传染的病原微生物菌(毒)种保藏机构的设置应符合《人间传染的病原微生物菌(毒)种保藏机构设置技术规范》(WS 315—2010)的基本原则、类别与职责、设施设备、管理等基本要求。

(一)设施要求

保藏机构应根据所保藏病原微生物的特点和危害程度分类,进行相应功能分区,应具备以下基本分区:菌(毒)种或样本接收区、实验工作区、菌(毒)种保藏区、菌(毒)种发放区和办公区。保藏实验活动所需的各级别生物安全实验室应符合原卫生部《人间传染的病原微生物名录》、GB 19489—2008 和 GB 50346—2011 的要求。

(二)管理要求

由国家卫生健康委指定的,按照规定接收、检定、集中储存与管理菌(毒)种或样本,并能向合法从事病原微生物实验活动的单位提供菌(毒)种或样本的非营利性机构,即保藏机构有权保藏菌(毒)种或样本,保藏机构以外的机构和个人不得擅自保藏菌(毒)种或样本。

未经批准,任何组织和个人不得以任何形式泄漏涉密菌(毒)种或样本有关的资料和信息,不得使用个人计算机、移动储存介质储存涉密菌(毒)种或样本有关的资料和信息。

我国境内未曾发现的高致病性病原微生物菌(毒)种或样本和已经消灭的病原微生物菌(毒)种或样本;《人间传染的病原微生物名录》规定的第一类病原微生物菌(毒)种或样本必须由国家级保藏中心或专业实验室进行保藏。

(三)技术要求

1. 保藏机构应为鉴定复核后符合保藏条件的菌(毒)种进行编号,建立编号规则,并有数据库可查询。编号包括原始编号、登记编号、保藏编号。

2. 菌(毒)种或样本应均有编号、来源、分离日期、地区、提供者、保藏条件、危害程度分类、表型特征档案、基因型特征档案、药敏谱、初步鉴定结果、提供单位等背景资料信息。

3. 菌(毒)种保藏应建立原始库、主种子库和工作库,并分别存放。采用病原微生物适宜的保藏方法,包括冷冻真空干燥保存法、超低温保存法、液氮超低温保存法、传代培养保存法、载体保存法、其他保存方法等。同一菌(毒)种应选用两种或两种以上方法进行保藏。如只能采用一种保藏方法,其菌(毒)种须备份并存放于两个独立的保藏区域内。

四、病原微生物菌(毒)种或样本的供应、使用与交流

(一)病原微生物菌(毒)种或样本的供应

各实验室应当将在研究、教学、检测、诊断、生产等实验活动中获得的有保存价值的各类菌(毒)株或样本送交保藏机构进行鉴定和保藏。保藏机构对送交的菌(毒)株或样本,应当予以登记,并出具接收证明。

保藏机构有权向有关单位收集和索取所需要保藏的菌(毒)种,相关单位应当无偿提供。保藏机构对专用和专利菌(毒)种要承担相应的保密责任,依法保护知识产权和物权。保藏机构储存、提供菌(毒)种和样本,不得收取任何费用。

(二)病原微生物菌(毒)种或样本的使用

保藏机构应当制定严格的安全保管制度,做好菌(毒)种或样本的出入库、储存和销毁等原始记录,建立档案制度,并指定专人负责。所有档案保存不得少于 20 年。

保藏机构可将国家规定必须销毁的、有证据表明保藏物已丧失生物活性或被污染已不适于继续使用的、保藏机构认为无继续保存价值且经送保藏单位同意的菌(毒)种或样本进行销毁。销毁高致

病性病原微生物菌(毒)种或样本必须采用安全可靠的方法,并应当对所用方法进行可靠性验证。

(三)病原微生物菌(毒)种或样本的交流

菌(毒)种或样本的国际交流应当符合《人间传染的病原微生物菌(毒)种保藏机构管理办法》第十九条:"保藏机构对专用和专利菌(毒)种要承担相应的保密责任,依法保护知识产权和物权。样本等不可再生资源所有权属于提交保藏的单位,其他单位需要使用,必须征得所有权单位的书面同意。根据工作需要,卫生部和省、自治区、直辖市人民政府卫生行政部门依据各自权限可以调配使用。"的规定,并参照《中华人民共和国生物两用品及相关设备和技术出口管制条例》《出入境特殊物品卫生检疫管理规定》以及相关出口管制清单等规定办理出入境手续。样本的出入境涉及人类遗传资源的,还须符合《中华人民共和国人类遗传资源管理条例》相关要求。

第四节　感染性废物管理

医疗废物是指各类医疗卫生机构在医疗、预防、保健、教学、科研以及其他相关实验活动中产生的具有直接或间接感染性、毒性等的废物。它是一类特殊危险废物,不包括医疗机构产生的放射性废物。医疗废物含有大量致病微生物及化学药剂,具有空间传染、急性传染和潜伏性传染等危险特性,其病毒细菌的危害是普通城市生活垃圾的几十倍甚至数百倍,而且有机成分多,易腐烂变质,滋生蚊蝇,造成疾病的传播。自20世纪50年代起,医疗废物的处置已引起世界各国的广泛重视。1989年,国际上已将其作为危险废物列入《控制危险废物越境转移及其处置巴塞尔公约》的控制转移名单。1998年,我国颁布了《国家危险废物名录》,之后该名录分别于2008年、2016年进行了修订。在最新版本中,明确了医疗废物的管理内容。2003年6月16日,国务院颁布并实施了《医疗废物管理条例》,旨在加强医疗废物的安全管理,防止疾病传播,保护环境,保障人体健康,并于2011年对该条例进行了修正。

一、废物的分类

《医疗废物管理条例》中明确了医疗废物是指医疗卫生机构在医疗、预防、保健以及其他相关活动中产生的具有直接或者间接感染性、毒性以及其他危害性的废物。2003年10月10日,卫生部发布了《医疗废物分类目录》。

目录中,医疗废物分为感染性废物、病理性废物、损伤性废物、药理性废物和化学性废物,分类目录见表9-2。

二、管理职责

依据《医疗废物管理条例》《医疗卫生机构医疗废物管理办法》等国家有关法律、法规,相关机构应建立、健全本单位医疗废物管理责任制,其法定代表人为第一责任人,切实履行职责,防止因医疗废物导致传染病传播和环境污染事故。

相关机构应当依据国家有关法律、行政法规、部门规章和规范性文件的规定,制定并落实医疗废物管理的规章制度、工作流程和要求、有关人员的工作职责及发生医疗卫生机构内医疗废物流失、泄漏、扩散和意外事故的应急方案。内容包括:医疗废物各产生地点对医疗废物分类收集方法和工作要求;医疗废物的产生地点、暂时贮存地点的工作制度及从产生地点运送至暂时贮存地点的工作要求;医疗废物在相关机构内部运送及将医疗废物交由医疗废物处置单位的有关交接、登记的规定;医疗废物管理过程中的特殊操作程序及发生医疗废物流失、泄漏、扩散和意外事故的紧急处理措施;医疗废物分类收集、运送、暂时贮存过程中有关工作人员的职业卫生安全防护。

相关机构应当设置负责医疗废物管理的监控部门或者专(兼)职人员,履行以下职责:负责指导、检查医疗废物分类收集、运送、暂时贮存及机构内处置过程中各项工作的落实情况;负责指导、检查医疗废物分类收集、运送、暂时贮存及机构内处置过程中的职业卫生安全防护工作;负责组织医疗废物流失、泄漏、扩散和意外事故发生时的紧急处理工作;负责组织有关医疗废物管理的培训工作;负责有关医疗废物登记和档案资料的管理;负责及时分析和处理医疗废物管理中的其他问题。相关机构应当对本单位从事医疗废物收集、运送、贮存、处置等工作的人员和管理人员,进行相关法律和专业技术、安全防护以及紧急处理等知识的培训。

表 9-2　医疗废物分类目录

类别	特征	常见组分或者废物名称
感染性废物	携带病原微生物,具有引发感染性疾病传播危险的医疗废物	1. 被病人血液、体液、排泄物污染的物品,包括: ——棉球、棉签、引流棉条、纱布及其他各种敷料; ——一次性使用卫生用品、一次性使用医疗用品及一次性医疗器械; ——废弃的被服; ——其他被病人血液、体液、排泄物污染的物品。 2. 医疗机构收治的隔离传染病病人或者疑似传染病病人产生的生活垃圾。 3. 病原体的培养基、标本和菌种、毒种保存液。 4. 各种废弃的医学标本。 5. 废弃的血液、血清。 6. 使用后的一次性使用医疗用品及一次性医疗器械视为感染性废物。
病理性废物	诊疗过程中产生的人体废物和医学实验动物尸体等	1. 手术及其他诊疗过程中产生的废弃的人体组织、器官等。 2. 医学实验动物的组织、尸体。 3. 病理切片后废弃的人体组织、病理蜡块等。
损伤性废物	能够刺伤或者割伤人体的废弃的医用锐器	1. 医用针头、缝合针。 2. 各类医用锐器,包括:解剖刀、手术刀、备皮刀、手术锯等。 3. 载玻片、玻璃试管、玻璃安瓿等。
药物性废物	过期、淘汰、变质或者被污染的废弃的药品	1. 废弃的一般性药品,如抗生素、非处方类药品等。 2. 废弃的细胞毒性药物和遗传毒性药物,包括: ——致癌性药物,如硫唑嘌呤、苯丁酸氮芥、萘氮芥、环孢素、环磷酰胺、苯丙胺酸氮芥、司莫司汀、三苯氧氨、硫替派等; ——可疑致癌性药物,如:顺铂、丝裂霉素、阿霉素、苯巴比妥等; ——免疫抑制剂。 3. 废弃的疫苗、血液制品等。
化学性废物	具有毒性、腐蚀性、易燃易爆性的废弃的化学物品	1. 医学影像室、实验室废弃的化学试剂。 2. 废弃的过氧乙酸、戊二醛等化学消毒剂。 3. 废弃的汞血压计、汞温度计。

注:一次性使用卫生用品是指使用一次后即丢弃的,与人体直接或者间接接触的,并为达人体生理卫生或者卫生保健目的而使用的各种日常生活用品。

一次性使用医疗用品是指临床用于病人检查、诊断、治疗、护理的指套、手套、吸痰管、阴道窥镜、肛镜、印模托盘、治疗巾、皮肤清洁巾、擦手巾、压舌板、臀垫等接触完整黏膜、皮肤的各类一次性使用医疗、护理用品。

一次性医疗器械指《医疗器械管理条例》及相关配套文件所规定的用于人体的一次性仪器、设备、器具、材料等物品。

医疗卫生机构废弃的麻醉、精神、放射性、毒性等药品及其相关的废物的管理,依照有关法律、行政法规和国家有关规定、标准执行。

相关机构应当采取有效的职业卫生防护措施,为从事医疗废物收集、运送、贮存、处置等工作的人员和管理人员,配备必要的防护用品,定期进行健康检查;必要时,对有关人员进行免疫接种,防止其受到健康损害。

三、实验室废物管理的总体原则

为防止实验室废物的污染,其管理的总体原则是从实验室废物的产生、分类收集、警示标记、密闭包装与运输、储存、无害化处置的整个流程实行全过程严格控制,重点安全管理感染性、损伤性废物,使感染性、损伤性废物得到有效处理,并减少需重点处理的医疗废物量。

严禁医疗废物与生活垃圾混合收集,这样有利于减少要处理的医疗废物量,既可以降低对环境的风险,又能够降低处理成本。

相关机构应当及时收集本单位产生的医疗废物,并按照类别分置于防渗漏、防锐器穿透的专用包装物或者密闭的容器内。医疗废物专用包装物、容器,应当有明显的警示标识和警示说明。

感染性废物必须进行包装,并依据废物的性质及数量选用适合的包装材料。应使用专用包装袋,包装袋上应印刷《医疗废物专用包装物、容器标准和警示标识规定》中确定的医疗废物警示标识(如图9-3)。包装有液体的感染性废物时,应确保容器无泄漏。

图9-3　医疗废物警示标识

相关机构应当建立医疗废物的暂时贮存设施、设备,不得露天存放医疗废物;医疗废物暂时贮存的时间不得超过2天。医疗废物的暂时贮存设施、设备,应当远离医疗区、食品加工区和人员活动区以及生活垃圾存放场所,并设置明显的警示标识和防渗漏、防鼠、防蚊蝇、防蟑螂、防盗以及预防儿童接触等安全措施。医疗废物的暂时贮存设施、设备应当定期消毒和清洁。

相关机构应当使用防渗漏、防遗撒的专用运送工具,按照本单位确定的内部医疗废物运送时间、路线,将医疗废物收集、运送至暂时贮存地点。运送工具使用后应当在指定的地点及时消毒和清洁。根据就近集中处置的原则,及时将本单位产生的医疗废物交由医疗废物集中处置单位处置。禁止在运送过程中丢弃医疗废物;禁止在非贮存地点倾倒、堆放医疗废物或者将医疗废物混入其他废物和生活垃圾。

医疗废物中病原体的培养基、标本和菌种、毒种保存液等高危险废物,在交医疗废物集中处置单位处置前须完成灭菌处理。

在不具备集中处置医疗废物条件的农村,相关机构应当按照县级人民政府卫生行政主管部门、环境保护行政主管部门的要求,自行就地处置其产生的医疗废物。自行处置医疗废物的,应当符合下列基本要求:①用后的一次性医疗器具和容易致人损伤的医疗废物,应当消毒并作毁形处理;②能够焚烧的,应当及时焚烧;③不能焚烧的,消毒后集中填埋。

相关机构应当依照《中华人民共和国固体废物污染环境防治法》的规定,执行危险废物转移联单管理制度。同时,应当对医疗废物进行登记,登记内容应当包括医疗废物的来源、种类、重量或者数量、交接时间、处置方法、最终去向以及经办人签名等项目。登记资料至少保存3年。

相关机构应当采取有效措施,防止医疗废物流失、泄漏、扩散。禁止任何单位和个人转让、买卖医疗废物。当发生医疗废物流失、泄漏、扩散时,应当采取减少危害的紧急处理措施,及时对致病人员提供医疗救护和现场救援;同时向所在地的县级人民政府卫生行政主管部门、环境保护行政主管部门报告,并向可能受到危害的单位和居民通报。

小　结

病原微生物是实验室生物安全管理的核心内容,是人类传染病预防和控制以及相关科研、教学、产业、检验检疫、质量控制的重要基础支撑条件,是国家重要的战略资源。应不断加强病原微生物菌(毒)种或样本的收集、活动、保存、研发与利用的管理,使其安全、有效地被利用。随着国家相继颁布实施了生物安全相关的法律法规,各种生物安全相关国家标准、行业标准乃至团体标准的出台,病原微生物实验室的生物安全管理,已经迈上了一个新台阶,走上了法制化、规范化道路。只有加强实验室的生物安全管理,才能保障从业人员及公众的健康,只有安全有效地利用病原微生物,才能让其服务于我们的日常与科研工作。近年来,国家高度重视生物安全,已将生物安全纳入到国家安全的重要战略高度,通过加大管理与宣传力度,从业人员的生物安全意识已经得到了显著的提高,我们要将实验室感染事件消灭在萌芽状态,只有提高意识、消除隐患,加强管理,实验室才能更好的发展,才能为传染病预防控制等提供有利条件。

思 考 题

一、判断题

1. 国家对病原微生物实行分级管理,对实验室实行分类管理。 （　　）
2. 第一类、第二类病原微生物统称为高致病性病原微生物。 （　　）
3. 三级、四级实验室需要备案管理。 （　　）
4. 实验室生物安全包含两方面的内容,一个是保护操作人员免受病原带来的危害,另一个是保护公众。 （　　）

二、选择题

1. 按照《可感染人类的高致病性病原微生物菌（毒）种或样本运输管理规定》规定,需要办理运输审批的范围有哪些

A.《人间传染的病原微生物名录》中规定的第一类病原微生物菌（毒）种或样本

B.《人间传染的病原微生物名录》中规定的第二类病原微生物菌（毒）种或样本

C.《人间传染的病原微生物名录》中第三类病原微生物运输包装分类为 A 类的病原微生物菌（毒）种或样本

D. 疑似高致病性病原微生物菌（毒）种或样本

E.《人间传染的病原微生物名录》中第四类病原微生物运输包装分类为 A 类的病原微生物菌（毒）种或样本

2. 感染性物质分为

A. A 类　　　　B. B 类　　　　C. C 类　　　　D. D 类　　　　E. E 类

3.《医疗废物分类目录》中将医疗废物分为

A. 感染性废物　　B. 病理性废物　　C. 损伤性废物　　D. 药理性废物　　E. 化学性废物

三、思考题

1. 病原微生物样本的采集应该注意哪些内容?
2. 感染性物质运输应注意哪些方面?
3. 保藏机构的概念是什么? 病原微生物保藏管理的重要性与意义有哪些?

参 考 答 案

一、判断题

1. 错误（国家对病原微生物实行分类管理,对实验室实行分级管理）
2. 正确
3. 错误（三级、四级实验室需要生物安全认可,一级二级实验室需要备案管理）
4. 错误（实验室生物安全包含三方面的内容,一个是保护操作人员免受病原带来的危害,另一个是保护公众,第三个是保护实验因子免受污染）

二、选择题

1. ABCD　　 2. AB　　 3. ABCDE

三、思考题

1. 样本采集时,既要做到早、快、近（离病变部位近）、多、净（避免交叉污染）,又要注意样本包装问题。原则上讲,烈性传染病样本采集后尽量就地检测,必要时才运送到具备条件的其他实验室进行检测。

采集病原微生物样本应当具备国家规定的条件和技术标准:硬件要求、人员要求、防护措施以及技术要求都要达到标准。整个采集过程应做好详细的记录,包括对样本的来源、采集过程和方法等应做好详细记录。

2. 感染性物质运输应当按照国家有关要求进行,首先要注意所运输物质的分类,查找名录,看属于第几类的病原微生物或样本,确定其是否需要办理运输审批,如需要办理运输审批,则按照相应的程序办理运输准运证书。其次,查看运输的病原微生物属于哪种包装分类,即 A 类,还是 B 类,并按照不同的包装分类进行包装。第三,挑选运输所用的包装材料,一定要选择正规厂家生产的经过检测鉴定的合格的包装材料。第四,选择合适的运输方式,一般路途较近,选择汽车陆路运输,距离较远,选择航空运输。第五,对于选择航空运输感染性物质,须按照民航有关规定进行,包括包装以及申报等,需要提前与所选择的的航空公司进行沟通和联系,以免浪费时间与金钱。

3. 保藏机构是指由国家卫生健康委指定的,按照规定接收、检定、集中储存与管理菌(毒)种或样本,并能向合法从事病原微生物实验活动的单位提供菌(毒)种或样本的非营利性机构。保藏机构分为菌(毒)种保藏中心和保藏专业实验室。菌(毒)种保藏中心分为国家级保藏中心和省级保藏中心。

病原微生物菌(毒)种是国家重要的生物资源和战略资源,是微生物学的重要组成部分,是能够引起人类各种疾病的致病性微生物,是传染病防治研究的重要基础材料和基本信息来源。在实验室生物安全日益得到广泛关注的形势下,病原微生物菌(毒)种作为实验室生物安全管理的核心内容,做好保藏管理尤为重要。做好病原微生物的保藏管理,既可以保护好重要的生物资源,使其得到长期、高效、高质量的保存,同时也能防止实验室生物安全事件的发生。做好病原微生物的保藏管理具有双重作用,是开展传染性疾病预防控制的重要保障,是发展生物工程的重要基础条件之一,具有重要意义。

ER9-1　第九章二维码资源

(魏　强　姜孟楠)

第三篇　各类实验室的生物安全防护

第十章 临床实验室的生物安全管理

我国临床实验室（clinical laboratory）种类繁多，数量庞大。因此，其生物安全管理是实验室生物安全管理的重要组成部分。临床实验室不仅具有生物实验室的共同特点，同时因其所处环境及其功能的特殊性，还存在一定的生物安全隐患。国内外有许多临床实验室安全事故或造成伤害的教训。所以对其管理应有针对性，需采取相应的措施加强管理。

第一节 临床实验室的概述

一、临床实验室的定义和分类

（一）临床实验室的定义

按照国际标准化组织《医学实验室质量和能力的专用要求》（ISO15189）的定义，临床实验室是指诊断、预防或治疗任何人类疾病（损伤）或评价人类健康而对人体的物质进行生物学、微生物学、血清学、化学、免疫血液学、血液学、生物物理学、细胞学、病理学或其他类型检验的机构。

2006年，卫生部印发《医疗机构临床实验室管理办法》，其中临床实验室是指对取自人体的各种标本进行生物学、微生物学、免疫学、化学、血液免疫学、血液学、生物物理学和细胞学等检验，并为临床提供医学检验服务的实验室。临床实验室收集、处理和分析人的血液、尿液等体液和一些组织标本，并将结果反馈给申请者，在筛查疾病、诊断疾病、监测疾病的发展过程以及观察患者对治疗的反应等方面为临床提供参考依据。

综上，本书所指的临床实验室也涵盖了医疗机构的病理科和输血科。

（二）临床实验室的分类

根据不同的分类原则，临床实验室可有不同的分类方法。例如，根据归属可分为医院所属的实验室、社区卫生服务中心的实验室和独立实验室；根据有无法人资格可分为独立实验室和非独立实验室；根据规模可分为综合实验室和专科实验室；根据用于教学还是科研可分为教学实验室和科研实验室，尤其是医药院校实验室；根据是否盈利可分为商业性实验室和非商业性实验室。

另外，我国对艾滋病实验室实行统一管理，按照其职能、开展检测工作的性质及范围共分为三类，分别是艾滋病参比实验室、艾滋病检测确证实验室和艾滋病检测筛查实验室。国家疾病控制中心设立艾滋病参比实验室，各省（自治区、直辖市）分别在省级疾病控制中心设立省级艾滋病确证中心实验室，其下再分别设地区性的艾滋病确证实验室和/或艾滋病筛查中心实验室，各级医疗机构、血站等机构设置艾滋病筛查实验室或艾滋病检测点。有些地区（如广东省）对性病实验室也实行分级管理，将性病实验室分为三级，县（区）级医疗防治机构的性病实验室按一级性病实验室的要求建设和管理，地市级、省级机构的性病实验室分别按二级和三级性病中心实验室，对本地区同级和下级性病实验室开展技术咨询、培训、质量管理和监督工作。

我国临床实验室主要有以下形式：①综合医院内的检验科（或称实验诊断科、临床病理科或实验医学部）和部分临床学科所属的临床实验室；②专科医疗机构如妇幼保健院（所）及性病、结核病防治院（所）所属的实验室；③基层的诊所、门诊部所属的实验室；④采供血机构所属的实验室；⑤各级疾病预防控制中心从事人体健康检查的实验室；⑥出入境卫生检验检疫部门的人体健康检查实验室；⑦各行业的疗养院等机构所属的临床实验室；⑧体检中心所属的实验室；⑨独立的临床检验所。近年，设立较大规模的临床检验所（中心）作为医疗机构临床实验室的补充,已成为发展趋势。

不同医院的临床实验室设置不尽相同。小型医院和基层的医疗单位可能只有检验室(简单的综合实验室),而规模较大的医院除了门诊检验实验室外,临床实验室一般会按专业职能分为临床检验实验室、临床生物化学实验室、临床免疫学实验室、临床微生物学实验室、临床血液学实验室和临床基因扩增检验实验室等,而输血科/血库(配血)实验室和病理(细胞)学实验室多为独立设置。另外可能还设有医院感染实验室。作为临床检验医学发展的前沿技术,临床基因扩增检验技术应用日趋广泛,属于二类医疗技术管理范畴,应当通过国家或省卫生健康行政管理部门组织的专家组进行技术审核。2010年,卫生部在试行准入管理八年后,正式颁布了《医疗机构临床基因扩增检验实验室管理办法》,对该类实验室不仅从生物安全和检测质量角度做了明确规定,而且也要求树立"无基因"污染的观念。常见的临床实验室也包括结核病实验室、艾滋病实验室、真菌病实验室、性病实验室、免疫风湿病学实验室和人类遗传学实验室等。

按照国家卫生健康委员会发布的《病原微生物实验室生物安全通用准则》(WS 233—2017)的分类,临床实验室属于需要生物安全防护等级(biological safety level, BSL)的实验室。根据实验室对病原微生物的生物安全防护水平,并依照实验室生物安全国家标准的规定,将实验室分为四级(BSL-1至BSL-4)。医疗卫生机构中,凡是未涉及病原微生物检测的临床实验室,如门诊检验实验室、临床检验实验室、临床生物化学实验室、临床血液学实验室等,一般按照BSL-1的标准建设和管理;凡是涉及病原微生物抗原抗体检测、核酸检测和分离培养鉴定的临床实验室,如临床免疫学实验室、临床基因扩增检验实验室、临床微生物学实验室和真菌病实验室,按照BSL-2的标准建设和管理;涉及活菌培养(感染)实验的结核病实验室和艾滋病实验室,按照BSL-3的标准建设和管理。BSL-1和BSL-2实验室,应当向所在地的市级人民政府卫生健康主管部门备案;BSL-3和BSL-4生物安全实验室,应当通过实验室国家认可,并向所在地的县(区)级人民政府环境保护主管部门和公安部门备案。BSL-3和BSL-4生物安全实验室从事高致病性病原微生物实验活动,应当取得国家卫生健康行政主管部门颁发的高致病性病原微生物实验室资格证书,并报省级以上卫生健康行政主管部门批准后才能开展。

二、临床实验室的生物安全隐患

(一)未知因素的风险

临床实验室与其他生物实验室的最大不同之处是存在大量未知因素带来的生物安全风险。临床实验室接收的标本很多是来源于未知疾病的个体,其中是否含有致病因子、含有何种致病因子及其危害性大小、传染途径均不同,实验室操作人员可能会接触比预期危险度更高的微生物,暴露在烈性传染病的环境。这是临床实验室生物安全的最大隐患。

(二)建筑设计的安全隐患

1. 选址受限制 按照有关生物安全防护(biosafety containment)要求,BSL-2选址应尽量远离公共场所。但是,临床实验室(特别是医疗机构内的临床实验室)在许多情况下不能远离公共场所,也不可能远离人群,而门(急)诊检验室有时甚至建造在人流比较密集的区域,这是临床实验室生物安全防护的先天不足。

2. 建造和设施的安全隐患 医疗机构的业务用房往往要从经营和方便患者就医要求上考虑,同时随着医疗业务的发展,临床实验室等用房会愈显不足,场地和内部使用空间不够,仪器设备过度拥挤,难以保证实验室的清洁、维护和安全运行。如果实验室布局和气流方向不合理,造成实验室死角空间过大,也会导致实验室内气溶胶污染。另外,建立时间比较长的医疗机构,原先的设施和设备可能未充分从生物安全方面考虑,同时会逐渐出现老化,而临床实验室的运行又无法停顿,导致设施和设备不能及时更新,这些都会留下安全隐患。

(三)管理方面的安全隐患

1. 内务管理的复杂性 按照实验室生物安全管理原则,非实验室工作人员未经批准是不允许进入实验室的,但对于临床实验室却较难真正做到,如临床实验室的人员还包括标本的运送者、见习生、实习生、进修生、规培生以及勤杂工人等,有时还有查询检验结果的医务人员、患者或其家属等。同时,随着医疗设备的专业化,进入临床实验室进行仪器维护保养和维修的工程师也越来越多。这些人员往往未曾接受过规范的生物安全培训,缺乏相关的意识和防护知识,容易发生违反生物安全的行为,是临床实验室生物安全管理的难点。

2. 人员和岗位管理的薄弱环节 临床实验室一般会实行岗位轮转制度,有些部门需要实行24小时值班,技术人员和专业岗位有相对流动性。例如,同一个专业岗位可能由数个工作人员轮流上班,技术人员每隔一段时间又要轮换工作岗位,因而造成工作人员对新转换的工作岗位不熟悉,每个工作岗位不止一个责任人,信息传递和沟通也可能出现脱节,发生问题有时不容易分清责任;另外,由于24小时连续作业,有些制度(如每次工作结束后的清洁消毒制度)可能得不到有效的贯彻,这些均是临床实验室管理的薄弱环节。此外,如果未严格执行上岗前培训制度,工作人员未掌握安全操作规范,也容易导致意外事故的发生。

三、临床实验室的生物安全防护

(一)标本采集、运送与接收

1. 标本采集 负责标本采集的工作人员要接受相应的技术培训和生物安全培训,按各实验项目要求选择合适的容器采集适当的标本。以血液为例,应当采用专用的一次性安全真空采血管采集血液标本,贴上标签或做好标记,连同检验申请单一起送交临床实验室。检验申请单应当包括足够的信息,以便识别患者、标本类型和检验申请者,同时应提供相关的临床资料,标本标志必须与检验申请单相符合。采集血液标本时,应防止污染采血管的外表或随标本的检验单。如果存在潜在的或实际的污染,则应再加一层包装(如包装袋)。如果已实行无纸化条形码信息化系统的科室,就只需打上条形码,然后送交临床实验室。随着信息化的快速发展,使得实验室信息系统(laboratory information system, LIS)与医院信息系统(hospital information system, HIS)的有效连接,无纸化信息传输使得临床实验室生物安全管理更趋科学。

2. 标本运送 标本采集完毕后,应当在规定时间和温度范围内,使用指定的保存剂,安全运送到临床实验室。所有血液和体液等标本都应放置于具有安全盖的结构优良的容器内,以防在运输过程中发生泄漏。所有的标本应加上生物危害警告标签。近年来建立了越来越多专业化的医学检验所(中心),许多标本需要远途运输,远途运输的标本应当注意以下问题:

(1)可靠包装标本,禁止使用细菌培养平皿邮寄标本,不能将干冰放入密封的容器内;

(2)遵照运输部门和国际空运协会的有关规定;

(3)运输用于诊断的标本应当根据需要标记"干冰保存""易腐坏""冷冻生物制品"等标志。

3. 标本接收 大规模接收标本的临床实验室应在一个专用的房间(即标本接收间)或区域(即标本接收区)进行,含有测试标本的包裹应当在生物安全柜或送到合适的实验室方可打开,不能在收发地点和仓库等地点打开,包装要符合国家生物安全标准并有明显的标记。包裹必须在下列情况下才能打开:

(1)人员在处理感染源方面接受过训练;

(2)具有处理感染源设备的实验室;

(3)工作人员必须穿戴防护衣;

(4)用后即可消毒的容器中。

打开标本容器时要小心,以防内容物溅洒。接收人员应对收到的所有临床标本进行核对和记录,检查标本管有无破损和溢漏,包括收到标本的日期、时间、标本的类型和状态描述,并要求送检者和接收人都签字。应可以追溯到最初的原始标本。对合格的标本应当及时处理,包括标本的编号、离心等。如发现溢漏应立即将尚存留的标本移出,对标本管和盛放容器进行消毒,如果污染过重或认为标本不能接受,则应将标本安全废弃,同时要报告实验负责人和安全员。建立实验室不合格标本的拒收流程,填写不合格标本的原因、处理措施及操作者签名。不接收也不处理严重污染的标本、检验申请单资料不全的标本和送检标本盛器上的标签与申请单不符的标本,都将情况立即通知送检人。对不能及时检验的标本应当妥善保存或进行适当的处理后妥善保存。

(二)标本的检测、保存与处置

1. 标本检测 每个临床实验室根据自身的

设备和开展的实验项目,建立本实验室每件实验设备和每个实验项目的SOP,SOP不是设备、试剂产品说明书的汇总,应当结合本实验室的实际情况进行补充修订,内容包括每个操作步骤的安全规范,所有关于血源性传染危险控制的常规安全措施都应当在SOP中体现。

2. 保存与处置 临床标本检测结束后,按照不同实验室的要求应当在冰箱保存1~2周标本,如果临床科有疑义可以重复检测,有些存在医疗投诉或纠纷时也需要标本送到第三方检测。这时应当符合生物安全的要求。对于临床标本的处置,应当注意以下的消毒与隔离。

(1)人员的安全隔离及其用品消毒 工作人员在工作期间穿着的防护服应当使自身的衣服不外露,工作帽应当遮盖全部头发,实验室全过程应当戴手套,必要时使用口罩和目镜等面部防护装置。进入实验室污染区应当加上鞋套防护。离开时脱去,以避免将病原体带离污染区。工作衣袋内不可装放烟、食品和其他个人物品,工作用的笔及笔记本等用品不得与工作帽、口罩放在同一工作服袋内。工作衣、帽、口罩应先消毒后洗涤。进入隔离病区或采集烈性传染病患者的标本时,应当按规定进行消毒隔离。

(2)实验设备和用具的消毒处理 显微镜、分光光度计、离心机、酶标仪、PCR扩增仪、气相色谱仪、电冰箱和培养箱等不能加热或用消毒剂浸泡的仪器,有局部轻度污染时,应当用75%乙醇重复擦拭2次;若污染严重,传染性强时,应当将需要消毒的仪器集中在一个房间内,按25ml/m³计算甲醛用量,以电磁炉加热密闭房间12h(千万注意煮干的危险!)。离心机内部有污染时,应当用75%乙醇重复擦拭2次,或将整个离心机放入环氧乙烷消毒柜,在54℃、80%相对湿度、环氧乙烷浓度为800mg/L的条件作用4~6h。金属器材、玻璃器皿应当用压力蒸汽和干热灭菌的方法消毒。使用过的玻璃器材及污染的橡胶制品、耐热塑料器材应当立即浸入0.5%过氧乙酸或有效氯为2 000mg/L的含氯消毒剂中1h以上,消毒后洗净沥干,使用前再做高压灭菌处理,不耐热的塑料器材消毒洗净后再用环氧乙烷消毒柜消毒。

(3)环境消毒 保持实验室空气流通,可通过开窗自然通风换气或人工机械通风,做到每小时换气10~15次。紫外线灯管照射适用于室内空气、物体表面的消毒,每10~15m²应装30W紫外线灯管1支,每次照射时间不少于30min。地面要采取湿式拖扫,消毒剂可用0.1%过氧乙酸(拖扫)、0.2%~0.5%过氧乙酸(喷洒)或有效氯浓度为1 000~2 000mg/L的含氯消毒液,消毒剂的用量不得少于100ml/m²。拖把应专用,污染区和清洁区不得混用,使用后用上述消毒液浸泡30min,再用清水洗净,在阳光下悬挂晾干备用。工作台面及其他家具表面的一般消毒可用0.2%~0.5%过氧乙酸或有效氯浓度为1 000~2 000ml/L的含氯消毒液喷洒、擦拭,每次消毒作用10~15min。若有传染性物质外溢、泼溅,应当用上述消毒液覆盖浸泡污染物,并保持30~60min。

(4)实验废物处置和消毒废物处置 应符合《医疗废物管理条例》和《医疗机构消毒技术规范》(WS/T 367—2012)的规定。实验室废物处置应由专人负责,该废物包括不再需要的标本、培养物和其他物品,都应视为感染性废物,应置于专用的密封防漏容器中,经高压消毒后再进行处理。实验室废物的最终处置应交由经当地环保部门资质认定的医疗废物处理单位集中处置。实验室废物的处置应有书面记录并存档。培养分枝杆菌和双相真菌用的平皿和试管应当使用胶带密封,用压力蒸汽灭菌后进行处理。组织器官、动物尸体及其他废弃标本应尽量做焚化处理。采用烧煮或消毒剂浸泡法消毒物品时,注意所有物品都应当浸泡在液面下,常用消毒剂在室温低于10℃时最好用温水配制,并适当延长消毒时间。各种消毒方法及消毒灭菌器械要定期进行效能监测,以保证能达到预期的消毒效果。

(5)污水处理 临床实验室排出的污水中可能含有大量的致病微生物及寄生虫卵,应当经污水处理系统净化后才能排入下水道。

(三)临床实验室生物安全防护

1. 个人防护 临床实验室常见风险为气溶胶和经血传播病原的暴露,所用的个人防护装备均应符合国家有关标准的要求。针对高校的教学实验室,大部分进出的是本科生或研究生,该实验室的规章制度应当包括实验室生物安全的内容,至少让学生进入实验室时了解相关的生物安全知识,树立生物安全意识,做好生物安全防护。

2. **实验室管理要求** 包括安全制度、人员培训和管理、保密制度、对试剂盒有毒物存放区域的监控、突发事件的应对措施。

3. **实验室的安全操作** 坚持安全操作规范、避免利器的使用、实验标本的采集、带入和带出实验室的物品。

4. **实验室意外和事故处理** 实验室意外事故的紧急处理、意外和事故的登记、报告和监测。

5. **职业暴露后预防** 紧急处理、对暴露级别进行评估、对暴露源头严重程度进行评估、预防性用药的推荐处理方案、建立职业暴露登记和监测制度、保密和报告制度。

第二节 临床实验室的生物安全管理

2008 年，我国正式引入 ISO15189，使得临床实验室的生物安全管理与国际接轨，走向了标准化。《实验室 生物安全通用要求》（GB 19489—2008）与 ISO15189 一起成为临床实验室安全与质量管理的国家规范。

一、生物安全管理制度

临床实验室的现代化管理模式是实行标准化管理，一系列的标准化管理文件形成管理体系，管理思想具体体现在 ISO15189 中。其中标准操作规程用于指导和督促管理目标的实施和完成，而生物安全管理的原则和内容必须在 SOP 的各个部分得到体现，目的是保障实验室技术人员的安全与健康，保证仪器设备、有毒和易燃试剂等危险品的安全使用，使工作人员能在安全的环境下正常开展工作。

（一）组织管理

组织管理是通过组织结构、管理人员和管理制度来维持实验室的正常运作和计划目标的实现。

1. **组织结构与管理人员职责** 为保障生物安全的实施，具有临床实验室的单位应建立关系清晰、责任明确的组织管理体系。规模较小的医疗机构的临床实验室或较单一的专科实验室可以采取直线型管理机构；规模较大、专业划分较细的临床实验室一般采取职能型管理机构，实验室内按专业设立不同的部门，每个岗位人员各司其职，有专业分工的管理人员，各部门主管除接受最高管理者的领导外，同时还要接受质管员、安全员等职能管理者的领导和指令。实验室应设置安全员，由有经验和责任心的人担任。具体负责生物安全管理。安全员负责提交生物安全计划和培训计划，对实验室的生物安全提出建议和指导，对微生物危害性做出评估，监督操作过程中的生物安全，及时发现隐患，提出解决的方案。实验室主任（对实验室直接负责者）负责制定和修改生物安全管理计划以及生物安全手册，保证计划的贯彻实施并进行安全检查。实验室主管应当保证提供常规的实验室安全培训并向实验室主任汇报。

2. **生物安全手册** 每个临床实验室应根据自身的实际情况编写生物安全手册，它是生物安全管理的集中体现，其内容包括：

（1）风险评估：评估实验室中所接触微生物的危害级别；

（2）每个工作岗位和每个技术项目的标准或特殊安全操作规程；

（3）个人防护要求；

（4）意外发生时紧急处理程序；

（5）医疗废物处置方法；

（6）实验设备安全消毒程序；

（7）内务管理制度；

（8）员工培训方法和有关信息记录方式。

要将生物安全实验室的特殊危害告知实验室人员，同时要求他们阅读生物安全手册，并遵循标准的操作规程。生物安全手册应简洁明了，方便工作人员取阅并遵照执行。

（二）人力资源管理

1. **人力安排** 实验室的工作人员必须是受过专业教育的技术人员，在独立进行工作前还需在中高级实验技术人员指导下进行上岗培训，达到合格标准，方可开始工作。工作人员必须接受实验室安全教育并了解实验室工作的潜在危险，自愿从事实验室工作，遵守实验室的所有制度、规定和操作规程。管理者应根据技术人员的年龄、学历、经历、表现、性格等个人素质和个性特征以及各个岗位的技术要求，相对固定岗位，责任落实到个人。重大传染病时期，需要在生物安全实验室从事工作时,还应考虑到包括 N95 或 N99 口罩与操作者面型的适配性等细节。

2. **人员培训** 包括技术、制度、纪律和生物安全培训,强化全员安全培训和临床实验室防护原则的安全意识。管理人员和所有实验技术人员须接受与工作人员相关的充足有效的技术培训。不规范的操作和人为的失误会极大地影响实验室安全措施对工作人员的防护效果。因此,必须培养工作人员的安全意识,使其熟悉如何识别与控制实验室危害,这是预防实验室感染和事故的关键。有关生物安全的内容是新工作人员岗前培训的重要部分,在职人员也应不断地接受生物安全培训,实验室工作人员应经常反复学习生物安全操作规范和实验室操作指南(安全手册或操作手册),同时应掌握预防暴露以及暴露后的处理程序,并确保他们阅读并理解了这些规程。实验室负责人是人员培训责任人,专职或兼职安全员应协助实验室负责人做好人员培训工作。

生物安全培训的内容包括:

(1)实验室生物污染的原因和方式;

(2)气溶胶产生的原理、物理性质和减少其产生的方法;

(3)实验室废物的危害及处理方法;

(4)实验动物的接种、管理及尸体处理原则和方法;

(5)个人防护用品的使用原则和方法;

(6)生物安全柜的使用及消毒方法;

(7)离心机的使用及其事故的处理方法;

(8)实验室的空气消毒方法及其效果监测等;

(9)包括 BSC 在内的主要仪器的维护保养规程。培训结束要对其进行评估,判断培训是否取得了预期效果。

3. **实验室人员的健康监测** 有关管理制度应保证临床实验室工作人员得到定期的健康监测。工作人员在入职前应进行体检,对接触 2 级以上危害性微生物的人员最好作临床和血清学检查,在操作人员健康时采集其血液按规定留存,必要时提供有效的主动或被动免疫。孕妇或免疫损伤人员等易感者应免于接触或从事高度生物危害性操作。实验室发生事故和员工生病时应立即报告,及时监测和早期诊断实验室获得性感染,必要

时应向每个实验室人员提供适宜的医学评价、疾病监测和治疗,并应妥善保存相应的医学记录。

(三)实验设备管理

实验设备是临床实验室的主要工具和生产力,因而实验设备管理水平直接影响生物安全管理目标的实现,实验设备的管理制度应涉及设备使用前(采购、安装)、使用过程中的维护和设备的更新等方面,以保障实验设备能够安全使用。

1. **设备的购置管理** 购置前做好调研、论证和决策,要充分考虑准备购置的实验仪器设备的可靠性和安全性,特别要从生物安全的角度考虑该产品是否符合有关法规和标准。

2. **设备的使用管理** 设备投入使用前应确保设备安装符合设计要求,符合院内感染的控制要求和生物安全防护要求。临床实验室的标准操作规范应包含所有实验仪器设备的 SOP,每件设备应由专人负责管理并明确责任人,设计和使用统一格式的实验仪器设备唯一标志,建立实验仪器设备的档案和运行使用记录。

3. **设备的维护管理** 实验室的制度应明确规定每件实验设备的日常保养、定期检测、校准、故障排除和维修的具体要求和责任人,并及时做好记录。实验设备的校正和维修应由熟悉该设备的专业技术人员进行。设备维护的记录内容应包括时间、措施、效果、维护/维修者姓名、维修部件名称和型号、检测校正的项目和结果等。管理者要定期考核设备的保养和维护情况,确保仪器设备正常运转。

4. **设备的更新管理** 包括更换设备和设备技术上的更新,使实验仪器设备技术更先进,更安全和效率更高,减少生物污染和职业暴露的发生。有下列情况的实验设备应考虑更新:

(1)已超过使用年限、老化、技术性能落后或生产效率低下者;

(2)原设计上有缺陷或制造质量不良,技术性能不能满足生产要求或生物安全要求且难以修复和改良者;

(3)出现严重故障,经过调研和预测,大修后仍然不能满足安全生产要求者;

(4)耗能过高,污染危害环境及有损人身安全者;

(5)国家明令禁止或淘汰的仪器设备。

二、生物安全准则

(一)基本原则与要求

1. 基本原则 假设所有来自患者的血液、体液和组织标本都具有传染性,这就要求医学实验室贯彻临床实验室防护原则。要求临床实验室人员严格按照实验室安全操作规程操作,重点是降低液体溅出和气溶胶的产生。严格按照医疗废物的处理标准进行操作。

2. 临床实验室安全操作的基本要求

(1)所有处理血液、体液或其他可能具传染性的物质(包括接触患者的黏膜或有损伤的皮肤及在处理污染的物品或表面时)的工作人员都应戴手套,如果有可能发生血液或体液的喷溅,或必须在生物安全柜外处理微生物时,则应使用面部防护装备。如果手套破损、刺破或失去其屏障功能,则应尽快更换。一次性手套不得重复使用,在接触患者后应更换手套。不能戴着手套离开实验室或接触"洁净"设施表面(如键盘、电话、门柄等)。

(2)工作台面应铺垫一块具有吸收性能的材料,以防止液体滴落或溅洒造成的感染性物质扩散,使用后按感染性废物处理。

(3)所有可能产生气溶胶或飞沫的操作都应在生物安全柜中进行。

(4)实验室应使用机械移液装置,绝对禁止用口吸移液。

(5)禁止用手直接处置注射器及其他锐器,以防止损伤;使用后或废弃的锐利物品都应置于专用容器(锐器盒)内,并及时运走处理。

(6)实验中用过的污染物品在重复使用前或装入容器中按传染性废物进行处理前,应先进行基本的去污处理。

(7)被血液或其他体液污染的设备在进行维修之前应先进行清洁和消毒,无法彻底消毒的设备必须贴上生物危害警告标签。

(8)手或其他部位的皮肤在接触血液或其他体液后必须立即进行彻底清洗,在实验工作结束后或取下手套后应立即洗手;在离开实验室之前应脱下所有的个人防护装备,并严格洗手。

(9)血液或其他体液发生泄漏或工作结束后,要及时用合适的化学消毒剂对实验室工作区进行表面消毒。

(二)安全防护措施

一般临床实验室应按 BSL-2 的要求,安全防护措施包括安全防范制度、安全操作规范程序和废物处理制度等。

1. 安全防范制度

(1)实验室入口处须贴上生物危害警告标志,显著位置须贴上有关的生物危险信息,注明危险因子、生物安全级别、负责人姓名和电话号码。

(2)实验室门应安装门禁系统,禁止非工作人员进入实验室(特别是进行感染性实验操作时),参观实验室等特殊情况须经实验室负责人批准,按要求登记后方可进入。

(3)安全用火、用电、用气,妥善保管和谨慎使用易燃易爆物品、菌株(毒株)、各种化学试剂和生物试剂。

(4)实验设备在运出修理或维护前必须进行消毒并贴上生物危害警告标签。

(5)禁止将无关动物带入实验室,制定有效的防鼠防虫措施。

(6)采取必要的防盗措施。

2. 安全操作规范程序 应将生物安全的基本原则和要求融入实验室的一般工作程序和各项常规操作的程序中。实验室感染多是通过吸入传染性气溶胶或黏膜接触到感染性因子而发生。另外操作过程中的意外事故也常导致实验室感染发生。因此,培训工作人员正确地进行实验室操作(避免或减少气溶胶的产生)和有效的个人防护,是避免实验室感染的主要措施,同时,要求实验室工作人员懂得如何采用安全的方法来进行下列常见的高危操作:

(1)吸入危险(气溶胶产物):如使用接种环、画线接种琼脂平板、移液、制作涂片、打开培养基、采集血液/血清标本和离心等;

(2)食入危险:如处理标本、涂片以及培养物;

(3)针刺危险:在使用注射器和针头时刺伤皮肤的危险;

(4)处理动物时被咬伤、抓伤的危险;

(5)处理血液以及其他有潜在病理学危害的材料;

(6)清除和处理感染性材料污染。

3. 废物处理制度 医疗废物处理已有国家标准，2003年国家颁布《医疗废物管理条例》以及《医疗卫生机构医疗废物管理办法》，须严格参照执行。

（1）实验后的所有血液、体液、组织标本、微生物培养皿及其他潜在危险性的废物须放在防漏的容器中储存、运输及消毒灭菌，所有培养物、废物在运出实验室之前必须进行灭菌消毒（可放入专用容器中用含氯消毒液浸泡），灭活后的废物须运出实验室的，必须放在医疗垃圾专用（黄色）塑料袋或其他专用密闭容器内封好，废水经由污水处理系统处理。

（2）禁止用手直接处理破碎的玻璃器具，破碎玻璃试管、玻璃瓶、涂片检测病菌用的玻片以及使用后的一次性医疗器具和容易致人损伤的医疗废物，应放在专用的锐器盒内，丢弃之前应消毒并作毁形处理，然后用双层医疗垃圾专用（黄色）塑料袋捆好。

（3）生活垃圾应放入生活垃圾桶（黑色袋子）内，不可与医疗垃圾混放，每天定时由清洁人员统一收集。

（4）所有废物（包括医疗废物和生活废物）应由专门的清洁人员统一收集，清点数量或称重并记录，再进行集中处理。

三、生物安全管理的内容

（一）实验室设计和建造

按照规范设计与建造实验室是实现生物安全物理防护的基础。根据临床实验室的特点，应按照BSL-2标准设计和建造，着重考虑生物安全问题，要符合世界卫生组织《实验室生物安全手册》和国家卫生健康委员会已颁布实施的《病原微生物实验室生物安全通用准则》（WS 233—2017）相关的法律文件、规范和标准的要求。

按照BSL-2实验室生物安全防护要求，应从功能上划分清洁区、防护区（缓冲区）和污染区，分区要清楚，实验室面积应满足工作需要、方便打扫保洁并保证安全。具体建造和装修要求可参考有关标准或规范文件。

（二）安全设备和个体防护

安全设备和个体防护是避免实验室工作人员直接接触致病微生物及其毒素的第一道物理屏障。

1. 常用安全设备

（1）生物安全柜：生物安全柜是临床实验室最主要的安全设备，一般临床实验室按BSL-2要求应配备Ⅱ级生物安全柜。注意不能用超净工作台代替生物安全柜。

（2）离心机：宜选用带安全罩的离心杯或使用真空采血管，避免离心操作过程散发传染性气溶胶。

（3）移液器：使用移液器时禁止使用口吸方式移液。移液器的清洁应该按照厂家的要求进行，内外部清洁可用肥皂液、洗洁精或60%异丙醇；可用高压/紫外线灭菌加样器；去除DNA污染可用主要成分0.1N HCl、NaCl等的液体95℃浸泡30min；清洁完毕后，用蒸馏水冲洗干净，烘干或完全晾干。使用过程中务必防止感染性气溶胶的散发。

（4）接种环：宜使用无弹力的铂丝接种环，因为有弹力的接种环在操作时容易使菌液溅落形成气溶胶。电加热接种环可在生物安全柜内使用，明火加热的接种环不能在生物安全柜内使用。

（5）蒸汽回收式压力消毒灭菌器：临床实验室内开展病原微生物检查，需要对培养基、操作后的感染性标本及菌（毒）种进行高压消毒。

（6）洗眼器：根据临床实验室活动的内容，确定是否需要安装洗眼器。如果需要安装，应安装在BSL-2实验室内，邻近危险操作的工作台或靠近出口的地方。

（7）喷淋装置：临床实验室必要时还应有应急喷淋装置，安装在实验操作区域或邻近区域，以备意外喷溅到身上时使用。

2. 个体防护设备

（1）防护服：在实验室内工作必须使用专用的防护性外衣或制服。

（2）面部保护装置：包括护目镜、口罩、面罩和个体呼吸保护用品等。

（3）手套：是最常用、最基本的个体防护装置，实验室工作人员操作过程都应戴手套，并确保手套完好无破损。

（三）技术操作规范与流程

制订技术操作规范与流程的目的是指导工作人员正确地进行实验室操作，保证实验质量，同时减少和避免对自身的生物危害,技术操作规范应涵盖实验前(标本采集、运输与接收)、实验过程中(设施与设备的使用、实验SOP)和实验后(物品消毒、隔离与处理)的各个环节。以下是临床实验室常用的基本操作规范。

1. 标本的采集、运送和接收　有关内容在本章第一节详述。

2. 接种和接种环灭菌处理　开启密封的玻璃菌种管或拔下试管上的胶塞时,不要突然拔开,应缓慢地旋转拧开,以避免压力和气流的急剧变化造成传染性气溶胶弥散。接种环灭菌处理时应防止加热时液体发生飞溅,为避免高温聚热使接种环上的菌块崩裂,应尽量使用电热接种环,使用酒精灯时先将接种环插入酒精灯火焰的内焰中,使残留的细菌焦灼于接种环上,然后再将接种环移至外焰进行灭菌。实验室人员在操作中有时为了尽快降低接种环的温度,习惯将接种环直接插入培养基或培养液中降温,但这样容易产生气溶胶,正确的做法是在接种罩中进行操作或交替使用多个接种环。

3. 吸管和移液管的使用　要用移液器吸取液体,绝对禁止口吸移液。在操作感染性物质时,所有吸管都应该有棉塞以减少对移液器或吸球的污染,建议使用带有滤芯的吸头,并推荐使用一次性的无菌塑料吸管代替玻璃吸管。进行移液或混匀操作时,移液器吸管应放入操作液面下的2/3处吸取液体,再沿容器内壁让液体自动流出,操作动作宜缓慢,不要强制性排出吸管的预留液,以避免产生气泡和气溶胶。

4. 研磨　最好使用组织研磨器,用乳钵进行研磨时,应戴上手套,手里再垫一块柔软的纱布进行操作,先加少量的溶液或助研剂,研磨棒不应离开研钵体,研匀后再加入所需全量的液体,切忌用研棒捣击有感染性的组织块。操作感染性物质时应在生物安全柜中进行。

5. 注射器的使用　使用注射器吸液或推液时,动作不宜过快,以减少气溶胶的产生。处理感染性物质,排空注射器中气体的操作应在生物安全柜中进行。

6. 搬运　在实验室工作区内或室间移动培养微生物的器皿时,一定要装在有封口、不会滑落的金属容器内。

7. 锐器处理　尽可能使用塑料器材代替玻璃器材。谨慎处理针头、刀片和碎玻璃等锐利物品,禁止以下操作:直接用手将针套重新套在针头上,取下或对针头进行其他操作,以防止针刺损伤。所有锐利物品在使用后都应放入贴有清晰标签的防穿透容器内,盛放废弃锐利物品的容器应就近放在便于操作的地方,装满容器的3/4或2/3时就要及时运走,按相关规定毁形处理。

(四)内务管理

在实验室入口明显位置张贴国际统一的生物危害标志并标明实验室生物安全级别。合理设置清洁区、防护区(缓冲区)、污染区和工作人员活动路径规范,保证工作区域整洁有序,限制非实验室人员和物品进入实验室,禁止在实验室内吸烟、饮食、化妆或进行其他与实验无关的活动,试剂应按储存条件和类型进行分类存放,不能与临床标本或其他感染性材料混放,特别注意菌(毒)种、生物试剂、危险化学品、放射性物品和易燃易爆炸物品的安全存放和管理,要有专人专册保管,菌(毒)种的名称、来源、分离、移种和销毁都要详细记录,保存的菌(毒)种种类与数量增减或销毁应先征得实验室负责人的同意,保藏处应双人双锁管理,保管人员调离前须先办妥移交手续。临床标本均按有感染性物质对待,用专用容器、专用冰箱存放,并应有清楚的标签和生物危害标志,冰箱要定期清扫和消毒。工作区域严禁摆放和实验无关的物品,其他物品应放入储物柜,在实验室内用过的防护服不得与日常服装放在同一柜子内。

(五)突发事件和职业暴露的处理

尽量避免由于不安全操作引起的意外事故,首先要针对可能的危险因素,涉及保证安全的工作程序,制定处理预案;其次要事先进行有效的培训和处理突发事件的模拟训练;发生意外事故时要能够提供包括紧急救助或专业性保健治疗等应付紧急情况的措施。工作人员在操作过程中发生的意外,如针刺和割伤、皮肤污染、感染性标本溅洒到体表和口鼻眼内、衣物污染和污染实验台面等均视为安全事故。应视事故类型等不同情况,立即进行紧急处理,在紧急处理的同时必须向有关专家、领导和卫生主管部门报告,详细记录事故经过和损伤的具体部位和处理方案等,由专家评估是否需要进行预防性治疗。

第三节 常见临床实验室的生物安全防护

按照不同亚专业，甚至针对不同致病性微生物的检测和研究独立设置了一些常见临床实验室。这些实验室的生物安全防护比本章第一节一般说的临床实验室生物安全防护的要求更高。

一、结核病实验室的生物安全防护

（一）结核病实验室环境的安全

针对结核分枝杆菌的分离、培养、鉴定、药敏及相关的快速检测等实验工作的所有操作应当符合我国《病原微生物实验室生物安全管理条例》《人间传染的病原微生物名录》《实验室 生物安全通用要求》和《医疗机构临床实验室管理办法》的要求。对结核分枝杆菌大量活菌操作应在BSL-3的环境中进行，对样本检测如涂片、镜检、标本的病原菌的分离纯化、药物敏感试验、生化免疫鉴定、核酸检测等初步检测活动应在BSL-2的环境中进行。另外，实验室所用设备、设施和耗材都应符合国家相关标准。

（二）标本的采集、运送、接收、检测与处置

用于结核分枝杆菌检测的标本类型较多，标本的正确采集、运送、保存和处理是结核病实验室检测质量的重要环节，应当高度重视。适合于各级结核病实验室开展抗酸杆菌涂片镜检、分枝杆菌分离培养、分枝杆菌菌种鉴定、结核抗体检测、γ干扰素释放试验、核酸检测和耐药检测等。

1. 标本采集

用于分枝杆菌培养的标本，采集后如1h内不能运送到实验室，除血液标本外，其他标本应置4℃保存；实验室收到标本后，如不能及时处理，仍需冰箱冷藏，标本采集到接种时间间隔不能超过7天。

2. 标本的处理与保存

不同标本可能有不同的处理方法。以临床上最常见的痰标本为例，可疑肺结核患者，初诊时应收集3份痰标本即当日即时痰、夜间痰和次日晨痰，治疗中或随访病人应按期留取2份痰标本（晨痰和夜间痰），体积3~5ml，盛于广口和具有螺旋盖子的痰瓶中。实验室不接收合并的痰标本，也不推荐留取时间超过24h的痰标本。采集即时痰后立即送检；采集夜间痰和晨痰后常温保存不应超过12h，对当日无法进行涂片检查的标本，应当置于4℃冰箱保存，防止痰液干涸或污染。对无法咳痰的患者，应使用高渗盐水3%氯化钠诱导痰或收集清晨胃液标本，或使用支气管镜采集支气管灌洗液标本。采集标本尽量无菌操作。对于菌株保存，在菌（毒）种样品收集、筛选、分析、鉴定、保存、复苏过程中做好个人防护，严格按照BSL-2实验室操作要求进行各项实验的操作，菌株库设有专门的管理人员2名，菌株分类存放，做到双人双锁管理，应建立完善的技术资料档案，详细记录所有保存的菌（毒）种和标本的名称、编号、数量、来源、病原微生物类别、主要特性、保存方法等情况，建立完善的纸质及电子数据库，档案数据要永久保存，制定实验室安全事故处理应急预案，建立详细的菌种出库记录，建立有效的菌（毒）种和样本销毁记录。

3. 标本的运送

标本采集后不管运送距离远近都应按要求进行包装和标识。运送过程应按照相关要求的温度范围内运送，并使用指定的保存剂。要注意容器的密封性能以保证标本的完整性和安全性；运输结核分枝杆菌标本时，运送方式应遵守国家、区域和地方法规的要求，确保对运送者、公众和接收者实验室的绝对安全。

4. 标本的接收

实验室应设置单独的标本接收处。工作人员应穿戴符合生物安全防护水平相适应的个人防护用品如隔离衣、帽、口罩、手套等；应由检验人员或经培训合格的专人验收，在接收记录簿或LIS系统中对收到的所有原始标本进行记录，认真核对相关信息，应当信息一致，送检人员与接收人员都要认真记录并签字存档。

5. 医疗废物处理

为了防止疾病传播，确保环境和实验室安全，确保人体健康，医疗废物的处理应该严格按照《中华人民共和国传染病防治法》和《中华人民共和国固体废物污染环境防治法》以及《医疗废物管理条例》的相关规定妥善处理医疗废物。

（三）建立健全实验室的操作规程与管理制度

1. 操作规范

（1）实验室所在单位应成立实验室生物安全委员会，法人代表或分管的院领导应是生物安全委员会主任，实验室负责人应是生物安全委员会成员，并制定完整的安全手册，并监督实施；

（2）实验室应制定各种仪器设备操作和实验操作的 SOP；

（3）检验人员应加强相关专业知识和技能培训，严格执行 SOP，并了解生物安全相关知识和生物危害；

（4）注意职业安全，提高生物安全防范意识，负责生物安全管理的人员，有责任制止不规范操作和处理意外事故；

（5）应懂得职业暴露的局部处理和意外伤害暴露的补救措施。

2. 管理制度

（1）实验室人员培训制度；

（2）实验室准入制度；

（3）实验室安全检查制度；

（4）实验室个人防护制度；

（5）标本接收与拒收制度；

（6）实验室清洁消毒灭菌制度；

（7）意外伤害应急、登记、监测、保密和报告制度；

（8）废物处理制度。

二、艾滋病实验室的生物安全防护

（一）艾滋病实验室环境的安全

对人体血液、其他体液、组织器官等进行艾滋病病毒、艾滋病病毒抗体及相关免疫指标检测、监测、检验检疫和血液及血液制品的筛查等实验工作的所有操作应符合《全国艾滋病检测工作管理办法》中对实验室人员、建筑设施和设备等条件的要求，并在按照规定经过技术审核或备案的实验室内进行。实验室安全防护和质量保证应符合《全国艾滋病检测技术规范》（2015 年修订版）规定，艾滋病病毒分离、细胞培养及研究工作应当在 BSL-3 实验室进行，血清学检测（含筛查实验室和确证实验室）、免疫学和核酸检测等应在 BSL-2 实验室进行。

（二）标本的采集、运送、接收与处置

1. 标本的采集

所有病人的血液、体液及被血液、体液污染的物品都被视为具有传染性的病源物质，接触这些物质时，应当采取防护措施。血液标本采集时一定要注意安全，操作时必须戴手套，手部皮肤有破损时必须戴双层手套，操作完毕，脱去手套后立即洗手，必要时进行手消毒。

2. 标本的运送及接收

在将艾滋病病毒／艾滋病标本转运到其他实验室时，应防止造成污染，送标本人应明确接收地点和接收人，安全将标本送到接收人，并且送标本人和接收人分别在规定的地方签字。

3. 标本的处置

（1）从艾滋病实验室出来的所有废物，包括不再需要的标本、培养物和其他物品，均应视为感染性废物，应置于专用的密封防漏容器中，安全运至消毒室，并在高压消毒后再进行处理。

（2）HIV 常用的消毒方法

1）物理消毒法：高压蒸汽消毒（121℃，维持 15~20min）和干燥空气烘箱消毒（141℃，维持 2~3h）。

2）化学消毒法：最常用的化学消毒剂是含氯消毒剂（次氯酸钠，含有效氯 2 000~5 000mg/L）、75% 乙醇和 2% 戊二醛，维持 10~30min。对于废物缸、溢出物，使用 5 000mg/L 次氯酸钠；对于生物安全柜工作台面和仪器表面，使用 75% 乙醇；对于污染的台面和器具，使用 2 000mg/L 次氯酸钠，器械可用 2% 戊二醛消毒。

（三）建立健全实验室的操作规程与管理制度

1. 操作规范

（1）HIV 初筛实验室和 HIV 确证实验室的设置及其建筑、设施、设备必须符合《全国艾滋病检测技术规范》（2015 年修订版）的要求；

（2）检查人员应当接受过国家或省市级 HIV 抗体确认中心举办的 HIV 抗体检测学习班培训并获得合格证书；

（3）所有实验都要有标准化的操作规程或操作手册，要准确、规范、妥善保管，每个检查人员都能随时查阅；

（4）检查人员除认真做好试验外，还应做好

记录并存档。

2. 管理制度

（1）个人防护及保健制度

应有个人防护品和个人保健制度。如果进行有可能发生血液、体液飞溅的操作时，医务人员应当戴手套、具有防渗透性能的口罩和防护眼镜；有可能大面积飞溅的，还应穿戴具有渗透性能的隔离衣。高标准的个人保健对于减少感染的危险性也很重要，离开实验室前应该脱去隔离衣，并严格洗手。

（2）实验室管理要求

1）建立安全制度：实验室的仪器设备、建筑和设施的安全性符合要求；制定安全标准操作程序；定期修订安全标准操作程序，定期检查设施情况并记录；制定意外事故处理预案，建立意外事故的登记报告制度；实验室主任负责组织对事故的调查、登记、处理和报告。

2）人员培训与管理制度：管理人员和所有检测人员应进行有效的技术培训；应当告知新上岗人员实验室工作的潜在危险，进行安全教育；实验室主任合理安排人员并做好安全检查；外来人员进入实验室时应经过实验室负责人的批准；工作人员应进行年度采血检测 HIV 抗体并备案，应长期保留血清标本。

3）建立严格的保密制度并定期检查：所有资料均应严格保密（如送检单、记录、报告单等）；检测人员应具有高度的保密意识。

4）严格质量管理：做好安全操作及试剂选择；做好室内质控和室间评价；对检测报告严格把关。

5）对存放试剂盒有毒物区域的监控：存放试剂盒有毒物的冷藏柜、冰箱、培养箱和容器在工作人员视线外的地点时应上锁；设置专门的储存阳性血清、质控品的冰柜或毒种库应上锁，专人管理。

6）建立应对突发事件的措施：紧急预案应包括紧急事件发生时通知相关领导和工作人员；实验室负责人和设备安全员应遵循有关规定，报告、调查和处理突发事件及可能的意外专业暴露。

（3）避免利器的使用

1）尽量避免在实验室使用针头、刀片、玻璃器皿等利器，特别注意防止被针头、缝合针、刀片等锐器刺伤或划伤。

2）尽量使用安全针具（如蝶形真空针）采血，以防刺伤。

3）使用后的锐器应当直接放入耐刺、防渗漏的锐器盒，或者利用针头处理设备进行安全处置。

（4）医务人员艾滋病病毒职业暴露防护工作

根据《医务人员艾滋病病毒职业暴露防护工作指导原则（试行）》（卫医发〔2004〕108 号）和《职业暴露感染艾滋病病毒处理程序规定》（国卫办疾控发〔2015〕38 号）的要求，做好艾滋病病毒职业暴露的预防与处理，确保在发生职业性暴露时，能够及时、高效、科学、有序地进行处理和预防服药，降低职业性暴露感染艾滋病病毒危险，保障工作人员的职业安全。万一发生了职业暴露，应当及时就近到医疗机构进行局部紧急处理、感染危险性评估和预防性用药。

1）局部紧急处理：用肥皂液和流动水清洗污染的皮肤，用生理盐水冲洗黏膜；如有伤口，应轻轻挤压，尽可能挤出损伤处的血液，再用肥皂液和流动水冲洗；对于受伤部位的伤口冲洗后，应当用消毒剂（如 75% 乙醇或 0.5% 碘伏）进行消毒，并包扎伤口；被暴露的黏膜，应当反复用生理盐水冲洗干净。

2）感染危险性评估：要按照《医务人员艾滋病病毒职业暴露防护工作指导原则（试行）》（卫医发〔2004〕108 号）有关规定执行，应当对职业暴露的级别和暴露病毒载量水平进行评估和确定；

3）预防性用药：医疗机构根据暴露级别和暴露源病毒载量水平对发生艾滋病病毒职业暴露的人员实施预防性用药。预防性用药方案分为基本用药程序和强化用药程序。前者使用两种逆转录酶抑制剂，如 AZT 和 3TC 的联合制剂，使用常规治疗剂量，连续服用 28 天，该程序适用于轻度低危暴露；后者是在前者的基础上加一种蛋白酶抑制剂，使用常规治疗剂量，连续服用 28 天，此程序适用于严重暴露。预防性用药应当在发生艾滋病病毒职业暴露后尽早开始，最好在 4h 内实施，最迟不宜超过 24h，即使超过 24h，也应当实施预防性用药。

（5）实验室意外和事故处理

1）实验室意外：①按照规模大小把实验室意外分为小型意外和重大意外两类。前者是指少量潜在传染性物质漏到桌子上、椅子上，常用的有效处理措施是消毒污染处；后者是指不论什么情况下，如果怀疑有严重的意外都属于重要情况，实验室必须被清空、锁上，并且实验室管理者要请安全专家，听从专家的意见。②按照污染部位可以分为皮肤刺伤或切割伤、皮肤污染、黏膜污染、衣物污染。对于皮肤刺伤或切割伤，可以立即用肥皂液和大量的流水冲洗，尽可能挤出损伤处的血液，用75%乙醇或其他消毒剂消毒伤口；对于皮肤污染，可以用流水和肥皂液冲洗污染部位，并用适当的消毒剂浸泡，如75%乙醇或其他皮肤消毒剂；对于黏膜污染，可以用大量生理盐水彻底冲洗污染部位；对于衣物污染，尽快脱掉污染的衣物，进行消毒处理。

2）实验室事故

按照发生范围的大小可分为污染物泼溅和重大泼溅事故。对于发生小范围污染物泼溅事故时，应立即进行消毒处理，并要求实验室负责人和安全员到达事故现场查清情况，确定消毒程序；对于重大泼溅事故，应立即按照如下步骤进行：疏散人员→控制污染→报告实验室负责人、安全员→确定消毒处理程序。如果涉及到人时，应同时抽血检测HIV抗体，暴露后第4周、第8周、第12周、第6个月要定期检测。

三、真菌病实验室的生物安全防护

（一）真菌病实验室环境的安全

针对真菌病患者标本的涂片、染色、分离培养、鉴定、药敏及快速诊断的实验所有操作应在BSL-2的实验室内完成。

（二）标本的采集、检测及消毒

1. 标本的采集：皮屑、水疱的泡液、毛发、指（趾）甲、血液和骨髓、其他体液、脓液、排泄物、穿刺物和活体组织等均可作为真菌检查的标本，各种标本的采集处理要求有所不同。

（1）皮肤及其附属器的标本：皮屑或水疱用手术刀片轻轻刮取，毛发用拔毛镊拔取，指甲用钝刀刮取病甲深层粉末状的甲屑，均置于灭菌平皿中待检；皮损的渗出物和脓液可用注射器吸取或用刀片刮取。

（2）痰液和支气管冲洗液标本，若过于黏稠，可加蒸馏水3~5ml，用无菌玻璃珠将其打散再行检查，应当在生物安全柜中进行。

（3）尿液、脑脊液标本：经离心后取沉淀进行检查，向离心管中装载标本，离心和开启离心管等操作都应在生物安全柜中进行。

（4）血液和骨髓标本：可直接接种或经离心后取沉淀进行检查，如需离心，应在生物安全柜中进行。

（5）活体组织标本，用生理盐水保湿，较大块组织可剪碎或研磨后进行检查，研磨应在生物安全柜中进行。

采集标本操作过程应当保持无菌操作。器械和用具应灭菌后使用。标本采集后应尽快送检。申克孢子丝菌、荚膜组织胞浆菌、厌酷球孢子菌和皮炎芽生菌等能够通过气溶胶传播，直接吸入真菌孢子或皮肤伤口直接感染可引起实验室获得性感染，因此应当注意生物安全防护。

2. 标本的检测方法

（1）直接镜检法：最常用的是氢氧化钾湿片法和涂片革兰染色法，也可使用生理盐水、墨汁、乳酸酚棉兰、过碘酸希夫（PAS）染液及荧光染色等浮载液或染液。氢氧化钾能溶解角蛋白，主要适用于皮肤、毛发和甲屑标本，该法的具体操作方法是将标本置于载玻片上，加1滴10%~20%氢氧化钾溶液，覆上盖玻片，需用酒精灯微加热以促进角蛋白的溶解，稍加压渐渐除去盖玻片下的气泡，并吸去多余液体，待标本软化成膜状时镜检。涂片革兰染色法的操作与细菌检查相同，可用于丝状真菌和酵母菌的检查。

（2）培养检查法：以下几种方法较为常用：

1）试管斜面培养法：左手持培养基试管，右手持接种环火焰灭菌或电加热灭菌，随即用右手小指指节取下培养基试管棉塞，做好标记后置真菌培养箱或水浴箱内培养；

2）平皿培养：将培养基平皿的盖子打开，接种环进行灭菌后挑取标本接种于平板培养基上，然后盖上平皿盖子，做好标记后置真菌培养箱或水浴箱内培养；

3）玻片培养：在载玻片上滴少许培养基，待凝固后，接种标本盖上消毒盖玻片，放入湿盒中置培养箱进行培养。真菌的生长温度因菌种不同而异,真菌的最低生长温度为2~5℃,最高生长温度为35~40℃。浅部真菌的适宜生长温度为22~28℃,深部真菌的适宜生长温度为35~37℃。但少数菌种可生长于0℃,且微酸性环境(pH 5.0~6.5)较适宜真菌生长。

(3)特殊检查法:

1)组织病理学检查:多数真菌用普通的苏木精-伊红染色不易着色,可用PAS染色、嗜银染色、吉姆萨染色、Gridley真菌染色和黏蛋白卡红染色等方法。

2)动物实验:将待测的病原菌接种于小白鼠、豚鼠等动物体内,再取感染组织作培养基病理检查。

3)聚合酶链式反应:有关操作及管理规范请参阅原卫生部颁发的《医疗机构临床基因扩增检验实验室管理办法》(卫办医政发〔2010〕194号)和《医疗机构临床基因扩增检验实验室工作导则》。

3. 消毒与灭菌

真菌生存力较强。光照对真菌的生长影响不大,紫外线不能完全杀死真菌,但可促使其产生诱变,X射线也不能杀死真菌。真菌耐寒冷,-20℃仍可存活,但高温下容易死亡,煮沸可杀灭真菌,高压灭菌效果最好。真菌检查所用的刀片、镊子以及接种环等器械使用前需要火焰消毒灭菌。苯酚、过氧乙酸、甲醛和2.5%碘酊等化学消毒剂均可杀灭真菌,但临床实验室常用的新洁尔灭和75%乙醇在短时间内均不能杀灭真菌,真菌病实验室最常用的消毒剂是5%苯酚,实验证明,用5%苯酚浸泡3min就可以杀死99.99%的致病真菌。因此,真菌病实验室的墙壁、地面应定期用5%苯酚擦洗。存在于皮肤角质的真菌,常因药物不容易透入而逃匿,真菌检查的废物可放入5%苯酚中浸泡或高压灭菌处理。发生培养物意外溅洒时,污染区域要用5%苯酚处理5min以上再清扫。过氧乙酸和碘酊也可用于真菌病实验室消毒。甲醛熏蒸法消毒灭菌效果最好,真菌病实验室的空气消毒、生物安全柜的空气消毒可使用甲醛熏蒸的方法。

四、采供血与临床输血实验室的生物安全防护

(一)采供血与临床输血实验室环境的安全

采供血与临床输血实验室包括各级中心血站、各级医疗机构的采血室和输血科(或血库)的实验室,主要进行血源性病原学检查、采血、供血和交叉配血(包括血型鉴定)等相关检测工作。其操作多数是在BSL-1的实验室进行,有涉及感染性疾病如艾滋病、梅毒和病毒性肝炎的排除试验时应在BSL-2的实验室进行。

(二)技术操作规范

1. 血源性病原学检查

根据《血站技术操作规程(2012版)》的规定,采供血系统对ALT、HBsAg、抗-HCV、梅毒抗体及抗-HIV等5个项目进行检测。由于技术条件所限,目前还无法在采供血过程检测和排除所有的血源性病原体,特别是在传染病的早期(窗口期)更加难以检出,因此输血有引起传染病的潜在危险。血站采血时的筛查如果是采用比较简单的快速初筛方法的话,当出现阳性或可疑结果时,应作进一步的确证实验。受血者接受输血前也应进行血源性传染病筛查,但同样无法检出窗口期感染患者。除加强对血源性病原体的检测外,从低危险度献血者中采集血液是保证临床输用安全血液的首要环节,进行血浆病毒灭活是保证安全输血的新方法。

2. 交叉配血

交叉配血试验是保证安全输血的重要措施,凡要进行全血、浓缩红细胞、红细胞悬液、洗涤红细胞、冰冻红细胞、浓缩白细胞、手工分离浓缩血小板等血液制品输注的患者,都应进行交叉配血试验。配血实验室要逐项核对输血申请单、受血者和供血者血样,复查受血者和供血者ABO血型(正、反定型),除急诊抢救患者需紧急输血外,还应常规检验患者Rh(D)血型,正确无误方可进行交叉配血。所有全血及血液成分都应当按血型储存,分别存放于专用冰箱的不同层次或不同的专用冰箱内,并有明显的标志。

(三)建立健全实验室的操作规程与管理制度

所有的实验过程均应按照《血站技术操作规

程（2012 版）》和《输血技术操作规程（输血科部分）》，应严格执行生物安全防护原则，在采血的穿刺部位消毒、存储血液专用冰箱的消毒、消毒剂的选择和核酸检测等方面均需遵循相关生物安全管理制度。

五、病理学实验室的生物安全防护

（一）病理学实验室环境的安全

我国病理学实验室一般独立设置，与国外大多数国家不同，没有进行临床实验室管理。2006 年，我国颁布的《医疗机构临床实验室管理办法》也不涉及病理科。因此，病理学实验室生物安全问题更加突出。一般的病理技术室应符合 BSL-2 的实验室，而尸体解剖室应达到 BSL-2 或 BSL-3 的实验室，污染区与防护区（缓冲区）应互相隔绝，组织标本通过双门互锁的安全门传递。解剖室要能维持足够负压，操作环境的气流应当能够防止感染性物质形成的气溶胶或飞沫感染操作者和污染环境。实验室内应配备高压灭菌装置。

（二）工作范围及潜在的生物危害

1. 工作范围　临床上主要包括：

（1）组织病理学检查：活检组织的组织病理学诊断、手术标本快速冷冻切片的病理学诊断和免疫组织化学检测；

（2）细胞病理学检查：脱落细胞和穿刺活检标本的细胞病理学检查；

（3）分子病理学检查：主要通过检测肿瘤基因的靶点有无指导靶向治疗；

（4）电镜检查：进一步观察超微结构；

（5）尸体解剖等。

2. 潜在生物危害

病理学检查的标本几乎都是病变组织或手术切除的病变（甚至坏死）器官，其中含有病原微生物的可能性很大，病原体的种类和性质也常常不明，有时甚至带有危害性很强的高致病性微生物，工作人员在标本运送与接收、组织固定、脱水、包埋、切片以及制片等过程中都有可能接触到有害的生物因子，特别是剖开病灶或从大体标本上取小块样品时，由于组织内外可能存在压力差，容易产生传染性气溶胶甚至内容物溅喷。而被解剖的尸体常不明死因或因烈性传染病致死，

对参加尸检工作的病理医生和技术人员都具有一定的危险性，且存在对周围环境造成污染的潜在威胁。

（三）建立健全实验室的操作规范、消毒和废物处理

1. 安全操作规范　操作者应严格遵守生物安全防护原则，认真做好个人防护，防止病变组织及其渗出液污染周围环境和物品，有可能产生传染性气溶胶的操作应在生物安全柜中进行。尸体解剖人员更应注意：

（1）在清洁区更换消毒手术衣、隔离服及手术手套后方可进入防护区（缓冲区）；

（2）在防护区准备好个人冲洗和消毒所用器具及消毒液，并整理清点解剖所用的物品，带齐物品进入污染区，尸体疑为烈性传染病致死者应穿戴隔绝式防护服和防毒面罩；

（3）规整摆放器械，避免锐器（刀、剪等）损伤皮肤；

（4）谨慎操作，避免将尸体的血液、尿液和粪便等溅到解剖台外和解剖者的衣服上；

（5）尸检完毕应在解剖操作间进行隔绝式防化服及手套表面的初步消毒处理，然后在防护区以洗刷和喷淋结合的方式对防化服、面具及手套表面进行彻底消毒。依次脱掉隔绝式防毒衣、手套和面具，并浸泡在预先准备好的消毒桶中。在没有 BSL-2 或 BSL-3 的解剖室条件下，传染病尸检应在特制的一次性安全防护袋中进行，防护袋可将尸体与尸检人员和周围环境完全隔离，尸体存放于密封的透明尸检袋中，解剖人员在尸检袋外通过安全套袖和手套对透明袋内的尸体进行操作。

2. 消毒及废物处理

（1）环境及物面的清洁与消毒：每次操作完成或每天工作结束后应清洁消毒工作台面和实验室环境。尸体解剖完毕后，须对解剖间进行彻底的喷洒消毒。尸体袋、解剖台及地面需重点消毒。

（2）器械及容器等物品的消毒：

1）解剖器械需要先用消毒液擦洗表面后再浸泡如含有消毒液的密封容器中；

2）盛放冷冻组织、电镜标本及石蜡标本的冷冻管等容器表面需要用消毒液清洗后再浸泡入含有消毒液的密封容器中；

3）所有带出解剖间的物品（尸体、解剖器械、甲醛固定标本和冷冻标本等）必须对其表面或封装容器表面进行彻底消毒；

4）所有需要进入清洁区的标本（甲醛固定标本和冷冻标本等）必须在防护区对封装容器表面进行再次消毒与封装；

5）需要反复使用的物品（解剖器械、隔绝式防化服和头盔等）需要在防护区用消毒液浸泡24~36h以上，再用清水漂洗3遍，擦拭干净后装箱运走。

（3）废物及污水的处理：

1）组织病理检查、细胞学检查和尸检的废物（破碎组织、废弃标本、纱布、脱脂棉、记录纸笔等）应装入专用的医疗垃圾袋（黄色），密封消毒后集中焚烧；

2）尸检在防渗漏透明安全尸检袋中进行，避免废弃液体及排放污水对环境造成污染；尸体的血液、体腔积液等液体废物需用脱脂棉吸干，严禁直接排入下水道；

3）尸体的剩余部分应尽快焚化，尸体袋在用完后与尸体一起进行焚化，避免被感染的尸体体液和组织粉末与人接触；

4）浸泡防化服、头盔以及解剖器械等用的消毒液，可以直接排入下水道。

（4）操作者的清洁消毒：操作者的皮肤如果接触血液或其他体液必须立即彻底清洗，在实验工作结束后或取下手套后立即洗手，离开实验室前应脱下所有的个人防护装备。参加尸体解剖的操作人员在完成尸检后应进行彻底的淋浴消毒。

综上，各种临床实验室的生物安全防护汇总见表10-1。

表10-1 各种临床实验室的生物安全防护汇总

实验室类型	防护水平	生物安全柜	废物处理
临床实验室	BSL-1/2	无或有	一般感染废物/高压灭菌处理
结核病实验室	BSL-2/3[△]	有	高压灭菌处理
艾滋病实验室	BSL-2/3	有	高压灭菌处理
真菌病实验室	BSL-2	有	高压灭菌处理
采供血与临床输血实验室	BSL-1/2	无或有	一般感染废物/高压灭菌处理
病理学实验室	BSL-2/3	有	高压灭菌处理

注：[△]非感染性材料的实验可在BSL-1中进行。

小　结

本章从临床实验室的定义和分类着手，不仅介绍了临床实验室的工作特点、生物安全隐患、工作流程及其生物安全防护的方法措施，而且从管理的角度重点介绍了生物安全制度的规范要求、生物安全准则的基本原则和生物安全管理的具体内容。第三节还对不同致病性微生物的检测和研究独立设置了一些常见临床实验室，如结核病实验室、艾滋病实验室、真菌病实验室、采供血及临床输血实验室和病理学实验室等，这些实验室的生物安全防护比一般说的临床实验室生物安全防护的要求更高，分别从实验室环境安全、标本的采集、运送、接收、检测与处置、医疗废物处理、实验室意外和事故处理等方面重点阐述了上述实验室的生物安全防护知识和防护方法，对临床实验室的生物安全管理具有重要指导意义。

思 考 题

一、单项选择题

1. 下面哪种实验室生物安全防护水平是 BSL-2？

A. 门诊检验实验室　　　　　　　B. 临床生物化学实验室　　　　　C. 临床检验实验室

D. 临床血液学实验室　　　　　　E. 临床微生物学实验室

2. 下面哪种实验室生物安全防护水平是 BSL-1？

A. 临床基因扩增检验实验室　　　B. 艾滋病实验室　　　　　　　　C. 临床免疫学实验室

D. 临床血液学实验室　　　　　　E. 临床微生物学实验室

3. 下面哪些物品不需要高压灭菌处理？

A. 临床微生物学实验室培养后的平板

B. 临床微生物学实验室的标本

C. 临床检验实验室的标本

D. 临床免疫学实验室 HIV 初筛阳性的标本

E. 临床微生物学实验室用过的药敏卡

4. 临床实验室生物安全的最大隐患是

A. 实验室操作人员可能会接触比预期危险度更高的微生物

B. 医院地址靠近公共场所

C. 仪器设备过度拥挤

D. 内务管理的复杂性

E. 工作人员未掌握生物安全操作规范

二、多项选择题

1. 下面哪些实验室应当使用生物安全柜

A. 临床基因扩增检验实验室　　　B. 艾滋病实验室　　　　　　　　C. 临床生物化学实验室

D. 临床微生物学实验室　　　　　E. 临床血液学实验室

2. 临床实验室常用的消毒剂是

A. 乙醇　　　　　　　　　　　　B. 次氯酸钠　　　　　　　　　　C. 过氧乙酸

D. 氢氧化钠　　　　　　　　　　E. 硫酸

3. 临床实验室常用的安全设备是

A. 生物安全柜　　　　　　　　　B. 移液器　　　　　　　　　　　C. 离心机

D. 高压消毒灭菌器　　　　　　　E. 护眼镜

4. 临床实验室常用的个人防护装备是

A. 防护服　　　　　　　　　　　B. 手套　　　　　　　　　　　　C. 口罩

D. 喷淋装置　　　　　　　　　　E. 洗眼器

三、判断题

1. 各类临床实验室的生物安全防护规范是完全相同的。　　　　　　　　　　　　　　　（　　　）

2. 医院检验科的临床实验室生物安全防护水平是 BSL-2 的。　　　　　　　　　　　　（　　　）

四、案例分析题

某医院医生在"封闭抗体治疗不孕不育"服务项目培养室独自收集、提纯培养后的整批共 10 份男性淋巴细胞时，未做好充分准备，操作开始后发现备用的一次性吸管不够，抱侥幸心理，重复使用同一根吸管交叉吸取、搅拌、提取上述培养后的淋巴细胞。该医生仍将受污染的淋巴细胞交由护理部医护人员对该 10 名男性的配偶实施皮内注射。请认真分析该医生的实验操作，并回答以下问题。

1. 该医生的实验操作符合生物安全要求吗？

2. 如果"1"是不符合，那违反哪项原则？

参 考 答 案

一、单项选择题

1. E   2. D   3. C   4. A

二、多项选择题

1. ABD   2. ABC   3. ABCD   4. ABC

三、判断题

1. 错误   2. 错误

四、案例分析题

1. 不符合

2. "一人一管一抛弃"的原则

ER10-1　第十章二维码资源

（温旺荣　余广超）

第十一章　基因工程实验室的生物安全防护

20世纪70年代初期,美国科学家Cohen第一次将两个不同的质粒拼接组合成为一个新的杂合质粒,并将此杂合质粒引入大肠埃希菌(*E.coli*)体内进行表达,由此诞生基因工程技术(techniques of genetic engineering)。这项技术的产生给生命科学的研究和发展带来了巨大的变化。因为它操作的对象是对不同生物的遗传元件——基因在体外进行人工剪切,对生物的基因进行改造和重新组合,通过质粒、噬菌体等载体转入微生物、植物和动物细胞等宿主细胞内,有目的地表达产生新的产物或获得新的生物性状,甚至创造新的生物类型,因此该技术也被称为基因转移技术、DNA重组技术或基因拼接技术。在基因工程基础上发展起来的蛋白质工程是其重要的组成部分。

1993年12月,国家科学技术委员会发布了《基因工程安全管理办法》,对基因工程一词做了较为明确的定义,该项技术是指利用载体系统的重组DNA技术和物理或化学方法把异源DNA直接导入有机体。可将任何来源的DNA序列转移到毫无关系的其他受体细胞中,改造生物的遗传特性,创造生物的新性状。以上定义不包括下列遗传操作:细胞融合技术和原生质体融合技术,传统杂交繁殖技术、诱变技术、体外受精技术、细胞培养或胚胎培养技术。基因工程技术几乎涉及到人类生存所必需的各个行业。例如,将一个具有杀虫效果的基因转移到棉花、水稻等农作物种中,这些转基因作物就有了抗虫能力,这是基因工程被应用到农业领域;如果把抗虫基因转移到杨树、松树等树木中,基因工程就被应用到林业领域;如果把生物激素基因转移到动物中去,这就与渔业和畜牧业有关了;如果利用微生物或动物细胞来生产多肽药物,那么基因工程就可以应用到医学领域。现代生物技术(生物工程)是指对生物有机体在分子、细胞或个体水平上通过一定的技术手段进行设计操作,为达到目的和需要,以改良物种质量和生命大分子特性或生产特殊用途的生命大分子物质等。现代生物技术包括基因工程、细胞工程、酶工程、发酵工程,其中以基因工程为核心技术。这四个方面的工程技术系统相互依赖、相辅相成。因为只有用基因工程改造过的微生物和细胞,才能够真正按照人们的意愿进行工程设计,生产出特定的生物工程产物。而微生物发酵工程又常常是基因工程实施的基础和必备条件。生化工程则为其他生物工程技术转化为生产力提供必不可少的支持。

第一节　基因工程实验的危险因素

基因工程技术的安全性问题一直以来广受关注,其危险因素不仅包括基因操作的技术本身,还包括基因操作的产物安全。基因操作技术:在基因操作中会用到放射性核素,如用放射性核素标记反义核苷酸来测定细胞内核苷酸表达情况,然而放射性核素在实验操作中容易衰变,释放出对操作人员有伤害的α射线、β射线、γ射线和电子俘获等,辐射引起的电子激发作用和电离作用使机体分子不稳定,导致细胞和组织功能异常。基因操作产物:基因工程的研究跨越了物种之间遗传信息交流的障碍,重组DNA技术制造出的具有潜在危险的新型微生物或新物种,有可能对人类、动物和生态环境造成严重威胁。许多有识之士、政府官员和科学家都已经意识到问题的严重性,申请制定相应法律法规来规范基因工程的研究。

1975年,NIH在加利福尼亚州的Asilomar会议中心,举行了美国和其他16个国家参与的国际会议。会上，160 名代表对重组 DNA 的潜在危害性展开了激烈的辩论。尽管在该会议上代表们意见分歧很大，但是仍在如下 4 个重要问题上达成共识。第一，新组成的重组 DNA 生物体的意外扩散可能会出现不同程度的潜在危险，因此，开展这方面的研究工作需要采取严格的防范措施，建议在严格控制的条件下进行必要的 DNA 重组实验，来探讨这种潜在危险性的实际危害程度。第二，新发展起来的基因工程技术，为解决一些重要的生物学和医学问题，社会问题（如能源问题、环境污染问题和食品问题等）展现出乐观的前景。第三，尽管将来的研究和实验也许会表明，许多潜在的危险其实影响比较小，出现的可能性也要小，但在目前进行的某些实验中，即便是采取了最严格的控制措施，其潜在的危险性仍然很大。第四，会议极力主张正式制定一份统一管理重组 DNA 研究的实验规则，并安排相关研究人员尽快开发出不会逃逸出实验室的安全宿主菌和质粒载体。

从美国国立卫生研究院公布《重组 DNA 分子研究准则》并建立了安全的宿主菌——质粒载体开始，DNA 研究便进入一个蓬勃发展的新阶段。从今天的观点来看，重组 DNA 危险性并没有当初所想象的那么严重，已经开展的许多涉及真核基因的研究表明，早期对基因工程技术的许多恐惧事实上依据并不充分。因此，以迄今为止尚未发生重组 DNA 危险事故为依据，《重组 DNA 分子研究准则》的执行在实际的使用中便逐渐趋于缓和。事实上自公布以来，美国国立卫生研究院已经对《重组 DNA 分子研究准则》作了多次的修改，放宽了许多的限制。比如，允许在实验室中以大肠埃希菌、酵母菌作为宿主繁殖重组 DNA，而后则确立了安全的以原核生物和低等真核生物作为宿主的生物控制系统。此外，各国政府修订和完善有关的准则和规定，注意适当放宽政策，保证了在当今世界竞争激烈的生物技术竞赛中占据有利地位的同时，仍然以人类的长远利益为根本，对重组 DNA 实验过程中可能出现的生物危害持谨慎态度。

我国的基因工程实验开展近 30 年来，相继颁布了《基因工程安全管理办法》（1993 年）和《农业转基因生物安全管理条例》（2001 年公布，2011 年修订，国务院令第 304 号），以及其他相关的微生物学实验室生物安全管理等规章，为基因工程在我国的安全管理和健康发展提供了法律保障。

一、基因工程实验危险因素的种类

（一）按照危害物本身的属性分类

按照危害物本身的属性划分，基因工程实验中涉及的危险因素可分为生物危害、化学危害和物理危害三类，这三类危害在日常生活中都会对实验人员造成不同程度的伤害或者财产的损失。总的来看：化学和物理危害多是由实验人员对仪器和试剂操作不规范造成的，且对人员的伤害多见于外伤；而生物危害多见于有感染力的生物活性物质，对人易产生深远的不良影响。

1. 生物危害（biohazard） 基因工程实验中操作的有机体对象，具有或可能具有致病性、致癌性、抗药性、转移性和生态学效应，这一类型的潜在危害由实验生物体为载体，如操作不当和防护泄露，有可能会造成人员感染和环境污染。

根据其在基因工程实验中的角色，大致可分为两类：一是包括人工合成、自然突变和人工诱变产生的新基因和遗传供体等构成的危害，如 2003 年 9 月，在新加坡国立大学实验室中西尼罗病毒样本与 SARS 冠状病毒在实验室里交叉感染，导致其本校一名 27 岁的研究生感染 SARS 病毒；其二是由细菌、病毒等微生物所构成的受体和繁殖体，如 2001 年秋，美国遭遇"炭疽信"袭击事件，信中含有白色粉末样物质经分析为炭疽杆菌，报道称该细菌导致 22 人感染 5 人死亡。

2. 化学危害 在操作人员操作失误和防护不当的情况下，由于基因工程实验中使用的化学试剂和药品本身带有的毒害作用而造成的身体伤害和环境污染。例如 2007 年 6 月 24 日，某高校研究生在使用焦碳酸二乙酯（DEPC）水时未戴手套和口罩，在被同伴提醒时方才戴上口罩手套，已知 DEPC 水为强致癌物质且具有挥发性，这使得该研究生呼吸道黏膜受损。

3. 物理危害 由于实验室中物理屏障发生异常所造成的危害。例如，生物安全柜的失效、仪器设备异常、仪器设备使用中操作不当等对操作人员带来的身体伤害。日常情况下，这类危害在实验室中发生的频率最高，这一点值得注意。例如，生物安全柜失效或通风设施故障可使得有害菌种飞出安全柜侵害操作人员；对微波炉违规加热时会引起爆炸；酒精灯操作不当也会引起爆炸；通电仪器短路会造成触电事故等。

（二）按照危害的起源或发生缘由分类

按照危害的起源或发生缘由，基因工程实验危害又可分为主观性危害和客观性危害。

1. **主观性危害**　人为因素产生的，如操作失误而导致本身不具有危害性质的物质产生了具有危害性的结果，或者人为恶意破坏等。例如，生物安全柜在进行无菌操作时往往先开启紫外灯照射一段时间用来灭菌，若没有关闭紫外灯就开始在安全柜内操作会造成对皮肤以及眼角膜的损害。

2. **客观性危害**　由具有危害潜力的物质本身属性造成的，是客观存在且无法消除的，只能采取相应的防护措施来避免危害的发生。例如，实验人员在做凝胶时会使用溴化乙锭，此物质为强烈致癌剂且具有挥发性，在实验中应做好隔离防护工作，要穿隔离服、戴口罩、手套等。

上述危害种类可能会随时出现在实验人员的实验操作过程中。因此，作为一名合格的基因工程实验操作人员，在进行实验时，必须了解危险因素，明确安全隐患，严格按照安全操作规程进行，且一定要采取必要的安全防范措施。尽量避免由于操作处理不当造成的人身伤害、环境污染、甚至是给社会带来的严重灾难。

二、基因工程实验中的生物危害

（一）基因工程实验生物危害概述

基因工程实验中的生物危害主要来自于实验操作对象，包括病毒、细菌等微生物以及实验动植物。由于上述这些生物在实验中往往作为遗传操作的供体（donator）、载体（vector）、宿主（host）和受体（receptor），它们除了本身具有的致病性、致癌性和耐药性等天然属性外，还有潜在危害，后者是通过遗传修饰后的生物体产生的。这些危害表现在以下几个方面。

1. **基因释放或漂移带来的基因污染问题**　例如，抗除草剂基因可能会漂移到其近缘杂草中，使其对这类除草剂产生抗性，甚至可能多种抗除草剂基因转入同一杂草中，形成对多种除草剂具抗性的"超级杂草"；抗虫作物可以降低传统广谱杀虫剂的使用，克服虫害控制对天气因素和时效

因素的依赖性，减少农药使用对环境造成的危害，但抗虫作物的环境释放可能会使抗虫基因广泛传播。这些外源基因的出现对当地生态环境构成了潜在的威胁。异源基因的传播可能会改变物种的环境适应能力，进而导致该物种的退化抑或成为强势种群，给当地生态平衡造成破坏。

2. **转基因食品潜在的毒害问题**　2004年美国国家科学院指明：转基因食品可导致难以预见的宿主DNA（host DNA）被破坏，而现有的审核监测系统还不能发现这些破坏，经过遗传修饰后的病毒也有可能成为极具杀伤力的病毒。例如，鼠痘病毒通常仅导致小鼠产生轻微症状，但澳大利亚的研究员将 *IL-4* 基因（系身体中自然产生的基因）插入到一种鼠痘病毒以促进抗体的产生时，该插入基因竟然完全抑制了小鼠的免疫系统，以致在9天内就使所有动物致死。

3. **遗传修饰生物体的潜在危害**　包括遗传修饰微生物和动、植物，是人们在实验室通过改变物种的纵向遗传方式而制备出来的新的生物体，是基因的跨种横向转移。遗传修饰是科技进步的产物，是综合了多学科知识和技术发展起来的新生事物，具有传统技术无法比拟的优势，但也会带来一些安全隐患，比如这些新生物体内遗传组成的稳定性和精确性、对生态环境的影响、遗传修饰微生物制造新疾病等。如1989年美国的"L-色氨酸事件"：据报道称，该年美国发生了一种怪病，此病患者的症状和体征不符合任何已知的疾病。调查显示许多患者反映他们在发病前都服用过来自日本某公司的 L-色氨酸，该色氨酸经鉴别确认有吲哚和杆菌肽类物质存在。此次事件的发生因该公司在生产过程中用遗传工程获得的微生物经发酵工艺而产生了杂质所致。

总的来说，基因工程实验生物危害具有个体危害和群体危害两大威胁。同时，值得注意的是，生物危害由潜在威胁转向实际危害的途径很多，如实验操作人员操作处理不当，而通过体表携带或被感染后体内携带重组病原体离开实验室并将其传播；或重组病原体经由防护措施不当的实验室通往外界的渠道（如通风管道、下水道、废弃垃圾、实验动物逃出等方式）进入外界环境中。例如，大肠埃希菌被转化具有抗抗生素基因而流入环境、进而进入人体，使人体对相应的抗生素产生

抗性。一旦病原体在外界环境中生存下来并获得一定适应能力,则将会给人类社会带来极大的危害。因此,从基因工程诞生之日起,有关对基因工程实验导致的生物危害问题就被广泛关注,并为对此加以控制而制定了相应对策。

(二)生物安全评估

对某一基因工程实验安全等级的划分首先需要对其进行安全性评估,安全评估的考察依据建立于以下几个方面的内容。

1. 生物表达系统的生物安全性　生物表达系统由载体宿主组成,对于这一系统的安全性评估需要分别对宿主和载体进行判断。首先,宿主细胞的致病性和自身遗传特性是否满足于较低安全要求,对于遗传背景很清楚的微生物类型,可以比较确定其安全性水平;其次,载体的来源和类型、遗传背景以及改造后的基因产物性质作为另一方面的安全评价,再将两者结合起来考察重组后的生物性状、遗传特点和环境特性,最终给出该表达系统的生物安全级别。

2. 转基因动物和基因敲除(gene knockout)动物的生物安全性　转基因动物和基因敲除动物分别是接受某一重组子的染色体整合并获得某一遗传性状和丧失某一遗传性状的遗传修饰动物。就安全性评估而言,基因敲除动物的安全级别应低于转基因动物。基因敲除动物一般不表达特殊生物危害;而转基因动物因获得不同于野外型外源基因的表达性状,应在适合外源基因产物特性的防护水平下操作,重新确定感染途径、感染剂量、传播病毒能力等,要防止其逃离实验室。

3. 转基因植物的生物安全性　转基因植物的安全评估类似于转基因动物,但是由于植物自身具有的生理和生态学特性,对于其安全性的判断必须将生态因素和环境因素甚至社会因素考虑在内。

(三)实验生物的危害等级

实验生物的危害等级划分标准主要根据生物的系统地位、野生地位、病原性和毒性、传播方式和传播机制、对抗生素和环境的抵抗力、地理分布或其寄生宿主的分布范围、与其他生物间的关系等多个方面的综合考虑。其中,对人和其他高等动物的致病性是考虑的首选因素。在我国制定的《病原微生物实验室生物安全管理条例》中,根据病原微生物的传染性、感染后对个体或群体的危害程度,将病原微生物分为四类(见第二章第二节)。

目前,我国已经颁布国家标准《实验室　生物安全通用要求》(GB 19489—2008),国家卫生和计划生育委员会于2017年7月24日发布公告,宣布《病原微生物实验室生物安全通用准则》(WS 233—2017)作为强制性卫生行业标准,自2018年2月1日起施行,WS 233—2002同时废止。

根据实验室对病原微生物的生物安全防护水平,并依照实验室生物安全国家标准的规定,将实验室分为BSL-1~BSL-4。第一类至第四类病原微生物必须在BSL-1~BSL-4生物安全实验室内进行操作。

三、基因工程实验中的化学危害

总的来说,所有的化学试剂,对人体和环境都有一定的毒害能力,其差别在于由于化学试剂的类型不同、浓度不同,产生的毒害能力有强有弱。在基因工程实验中,如遗传物质的获取、纯化、重组、转移,有机体的培养、繁殖,实验产物的处理和保存等一系列的操作过程,会涉及到有毒有害化学试剂,要想安全使用它们,明确地认识和了解这些化学危害物品的理化性质和毒害方式是前提。

(一)常用有害化学试剂

在基因工程实验中常常涉及致癌物、剧毒物以及放射性物质的使用,由于这些试剂使用范围极窄,所以对于刚开始接触到基因工程实验的人员来说是十分陌生的。如溴化乙锭、丙烯酰胺、叠氮化纳、焦碳酸二乙酯(DEPC)、trizol、放线菌素D以及某些放射性同位素探针等;除此之外,还有氯仿、硫酸等常规的有毒有害试剂。因此,使用有毒有害试剂之前一定要严格做好防护措施,这是基因工程实验室安全管理的重要内容。

(二)使用保护措施和保管要求

在每一种有毒害性质的化学试剂的包装标志和使用说明书上都有醒目的安全使用说明和保存方法说明,如果严格按照说明来使用和操作,理论上是不会给操作人员带来毒害的。这里需要强调的是一般性操作规则。

1. 避免接触 在使用和接触有毒化学试剂的操作过程中，要对该化学试剂进入人体产生毒害的途径予以切断。如实验时，会有一些通过皮肤表面或黏膜进入人体的有毒物质，操作人员应佩戴目镜、面罩、手套，穿着防护服进行实验操作，并要保持一定的安全距离等。

2. 规范存放 有毒化学试剂的存放应指定专门的场所和位置，按照不同存放要求提供通风、避光、恒温恒湿等环境。对于某些流失后可能造成重大危害事件的试剂（如放射性同位素），应派专人保管，并且要保存完整的使用记录，取用时至少需要两人以上在场证明和监督。

3. 规范处理 实验室产生的废弃物有毒害作用时，必须要有完善的去毒害化处理方案。由专人在指定区域进行去毒或减毒操作，对于一些超出处理能力范围的有毒废物，应妥善保存，必要时送专门的处理部门进行处理。

四、基因工程实验中的物理危害

在基因工程实验室的常用仪器中，仪器的规范操作非常重要，使用不当会危害到操作人员的健康乃至生命。特别要注意安全性操作的有离心机、高压灭菌锅、电泳系统和凝胶成像系统。

（一）离心机的安全使用规范

离心机的安全隐患来自于离心样品的不平衡。因此，必须做到以下的离心要求：

1. 样品重量必须两两平衡，即静态平衡；如果样品之间的密度差别很大，在平衡时必须各自使用密度相同或相近的平衡物品，即动态平衡。对大体积的待离心物品应使用天平称量平衡。同时，不同速度的离心所需的平衡精度不一样，转速越大需要的平衡精度越高。

2. 装载溶液时，要根据各种离心机的操作要求进行，有的离心管无盖，则管内的液体不能装得过满，否则将由于液面的倾斜而溢出，可能造成转头不平衡、生锈或者被腐蚀；超速离心机中则相反，样品必须装满，因为转头在真空环境下工作，离心管内存在空气会使离心管破裂变形。

3. 高速离心必须使用耐压的离心管，超速离心则配有专门的离心管。

4. 使用离心机时必须等待离心机达到所设定的最高转速时，确定一切正常才可离去。如离心过程中听到机内有杂音，应立即终止离心机的运行，必要时应立即切断电源，等待转子停止转动后开机检查。

5. 完成离心时，要等离心陀完全静止后，才能打开舱门，离心机使用完毕之后要及时清洁腔体四壁和机盖，对于低温离心机要打开机盖恢复温度并清除融霜。

6. 对于腐蚀性、挥发性毒害液体应使用密封离心管或瓶，避免该类液体在离心过程溢出污染离心机，并在离心机周围形成气溶胶污染空气。

（二）高压灭菌锅的安全使用规范

1. 灭菌锅内的水必须使用双蒸水。

2. 灭菌物品在锅内放置应做到摆放均匀，以便使蒸汽均匀作用于灭菌物品。

3. 不能完全依靠自动水位保护，应经常注意水位，以免烧坏电热管。

4. 盛放液体的容器必须能够排放容器内的空气，不能密封保证其畅通，否则易造成爆裂事故。

5. 禁止放入受热后或高压条件下易燃易爆的物品和具有挥发性污染的物品。

6. 灭菌完毕降温阶段，不能快速松开减压阀，否则锅内的液体会因容器内外压力变化剧烈而沸腾喷出。

7. 灭菌锅在每次使用完毕后，应及时清洗锅内壁及排气管道，锅内如出现水垢，应及时清理。

（三）电泳系统的安全使用规范

1. 电泳开始之前，设置好电场要求，即恒压或恒流。

2. 检查电泳槽的正负极是否连接正确。

3. 电泳缓冲溶液必须完全浸盖过凝胶点样孔。

4. 电泳过程中，杜绝身体接触电泳缓冲溶液，以免发生触电事件。

5. 电泳完毕，应关闭电源，倒出电泳槽内的缓冲溶液单独存放，洗净电泳槽，并干燥放置。因为电泳缓冲溶液一般为酸性盐溶液，如果保持在电泳槽内，会由于水分蒸发而导致浓度发生变化，同时电泳槽的电极一般分为裸露的金属，容易被电泳缓冲溶液污染腐蚀并电解。

（四）凝胶成像系统的安全使用规范

1. 严格按照实验室制定的操作程序进行开

机、放置样品、检测等操作，务必使溴化乙锭的污染范围仅限于紫外灯台面。注意 DNA 凝胶含有溴化乙锭（EB），操作时应戴手套，并防止 EB 污染。

2. 在进行胶回收操作时，必须使用可以专门阻挡紫外线的有机玻璃挡板以保护眼睛和面部不受紫外线灼伤。

3. 待检测样品带有挥发性液体时，应尽量用滤纸吸干，以免污染 CCD 镜头和暗箱内壁。

4. 使用完毕后应及时清洁紫外灯台面残留的液体。

除上述四项外，超声破碎仪、电击转化仪、冻干机和杂交炉等其他基因工程实验常用的仪器，在不当的操作情况下，都具有潜在的危害。因此，从事基因工程实验操作的人员，在实验工作开展之前，应该完整地了解所有仪器的使用方法及涉及危害的原理，以确保个人和他人的安全。

五、合成生物学的生物安全

（一）合成生物学的概念及发展

合成生物学是指人们将"基因"连接成网络，设计和制造不存在于自然界的生物组件和系统，及对现有生物系统进行重新设计和装配。其目的在于建立人工生物系统，让它们像电路一样运行。

早在 1974 年，波兰遗传学家 Waclaw Szybalski 预言，"一直以来我们都在做分子生物学描述性的那一面，但当我们进入合成生物学的阶段，真正的挑战才要开始。我们会设计新的调控元素，并将新的分子加入已存在的基因内，甚至构建一个全新的基因组。这将是一个拥有无限潜力的领域，几乎没有任何事能限制我们去做一个更好的控制回路。最终，将会有合成的有机生命体出现。"这是人类第一次提出"合成生物学"这一术语。作为 21 世纪生物学领域内的新兴学科，合成生物学是分子和细胞生物学、进化系统学、生物化学、信息学、数学、计算机和工程学等多学科交叉的产物。2011 年 5 月 20 日，美国生物学家 John Craig Venter 向世界宣布了首例人造生命"辛西娅"，吸引了各界人士的强烈关注，打开了合成生物学的大门。2014 年，美国国防部将其列为 21 世纪优先发展的六大颠覆性技术之一；英国商业创新技能部将合成生物技术列为未来的八大技术之一；

我国于 2014 年将合成生物技术列为十大重大突破类技术之一，且在"十三五"科技创新战略规划中，将其列为战略性前瞻重点发展方向。

从零开始到创造生命，科学家们已经不局限于基因剪接，人们正在渐渐了解生命程式的规则与语法，合成生物学将带给人类带来无限的可能。今天，合成生物学的研究与应用正在渗透到人类社会的各个领域。我们可以将合成生物学应用于疫苗的生产、药物的研究与改进、生物治理、毒物检测等。

（二）合成生物学的研究内容

1. 利用现有的天然生物模块，针对不同目的，构建新的调控网络并表现出新功能，这是对自然界现存生物的改造，可视为基因工程的延伸；

2. 从头设计并人工合成新的基因组 DNA；

3. 人工创建全新的生物系统乃至生命体。

（三）合成生物学的实验室生物安全

1. 合成生物学的生物危害

合成生物学是把双刃剑，它在提升产物价值的同时，也会对人类健康和环境安全产生潜在风险。合成生物学的危害主要在两个方面的产生巨大威胁，一方面是个体危害，即给实验操作者带来的传染或污染；另一方面是对群体的危害，即从实验室逃逸出来的有害物质给社会人群和生态环境带来的传染或污染，此类问题往往造成极其深远并严重的影响。其包含的重大问题主要体现在伦理学、毒理性、致敏性、对抗生素的抗性以及营养学等方面。

2. 合成生物学的实验室安全

基因工程实验室中，合成生物学的生物安全问题涵盖多个方面。

（1）研究人员构成方面：基于未来广阔的发展前景，作为多学科交叉产物的合成生物学，可能会吸引越来越多的没有接受过生物学或遗传学基础教育的科学家或者生物学爱好者参与进来，他们对于生物安全的背景知识相对缺乏，这种研究主体的安全意识不完备有可能带来无法估量的风险。

（2）危险生物因子的信息传播方面：现今生物基因组信息的公开度较高，在已有的合成经验基础上，利用开放的数据信息，快速合成具有严重危害的生物是极有可能的。

（3）合成生物自身的安全性方面：从合成生物学的研究对象来看，无论是改造已有的生物还是创造新的生物，其安全性都是不确定的。合成生物学是运用数种乃至数十种来自于不同供体的基因或部件的特性来改变整个体系，但整合后的功能特性和表达效果不能完全确定并掌控，对其进行风险评估并采取预防措施又缺乏标准，因此无法有效控制潜在危害。2011年，荷兰伊拉兹马斯医学中心病毒学家 Ron Fouchier 领导的一个科研小组为了彻底弄清禽流感病毒 H_5N_1 的机制，对现有毒株只进行了大约 5 处改造，便能让其在雪貂身上的传染力大大增强；美国威斯康星大学和日本东京大学也在共同对 H_5N_1 进行致病性研究时得到了和 Fouchier 小组几乎如出一辙的研究成果，很显然这是非常危险的，因此，这两个小组的研究论文后来全部接受了美国国家生物安全科学咨询委员会（NSABB）的审查。

（4）合成生物应用过程中的不确定性方面：经过改造的已有生物或新合成的生物，在应用过程中有可能存在风险。比如用于恶性肿瘤治疗的细菌，在靶向性侵袭肿瘤细胞时，是否会感染正常细胞，或引起其他不可预知的反应。

3. 合成生物学相关的管理办法

仅仅了解合成生物学所带来的危害还不够，还必须同时了解人们为了保护自己提出的对于合成生物学的约束。

早在 20 世纪 70 年代，美国政府就曾因为 DNA 重组研究（即合成生物学的前身）的安全问题遭到民众的反对，为了回应这些质疑，NIH 于 1976 年 6 月 23 日，出台了《重组 DNA 分子研究准则》。几十年来，这项指南被 NIH 定期审查和修订，已经成为风险评估生物安全系统和生物风险分类全球指导方针的一个参考文件。对于生物技术产品的评估与监管，由美国环境保护局、美国农业部动植物卫生检验服务中心和美国食品药物管理局 3 个部门构建监管框架分别各自执行。

1992 年 6 月 1 日，由联合国环境规划署发起的政府间谈判委员会第七次会议通过了《生物多样性公约》（*Convention on Biological Diversity*），这是一项保护地球生物资源的国际性公约，于 1993 年 12 月 29 日正式生效。2014 年 10 月，在《生物多样性公约》第十二届会议上通过了关于合成生物学的决定，敦促各缔约方积极采取关于合成生物学的预防性措施，并建立或实施与该公约相一致的有效风险评估和管理体系，旨在监管合成生物学相关的任何生物体、部件及其产品的环境释放。

2006 年开始，欧盟的科研机构对有关转基因监管框架是否适用于合成生物学问题阐述了立场并达成共识一致认为，合成生物学研究的管理与监管应该有严格的风险评估过程。

国内的合成生物学还在起步阶段。农业部 1996 年和 2001 年先后颁布的《农业生物基因工程安全管理实施办法》和《农业转基因生物安全评价管理办法》《农业转基因生物安全管理条例》主要是对农业转基因植物有研究、应用等方面做出了相关规定。

第二节　基因工程实验室生物安全防护原则

在基因工程实验室中要进行的流程操作一般包括：目的基因的获取、基因表达载体的构建、将目的基因导入受体细胞、目的基因的检测与鉴定。在这一过程中，实验人员将接触的对象为各种专业仪器和各类试剂药品、微生物以及特殊实验环境。潜在的危害有实验仪器和有毒化学试剂的危害、实验环境副产物的危害、实验微生物和实验动物的危害等。此外，因操作不当而可能导致的事故造成的意外后果均有可能给实验人员、实验环境以及实验仪器带来重大危害。

1976 年，美国国立卫生研究院在 Asilomar 会议讨论的基础上制定并公布了《重组 DNA 分子研究准则》。为了避免可能造成的危险性，《重组 DNA 分子研究准则》除了规定禁止若干类型的重组 DNA 实验之外，还制定了许多具体的规定条文，如在实验安全防护方面，明确规定了物理防护和生物防护两个方面的统一标准。

一、生物安全防护的基本原则

基因工程实验室安全防护应遵循以下基本原则。

1. 确保实验操作人员的安全　尽量避免实

验操作人员在正常和异常环境条件下接触危害物质。

2. 确保实验操作场所及其周边环境的安全 禁止危害物质在实验操作场所以及周围环境的释放。

3. 确保仪器设备正常运作的安全 制定完善的仪器使用、保养和管理方案,确保在实验中和实验结束后相关仪器处于正常状态。

4. 确保实验操作对象的安全 在有关的基因工程实验中,实验操作对象包括微生物、植物和动物,要确保它们不逃逸、不遗失,以及操作前后的运输和保存的安全。

二、生物安全防护的分类和控制

(一)基因工程实验的生物安全等级划分

我国的基因工程安全管理方法中,按照潜在危险程度将基因工程实验分为四个安全等级。安全等级Ⅰ:该类基因工程工作对人类健康和生态环境尚不存在危险;安全等级Ⅱ:该类基因工程对人类健康和生态环境具有低度危险,即能引起人或动物发病,但一般情况下对健康工作者、家畜或环境不会引起严重危害的病原体,实验室感染可能发生但不会导致严重疾病,传播危险有限;安全等级Ⅲ:该类基因工程工作对人类健康和生态环境具有中度危险,造成经济损失,但通常不会因偶然接触在个体中传播,或能用抗生素等治疗的病原体;安全等级Ⅳ:该类基因工程工作对人类健康和生态环境具有高度危险,能引起人或动物严重疾病,一般不能治愈,容易直接、间接或因偶然接触在人与人、人与动物、动物与动物之间传播。

(二)基因工程实验的安全控制

在 NIH 最早制定的《重组 DNA 分子研究准则》中就已经有关于基因工程安全控制系统的明确规定,提出了可以通过物理控制和生物控制两个方面的方法来进行控制。发展到今天,世界各国有关基因工程安全管理的法律法规也都遵从了这一标准。

物理控制的实现是通过规范实验操作和健全物理屏障完成的。确切地说,是指利用物理设备的严密封闭、物理设施的特殊安全设计和规范的安全操作,使具有潜在危险的 DNA 供体、载体和宿主细胞或者遗传工程体向环境的扩散减少到最低。重组 DNA 实验操作的对象主要是遗传物质、微生物及其他有机体。所以,基因工程实验操作规范既要符合成熟的微生物实验标准的操作过程,同时又必须遵循特殊操作要求下的管理章程。

根据地位及作用,可将物理屏障分为一级屏障和二级屏障。

一级屏障的构成为:

1. 灭活屏障 通过高温高压、焚烧、紫外照射或消毒试剂喷洒等方法将污染物质灭活的屏障方式。一级屏障的代表性设备有生物安全柜、高压灭菌锅、通风橱柜等。

2. 结构屏障 主要是指具有防腐、可密闭、耐压等特性的可以隔离生物危害物质的箱体和橱柜。

3. 空气屏障 由匀速单向流动的气流所构成的一种屏障,具有可调节的恒定流速,可以形成负压环境。

4. 过滤屏障 对操作设备或环境的进风和排风通过过滤装置进行净化处理的屏障,该屏障只能屏蔽一定大小范围内的颗粒物质,一般只能针对直径 $\geq 0.3\mu m$ 微粒,不能除去气相成分。

二级屏障是一级屏障的外围补充。实际上,对于包括重组 DNA 在内的各种基因工程实验操作而言,实验室即二级屏障。一般的实验室中,为了满足各种实验内容的安全要求,实验室本身都有专门的空间结构设计、特殊的建材装饰、通风排气系统和温控湿控系统。对于设施完善的实验室来说,能够做到将危害物质完全控制在一定的范围之内,同时提供物质支持供实验人员遇到危险突发情况时使用。在不同性质的实验和不同的安全级别的物理控制要求下,二级屏障和一级屏障可以通过不同类型的组合方式满足各种安全要求。

生物控制的策略是指利用遗传修饰,使有潜在危险的载体和宿主细胞在控制系统外的存活、繁殖和转移能力降低到最低限度。因为经过遗传修饰后的有机体已经几乎丧失了在野生状态下生存的能力,它们除了在特定的人工条件下存活之外,不能在实验室之外的自然环境中正常的存活、繁殖和转移。所以,这类重组有机体即便在实验操作中发生了泄露,突破物理屏障进入实验室以外的环境,也根本无法生存,更不可能引发生物危害事故。因此,生物控制的对象主要是遗传物质和宿主细胞。目前在各国实验室中使用的"宿主-载体"系统遵从于美国国立卫生研究院制定的生物控制系统标准,该标准中确立了以原核生物和低等真核生物作为宿主,相关改造过的质粒为载体的生物控制系统,包括一级生物控制(HV1系统)和二级生物控制(HV2系统)。

在HV1系统中,宿主载体划分为中等生物控制的水平,常见的"菌株-载体"包括:大肠杆菌K12菌株及其衍生系,对应的载体有非整合型质粒(最常见的如ColE质粒)及改造衍生系,λ噬菌体变种载体;大肠杆菌缺陷性突变株,对应的载体为丝状噬菌体;酿酒酵母(Sacharomyces cerevisiae)实验室菌株,载体无限制;粗糙链孢霉菌(Neurospora crassa)的ine(肌醇缺陷型)、csp(分生孢子分离突变型)等突变株,载体无限制;小粒链霉菌(Streptomyces pravulus)、青紫链霉菌(Streptomyces lividans)、天蓝色链霉菌(Streptomyces coelicolor)、链霉菌(streptomyces)中的色链霉菌(Streptomyces griseus),对应载体为质粒SCP2、SLP1 pLJ101及其衍生系,放线噬菌体PhiC31及其衍生系;枯草杆菌(B.subtillis)中的RUB331和BGSCLS53菌株,对应的载体有pE194、pS194、pSA2100、pC184、pT127、Pub110、pUB112、pAB124等。

HV2系统为高等生物控制水平,所采用的宿主载体系统也具有严格的控制水平:在该系统中,质粒作为载体时,在代表天然环境的非特殊限制性条件下,重组的DNA片段在10^8个宿主细胞中永久存在的细胞数目不能多于1个;噬菌体作为载体时,同样在代表天然环境的非特殊限制性条件下,在10^8个噬菌体颗粒中,能使重组DNA片段永久存在噬菌体数目不能超过1个。HV2系统中常用到的宿主和载体有:酿酒酵母菌中SHY1、SHY2、SHY3、SHY4菌株,对应的穿梭载体有YIP1、YIP5、YIP21、YIP31、YEP2、YEP4、YEP6、YEP7、YEP21等;枯草杆菌ASB298菌株,对应载体为pUB110、pE194、pC221、pT127等;大肠杆菌Su菌株,对应载体有Charon3A、Charon4A、λgtwES-λB等;大肠杆菌chil 776菌株,对应使用的载体有pSC101、pMB9、pBR313、pBR322、pBR325、pGL101、YIP1、YBP20等。

美国国立卫生研究院准则中不受约束的实验为采用HV1和HV2宿主载体系统的重组DNA实验。若采用这两个系统之外的种类,实验者应向美国国立卫生研究院提出书面申请后,经由美国国立卫生研究院的DNA重组委员会(Recombinant DNA Advisory Committee,RAC)咨询,并通过公众进行评论,确认对健康及环境无显著威胁才能获得安全允许。

第三节 基因工程实验室的安全防护与个体防护措施

通风橱、生物安全柜、灭菌锅、负压定向气流过滤装置、个人防护等仪器设施共同构成了基因工程实验室生物安全防护设施,也叫作物理屏障。配置随实验室安全级别的不同有所差异。

一、实验室通风橱

为保护操作人员利用通风橱完成各种对身体有害的实验而不会伤害到本人和其他工作人员,实验室通风橱应通过排气系统提供一个负压操作空间,其原理为安装在空间一面壁上的风机(通常是负压风机)把其内的空气抽出部分,导致橱内空气压力瞬时比大气压小或者说比常态压力小,此时空间的另一面(往往是安装负压风机的对面)开有进风口,外界空气在大气压压力下,自动进入空间。因此在空间内形成定向、稳定的气流带。

(一)涉及通风橱中进行的实验类型

1. 实验过程中,实验原料及实验产物中含有对人体呼吸道、皮肤有毒害作用的气体、粉尘和气溶胶等物质的实验类型。例如,使用乙醚麻醉小鼠,使用焦碳酸二乙酯处理用来提取RNA的器皿和工具,使用甲醛配置有关试剂等。

2. 实验过程中,实验原料及实验产物中含有对人体有害的微生物的实验类型。例如,从病人血清中提取和纯化病毒样品,分离实验动物病变组织等实验操作。

(二)通风橱操作的规范要求

1. 实验过程中,视窗离台面100~150cm

为宜。

2. 上下移动视窗时，应缓慢、轻移。

3. 通风橱在使用时，应避免人员走动带来气流干扰，否则会引起橱内空气的乱流，使有毒有害气体及悬浮颗粒从通风橱操作窗口逸出。

4. 实时监控通风橱内的空气流速和方向，通风橱内的空气平均流速应达到 30m/min，在使用化学诱变剂的条件下，通风橱内的空气平均流速至少应在 45m/min。（关于对通风橱内的气体流速测定方法，可以使用短小精炼的翼式或杯式风速仪实时监控，只需将叶轮靠近被测量处气体，即可在显示屏上读出气体流速，使用方便，并根据此调节通风橱风量大小）。

5. 出现化学物质喷溅出来时，应立即切断电源。

6. 禁止未开启通风橱时在柜体内做实验。

7. 禁止实验过程中将头伸入柜体内。

二、生物安全柜

生物安全柜作为基因工程中最常见的安全防护设备，是为了满足实验室生物安全的发展而诞生的，是为操作原代培养物、菌毒株以及诊断性标本等具有感染性的实验材料时，用来保护工作人员、实验室环境以及实验品，使其避免暴露于上述操作过程中可能产生的感染性气溶胶和溅出物而设计的，它不同于通风橱，通风橱是专门针对实验中的一些有毒烟雾和化学气体来设计的，主要是及时排除这些有毒烟雾和化学气体的，但是它不能有效清除微生物介质，没有装备 HEPA 过滤器，一些放置在通风柜内微生物样品会散播到柜外，污染实验室环境。

综上所述，生物安全柜在实验操作中非常重要，尤其是在操作具有感染性实验材料时，用来保护操作者、实验环境和实验对象的（生物安全柜的详细描述见第三章）。

三、个体防护设备

在基因工程实验室中，实验环境中对操作人员的安全威胁主要来自于实验中的有毒化学物质及病原微生物，因此实验操作人员的安全保护物品大致等同于微生物学实验室中的个体防护设备。在实验室不同的安全等级下，对个体防护设

备的要求也不同。

（一）BSL-1 实验室（一级生物安全实验室，也称基础实验室）

此类实验室适用于已知其特征的，在健康人群中不引起疾病的，对实验室工作人员和环境危害最小的生物因子的工作，如枯草杆菌、格式阿米巴原虫和感染性犬肝炎病毒是符合这些标准的代表，不需特殊一级屏障、二级屏障，除需要洗手池外，依靠标准的微生物操作即可获得基本的防护水平。

（二）BSL-2 实验室（二级生物安全实验室，也称安全实验室）

此类实验室适用于从事对人和环境有中度危害的生物因子的工作，如 O517：H7 大肠杆菌，沙门菌，甲型肝炎病毒、乙型肝炎病毒、丙型肝炎病毒。

（三）BSL-3 实验室（三级生物安全实验室，也称高度安全实验室）

此类实验室适用于主要通过呼吸途径吸入，使人传染严重的甚至是致死疾病的微生物及其毒素，但一般不会发生感染个体向其他个体传播，一般有有效的预防和治疗措施，如炭疽杆菌、亨德拉病毒、汉坦病毒、HIV 等。

（四）BLS-4 实验室（四级生物安全实验室，也称最高度安全实验室）

此实验室适用于外源性病原，具备因气溶胶传播而致实验室严重污染和导致生物危险疾病的高度风险致病原，易发生感染个体向其他个体传播，一般缺乏有效的预防和治疗措施。如 SARS、埃博拉病毒等生物战剂相关病原体。需要Ⅲ级生物安全柜，正压防护服，单独建筑或隔离的独立区域，有供气、排气、真空、消毒系统，外排空气二次 HEPA 过滤。

第四节　基因工程实验室安全操作规范

基因工程实验室的安全管理建立在两个基础上：一是常规安全管理，既适用于其他类型实验室安全管理的日常规范，也适用于基因工程实验室的规范；二是专门针对生物安全（biosafety）问

题,基因工程实验室要制定出相适应的安全管理规范,严格地对实验操作人员进行培训,以保障人员和设施的安全。世界卫生组织按实验室所从事实验研究工作的生物危害等级,将实验室划分为三种类型,并且依照不同的类别制定了相应的安全操作规范。

一、基础实验室安全操作规范

从事一、二级生物安全水平的研究工作场所。在此类实验室内进行实验研究工作时,应遵守的一级防护水平的操作规范(见第三章第二节)。

二级防护水平的操作规范除上述一级防护水平的操作规范外,还有下面的要求:

1. 在进行有可能产生气溶胶、高浓度或大体积生物危害物质的实验操作时,必须要使用生物安全柜,并且使用可防止污染泄漏的实验室。

2. 每一实验室的门外或其他醒目位置应张贴表明危害的标志。

3. 进出实验室的人员限于实验室工作人员、后勤保障人员和动物管理人员。

4. 实验室必须制定紧急事故处理方案及详尽的书面操作程序,实验室相关人员必须进行培训并证明完全掌握。

二、防护实验室安全操作规范

在从事三级生物安全水平的实验研究工作场所中,防护实验室的安全操作规范不仅要包括基础实验室一、二级防护水平操作规范的全部,而且在它们的基础上应更加严格地制定出详细严谨的规范内容,形成三级防护水平的操作规范。其操作要求如下:

1. 实验室必须制定针对Ⅲ级生物危害的安全防护管理办法和具体操作程序,实验室内所有工作人员必须进行完整的教育培训,并具备证明其完全理解和掌握培训内容的书面报告,该书面报告必须经实验室主管人员认可签名,并存档。

2. 在防护区的工作人员必须掌握有关防护仪器设备的操作方法并懂得相关防护设计原理,防护区的卫生清洁应由防护实验室内部人员或经过专门训练的专门人员来打扫,实验操作人员需证明其能够胜任微生物操作技术。

3. 进入防护实验室的人员必须做好充足的准备,带齐实验操作中所有需要使用的物品。进入防护实验室的人员不能佩戴首饰或携带与实验操作无关的个人物品,必须脱去日常衣物换上专用防护服。并且全套防护服能够将日常服装完全覆盖严密。在操作直接性感染微生物时,还必须穿戴更外层的防护装备。

4. 离开实验室的时候,应以最大限度地避免体表皮肤接触防护服污染部位的方式脱掉防护服,当发生已经确定的或可能有的暴露污染时,所有衣物要全部进行消毒,若该污染来自气溶胶,则应根据操作章程的规定,判断是否进行淋浴。

5. 感染性物质的实验操作必须在生物安全柜中进行,感染性物质的离心必须要密闭,感染性动物的操作必须在专门的动物防护设施中进行。无法通过高压蒸汽灭菌的物品,则需在封闭的屏障内通过化学方式进行灭菌处理。

6. 实验室工作人员必须定期检查防护实验室的空气压力系统,以确保该系统的正常运行。

7. 防护实验室必须制定出危机处理预案,当紧急情况发生时,要以工作人员的生命安全和身体健康为首要目标进行应急处理。

三、最高防护实验室安全操作规范

遵从四级安全防护水平的操作规范。除前面一、二、三级防护标准的全部内容之外,必须建立紧急状况下的操作流程。四级防护水平的操作规范要求如下:

1. 在进入最高防护实验室之前,必须对防护系统和生命保障系统进行检查。进入实验室的工作人员必须完全脱掉日常服装,换上专用实验服装及相关外部设备,必须穿着四级水平的正压服并且检查其完整性。在实验室工作进行时,必须在实验室外准备预备人员,以便在发生紧急状况时加以协助。所有的实验操作必须在三级生物安全柜中进行。

2. 实验完毕后所有废物必须经过灭菌处理后丢弃,穿着正压服并准备离开实验室的人员必须经一定时间的有效的化学品消毒淋浴,离开实验室后,应进行身体淋浴。

3. 必须按时间和日期严格记录每一次实验的使用内容和维护内容。

4. 实验操作的感染性物质必须放置于实验

室内的安全区域,并有详细的相关记录;感染四级危害水平微生物的实验动物必须安置于防护系统完善的设施内。

5. 实验室主管人员必须同任何无故缺岗的人员联系,防护区内的任何原因不明的发热疾病都必须立即向实验室主管人员报告,实验室必须建立同相关医院或保健单位的联系,并确认该医院或保健单位有能力应对四级防护水平的感染疾病人员的应急治疗。

四、基因工程实验室的产品、标本的保存及生物危害废品的处理

(一)基因工程实验室的产品、标本的保存

基因工程实验室标本最常见的就是对 DNA 和 RNA 的保存:DNA 短期保存在 4℃或 -20℃ 的 TE[三羟甲基氨基甲烷(Tris)和乙二胺四乙酸(EDTA),pH8]缓冲液中,长期保存在 TE 溶液中时,可每 1~3ml 加一滴氯仿,-70℃保存;对于 RNA 的保存,因为 RNA 性质不稳定极易降解,即便是溶解于 RNase 的 TE 或水中纯化的 RNA 储存在 -20℃也难免降解,为解决这一问题,可将 RNA 沉淀或将 RNA 溶解在 RNA 长期保存液中。由于不同公司的 RNA 保护液作用不完全相同,一般来说,在保存液中的 RNA 可在 4℃过夜或在 -20℃保存至少一年。

(二)生物危害废品的处理

在基因工程实验操作过程中,会产生许多具有生物危害的废品。就物理类型而言可分为固体废品、液体废品和气体废品;就危害类型而言可分为化学毒品废品和病原性废品。由于生物危害废品的特殊性(致病性、传染性),如果不妥善处理会造成的巨大的环境污染和社会危机。

用以处理潜在感染性微生物或动物组织的所有的实验室物品,在被丢弃前都应考虑是否对这些物品进行了有效的清除污染或消毒,如果没有的话,就要考虑是否按规定的方式进行了包裹,其目的是以便于就地焚烧或运送到其他有焚烧设施的地方进行处理。丢弃已清除污染的物品时,还要考虑到是否会对直接参与丢弃的人员或在设施外可能接触到丢弃物的人员造成任何潜在的生物学或其他方面的危害。

高压蒸汽灭菌是清除污染时的首选方法。需要清除污染并丢弃的物品应装在容器中灭菌如根据内容物是否需要进行高压灭菌或焚烧,而采用不同颜色标记的可以高压灭菌的塑料袋进行包裹后高压灭菌。也可采用其他可以除去或杀灭微生物的替代方法进行处理。要对感染性物质及其包装物进行鉴别并分别进行处理,相关工作要遵守国家和国际规定。

处理生物安全危害时,应设有生物危害标志。在处理危险度 2 级或更高危险度级别的微生物时,在实验室门上应标有国际通用的生物危害警告标志。并且采用通用的警告标志系统明确标识装有危险生物制品的容器或被其污染的物品,在危险废物的容器、存放血液和其他有潜在传染性物品的冰箱、以及处理尖锐物品的容器上,所贴的标签应标明通用的生物危害标志。用于存储、运输的容器应加上标签或颜色编码标志,并在存储、运输前将容器盖上。如实验室用常规预防措施来处理所有标本,同时标本或容器又存放在实验室内,可不使用标签或颜色编码标志;但如果离开实验室,就必须使用标签或颜色编码标志。

最后,实验室应指定专责人员负责容器转运,并将其放置在指定的废物堆放场所。

小　结

基因工程技术又叫基因拼接或 DNA 重组技术,是指利用载体系统的重组 DNA 技术和物理或化学方法把异源 DNA 直接导入有机体。该技术目前几乎涉及到工业、农业、医学、环境等人类生存所必需的各个行业。

基因工程技术的操作安全及产物安全一直以来备受关注。根据危害物本身的属性,基因工程实验室危害包括生物危害、化学危害和物理危害,今年来迅速发展的合成生物学研究对人类健康和环境安全产生潜在风险受到越来越多的人的关注。

　　按照潜在的危害程度,将基因工程工作分为Ⅰ、Ⅱ、Ⅲ、Ⅳ个安全等级,其安全控制可通过物理控制和生物控制两种方法来进行。基因工程实验室安全防护设施中的物理屏障包括通风橱、生物安全柜、灭菌锅、个体防护设备等仪器设施。根据所从事研究的生物安全水平不同,基因工程实验室分为基础实验室、防护实验室、最高防护实验室三个类型,各类实验室须遵守相应的安全操作规范。

思　考　题

一、选择题

1. 对于基因工程实验室的生物安全管理,下列哪项说法正确

A. 技术人员不参与　　　　　　　　　　　B. 学生不参与

C. 进修人员不参与　　　　　　　　　　　D. 所有实验室人员都应参与

2. 对一级生物安全实验室的要求,下列说法错误的是

A. 实验台面应防水、耐腐蚀、耐热

B. 实验室中的橱柜和实验台应牢固,彼此之间应保持一定距离,以便于清洁

C. 实验室如有可开启的窗户应设置纱窗

D. 实验室不需要消毒灭菌设备

3. 基因工程生物安全管理办法应

A. 每年增加

B. 每年减少

C. 一成不变,因为管理办法一经指定,就应永远遵守

D. 应随着基因工程技术的发展不断修改完善

4. 一般医院实验室属生物安全几级实验室

A. 一级　　　　　　B. 二级　　　　　　C. 三级　　　　　　D. 四级

5. 二级生物安全实验室对实验室防护服的要求不包括

A. 实验室应确保具备足够的有适当防护水平的清洁防护服可供使用

B. 污染的防护服应予适当标记的防漏袋中放置并搬运

C. 每隔适当时间应更换防护服以确保清洁,被危险材料污染应立即更换

D. 必须使用塑料围裙或防液体的长罩服

6. 一级生物安全实验室需要的安全设备和个体防护装备不包括

A. 实验室如有可开启的窗户,应设置纱窗

B. 工作人员在实验室适应穿上工作服,戴防护眼镜

C. 工作人员手上有皮肤缺损或皮疹时应戴手套

D. 生物安全柜等专用安全设备

7. 对于二级生物安全实验室的要求,错误的是

A. 实验室门应带锁并可自动关闭,有可视窗

B. 实验室内应使用专门的防护服,离开实验室时,不能穿着离到其他任何场所,用过的防护服应先在试验室内消毒后清洗或丢弃

C. 需戴手套时,工作完成以后方可除去手套,也可带着离开

D. 应配备进行各种消毒处理和紧急处理设施

8. 基因工程的安全等级分为一、二、三、四级,下列说法正确的是

A. 从事安全等级一级和二级的基因工程生物实验研究,可自由进行

B. 从事安全等级三级和四级的基因工程生物实验研究,可自由进行

C. 从事安全等级三级和四级的基因工程生物实验研究,应由单位生物安全小组批准

D. 从事安全等级三级和四级的基因工程生物实验研究,应由单位生物安全小组和国家安全管理办公室批准

9. 下列关于基因工程的叙述中错误的是
A. 基因工程技术的成熟,使人类可以定向改造生物的遗传,培养新的生物品种
B. 基因工程技术是唯一能冲破远缘杂交不亲和障碍,培育生物新品种的方法
C. 基因工程的实施需要限制酶、DNA 连接酶和运载体等基本工具
D. 利用发酵工程生产人的胰岛素、某些单克隆抗体等必须先利用基因工程获得工程菌

10. 下列关于转基因食物的叙述,正确的是
A. 转入到油菜的除草剂基因,有可能通过花粉传入环境中
B. 转抗虫基因的植物,不会导致昆虫群体抗性基因频率增加
C. 动物的生产激素基因转入植物后不能表达
D. 如转基因植物的外源基因来源于自然界,则不存在安全问题

二、判断题
1. 不能随意丢弃基因工程生物体,但对已用过的培养基则无此限制。 （　　）
2. 实验室不允许长时间搁置基因工程生物及其废物,应及时处理。 （　　）

三、思考题
基因工程实验室的安全管理建立在哪两个基础上?

参 考 答 案

一、选择题
1. D　　2. D　　3. D　　4. B　　5. D　　6. D　　7. C　　8. D　　9. B　　10. A

二、判断题
1. 错误　　2. 正确

三、思考题
一是常规安全管理,既适用于其他类型实验室安全管理的日常规范,也适用于基因工程实验室的规范;二是专门针对生物安全问题,基因工程实验室要制定出相适应的安全管理规范,严格地对实验操作人员进行培训,以保障人员和设施的安全。

ER11-1　第十一章二维码资源

（郭　淼）

附　录　《基因工程安全管理办法》摘录

第二章　安全等级和安全性评价

第六条　按照潜在危险程度,基因工程工作分为四个安全等级:

安全等级 I,该类基因工程工作对人类健康和生态环境尚不存在危险;

安全等级 II,该类基因工程工作对人类健康和生态环境具有低度危险;

安全等级 III,该类基因工程工作对人类健康和生态环境具有中度危险;

安全等级 IV,该类基因工程工作对人类健康和生态环境具有高度危险。

第七条　各类基因工程工作的安全等级的技术标准和环境标准,由国务院有关行政主管部门制定,并报全国基因工程安全委员会备案。

第八条 从事基因工程工作的单位,应当进行安全性评价,评估潜在危险,确定安全等级,制定安全控制方法和措施。

第九条 从事基因工程实验研究,应当对 DNA 供体、载体、宿主及遗传工程体进行安全性评价。安全性评价重点是目的基因、载体、宿主和遗传工程体的致病性、致癌性、抗药性、转移性和生态环境效应,以及确定生物控制和物理控制等级。

第十条 从事基因工程中间试验或者工业化生产,应当根据所用遗传工程体的安全性评价,对培养、发酵、分离和纯化工艺过程的设备和设施的物理屏障进行安全性鉴定,确定中间试验或者工业化生产的安全等级。

第十二章 应用放射性同位素实验室的放射防护

实验室是人类进行科学研究的特殊工作场所，随着实验技术的不断发展，许多前沿科研活动都离不开放射性同位素的应用，如基因组的功能、细胞代谢、光合作用、信息传递等，借助放射性同位素示踪技术，人类进一步揭开了生物体内及细胞的代谢规律。由于放射性这一物理因子的掺入，在生物安全的环境评估中应给予特别的思考。放射性技术作为科研或生物学实验研究的重要方法，在使用过程中会给工作人员自身以及周围环境带来危害，本章就放射性概念及生物学实验中所涉及的实验室安全进行介绍。

第一节 放射性概述

一、放射性同位素知识

（一）放射性同位素的特点

放射性同位素具有不稳定性，其原子核会不间断地、自发地发射出射线，直至变成一种稳定的同位素，这就是所谓的"核衰变"。放射性同位素在进行核衰变的时候，常伴随发出 α 射线、β 射线和 γ 射线等，通常放射性同位素在进行核衰变的时候并不一定能同时发射出这些射线，而是其中的一种或两种。核衰变的发生不受温度、压力、电磁场等外界条件的影响，也不受元素所处状态的影响，仅和时间有关。放射性同位素衰变的快慢，通常用"半衰期"来表示。所谓半衰期，即一定数量放射性同位素原子数目减少到原来一半时所需的时间。半衰期越长，说明衰变的越慢，半衰期越短，说明衰变的越快。不同的放射性同位素（也称：核素）有不同的半衰期，可以说半衰期是某种放射性核素的标志，不同核素衰变时放射出射线种类和数量也不同，每一核素半衰期和衰变时放出射线的种类、能量是确定的。

（二）放射性同位素的相关概念

1. 同位素（isotope） 同位素是表示核素间相互关系的名称，指具有相同质子数的一类核素，由于属于同一元素，在元素周期表中处于同一位置，称为该元素的同位素，或彼此是同位素。同位素分为稳定性同位素和放射性同位素两种。

2. 稳定性同位素 不会自发地发生核内成分或能态的变化，或发生的概率极小的同位素。

3. 放射性同位素 容易自发发生核内成分或能态的改变而转变为另一种核素，同时释放出一种或一种以上的射线。这种变化过程称为放射性核素衰变，简称核衰变（radioactive decay）。核衰变的速度、方式以及发出射线的种类、能量取决于放射性核素本身固有的核物理特征，不受周围外界环境的影响，但有其自身的衰变规律。

4. （物理）半衰期（half-life） 放射性核素的原子核数目减少一半所需的时间叫半衰期，用 $T_{1/2}$ 表示。

5. 生物半衰期（biological half-life） 指生物体内的放射性核素由于生物代谢过程减少到原来的一半所需要的时间，用 T_b 表示。

6. 有效半减期（effective half-life） 在物理半衰期和生物代谢共同作用下生物体内放射性核素数目减少一半所需的时间，用 T_e 表示。

物理半衰期、生物半衰期、有效半减期三者的关系可用下式表示：

$$T_e = (T_{1/2} \times T_b)/(T_{1/2} + T_b)$$

7. 辐射源（radiation source） 通过发射电离辐射或释放放射性物质而引起辐射照射的一切物质或装置。

8. 电离辐射（ionizing radiation） 在辐射防护领域，能在生物物质中产生离子对的辐射。

9. 密封源（sealed source） 密封在包壳或紧密覆盖层内的放射源。这种包壳具有足够的强度,使之在设计的使用条件下和正常磨损时,不会有放射性物质泄漏出来。

10. **非密封源(unsealed source)** 直接暴露在工作环境中的液态、气态、粉态或气溶胶等物理状态的放射性核素,能向外周环境扩散,污染环境并可能侵入机体。

11. **清洁解控水平(clearance level)** 由审管部门规定的、以总活度浓度和/或总活度表示的值,辐射源的活度浓度和/或总活度等于或低于该值时,可以不再受审管部门的审管。

12. **放射性废物(radioactive waste)** 来自实践或干预的、预期不再利用的废物(不管其物理形态如何),它含有放射性物质或被放射性物质所污染,其活度或活度浓度大于规定的清洁解控水平,并且它所引起的照射仍然存在。

13. **豁免废物(exempt waste)** 所含放射性核素浓度或活度低于或等于清洁解控水平,从而可以免除其审管控制的废物。

14. **放射性污染(radioactive contamination)** 材料、人体的内部、表面或其他场所出现的不希望有的或可能有害的放射性物质。

15. **去污(decontamination)** 通过某种物理或化学过程去除或降低污染的活动。

(三)常用的辐射量

1. **放射性活度(activity, A)** 简称活度,指放射性核素在单位时间内发生核衰变数。单位是贝可勒尔(Bq):1Bq表示1s发生一次核衰变;过去专用单位是居里(Ci):1Ci表示1s发生3.7×10^{10}次核衰变,1Ci=3.7×10^{10}Bq。

2. **放射性比活度(specific activity)** 简称比活度,指单位质量或体积物质内的放射性活度,单位是Bq/g、Bq/ml。

3. **吸收剂量(absorbed dose, D)与吸收剂量率(absorbed dose rate, $\dot{D}$)** 吸收剂量指电离辐射授予单位体积元中物质的平均能量,即$D=d\varepsilon/dm$,国际单位是焦耳每千克(J/kg),专有名称戈瑞(Gy),1Gy=1J/kg;吸收剂量率指单位时间内受到的吸收剂量,国际单位是戈瑞每秒(Gy/s)。

4. **当量剂量(equivalent dose, $H_{T,R}$)** 辐射防护当量,是指某种辐射(R)在人体某一组织或器官(T)的平均吸收剂量($D_{T,R}$)与对应的辐射权重因子(W_R)的乘积,即$H_{T,R}=D_{T,R} \cdot W_R$,国际单位是焦耳每

千克(J/kg),专有名称希沃特(Sv),1Sv=1J/kg。

5. **有效剂量(effective dose, E)** 辐射防护当量,有效剂量是人体各组织器官的当量剂量($H_{T,R}$)与相应的组织权重因子(W_T)相乘积之和,即$E=\sum_{T} W_T H_{T,R}$,国际单位是焦耳每千克(J/kg),专有名称希沃特(Sv),1Sv=1J/kg。

6. **待积剂量当量(committed dose equivalent, $H_{T(\tau)}$)** 辐射防护当量,单次摄入放射性核素后,在以后的一段时期内(通常成人计50年、儿童计70年)组织或器官预期产生的总剂量,即$H_{T(\tau)} = \int_{t_0}^{t_0+\tau} \dot{H}(t) \, dt$,$t_0$为摄入时刻,$\dot{H}(t)$为$t$时刻相关组织或器官的剂量当量率。

7. **待积有效剂量(committed effective dose)** 辐射防护用量待积有效剂量$E(\tau)$定义为:$H(\tau) = \sum_{T} W_T \times H_{T(\tau)}$

未对τ加以规定时,成年人τ取50年;儿童的摄入则要算至70岁。

二、实验室常用核素的物理性质

(一)常用核素物理性质

目前,人类发现的放射性核素有2 000多种,而常应用于现代生物技术中显影或示踪技术的放射性核素,大多为产生中低能纯β射线或少量伴有低能γ射线衰变的放射性核素。常见有^{3}H、^{32}P、^{14}C、^{35}S和^{125}I,它们的辐射物理性质见表12-1。

表12-1　常用核素物理性质

核素名称	衰变方式(分支比)	物理半衰期	粒子能量/MeV	γ射线能量/keV
^{3}H	e⁻(100)	12.4a	0.018	
^{14}C	e⁻(100)	5 760a	0.156	
^{32}P	e⁻(100)	14.3d	1.71	
^{35}S	e⁻(100)	87.4d	4.36	241
^{125}I		60.0d		27

(二)粒子(射线)与物质作用

带电粒子通过物质时可使物质的原子或分子激发和电离,将部分能量转化为激发能或电离能;或在物质的原子核电场的作用下,突然受到阻滞,

运动方向发生了很大的改变,这时带电粒子的一部分能量转化为连续能量向空间辐射(韧致辐射,bremsstrahlung),带电粒子通过物质时和物质的原子或分子发生连续作用,将带电粒子的一部分能量转移给被作用物质,一部分能量转化为热能。电子的质量很小,当它们接近原子的轨道电子时,由于相互排斥作用而使电子运动方向偏转,其在吸收介质内形成曲折的径迹,即使电子的能量相同,其穿过物质的径迹也相差很大,径迹在电子入射方向的投影称电子的射程。电子的能量、被作用物质等因素决定电子射程的长短。

低能 X 或 γ 射线射入一定厚度的物质后,可发生光电效应或康普顿效应而被减弱或吸收,或有部分可穿透。X 或 γ 射线穿过物质时,其减弱服从指数规律。用于生物学研究的核素,大多选用射程(电子)或穿透深度(γ 射线)短的核素。

(三)辐射照射方式

1. 辐射照射方式　依据辐射源与人体的相互位置,将对人体受到的照射分为两类。

(1)内照射(internal exposure):放射性核素进入人体后对机体产生的照射。放射性核素在人体内进行其固有的核衰变,释放出射线,只要人体内存在放射性核素,就会产生内照射。

(2)外照射(external exposure):辐射源位于体外对人体产生的照射。辐射源包括各种致电离辐射的放射性核素、射线装置等。

2. 辐射照射类型

根据放射性的来源分为天然照射、人工照射两类;人工照射常分为职业照射、医疗照射、公众照射三种,但不包括天然本底照射。

(1)天然照射:自然界天然存在的射线对人体产生的照射,包括宇宙射线和地球辐射。

(2)人工照射:人类在辐射实践过程中受到的照射。

1)职业照射(occupational exposure):从事放射性工作的人员在工作环境中受到的照射。

2)医疗照射(medical exposure):在运用电离辐射进行医学诊断、治疗过程中受检者与辅助人员或医学实验过程中的志愿者所受到的照射。

3)公众照射(public exposure):公众成员所受的辐射源的照射,包括获准的源和实践所产生的照射和在干预情况下的照射,但不包括职业照射、医疗照射和当地正常天然本底辐射的照射。

三、电离辐射生物效应

电离辐射将能量传递给有机体引起的变化统称为电离辐射生物效应(biological effect of ionizing radiation)。细胞是构成机体组织、器官的基本结构单位,电离辐射的整体效应,均以射线对细胞的作用为基础,损伤类型主要有两个。其一,电离粒子(含次级带电粒子)直接与组成细胞的生物大分子发生作用,引起大分子电离而变性,从而失去生物活性,该过程称直接作用;其二,电离粒子(含次级带电粒子)首先作用于细胞中的水分子,引起水分子水解而产生大量自由基,自由基与生物大分子结合并造成损伤而失去活性,该过程称间接作用,由于机体细胞内含水一般都高达 70% 以上。因此,辐射的间接作用对细胞损伤有着更重要的意义。并非所有的因电离辐射诱发的生物大分子变性都会导致细胞的死亡,机体的每一个细胞都有一套复杂的损伤修复系统,在一定的范围内,受到照射的细胞会启动损伤修复机制,针对损伤的DNA、蛋白质等大分子进行修复,如果无法修复和修复无效,机体则启动程序性细胞死亡。

电离辐射损伤细胞的数量和程度不同,可出现体内一系列生理、病理变化,直至发生多种局部或整体的效应,电离辐射生物效应有多种类型,就辐射防护而言主要包括两种,即确定性效应(ICRP103 报告称有害的组织反应)和随机性效应。确定性效应是指生物体受到大剂量照射,引起大量的细胞死亡或丢失,导致组织或器官功能失常或功能丧失,其严重程度与受照剂量成正比。确定性效应存在剂量阈值,大于该阈值效应才能发生。随机性效应是指生物体在较低的剂量照射下所产生的效应,一般情况下通常认为随机性效应有两种:一种是发生在体细胞内,可导致受照者体内诱发癌症;一类发生在生殖组织细胞内,可引起遗传效应。随机性效应发生的概率与受照剂量有关,严重程度与受照剂量无关,随机性效应是一种没有剂量阈值的辐射效应。

近年来,随着对辐射损伤研究的深入,人们又发现机体对辐射的反应是群体现象,而不仅仅是单个独立细胞对损伤的累积反应,辐射除了可损伤直接受照的细胞外,还可通过受照细胞产生一些信号或分泌一些物质,引起未受照细胞产生同样的损伤效应,这种效应称为旁效应(bystander effect)或旁观者效应。电离辐射的旁效应可以是随机效应,也可以是确定效应。

四、电离辐射源的类型与防护

电离辐射是一把双刃剑,在为人们提供利益的同时,如果使用不当,便会危害人类健康和污染环境,放射防护(radiological protection)是降低辐射危害的有效手段,目的就是:避免发生有害的确定性效应,并把随机性效应发生的概率限制到可以接受的水平。

(一)辐射源类型与分类

1. 常用的电离辐射源类型

在辐射防护领域,电离辐射是指在生物物质中产生离子对的辐射。电离辐射源是指能发射电离辐射或释放放射性物质而引起辐射照射的一切物质或装置。例如,发射氡的物质是存在于环境中的源,X射线机可以是放射诊断实践中的源,

γ辐照消毒装置是食品辐照保鲜实践中的源,核电厂是核动力发电实践中的源。按源的来源可分为:天然源和人工源,天然源常指天然存在的辐射源,包括宇宙射线和地球上存在的辐射源。人工源常指核试验、核能生产中产生的人工辐射源或加工过的天然辐射源,以及医疗照射和消费品中应用的辐射源及射线装置。按存在状态分为密封源和非密封源,密封源是指密封在包壳里的或紧密地固结在覆盖层里并呈固体形态的放射性物质,在使用许可条件下,一般不会有放射性物质泄漏出来。非密封源也称非密封放射性物质或开放源,是指不满足密封源定义的辐射源。生物学实验中常用液体状态的非密封放射性物质。

2. 辐射源及射线装置的分类

国家对放射源和射线装置实行分类管理。根据放射源、射线装置对人体健康和环境的潜在危害程度,从高到低将放射源分为Ⅰ类、Ⅱ类、Ⅲ类、Ⅳ类、Ⅴ类;将射线装置分为Ⅰ类、Ⅱ类、Ⅲ类。常用不同核素的64种放射源分类见表12-2。

表 12-2　放射源分类表

核素名称	Ⅰ类源/Bq	Ⅱ类源/Bq	Ⅲ类源/Bq	Ⅳ类源/Bq	Ⅴ类源/Bq
^{241}Am	$\geq 6\times10^{13}$	$\geq 6\times10^{11}$	$\geq 6\times10^{10}$	$\geq 6\times10^{8}$	$\geq 1\times10^{4}$
^{241}Am/Be	$\geq 6\times10^{13}$	$\geq 6\times10^{11}$	$\geq 6\times10^{10}$	$\geq 6\times10^{8}$	$\geq 1\times10^{4}$
^{198}Au	$\geq 2\times10^{14}$	$\geq 2\times10^{12}$	$\geq 2\times10^{11}$	$\geq 2\times10^{9}$	$\geq 1\times10^{6}$
^{133}Ba	$\geq 2\times10^{14}$	$\geq 2\times10^{12}$	$\geq 2\times10^{11}$	$\geq 2\times10^{9}$	$\geq 1\times10^{6}$
^{14}C	$\geq 5\times10^{16}$	$\geq 5\times10^{14}$	$\geq 5\times10^{13}$	$\geq 5\times10^{11}$	$\geq 1\times10^{7}$
^{109}Cd	$\geq 2\times10^{16}$	$\geq 2\times10^{14}$	$\geq 2\times10^{13}$	$\geq 2\times10^{11}$	$\geq 1\times10^{6}$
^{141}Ce	$\geq 1\times10^{15}$	$\geq 1\times10^{13}$	$\geq 1\times10^{12}$	$\geq 1\times10^{10}$	$\geq 1\times10^{7}$
^{144}Ce	$\geq 9\times10^{14}$	$\geq 9\times10^{12}$	$\geq 9\times10^{11}$	$\geq 9\times10^{9}$	$\geq 1\times10^{5}$
^{252}Cf	$\geq 2\times10^{13}$	$\geq 2\times10^{11}$	$\geq 2\times10^{10}$	$\geq 2\times10^{8}$	$\geq 1\times10^{4}$
^{36}Cl	$\geq 2\times10^{16}$	$\geq 2\times10^{14}$	$\geq 2\times10^{13}$	$\geq 2\times10^{11}$	$\geq 1\times10^{6}$
^{242}Cm	$\geq 4\times10^{13}$	$\geq 4\times10^{11}$	$\geq 4\times10^{10}$	$\geq 4\times10^{8}$	$\geq 1\times10^{5}$
^{244}Cm	$\geq 5\times10^{13}$	$\geq 5\times10^{11}$	$\geq 5\times10^{10}$	$\geq 5\times10^{8}$	$\geq 1\times10^{4}$
^{57}Co	$\geq 7\times10^{14}$	$\geq 7\times10^{12}$	$\geq 7\times10^{11}$	$\geq 7\times10^{9}$	$\geq 1\times10^{6}$
^{60}Co	$\geq 3\times10^{13}$	$\geq 3\times10^{11}$	$\geq 3\times10^{10}$	$\geq 3\times10^{8}$	$\geq 1\times10^{5}$
^{51}Cr	$\geq 2\times10^{15}$	$\geq 2\times10^{13}$	$\geq 2\times10^{12}$	$\geq 2\times10^{10}$	$\geq 1\times10^{6}$
^{134}Cs	$\geq 4\times10^{13}$	$\geq 4\times10^{11}$	$\geq 4\times10^{10}$	$\geq 4\times10^{8}$	$\geq 1\times10^{4}$
^{137}Cs	$\geq 1\times10^{14}$	$\geq 1\times10^{12}$	$\geq 1\times10^{11}$	$\geq 1\times10^{9}$	$\geq 1\times10^{4}$
^{152}Eu	$\geq 6\times10^{13}$	$\geq 6\times10^{11}$	$\geq 6\times10^{10}$	$\geq 6\times10^{8}$	$\geq 1\times10^{6}$
^{154}Eu	$\geq 6\times10^{13}$	$\geq 6\times10^{11}$	$\geq 6\times10^{10}$	$\geq 6\times10^{8}$	$\geq 1\times10^{6}$
^{55}Fe	$\geq 8\times10^{17}$	$\geq 8\times10^{15}$	$\geq 8\times10^{14}$	$\geq 8\times10^{12}$	$\geq 1\times10^{6}$
^{153}Gd	$\geq 1\times10^{15}$	$\geq 1\times10^{13}$	$\geq 1\times10^{12}$	$\geq 1\times10^{10}$	$\geq 1\times10^{7}$

续表

核素名称	I 类源 /Bq	II 类源 /Bq	III 类源 /Bq	IV 类源 /Bq	V 类源 /Bq
^{68}Ge	$\geqslant 7 \times 10^{14}$	$\geqslant 7 \times 10^{12}$	$\geqslant 7 \times 10^{11}$	$\geqslant 7 \times 10^{9}$	$\geqslant 1 \times 10^{5}$
^{3}H	$\geqslant 2 \times 10^{18}$	$\geqslant 2 \times 10^{16}$	$\geqslant 2 \times 10^{15}$	$\geqslant 2 \times 10^{13}$	$\geqslant 1 \times 10^{9}$
^{203}Hg	$\geqslant 3 \times 10^{14}$	$\geqslant 3 \times 10^{12}$	$\geqslant 3 \times 10^{11}$	$\geqslant 3 \times 10^{9}$	$\geqslant 1 \times 10^{5}$
^{125}I	$\geqslant 2 \times 10^{14}$	$\geqslant 2 \times 10^{12}$	$\geqslant 2 \times 10^{11}$	$\geqslant 2 \times 10^{9}$	$\geqslant 1 \times 10^{6}$
^{131}I	$\geqslant 2 \times 10^{14}$	$\geqslant 2 \times 10^{12}$	$\geqslant 2 \times 10^{11}$	$\geqslant 2 \times 10^{9}$	$\geqslant 1 \times 10^{6}$
^{192}Ir	$\geqslant 8 \times 10^{13}$	$\geqslant 8 \times 10^{11}$	$\geqslant 8 \times 10^{10}$	$\geqslant 8 \times 10^{8}$	$\geqslant 1 \times 10^{4}$
^{85}Kr	$\geqslant 3 \times 10^{16}$	$\geqslant 3 \times 10^{14}$	$\geqslant 3 \times 10^{13}$	$\geqslant 3 \times 10^{11}$	$\geqslant 1 \times 10^{4}$
^{99}Mo	$\geqslant 3 \times 10^{14}$	$\geqslant 3 \times 10^{12}$	$\geqslant 3 \times 10^{11}$	$\geqslant 3 \times 10^{9}$	$\geqslant 1 \times 10^{6}$
^{95}Nb	$\geqslant 9 \times 10^{13}$	$\geqslant 9 \times 10^{11}$	$\geqslant 9 \times 10^{10}$	$\geqslant 9 \times 10^{8}$	$\geqslant 1 \times 10^{6}$
^{63}Ni	$\geqslant 6 \times 10^{16}$	$\geqslant 6 \times 10^{14}$	$\geqslant 6 \times 10^{13}$	$\geqslant 6 \times 10^{11}$	$\geqslant 1 \times 10^{8}$
^{237}Np（^{233}Pa）	$\geqslant 7 \times 10^{13}$	$\geqslant 7 \times 10^{11}$	$\geqslant 7 \times 10^{10}$	$\geqslant 7 \times 10^{8}$	$\geqslant 1 \times 10^{3}$
^{32}P	$\geqslant 1 \times 10^{16}$	$\geqslant 1 \times 10^{14}$	$\geqslant 1 \times 10^{13}$	$\geqslant 1 \times 10^{11}$	$\geqslant 1 \times 10^{5}$
^{103}Pd	$\geqslant 9 \times 10^{16}$	$\geqslant 9 \times 10^{14}$	$\geqslant 9 \times 10^{13}$	$\geqslant 9 \times 10^{11}$	$\geqslant 1 \times 10^{8}$
^{147}Pm	$\geqslant 4 \times 10^{16}$	$\geqslant 4 \times 10^{14}$	$\geqslant 4 \times 10^{13}$	$\geqslant 4 \times 10^{11}$	$\geqslant 1 \times 10^{7}$
^{210}Po	$\geqslant 6 \times 10^{13}$	$\geqslant 6 \times 10^{11}$	$\geqslant 6 \times 10^{10}$	$\geqslant 6 \times 10^{8}$	$\geqslant 1 \times 10^{4}$
^{238}Pu	$\geqslant 6 \times 10^{13}$	$\geqslant 6 \times 10^{11}$	$\geqslant 6 \times 10^{10}$	$\geqslant 6 \times 10^{8}$	$\geqslant 1 \times 10^{4}$
^{239}Pu/Be	$\geqslant 6 \times 10^{13}$	$\geqslant 6 \times 10^{11}$	$\geqslant 6 \times 10^{10}$	$\geqslant 6 \times 10^{8}$	$\geqslant 1 \times 10^{4}$
^{239}Pu	$\geqslant 6 \times 10^{13}$	$\geqslant 6 \times 10^{11}$	$\geqslant 6 \times 10^{10}$	$\geqslant 6 \times 10^{8}$	$\geqslant 1 \times 10^{4}$
^{240}Pu	$\geqslant 6 \times 10^{13}$	$\geqslant 6 \times 10^{11}$	$\geqslant 6 \times 10^{10}$	$\geqslant 6 \times 10^{8}$	$\geqslant 1 \times 10^{3}$
^{242}Pu	$\geqslant 7 \times 10^{13}$	$\geqslant 7 \times 10^{11}$	$\geqslant 7 \times 10^{10}$	$\geqslant 7 \times 10^{8}$	$\geqslant 1 \times 10^{4}$
^{226}Ra	$\geqslant 4 \times 10^{13}$	$\geqslant 4 \times 10^{11}$	$\geqslant 4 \times 10^{10}$	$\geqslant 4 \times 10^{8}$	$\geqslant 1 \times 10^{4}$
^{188}Re	$\geqslant 1 \times 10^{15}$	$\geqslant 1 \times 10^{13}$	$\geqslant 1 \times 10^{12}$	$\geqslant 1 \times 10^{10}$	$\geqslant 1 \times 10^{5}$
^{103}Ru（^{103m}Rh）	$\geqslant 1 \times 10^{14}$	$\geqslant 1 \times 10^{12}$	$\geqslant 1 \times 10^{11}$	$\geqslant 1 \times 10^{9}$	$\geqslant 1 \times 10^{6}$
^{106}Ru（^{106}Rh）	$\geqslant 3 \times 10^{14}$	$\geqslant 3 \times 10^{12}$	$\geqslant 3 \times 10^{11}$	$\geqslant 3 \times 10^{9}$	$\geqslant 1 \times 10^{5}$
^{35}S	$\geqslant 6 \times 10^{16}$	$\geqslant 6 \times 10^{14}$	$\geqslant 6 \times 10^{13}$	$\geqslant 6 \times 10^{11}$	$\geqslant 1 \times 10^{8}$
^{75}Se	$\geqslant 2 \times 10^{14}$	$\geqslant 2 \times 10^{12}$	$\geqslant 2 \times 10^{11}$	$\geqslant 2 \times 10^{9}$	$\geqslant 1 \times 10^{6}$
^{89}Sr	$\geqslant 2 \times 10^{16}$	$\geqslant 2 \times 10^{14}$	$\geqslant 2 \times 10^{13}$	$\geqslant 2 \times 10^{11}$	$\geqslant 1 \times 10^{6}$
^{90}Sr（^{90}Y）	$\geqslant 1 \times 10^{15}$	$\geqslant 1 \times 10^{13}$	$\geqslant 1 \times 10^{12}$	$\geqslant 1 \times 10^{10}$	$\geqslant 1 \times 10^{4}$
^{99m}Tc	$\geqslant 7 \times 10^{14}$	$\geqslant 7 \times 10^{12}$	$\geqslant 7 \times 10^{11}$	$\geqslant 7 \times 10^{9}$	$\geqslant 1 \times 10^{7}$
^{132}Te（^{132}I）	$\geqslant 3 \times 10^{13}$	$\geqslant 3 \times 10^{11}$	$\geqslant 3 \times 10^{10}$	$\geqslant 3 \times 10^{8}$	$\geqslant 1 \times 10^{7}$
^{230}Th	$\geqslant 7 \times 10^{13}$	$\geqslant 7 \times 10^{11}$	$\geqslant 7 \times 10^{10}$	$\geqslant 7 \times 10^{8}$	$\geqslant 1 \times 10^{4}$
^{204}Tl	$\geqslant 2 \times 10^{16}$	$\geqslant 2 \times 10^{14}$	$\geqslant 2 \times 10^{13}$	$\geqslant 2 \times 10^{11}$	$\geqslant 1 \times 10^{4}$
^{170}Tm	$\geqslant 2 \times 10^{16}$	$\geqslant 2 \times 10^{14}$	$\geqslant 2 \times 10^{13}$	$\geqslant 2 \times 10^{11}$	$\geqslant 1 \times 10^{6}$
^{90}Y	$\geqslant 5 \times 10^{15}$	$\geqslant 5 \times 10^{13}$	$\geqslant 5 \times 10^{12}$	$\geqslant 5 \times 10^{10}$	$\geqslant 1 \times 10^{5}$
^{91}Y	$\geqslant 8 \times 10^{15}$	$\geqslant 8 \times 10^{13}$	$\geqslant 8 \times 10^{12}$	$\geqslant 8 \times 10^{10}$	$\geqslant 1 \times 10^{6}$
^{169}Yb	$\geqslant 3 \times 10^{14}$	$\geqslant 3 \times 10^{12}$	$\geqslant 3 \times 10^{11}$	$\geqslant 3 \times 10^{9}$	$\geqslant 1 \times 10^{7}$
^{65}Zn	$\geqslant 1 \times 10^{14}$	$\geqslant 1 \times 10^{12}$	$\geqslant 1 \times 10^{11}$	$\geqslant 1 \times 10^{9}$	$\geqslant 1 \times 10^{6}$
^{95}Zr	$\geqslant 4 \times 10^{13}$	$\geqslant 4 \times 10^{11}$	$\geqslant 4 \times 10^{10}$	$\geqslant 4 \times 10^{8}$	$\geqslant 1 \times 10^{6}$

注：1. ^{241}Am 用于固定式烟雾报警器时的豁免值为 1×10^{5} Bq。

2. 核素份额不明的混合源，按其危险度最大的核素分类，其总活度视为该核素的活度。

3. 射线装置的分类

射线装置的分类原则是根据射线装置对人体健康和环境的潜在危害程度,从高到低将射线装置分为Ⅰ类、Ⅱ类、Ⅲ类,具体见表12-3。

4. 生物学实验常用的辐射源

非密封放射性物质(开放源)按物质的结构,可以以固态、液态和气态(放射性气溶胶)三种形式存在。生物学实验中使用的放射性核素也是以这三态形式存在,一般的生物学实验常用多为液体形态。医学和生物研究使用的典型非密封放射性物质见表12-4。

表 12-3　射线装置分类表

装置类别	医用射线装置	非医用射线装置
Ⅰ类射线装置	质子治疗装置	生产放射性同位素用加速器(不含制备 PET 用放射性药物的加速器)
	重离子治疗装置	粒子能量≥100MeV 的非医用加速器
	其他粒子能量≥100MeV 的医用加速器	/
Ⅱ类射线装置	粒子能量<100MeV 的医用加速器	粒子能量<100MeV 的非医用加速器
	制备 PET 用放射性药物的加速器	工业辐照用加速器
	X 射线治疗机(深部、浅部)	工业探伤用加速器
	术中放射治疗装置	安全检查用加速器
	血管造影用 X 射线装置[1]	车辆检查用 X 射线装置
	/	工业用 X 射线 CT 装置
	/	工业用 X 射线探伤装置[5,6]
	/	中子发生器
Ⅲ类射线装置	医用 X 射线 CT 装置[2]	人体安全检查用 X 射线装置
	医用诊断 X 射线装置[3]	X 射线行李包检查装置[7]
	口腔科 X 射线装置[4]	X 射线衍射仪
	放射治疗模拟定位装置	X 射线荧光仪
	X 射线血液辐照仪	其他各类 X 射线检测装置(测厚、称重、测孔径、测密度等)
	/	离子注(植)入装置
	/	兽用 X 射线装置
	/	电子束焊机[8]
	其他不能被豁免的 X 射线装置	

注:PET 为正电子发射体层仪;CT 为计算机体层成像。

[1] 血管造影用 X 射线装置包括用于心血管介入术、外周血管介入术、神经介入术等的 X 射线装置,以及含具备数字减影(DSA)血管造影功能的设备。

[2] 医用 X 射线 CT 装置包括医学影像用 CT 机、放疗 CT 模拟定位机、核医学 SPECT/CT 和 PET/CT 等。

[3] 医用诊断 X 射线装置包括 X 射线摄影装置、床边 X 射线摄影装置、X 射线透视装置、移动 X 射线 C 臂机、移动 X 射线 G 臂机、手术用 X 射线机、X 射线碎石机、乳腺 X 射线装置、胃肠 X 射线机、X 射线骨密度仪等常见 X 射线诊断设备和开展非血管造影用 X 射线装置。

[4] 口腔科 X 射线装置包括口腔内 X 射线装置(牙片机)、口腔外 X 射线装置(含全景机和口腔 CT 机)。

[5] 工业用 X 射线探伤装置分为自屏蔽式 X 射线探伤装置和其他工业用 X 射线探伤装置,后者包括固定式 X 射线探伤系统、便携式 X 射线探伤机、移动式 X 射线探伤装置和 X 射线照相仪等利用 X 射线进行无损探伤检测装置。

[6] 对自屏蔽式 X 射线探伤装置的生产、销售活动按Ⅱ类射线装置管理;使用活动按Ⅲ类射线装置管理。

[7] 对公共场所柜式 X 射线行李包检查装置的生产、销售活动按Ⅲ类射线装置管理;对其设备的用户单位实行豁免管理。

[8] 对电子束焊机的生产、销售活动按Ⅲ射线装置管理;对其设备使用用户单位实行豁免管理。

表 12-4　医学和生物研究使用的典型非密封放射性物质

核素	半衰期	主要应用	每次使用典型活度 GBq	废物特性
^3H	12.3a	加放射标记,生物研究,有机合成	≤ 50	溶剂,固体,液体
^{11}C	20.3min	肺通气研究	≤ 2	固体,液体
^{14}C	5 730a	生物研究 加放射标记	≤ 50 ≤ 50	固体,液体 溶剂
^{15}O	122s	肺通气研究	≤ 2	固体,液体
^{24}Na	15.0h	生物研究	≤ 5	液体
^{33}P	25.4d	生物研究	$\leq 5 \times 10^{-2}$	—
^{35}S	87.4d	医学和生物研究	≤ 5	固体,液体
^{36}Cl	$3.01 \times 10^5 a$ 163d	生物研究 生物研究	$\leq 5 \times 10^{-2}$ $\leq 10^{-1}$	气体,固体,液体 主要是固体,某种液体
^{46}Sc	83.8d	医学和生物研究	$\leq 5 \times 10^{-1}$	固体,液体
^{51}Cr	27.7d	生物研究	$\leq 10^{-1}$	液体流出物
^{57}Co	271.7d	生物研究	$\leq 5 \times 10^{-2}$	固体,液体流出物
^{59}Fe	44.5d	生物研究	$\leq 5 \times 10^{-2}$	固体,液体流出物
^{81m}Kr	13.3s	肺通气研究	≤ 6	固体,液体
^{85}Sr	64.8d	生物研究	$\leq 5 \times 10^{-2}$	固体,液体
^{86}Rb	18.7d	医学和生物研究	$\leq 5 \times 10^{-2}$	固体,液体
^{90}Y	2.7d	医学和生物研究	$\leq 3 \times 10^{-1}$	固体,液体
^{95}Nb	35.0d	医学和生物研究	$\leq 5 \times 10^{-2}$	固体,液体
^{99m}Tc	6.0h	生物研究	≤ 100	固体,液体
^{111}In	2.8d	临床测量,生物研究	$\leq 5 \times 10^{-2}$	固体,液体
^{123}I	13.2h	医学和生物研究	$\leq 5 \times 10^{-1}$	固体,液体
^{113}Sn	115.1d	医学和生物研究	≤ 50	固体,液体
^{203}Hg	46.6d	生物研究	$\leq 5 \times 10^{-3}$	固体,液体

资料来源:国际原子能机构安全导则 WS-G-2.7。

(二)放射防护原则

1. 实践正当化

任何引入新的放射源或照射途径、扩大受照人员范围或改变现有辐射源的照射途径网络,从而使人员受照射或可能受到照射人数增加的人类活动,称为实践。由实践获得的利益远远超过付出的代价(包括对健康损害的代价)时,称为实践正当化;否则,为不正当实践。

2. 放射防护最优化

放射防护最优化是指在考虑社会和经济因素的前提下,一切辐射照射都应当保持在可合理达到的尽可能低的水平,也称之为可合理达到的最低量原则(as low as reasonably achievable principle, ALARA principle)。防护与安全最优化的过程,可以从直观的定性分析一直到使用辅助决策技术的定量分析,均应以某种适当的方法将一切相关因素加以考虑。

3. 个人剂量限值

对在受控源实践中个人受到的有效剂量或当量剂量不得超过规定的数值,称为个人剂量限值。

(1)《电离辐射防护与辐射源安全基本标准》

（GB 18871—2002）规定对任何工作人员的职业照射水平进行控制，使之不超过下述限值：

1）由审管部门决定的连续 5 年的年平均有效剂量（但不可做任何追溯性平均），20mSv；

2）任何一年中的有效剂量，50mSv；

3）眼晶体的年当量剂量，150mSv（2014 版 IAEA《国际辐射防护和辐射源安全基本标准》建议眼晶体年当量剂量限值为：20mSv）；

4）四肢（手和足）或皮肤的年当量剂量，500mSv。

（2）对于年龄为 16—18 岁接受涉及辐射照射就业培训的徒工，和年龄为 16—18 岁在学习过程中需要使用放射源的学生，应控制其职业照射使之不超过下述限值：

1）年有效剂量，6mSv；

2）眼晶体的年当量剂量，50mSv（20mSv）；

3）四肢（手和足）或皮肤的年当量剂量，150mSv。

（3）公众照射的剂量限值，实践使公众中有关关键人群组的成员所受到的平均剂量估计值不应超过下述限值：

1）年有效量，1mSv；

2）特殊情况下，如果 5 个连续年的年平均剂量不超过 1mSv，则某一单一年份的有效剂量可提高到 5mSv；

3）眼晶体的年当量剂量，15mSv；

4）皮肤的年当量剂量，50mSv。

（三）工作场所的放射性表面污染控制水平

对于开放性工作场所，各工作区域人员表面污染控制水平要求见表 12-5。

表 12-5 工作场所的放射性表面污染控制水平

单位：Bq/cm²

表面类型		α 放射性物质		β 放射性物质
		极毒性	其他	
工作台、设备、墙壁、地面	控制区 ª	4	40	40
	监督区	0.4	4	4
工作服、手套、工作鞋	控制区	0.4	0.4	4
	监督区			
手、皮肤、内衣、工作裤		0.04	0.04	0.4

注：ª 该区内的高污染子区除外。

（四）剂量约束和潜在照射危险约束

除了医疗照射之外，对于一项实践中的任一特定的源，其剂量约束和潜在照射危险约束应不大于审管部门对这类源规定或认可的值，并且不大于可能导致超过剂量限值和潜在照射危险限值的值。

对任何可能向环境释放放射性物质的源，剂量约束还应对该源历年释放的累积效应加以限制，使得在考虑了所有其他有关实践和源可能造成的释放累积和照射之后，任何公众成员（包括其后代）在任何一年里所受到的有效剂量均不超过相应的剂量限值。

实践正当化和放射防护最优化与辐射源有关，因为它们涉及的是对放射源的引用和安全防护是否正当和适宜。而个人剂量限值涉及的是受控源职业照射个人和公众个人的受照剂量，所以个人剂量限值与个体相关。正当化是最优化

过程的前提，个人受照剂量限值是最优化剂量的约束条件。预先对受源可能产生的个人剂量确定的与源相关的剂量限制，称为剂量约束，对于潜在照射情况，相应的概念为危险约束。它是对所考虑的受控源安全防护最优化的约束条件。

（五）同位素实验室常用的放射防护措施

使用非密封放射性物质的实验室，放射源直接暴露于工作环境，即所谓的开放型放射性工作场所，工作人员除受外照射外，还可能受到内照射。对同位素实验室的放射卫生防护要求包括：防止射线的外照射，避免放射性同位素造成的内照射和引起周围环境的污染。

1. 外照射的防护措施

通常外照射的防护措施有：减少受照射时间、增加人与源的距离、在放射源与人体之间加装屏蔽物。以下具体措施可减少不必要的照射：

（1）实验设计，在实验中尽量减少放射性物质的用量，选择放射性同位素时，应在满足实验要求的情况下，尽量选取危险性小的放射性同位素。

（2）熟练操作，实验过程力求简洁，实验操作力求快捷。不要在有放射性物质（特别是β、γ体）的地方做不必要的停留，尽量减少被照的时间。

（3）增大接触距离，由于人体所受的辐射剂量大小与人到放射源距离的平方成反比，因此在操作时，可利用各种工具增大接触距离。

（4）设置屏蔽，创造条件设置隔离屏蔽，一般比重较大的金属材料，如铅、铁等对γ射线和X射线的遮挡性能较好；β射线一般可用有机玻璃、铝片或塑料遮挡。隔离屏蔽可以是全隔离，也可以是部分隔离；可以做成固定的，也可做成活动的，根据需要选择。

（5）个人工作习惯，尽可能地穿戴简单的防护服和手套，戴手套的主要目的是防止污染，用能灵活动作的薄塑料手套或外科用手套为宜。离开放射工作区域之前要洗手，如果非密封核素用量较大，还需进行体表监测。在开始工作之前，必须把皮肤的伤口和擦伤处小心地包扎好，手指甲要剪短，要小心和清洁地工作。

（6）实验场所，必须在专门进行放射性同位素实验的实验室场所进行工作，在这个场所内应有全套必需的仪器和设备，包括辐射监测仪。放射性工作场所中不允许挤满人或堆满设备，更不要在该处放置书籍、报纸和私人物品，以免污染。

2. 内照射的防护措施

在放射实验室工作中，放射性同位素有可能扩散到实验室工作环境中，并通过吸入、食入或皮肤、伤口等途径进入机体，造成内照射。一定要加强个人防护，尽可能防止或减少放射性同位素对工作环境的污染，切断放射性同位素进入人体的途径，加速体内放射性同位素的排出。

（1）防止由消化系统进入体内

工作时必须戴防护手套、口罩，穿防护服。使用包容、屏蔽等方法。绝对禁止用口吸取溶液或口腔接触任何物品，如舔标签、用嘴吹玻璃等。工作完毕脱防护服、手套，立即洗手漱口，如有条件可用放射性检测仪进行检测。禁止在实验室吃、喝、吸烟等。

（2）防止由呼吸系统进入体内

实验室应有良好的通风条件，实验中煮沸、烘干、蒸发等均应在通风橱中进行，处理粉末物应在防护箱中进行，遇有污染物应立即慎重妥善处理。

（3）防止通过皮肤进入体内

降低实验室工作台表面污染水平，发现污染及时清洗。实验中应小心仔细，不要让仪器物品，特别是沾有放射性物质的部分割破皮肤。操作应戴手套，遇有小伤口时，一定要妥善包扎好，戴好手套再工作；伤口较大时，应停止工作。不要用有机溶液洗手和涂敷皮肤。

（4）阻吸收和促排

在进行设备检修和事故处理之前，服用某些药物，可以减少放射性物质进入体内而产生内污染。如发现放射性物质的内污染，应尽快进行医学促排。

（六）现代生物学中常用的同位素技术

自 1896 年贝可勒尔发现天然放射性，放射性核素就在科学实验中得到应用，尤其是二十世纪三四十年代，人工放射性核素出现后，放射性自显影和示踪技术得到快速发展，极大地推动了放射性同位素在生命科学领域的应用。现代生物技术实验研究更是离不开放射性同位素及其检测技术（表 12-6）。

表 12-6 生物学中常用的同位素技术

应用	同位素	介质	检测方法
DNA/RNA	^{32}P	琼脂糖凝胶、聚丙烯酰胺凝胶、硝酸纤维素膜，滤纸	放射自显影（用增感屏）
DNA 序列测定	^{32}P	琼脂糖凝胶、聚丙烯酰胺凝胶、硝酸纤维素膜，滤纸	放射自显影
	^{35}S	琼脂糖凝胶	放射自显影

续表

应用	同位素	介质	检测方法
原位杂交	^{32}P	琼脂糖凝胶、聚丙烯酰胺凝胶、硝酸纤维素膜,滤纸	放射自显影
	^{35}S	琼脂糖凝胶	放射自显影
	^{3}H	琼脂糖凝胶、聚丙烯酰胺凝胶、硝酸纤维素膜,滤纸	放射自显影
体外蛋白质合成的筛选	$^{14}C/^{35}S$	琼脂糖凝胶	闪烁计数
	^{3}H	琼脂糖凝胶、聚丙烯酰胺凝胶、硝酸纤维素膜,滤纸	闪烁计数
噬斑和菌落的筛选	^{32}P	琼脂糖凝胶、聚丙烯酰胺凝胶、硝酸纤维素膜,滤纸	放射自显影(用增感屏)
	^{35}S	琼脂糖凝胶	放射自显影
DNA印迹法、RNA印迹法	^{32}P	琼脂糖凝胶、聚丙烯酰胺凝胶、硝酸纤维素膜,滤纸	放射自显影(用增感屏)
	^{35}S	琼脂糖凝胶	放射自显影(用增感屏)
蛋白质印迹法	^{3}H	琼脂糖凝胶、聚丙烯酰胺凝胶、硝酸纤维素膜,滤纸	闪烁计数
	$^{14}C/^{35}S$	琼脂糖凝胶	放射自显影
	^{125}I	琼脂糖凝胶、聚丙烯酰胺凝胶、硝酸纤维素膜,滤纸	放射自显影(用增感屏)

第二节 放射性同位素实验室的设置要求

国家对放射性同位素的使用实行严格的许可证制度,设置了严格的法规和管理条例。放射性同位素实验室具有特殊性,一旦发生放射性污染和泄漏事故,影响程度和危害都比较大。所以放射性同位素实验室硬件条件要求较高,如果不具备从事放射性同位素实验的条件,无论是否在豁免剂量以下,都要禁止,以确保操作人员和环境的安全。

一、建设放射性同位素实验室的法规要求

放射性同位素实验室的建设单位负责实验室的放射性污染的防治,接受环境保护行政主管部门和其他有关部门的监督管理,并依法对其造成的放射性污染承担责任。

在申请领取许可证前,应当组织编制或者填报环境影响评价文件,并依照国家规定程序报环境保护主管部门审批或备案。环境保护主管部门应根据放射性活度的大小和射线装置的类别,来确定许可证由国家、省、市各级政府的环境保护主管部门审批颁发,并通报同级公安、卫生等主管部门。

放射性同位素实验室的放射性污染防治设施,应当与主体工程同时设计、同时施工、同时投入使用。竣工验收时应当与主体工程同时验收;验收合格后方可投入生产或者使用。放射性同位素实验室结业或不再使用时,要依法办理退役手续。

放射性同位素实验室的建设单位应当采取有效的防火、防盗、防射线泄漏的安全防护措施,并指定专人负责保管。贮存、领取、使用、归还放射性同位素时,应当进行登记、检查,做到账物相符。向环境排放放射性废气、废液,必须符合国家放射性污染防治标准。

使用放射性同位素、射线装置的单位申请领

取许可证,应当具备下列条件:

(1)使用Ⅰ类、Ⅱ类、Ⅲ类放射源,使用Ⅰ类、Ⅱ类射线装置的,应当设有专门的辐射安全与环境保护管理机构,或者至少有1名具有本科以上学历的技术人员专职负责辐射安全与环境保护管理工作;其他辐射工作单位应当有1名具有大专以上学历的技术人员专职或者兼职负责辐射安全与环境保护管理工作;依据辐射安全关键岗位名录,应当设立辐射安全关键岗位的,该岗位应当由具备一定资质的人员担任。

(2)从事辐射工作的人员必须通过辐射安全和防护专业知识及相关法律法规的培训和考核。

(3)使用放射性同位素的单位应当有满足辐射防护和实体保卫要求的放射源暂存库或设施。

(4)放射性同位素与射线装置使用场所有防止误操作、防止工作人员和公众受到意外照射的安全措施。

(5)配备与辐射类型和辐射水平相适应的防护用品和监测仪器,包括个人防护用品和个人剂量测量报警、辐射监测等仪器。使用非密封放射性物质的单位还应当有表面污染监测设备。

(6)有健全的操作规程、岗位职责、辐射防护和安全保卫制度、设备检修维护制度、放射性同位素使用登记制度、人员培训计划、监测方案等。

(7)有完善的辐射事故应急措施。

(8)产生放射性废气、废液、固体废物的,还应具有确保放射性废气、废液、固体废物达标排放的处理能力或者可行的处理方案。

二、放射性实验室选址与布局要求

一个开放型放射性工作场所要精心选址,国家标准规定,放射性工作场所一般设置在独立的建筑物内,或者在建筑物的底层一端。建筑设计应符合基本防护要求。

(一)放射性实验室布局与分区

国家对放射性实验室分区管理,规定把放射工作场所分为控制区和监督区,以便于放射防护管理和职业照射控制。

1. 控制区(controlled area)

业主单位法人或许可证持有者,也就是放射性同位素实验室的建设单位,应把需要和可能需要专门防护手段或安全措施的区域定为控制区,以便控制正常工作条件下的正常照射或防止污染扩散,并预防潜在照射或限制潜在照射的范围。确定控制区的边界时,应考虑预计的正常照射的水平、潜在照射的可能性和大小,以及所需要的防护手段与安全措施的性质和范围。对于范围比较大的控制区,如果其中的照射或污染水平在不同的局部变化较大,需要实施不同的专门防护手段或安全措施,则可根据需要再划分出不同的子区,以方便管理。控制区还应满足以下要求:

(1)采用实体边界划定控制区;采用实体边界不现实时也可以采用其他适当的手段。

(2)在源的运行是间歇性的或仅是把源从一处移至另一处的情况下,采用与主导情况相适应的方法划定控制区,并对照射时间加以规定。

(3)在控制区的进出口及其他适当位置处设立醒目的、符合基本标准规定的警告标志,并给出相应的辐射水平和污染水平的指示。

(4)制定职业防护与安全措施,包括适用于控制区的规则与程序。

(5)运用行政管理程序(如进入控制区的工作许可证制度)和实体屏障(包括门锁和联锁装置)限制进出控制区;限制的严格程度应与预计的照射水平和可能性相适应。

(6)按需要在控制区的入口处提供防护衣具、监测设备和个人衣物贮存柜。

(7)按需要在控制区的出口处提供皮肤和工作服的污染监测仪、被携出物品的污染监测设备、冲洗或淋浴设施以及被污染防护衣具的贮存柜。

(8)定期审查控制区的实际状况,以确定是否有必要改变该区的防护手段或安全措施或该区的边界。

2. 监督区(supervised area)

业主单位法人或许可证持有者应将下述区域定为监督区:该区域未被定为控制区,在该区域内工作通常不需要采取专门的防护措施和做出防护与安全规定。但是,在职业照射条件下需要经常地进行剂量监测。监督区还应满足以下要求：

（1）采用适当的手段划出监督区的边界；

（2）在监督区入口处的适当地点设立表明监督区的标牌；

（3）定期审查该区的条件，以确定是否需要采取防护措施和做出安全规定，或是否需要更改监督区的边界。

3. 卫生通过间

在控制区出入口处设立卫生通过间。此区域设置附加个人防护衣具贮存柜和药箱；设置专用设备监测从控制区带出的各种物品；设置专用设备监测局部皮肤污染和工作服污染，常备皮肤伤口污染的临时应急洗消的专用设备和试剂。

工作人员进出控制区时必须经过卫生通过间，在典型的开放型放射性工作场所，工作人员在卫生通过间必须执行下述程序：①凭工作许可证件领取更衣柜钥匙，脱去身上的衣、帽、鞋、袜、内衣、内裤和手表等小物品，锁在更衣柜内；②在更衣区从工作服贮柜内取出个人防护衣具，包括内衣、内裤、袜子、口罩、手套、工作帽，并穿戴好；③领取个人剂量计；④通过单向门以后在鞋架处穿好工作鞋；⑤进入应用放射性同位素实验区。

离开此区进入清洁区之前，进入卫生通过间必须执行下述程序：①脱掉手套和口罩，放入废物筐内。②检测工作鞋污染情况，若污染水平在控制水平以下，则按鞋的尺码将鞋放到鞋架上；如果工作鞋污染水平超过控制水平，则将鞋放到暂存箱内，等待去污染。③脱掉工作服，包括内衣、袜子等，放到回收筐内，记住工作服、袜的号码。④交还个人剂量计。⑤进淋浴室洗消全身皮肤和头发。⑥进入污染检测区，如果全身污染或局部污染检测合格，则进入清洁衣柜区穿好衣服、鞋、袜、帽后离开卫生通过间由单向门进入清洁区。假如全身皮肤或局部皮肤污染检测不合格，则应当到专门去污染区域进行洗消去污，直至检测合格后才能穿好清洁衣服、鞋、袜、帽，由单向门离开卫生通过间。

（二）放射性实验室的分级及分类

1. 放射性实验室的分级

放射性同位素的活度不同，对工作场所和环境可能造成的污染程度也不同，操作活度越大，污染概率和严重程度就越大。我国非密封放射性工作场所实行分级管理，分类防护。根据放射性同位素的日等效最大操作活度不同将工作场所分为甲、乙、丙三级，见表12-7。

表 12-7　放射性实验室的分级

场所级别	日等效最大操作活度 /Bq
甲级	$>4 \times 10^9$
乙级	$2 \times 10^7 \sim 4 \times 10^9$
丙级	豁免活度值以上至 2×10^7

放射性核素的日等效最大操作活度在数值上等于实际计划的日最大操作活度与该核素的毒性组别修正因子的乘积除以与操作方式相关的修正因子所得的商，即日等效最大操作活度 = 日最大操作活度 × 核素毒性组别修正因子 / 操作方式修正因子。

放射性核素的毒性组别修正因子以及与操作方式有关的修正因子，分别见表12-8和表12-9。

表 12-8　放射性核素毒性组别修正因子

核素毒性组别	毒性组别修正因子
极毒组核素	10
高毒组核素	1
中毒组核素	0.1
低毒组核素	0.01

表 12-9　操作方式与放射源状态修正因子

操作方式	表面污染水平低的固体	液体溶液、悬浮液	表面有污染的固体	气体、蒸汽、粉末、压强力高的液体、固体
源的贮存	1 000	100	10	1
很简单的操作	100	10	1	0.1
简单操作	10	1	0.1	0.01
特别危险的操作	1	0.1	0.01	0.001

2. 实验室放射性工作间的分类

为便于操作,针对实验室使用放射性核素的具体情况,可以根据计划操作最大放射性核素的加权活度,把工作场所分为Ⅰ、Ⅱ、Ⅲ等三类见表12-10。

表12-10 放射性核素工作间具体分类

分类	操作最大量放射性核素的加权活度/MBq
Ⅰ	>50 000
Ⅱ	50~50 000
Ⅲ	<50

注:加权活度=计划日操作最大活度×核素毒性权重因子/操作性质的修正因子

供计算操作最大量放射性核素的加权活度用的核医学常用放射性核素毒性权重因子和不同操作性质的修正因子分别见表12-11和表12-12。

表12-11 常用放射性核素的毒性权重因子

类别	放射性核素	核素的毒性权重因子
A	^{75}Se, ^{89}Sr, ^{125}I, ^{131}I	100
B	^{11}C, ^{15}O, ^{18}F, ^{51}Cr, ^{67}Ge, ^{111}In, ^{125}I, ^{201}Tl	1
C	^{3}H, ^{13}C, ^{81m}Kr, ^{127}Xe, ^{133}Xe	0.01

表12-12 不同操作性质的修正因子

操作方式和地区	操作性修正因子
贮存	100
废物处理 闪烁法计数和显像 候诊区及诊断病床区	10
配药、分装以及施给药 简单放射性要物制备 治疗病床区	1
复杂放射性药物制备	0.1

三、放射性同位素实验室的防护要求

操作非密封源的各类工作场所建筑设计应符合下述基本防护要求:门、窗、内部设计和设施等尽量简单;地面与墙壁相交处和墙壁相交处应成弧形;地面有一定坡度并趋向于地漏;地面、墙面、顶棚和工作台面等表面采用不易渗透的抗酸碱腐蚀的材料作覆面或喷漆;水电、暖气、通风管道线路应力求暗装;自来水开关采用脚踏式或肘开式的;通风柜内保持一定负压,开口处负压气流速度不应小于1m/s;通气柜排气口应高于本建筑物的屋脊,并设有废气净化装置,排出的废气不应当超过管理限值等,一般由专业设计人员设计,控制区和监督区的设置确保实验流程的合理性。放射性工作场所必须设立明显的警示标志(文末彩图12-1),对不同类别工作场所室内表面和设备的具体防护要求,参考表12-13。

四、放射性同位素实验室需配备的安全防护设施

任何实验室的安全都必须要配备良好的安全设备和制定且执行严格的安全制度,放射性同位素实验室也不例外。要保证实验室安全,首先要配备包括操作设备和个人防护用品在内的安全防护设施,其次要制定严格的操作规程和安全守则,并在实际工作中得到严格的遵守。

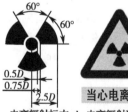
a. 电离辐射标志　　b. 电离辐射警示标志

c. 电离辐射警示标志

图12-1 电离辐射标志

表12-13 不同类别工作间表面和设备的具体防护要求

工作场所类别	地面	表面	通风柜	室内通风	下水管道	清洗去污设备
Ⅰ	无缝隙	易清洗	需要	机械通风	特殊要求	需要
Ⅱ	易清洗	易清洗	需要	较好的通风	一般要求	需要
Ⅲ	不渗透易清洗	易清洗	—	自然通风	一般要求	仅需要清洗设备

（一）安全防护设施

安全防护设施实际包含两个方面，一是符合要求的实验操作设备，二是个人防护用品，它们都可以在实验过程中有效减少或阻止放射性核素对操作人员的影响。

实验室的安全操作设备

为了防止人体受到辐射损伤，同时也为了防止放射性物质交叉污染，操作开放型放射性物质需要使用专门的技术、设备和装置，以减少外照射和控制污染。根据所操作的放射性物质活度由低到高，所使用的操作工具也不尽相同。

（1）直接观察设备

当所操作的放射性物质活度足够低，所产生的剂量率水平很小的时候，最有效的操作方法是直接观察法，由于没有采取屏蔽，工作人员可以直接通过利用镊子、钳子等器械操作放射性物质。

切记，即使放射性水平很低，也绝对禁止裸手直接操作放射性同位素。

（2）污染控制设备

透过屏蔽观察操作，通常是在通风橱（flow hood）或手套箱（glove box）内进行。通风橱可以防止操作放射性物质所造成的污染扩散到实验室的其他部位，通风橱的设计应使最少量的橱内空气流入实验室空间，通风橱操作口的截面风速不小于1m/s（图12-2）。手套箱（类似三级生物安全柜）是封闭式的，为4级实验室生物安全等级而设计的，柜体完全气密，工作人员通过连接在柜体的手套进行操作，试验品通过双门的传递箱进出安全柜以确保不受污染，放射性物质操作空间缩小到密闭的小空间并和工作人员所处的环境相隔离，箱内保持负压以防止气载污染物的泄漏，排出的气体建议经过滤器过滤。

图 12-2　通风橱

（3）屏蔽设备

当操作放射性较强的β、γ放射性核素时，直接观察设备无法满足操作需要，为了降低工作人员外照射水平，在放射源和操作人员之间设置屏蔽物十分必要。为适应不同的操作，屏蔽设备外形上千差万别，常见的有：手套箱（图12-3）、侧面操作屏（图12-4）、铅砖屏（图12-5）、铅玻璃（图12-6）和移动屏（文末彩图12-7）等。

（4）贮存设施

有单独的放射性物质存放设备和放射性废物收集设施。放射性物质的贮存需要有基本的

屏蔽，对γ放射性核素，屏蔽手套箱（图12-8）表面5cm处的剂量率不应超过20μGy/h，1m处的剂量率不应超过2.0μGy/h；贮存β放射性核素的容器壁厚度必须大于β射线的最大射程，能量在1MeV以上时，要注意屏蔽轫致辐射。

（二）放射性工作人员的防护用品

个人防护用品分为两类：基本个人防护用品和附加个人防护用品。可以根据实际需要，合理组合使用这两类个人防护用品。

1. **基本个人防护用品**

基本个人防护用品是通常情况下穿戴的用品。

图 12-3 手套箱

左:生物实验室用;右:放射性实验室用。

铅玻璃

图 12-4 侧面操作屏

图 12-5 铅砖屏

图 12-7 移动屏

图 12-6 铅玻璃

图 12-8 手套箱

（1）工作帽：常以棉织品、无纺布或纸质薄膜制作。留长发的工作人员应当把头发全部罩在工作帽内。

（2）防护口罩：常用的是纱布、无纺布或纸质口罩，或超细纤维滤膜口罩。这些口罩对放射性气体核素没有过滤效果，仅对放射性气溶胶粒子有过滤效果。对气溶胶粒子的过滤效率比较好的口罩是超细纤维滤膜口罩，过滤效率达99%以上。

（3）工作手套：常用的是乳胶手套。戴手套之前应当仔细检查手套质量，不得使用漏气或破损的手套。戴脱手套的概念正好与外科医生戴脱手套的概念相反，即手套表面是受污染面，手套内表面是清洁面，不能使手套的内面受污染。切勿戴着受污染的手套到清洁区打电话，或取拿、传递开门钥匙。

（4）工作服：常以白色棉织品或以特定染色的棉织品制作，工作服以白色为常见。切勿穿着受污染的工作服和工作鞋进入清洁区活动。

2. 附加个人防护用品

附加个人防护用品是在某些特殊情况下需要补充采用的某些个人防护用品。例如，气衣、个人呼吸器、塑料套袖、塑料围裙、橡胶铅围裙、橡胶手套、纸质鞋套和防护眼镜等（表12-14）。

表 12-14 几种防护手套对不同 β 射线的屏蔽效果

手套类型	厚度 / (mg·cm⁻²)	不同 β 辐射体的减弱系数				
		^{147}Pm	^{45}Ca	^{204}Tl	$^{90}Sr+^{90}Y$	^{32}P
医用手套（毛面）	21.3	68	19	2.3	1.7	1.34
乳胶工业手套	42.5		51	3.4	2.5	1.68
红色耐酸手套	62.5			5.9	3.2	2.1
黑色工业耐酸手套	169			281	7.1	5.1

第三节 放射性同位素实验室的操作规程

相对一般实验室而言，放射性同位素实验室具有特殊性，即使用放射性同位素大多是进行示踪、自显影、闪烁计数等实验，规范且严格的实验操作规程不但可以保证实验的顺利进行，而且可从根本上降低放射性物质的污染扩散，保证操作人员和环境安全。

一、放射性同位素实验室操作

不管是从经济方面还是从技术方面考虑，在操作非密封放射性物质过程中，希望完全彻底地包容非密封放射性物质，完全阻止放射性物质向环境扩散是不切实际的。因此，还需要采取辅助性防护措施，即拟定安全操作规程。

（一）实验室放射性来源与危害

尽管现代生物实验室使用的放射性核素基本上是短寿命单一核素，日操作活度通常不超过兆贝可量级，但在操作过程中还是有微量的物质会释放到工作环境中，由此可造成实验环境的放射性污染。

1. 放射性来源

由于实验室使用的放射性同位素基本上处于开放状态，是典型的非密封放射性物质，在操作使用过程中，必然存在放射性同位素向环境扩散的现象，在使用不当的情况下甚至出现放射性污染。通常的扩散污染途径包括：

（1）扩散：在实验过程中，尤其是有加热、烘干、分装、碾磨等操作，放射性同位素很容易扩散到空气中，依据物理性质和颗粒大小分为放射性气体、放射性气溶胶、放射性悬浮颗粒物；

（2）污染：有两个途径，一是正常情况下实验室空气的放射性气溶胶和悬浮颗粒物以静电吸附、重力沉降的方式降到实验室墙面、地面、实验台面；二是由于操作不当，将放射性液体打翻或放射性粉末洒落，污染实验室表面。

2. 危害

生物实验室操作的放射性同位素的量一般都

比较低，只要不是做放射性毒理实验，单次操作活度通常不会达到 MBq 量级，所有放射性危害都很小，一般情况下不会发生确定性效应。在生物实验室放射性物质的主要作用形式是吸入内照射，源自空气中的放射性气体、气溶胶和悬浮颗粒物。因为工作人员身处放射性环境当中，如果实验室表面的污染没有得到及时去除，放射性同位素还会通过手部污染转移，经口、皮肤及伤口等途径进入体内产生内照射。

（二）开放型放射性同位素的安全操作规程

操作开放型放射性物质的工作，均应制定严格的操作程序和安全规程，工作场所应根据规定实行分区管理，人员通行和放射性物质传递的路线应严格按规定执行，防止交叉污染。对可能出现的意外事故，要制定应急预案。

1. 安全操作要求的一般原则

（1）一切操作开放型放射性物质的工作，均应制订严格的操作程序和安全规程，经辐射防护部门审查批准后认真执行。必要时，对某些操作程序应率先通过"模拟操作"（冷实验），使操作人员熟练掌握操作技能后才允许正式开展工作。

（2）操作过程中所用的器械、设备、仪器、仪表和传输管道等应符合辐射防护要求。

（3）操作开放型放射性物质的工作场所，应根据有关规定实行分区管理，人员通行和放射性物质传递的路线应严格按规定执行，防止交叉污染。

（4）对操作中可能出现的各种故障或意外事故，要有充分的假设和预测，并制定相应的对策；对可能发生的事故，需制定应急预案并做好相应的应急条件准备，必要时应在辐射防护部门的监督下进行演练，使操作人员具有较强的事故应变能力。

2. 安全操作规程

（1）放射性物质开瓶分装，含放射性物质的液体物料或样品的蒸发、烘干，或能产生放射性气体、气溶胶的物料或样品，都应当在负压通风柜内操作。

（2）易于造成污染的操作步骤，应在铺有塑料或不锈钢等易去除污染的工作台面上或搪瓷盘内进行。尤其在操作液体放射性物质时，台面和搪瓷盘上应再铺上易吸水的纸或其他材料。操作中使用的器具应选用不易吸附放射性物质的材料。

（3）操作中使用的存放放射性溶液的容器应由不易破裂的材料制成。如果所用容器是易于破裂的，则其外面应加一个能足以容纳其全部放射性溶液的不易破裂的套桶。

（4）进行加热或加压的操作时，必须有可靠的防止过热或超压的保护措施，必要时应采取双重保护措施。

（5）吸取液体的操作，必须用合适的负压吸液器械。

（6）每天湿式清洁污染区或实验室，清洁工具应专用，不应带到清洁区外使用。

（7）伴有较强外照射物质（源）的操作，应尽量利用合适的屏蔽（shielding）或使用长柄操作机械等防护措施，且操作力求迅速。

（8）若需要开启密闭工作箱门放入或取出物品及其他危险性较大的操作时，应有安全防护措施，并在防护人员监督下进行。

（9）工作中产生的放射性废物要有专门的收集容器，做到分类收集，统一处理。

（10）未经部门负责人批准，非职业工作人员不可以随意进入控制区，或做与放射性工作相关的事。

3. 操作人员的注意事项

（1）操作开放型放射物质的工作人员，在操作时，必须正确穿戴好所需的各项有效的个人防护用具。

（2）在任何情况下均不允许用裸露的手进行直接接触放射性物质或污染物件的操作。

（3）放射工作场所内严禁进食、饮水、吸烟和存放食物。

（4）工作人员离开工作场所时应仔细进行污染检查与清洁。

（5）禁止将个人防护用品带到清洁区，禁止擅自将污染区内的物品拿到清洁区使用。

（6）个人防护用具应经常检测，污染超过相应水平时应停止使用。污染的工作服必须在专设的有效放射性操作条件的洗衣房或洗衣池内洗涤。

（7）进入污染区的视察或参观人员必须穿戴个人防护用具和外照射直读式个人剂量计。

（8）各级放射性工作场所应根据所操作的放射性物质特点配备适当的医学防护用品和急救药品箱，供事故时使用。严重污染事件的医学处理应在医学防护人员的指导下进行。

（9）工作人员操作完毕离开工作场所时应关好实验室的门窗，关闭气、水和电源。

二、放射性同位素实验室的清洁与去污

采取适当的方法从表面消除放射性污染物，简称表面去污染。表面可能是设备、构件、墙壁和地表面，也可能是个人防护衣具或人体皮肤。污染物可能是松散的放射性固体，也可能是含放射性物质的液体、蒸气或挥发物。任何开放型放射性工作场所都存在放射性表面污染，也是实验室主要的放射性危险形式之一。

（一）放射性污染的类型

1. 松散型污染　污染物在表面上呈物理附着状态，污染物与表面之间有界面，污染物很容易被清除。

2. 牢固型污染　污染物渗入表面并在表面内部扩散，若存在腐蚀物质的作用或表面有氧化膜形成则会加速向深部扩散，这种污染物与表面牢固结合。

松散型污染是生物实验室存在的主要污染类型，只要及时采取去污措施，表面污染很容易去除，如果去污不及时，随着时间的延长，松散型污染物（尤其是具有酸、碱腐蚀液体）也可以渗透入表面，转化为牢固型污染。

（二）表面污染的理化过程

表面污染的形成可经过下述理化过程：①最初，污染物在表面上呈物理附着状态，污染物于表面之间存在着界面，这种污染称为非固定性污染。对这种情况的去污效果明显。②稍后，部分污染物与表面发生化学吸附和离子交换作用，这种污染称为弱固定性污染。因为化学吸附和离子交换作用（但仅限于表层的表面），所以对这种情况的去污效果较差。③随着污染物在表面上滞留时间的延长，部分污染物将逐渐渗入表面内部扩散，这种污染称为牢固性污染。对这种情况的去污效果很不理想，除非铲除部分表面。

（三）表面污染的去污方法

实验室设备、地面、器械和物品的去污方法见表 12-15。

（四）皮肤污染的去污方法

1. 固体颗粒物对皮肤污染的去污

常用的方法是液体去污法。首选的去污液是清洁水，也可以采用含洗涤去污剂的水溶液作为去污液。这类去污方法的去污效果几乎可达 100%。

（1）侵入嘴、鼻、耳内的固体颗粒状放射性污染物，先用水冲洗，再用低浓度高锰酸钾溶液冲洗，几乎可以去除全部的污染物。

（2）伤口受到固体颗粒状放射性污染物污染后，应当一边用清洁水冲洗伤口，一边立即对伤口进行挤血（大出血例外），这有利于污染物由伤口处排出，然后进行必要的医学包扎处理。伤口结痂中含的放射性物质可能会高些。

必须指出的是，皮肤受到盐类固体颗粒状放射性物质污染后，不能用液体去污法去污。因为盐类污染物水解后可能扩大污染面积。此时，应当采用膏状去污剂去污。例如，由含 5%~10% 的表面活性剂、70% 的填充剂、10%~20% 的螯合剂和 2% 的羧甲基组成的膏状去污剂，三次去污的去污系数可达 50%。

2. 放射性物质溶液对皮肤污染的去污

皮肤被含放射性物质的溶液污染后，应立即用流动清洁水冲洗。对 ^{131}I 皮肤污染，立即冲洗的去污效果并不满意；温水冲洗可以提高去污系数，使污染水平降低一个量级；在温水中加入适量的草酸可以使去污系数提高 13 倍；多次冲洗，去污效果会增大。但是，多次冲洗未必对每种核素都会获得满意的去污效果。例如，皮肤被 ^{32}P 污染后三次水冲洗的去污系数分别为 24.5、30.0、45.5；而 ^{131}I 污染皮肤后三次水冲洗的去污系数分别为 3.2、4.9、9.1。因此还必须在水冲洗后再用合适的去污剂去污。皮肤被 ^{131}I 污染经过水冲洗后，再用含 2.5g 稳定性碘和 5g 碘化钾的去污液 50ml 去污，会获得满意的去污效果；当皮肤上的放射性污染物难于被去除时，可以采用饱和的高锰酸钾溶液去除皮肤污染物，仅限一次。因为，这种去污液是氧化去污液，它可以除掉皮肤的角质层；用这种去污液对皮肤多次去污会损伤皮肤的真皮层，促进核素由皮肤的吸收。

表 12-15 实验室内几种常用去污剂及去污处理方法

表面性质	去污剂	用法	备注
橡胶制品	①肥皂、合成洗涤剂 ②稀硝酸	一般清洗 洗刷、冲洗	不适用于 ^{14}C、^{131}I
玻璃和瓷制品	①肥皂、合成洗涤剂 ②铬酸混合液、盐酸、枸橼酸	刷洗 将器皿放入盛有 3% 盐酸和 10% 枸橼酸溶液中浸泡 1h,取出用水清洗后,再置于洗液(重铬酸钾在浓硫酸中的饱和溶液)中浸泡 15min,最后用水冲洗	浓盐酸不适用于 ^{14}C、^{131}I 等
金属器皿	①皂、合成洗涤剂、枸橼酸、EDTA 等 ②枸橼酸和稀硝酸	一般清洗 对不锈钢,先置于 10% 枸橼酸溶液中浸泡 1h,用水冲洗后再置于稀硝酸中浸泡 2h,再用水冲洗	
油漆类	①温水、水蒸气、合成洗涤剂 ②枸橼酸、草酸 ③磷酸钠 ④有机溶剂 ⑤NaOH、KOH	对污染局部进行擦洗 3% 的溶液刷洗 1% 的溶液刷洗 用二甲苯等有机溶剂进行擦洗 浓溶液擦洗去掉油漆 刮去	不能用于铝上的油漆 注意通风 适用于局部
混凝土和砖	盐酸、枸橼酸	用二者的混合液多次清洗 刮去或更换	适用于局部
瓷砖	①枸橼酸铵 ②盐酸、EDTA、磷酸钠	3% 的溶液擦洗 10% 的溶液擦洗 更换	适用于局部
漆布	四氯化碳、枸橼酸铵、EDTA、盐酸	配成溶液清洗	
塑料	①枸橼酸铵 ②酸类、四氯化碳	用煤油等有机溶剂稀释后刷洗 稀释液清洗	
未涂漆木器具		刨去表面	

除了采用液体去污法去污以外,也可以采用膏状去污剂去污。可用的膏状去污剂的主要成分包括螯合剂、表面活性剂、填充剂(滑石粉或二氧化钛)。

从辐射安全角度看,皮肤被放射性物质污染是不希望发生的事情。重要的是在操作非密封源时要注意防止皮肤受污染,应尽量"包容"人体,以免受到不必要的照射。具体的措施是正确地使用个人防护用具。

(五)易发事故的防护对策

操作非密封源时若不慎就易于导致物料外溢、喷溅或洒落。发生这类事故时要沉着、冷静,不要惊慌,需按下述程序认真处理。

1. 少许液体或固体粉末洒落的处理方法

如果是含放射性物质的溶液溢出、喷溅或洒落,则先用吸水纸吸干净;如果是固体粉末放射性物质洒落,则用湿润的棉球或湿抹布沾干净。在此基础上再用适当的去污剂去污。去污时采用与外科皮肤消毒法相反的顺序,即从未受污染的部位开始并逐渐向污染轻的部位靠近,最后对受污染较重的部位去污,切勿扩大污染范围。用过的吸水纸、湿棉球和湿抹布等都要放到搪瓷托盘内,最后集中到污物桶内,作为放射性废物待集中贮存。

2. 污染面积较大时的应急处理方法

(1)立即告知在场的其他人员撤离工作场

所，报告单位负责人和放射防护人员；

（2）标划出受污染的部位或范围，测量出污染表面的面积，如果个人防护用具受污染，应当在现场脱掉，放在塑料袋内，待洗消去污染；

（3）如果皮肤、伤口或眼睛受污染，立即以流动的清洁水冲洗后再进行相应的医学处理；

（4）针对污染物的理化性质，受污染表面性质和污染程度，采取合适的去污染方法去污染；

（5）去污染后，经过污染检测符合防护要求时，可以恢复工作；

（6）分析事故原因，总结教训，提出改进措施，并以书面形式向当地审管部门告知。

三、放射性废物的收集、贮存与处理

（一）放射性废物的来源

放射性废物的来源：①核燃料循环，包括铀或钍的采矿、选冶、加工或富集、核燃料制造、核反应堆、核燃料后处理、辐照元件以及核设施（设备）的退役过程所产生的放射性废物；②核技术应用，包括工业、科研、教育、医学和农业等应用核技术所产生的放射性废物；③国防，包括核武器生产和试验，核动力所产生的放射性废物；④伴生放射性矿物资源的开发和利用过程，包括磷酸盐工业生产、稀土和钍化合物生产、石化燃料开发利用、水泥生产、矿砂处理、钛色素生产和废金属工业利用等生产的放射性废物。

放射性废物的特点是，它们不能用任何物理、化学或生物学等处理方法来改变其放射性的本质，而只能靠自然衰变。因此，它们与一般的工业废物有着本质区别。

（二）放射性废物的收集与贮存

收集、贮存放射废物的原则是：减少产生、控制排放、净化浓缩、减容固化、严密包装、就地暂贮、集中处理。常用带有屏蔽层的收储箱，详见图 12-9 废物收储箱。

1. **废物收集的要求**　及时收集，防止流失；避免交叉污染，非放射性废物与放射性废物分别收集；短寿命核素废物与长寿命核素废物分别收集；液体废物与固体废物分别收集；可燃性废物与不可燃性废物分别收集。

2. **废物贮存的要求**　在规定暂贮期限内废物全部回收，不得流失，确保废物容器的完好性；

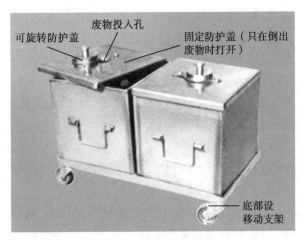

图 12-9　废物收储箱

应用少量放射性同位素的医院和学校产生放射性废物，需按下述方法收集和处理。

（三）放射性废物的处理

1. **气体放射性废物**　高放射性气载废物或气溶胶必须经过净化过滤装置，并通过一定高度的烟囱排入大气中；低放射性气载废物也要通过一定高度的烟囱排入大气向四周弥散稀释。

2. **液体放射性废物**　高放射性液体废物可经蒸发浓缩，或加水泥固化后按固体放射性废物处理；低放射性液体废物的收集与处理，对于放射性核素日用量或年用量较多的应用单位，其低放射性液体可以采取贮存衰变方法处理。待贮存废液中放射性核素半衰期最长者衰变 10 个半衰期以上时，检测放射性废液比活度，满足要求后并向审管机构申请，获批后排出，每次的排放程序需要做记录并存档。对于放射性核素日用量或年用量较小、产生废液量少的单位，可以取安全可靠的专用容器收集废液。贮存衰变后的废液处理方法同上。对于高放射性废液，必须设立专用的、具有防护功能的盛废液贮存池或容器，并设立辐射危险警示标志，统一送环保的放射性废物库收储。对于浓度小于或等于 $1 \times 10^4 Bq/L$ 的废闪烁液，或仅含浓度小于或等于 $1 \times 10^5 Bq/L$ 的 ^3H、^{14}C 废闪烁液，可以报审管部门按非放射性废液排放。

3. **固体放射性废物**　低放射性固体废物应当按照核素半衰期和固体废物形态的不同分类收集固体废物。收集容器应当带有脚踏式开闭盖，外表面有辐射危险警示标志。固体

废物收集容器应当放置在工作场所人员不易接近的角落处,容器内衬托纸袋。受污染的纱布、口罩、手套或纸张,以及去污染用的抹布等物,应当在装入纸袋后投入收集容器中。受污染的破碎玻璃器皿经双层包装后单独收集,单独贮存。适时将固体收集容器中的废物连同收集容器内衬的纸袋一起送到临时贮存库中相应形态的废物包中,交环境保护部门进行处理。

应当建立必要的废物管理制度,配备废物管理人员,登记进出临时贮存库的废物,使废物始终处于受控制的安全状态,防止丢失或污染周围环境。

第四节　放射性同位素实验室防护安全管理

一、我国辐射安全管理体系

随着我国法制建设的不断加强,在统一规范与约束全社会的放射防护与安全行为方面,我国的放射防护法规与标准体系已经逐步建立并初具规模。图12-10归纳了我国现行的放射防护法规与标准体系,"金字塔"形的框架结构,形象地揭示了我国放射防护法规与标准体系。

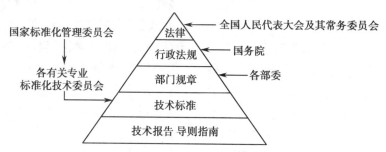

图 12-10　我国放射防护法规与标准体系结构图

《中华人民共和国放射性污染防治法》和《中华人民共和国职业病防治法》构成了我国放射防护法规体系的第一层次。我国的非密封放射性物质使用工作场所的辐射安全实行法人负责制。

二、实验室用放射性核素安全管理

在辐射安全管理体系中存在两个层面的管理:①业主及其主管部门的管理;②监督管理部门的管理。两个层面管理是相辅相成的,业主及其上级主管部门对设施的防护安全负有责任,必须按相关法律、法规和标准要求做好自身的管理。监督管理部门则是按法律、法规和标准对业主及主管部门提出要求并监督其执行,以确保辐射安全。

（一）辐射安全组织机构及规章制度

放射性同位素实验室的管理包括放射性同位素实验室在内的任何放射性工作场所都必须制定严格的操作规程和管理制度,在日常工作中,这些规程和制度都必须得到严格的遵守,这是实验室安全的先决条件。

1. 组织机构

按照国家相关法规要求,使用的非密封放射性物质业主单位法人或许可证持有者必须组建辐射安全领导小组和辐射应急领导小组,均由法人或主要负责人任组长,相关业务和辅助人员参与。明确其放射防护管理责任,制定相应的管理措施、规章制度和应急预案,应急预案应定期演练。

相关的操作规则和管理制度包括:

（1）各级人员防护职责;

（2）实验室安全操作规则;

（3）放射性同位素的领用、登记、保管、报废和运输等制度;

（4）工作人员健康管理;

（5）放射性三废的管理;

（6）工作人员个人剂量和工作环境的辐射水平监测;

（7）污染事故的处理原则;

（8）放射性事故逐级报告的制度等。

2. 制定应急预案

使用的非密封放射性物质实验室应急预案应

包括：

（1）应急组织与职责：提供应急组织的组成结构情况与职责；

（2）应急准备：提供应急准备的实施情况，包括物资、通信、技术、人员、经费等准备的落实情况；

（3）提供应急计划；

（4）提供应急能力的保持情况，介绍应急人员的培训和应急演习情况。

（二）监测计划及实施

为保证实验室的正常运行，业主单位法人或许可证持有者应制定自主监测计划，包含：

1. 业主单位使用非密封放射性物质监测的设备（场所监测和表面污染监测）：购置或现有仪器设备（仪器型号、测量射线种类、测量范围）。

2. 工作场所监测：介绍监测地点、项目、种类、监测频度。

3. 个人剂量监测：介绍监测人数、种类、监测周期。

（三）工作人员的健康管理

职业人员的健康管理：操作非密封放射性物质工作人员应按放射工作人员管理，遵守国家相关规定。

1. 定期进行辐射安全培训。

2. 放射工作单位应当按照国家有关标准、规范的要求，安排本单位的放射工作人员接受个人剂量监测。

3. 定期进行职业健康检查包括上岗前的职业健康检查，符合放射工作人员健康标准的，方可参加相应的放射工作，岗位中的放射工作人员2年内的职业健康检查和离岗前的职业健康检查。

4. 放射工作人员的辐射安全培训证明、个人剂量监测结果、职业健康体检报告统一由单位永久保存。

三、辐射安全文化的培养

（一）安全文化的由来和意义

1986年，国际核安全咨询组（INSAG）在对苏联切尔诺贝利事故的总结报告中提出了"安全文化（safety culture）"的概念。1988年，INSAG在《核电安全的基本原则》中提出将"安全文化"作为一种基本管理原则，1991年INSAG出版了《安全文化》专著，引起了核工业界的普遍重视，使安全文化得到了广泛传播和实践。在此专著中，安全文化定义为，"安全文化是存在于单位和个人中的种种特性和态度的总和，它建立一种超越一切之上的观念，即安全问题由于它的重要性要保证得到应有的重视。"

1994年3月，国家相关部门与中国核学会联合召开安全文化研讨会，对安全文化进行了深入探讨。此后，安全文化的覆盖和影响已超出了核安全和一般工业企业安全的范围，得到逐步推广延伸。"以人为本"的安全文明化理念得到广泛认同。《医疗照射放射防护名词术语》（GBZ/T 146—2002）中"安全文化素养"定义为，"组织机构和人员树立安全第一的观念所具有的种种特性和态度的总和，以确保防护和安全问题由于其重要性而得到充分重视。"强调了"组织机构"和"人员"两方面都应该具有的态度，对防护与安全问题重要性的充分重视。

（二）安全文化是基本的管理原则

由两个主要方面组成，第一是体制，第二是个人的响应。就安全文化领域而言，核安全的实现取决于两方面的因素，一是政策和管理方面的承诺与能力，二是每个人本身的承诺与能力。

核安全文化的提出是针对单位（组织机构）的，涉及单位内部的体制问题和各级管理部门的逐级责任制与工作作风问题。因此，单位必须对核安全逐级做出具体的承诺。

人的安全意识在查出和消除潜在的问题方面是十分有效的，这一点对安全有着积极的影响。人的行为与核安全之间有着极为密切的联系，只有当每个人都致力于核安全这一共同目标时，一方面是减少或防止人为的错误，另一方面充分发挥人的积极影响，才能获得最高水平的核安全。因此，核安全文化强调个人的响应，要求每个人必须对核安全做出具体的承诺。

通过对切尔诺贝利事故原因的分析，学者一致认为，解决安全问题，只靠必要的体制和管理、良好的设施及完整的法律、法规、标准和制度等，往往是不够的，尚需要发挥人的主观能动性，从提高管理人员和员工的安全文化素养入手，培养其对安全问题的正确态度,使其具有"高度的警惕性、适时的见解、丰富的知识、准确无误的判断能力和高度的责任感"。

提高安全文化素养,做到"预防第一"思想的统一,预防放射事故的发生,安全文化是一种手段,强调了人的因素在防护与安全中的主导作用。安全文化所强调的态度、作风和思维等是抽象的,反映在实践中的行为是具体的。

小 结

放射性同位素应用于生物学实验中,为生物学实验研究提供了认识生物体内部生理机制、生物运行规律、信号传导等信息的有效方法,是有效认识生物世界的可靠手段。正确认识放射性同位素的性质及使用要求,依法依规,按照放射性同位素使用的法规和技术要求,科学设计,精心施工,按需配备防护设施。在放射性同位素实验室使用过程中,要严格规章制度,严格规范操作,记录好放射性同位素从进入、领取、使用到最终废物处置全过程,避免在使用过程中会给工作人员自身以及周围环境带来危害,就能收到事半功倍效果,放射性同位素已为生物学实验研究筑起了通向成功的桥梁。

思 考 题

一、选择题

1. 研究生学习期间,进入放射性同位素实验室进行科研试验时,其个人剂量年限值为

A. 6mSv　　　　　B. 50mSv　　　　　C. 20mSv　　　　　D. 1mSv　　　　　E. 都不对

2. 某一癌症患者注射 ^{89}Sr 进行骨转移治疗, ^{89}Sr 对患者产生的照射是

A. 医疗照射　　　　B. 人工照射　　　　C. 公众照射　　　　D. 职业照射　　　　E. 都不是

二、判断题

1. 放射性同位素实验进行的很顺利,未发生任何泼洒,还需要天天检测吗?　　　　　　　　　　　（　　　）

2. 放射性废液储存 10 个半衰期后可以自行排放吗?　　　　　　　　　　　　　　　　　　　　　（　　　）

3. 辐射安全文化的培养是否是对该单位每一个员工的要求?　　　　　　　　　　　　　　　　　（　　　）

三、简答题

1. 生物学实验完成后含有放射性核素的生物样品如何处置?

2. 生物学实验完成后发现还剩余少量放射性核素,该如何处置?

四、案例分析题

甲某系某放射性核素实验室新进研究生,某次单独实验期间因操作不熟练及紧张等缘故,误将装有实验用放射性核素氚的试剂瓶放置在通风橱之外,过一会研究生乙某进入实验室,不小心将未贴标签氚的试剂瓶打翻在地,甲某此时并未将实情告知乙某,待乙某走后偷偷拿纱布擦试试剂洒落区域,并将擦拭后纱布丢于普通垃圾袋内。第二天实验室进行剂量监测时发现通风橱周围区域剂量超标,调查监控后发现源于甲某不规范的实验过程。

请问:

1. 甲某在整个过程中有哪些不当之处?

2. 如果是你将如何处理放射性物质(液态)散落在外的情况?

3. 乙某有什么不当之处?

4. 该实验室有哪些可以改进的地方?

参 考 答 案

一、选择题

1. A 　　 2. A

二、判断题

1. 需要 　　 2. 不可以 　　 3. 是

三、简答题

1. 根据实验样品内含有核素种类及含量决定是否按放射性废物处置。

2. 屏蔽后存源库或废物库。如无源库或废物库,屏蔽后暂存通风橱内。

四、案例分析题

1. 进放射性核素实验室准备不充分、违规操作、违规处置。

2. 依核素性质、散落量采取相应的应急处理程序处置。

3. 进放射性核素实验室准备不充分、违规操作。

4. 加强培训,培训后方可进放射性核素实验室、严格规范程序,培养安全文化素养。

ER12-1　第十二章二维码资源

（陈大伟）

第十三章　实验室化学试剂的安全管理

通常情况下,化学试剂是指在实验室、工厂等场所进行化学实验、化学分析、化学研究及其他实验所使用的各种纯度等级的化合物或单质。化学试剂通常按照纯度(杂质含量的多少)划分规格,可分为高纯、光谱纯、基准、分光纯、优级纯、分析和化学纯等 7 种规格。我国相关和主管部门颁布的质量指标主要有优级纯、分级纯和化学纯 3 种。有些化学试剂具有一定的毒性及危险性。生物实验中使用化学试剂发生的一些化学反应十分剧烈,在各实验过程中均存在发生各种意外的潜在因素,因此实验人员需在思想上重视化学试剂使用过程中可能存在的风险,具备必要的化学试剂安全知识,从而加强生物实验室化学试剂的安全管理。此外,在采购、保管和使用各种危险化学试剂的过程中,实验人员必须严格遵照国家有关规定和产品说明书进行操作。

目前一些高校的实验室药品存放现状不容乐观,有些实验室的化学药品直接堆放在实验台上,实验室非常拥挤(图 13-1)。

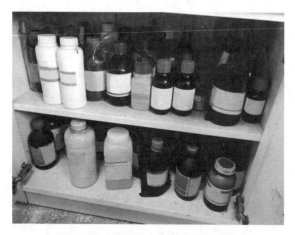

图 13-1　某实验室存放药品情况图

日常的疏忽必定会带来巨大的安全隐患,目前实验室安全隐患主要为用电隐患、用火隐患、爆炸隐患和实验试剂隐患。其中爆炸隐患需要引起

我们的足够重视,许多高校都曾发生过实验室爆炸事件,这些实验室爆炸事故或多或少都存在人为操作不当的因素,爆炸存在极强的未知性与不确定性,所以实验室的每位同学都应发扬主人翁精神,密切关注实验室安全动向,对个人生命及国家财产负责。

化学试剂的隐患比前面任何一个都重要。化学试剂的使用不可避免,如果对试剂性质不了解,特别是某些用量小,但作用却很大的生物化学试剂,极易造成意外事故;另外,化学试剂的存放不当也容易引发安全事故。因此,了解常用试剂的性质及使用注意事项非常重要。

第一节　实验室危险化学试剂概述

一、危险化学试剂的定义

危险化学试剂是指可作用于环境、材料或动(植)物机体并产生机体损伤或功能改变、材料破坏或变性、污染环境的化学试剂。危险化学试剂具有易燃烧、爆炸、毒害、腐蚀或放射性等危险性质。在受到摩擦、震动、撞击、接触火源、遇水或受潮、强光照射、高温、与其他物质接触等外界因素影响时,能引起强烈的燃烧、爆炸、中毒、灼伤、致命等灾害性事故。

二、危险化学试剂的分类

在各种实验中使用的化学试剂,种类繁多,且各种化学试剂的性质、危害性存在较大差异。为确保实验室的安全,必须对化学试剂尤其是危险化学试剂的性质、危害性及其常见标志具有全面的认识。根据国家标准《化学品分类和危险性公

示 通则》(GB 13690—2009),将危险化学试剂分为十六大类:

1. 爆炸物 爆炸物是指在外界作用下(如受热、受压、撞击等),能发生剧烈的化学反应,瞬时产生大量的气体和热量,使周围压力急骤上升而发生爆炸,对周围环境造成破坏的物品;也包括无整体爆炸危险,但具有燃烧、抛射及较小爆炸危险的物品;以及仅产生热、光、音响、烟雾等一种或几种作用的烟火物品。

2. 易燃气体 易燃气体是在20℃和101.3kPa标准压力下,与空气有易燃范围的气体。

3. 易燃气溶胶 气溶胶是指气溶胶喷雾罐,系任何不可重新灌装的容器。该容器由金属、玻璃或塑料制成,内装强制压缩、液化或溶解的气体,包含或不包含液体、膏剂或粉末,配有稀释装置,可使所装物质喷射出来,形成在气体中悬浮的固态或液态微粒或形成泡沫、膏剂或粉末处于液态或气态。

4. 氧化性气体 氧化性气体是一般通过提供氧气,比空气更能导致或促使其他物质燃烧的任何气体。

5. 压力下气体 压力下气体是指高压气体在压力等于或大于200kPa(表压)下装入贮器的气体,或是液化气体或冷冻液化气体。压力下气体包括压缩气体、液化气体、溶解液体、冷冻液化气体。

6. 易燃液体 易燃液体是指闪点不高于93℃的液体。

7. 易燃固体 易燃固体是容易燃烧或通过摩擦可能引燃或助燃的固体。易于燃烧的固体为粉末、颗粒或糊状物质,它们在与燃烧着的火柴等火源短暂接触后即可点燃和火焰迅速蔓延的情况下,都非常危险。

8. 自反应物质或混合物 自反应物质或混合物即使没有氧(空气)也容易发生激烈放热分解的热不稳定液态或固态物质或混合物。本定义不包括根据统一分类制度分类为爆炸物、有机过氧化物或氧化物质的混合物。自反应物质或混合物如果在实验室实验中其组分容易起爆、迅速爆燃或在封闭条件下加热时显示剧烈效应,应视为具有爆炸性质。

9. 自燃液体 自然液体是即使数量小也能与空气接触后5min之内引燃的液体。

10. 自燃固体 自然固体是及时数量小也能在与空气接触后5min之内引燃的固体。

11. 自热物质和混合物 自热物质是发火液体或固体以外,与空气反应不需要能源供应就能够自己发热的固体或液体物质或混合物;这类物质或混合物与发火液体或固体不同,因为这类物质只有数量很大(公斤级)并经过长时间(几小时或几天)才会燃烧。

12. 遇水放出易燃气体的物质或混合物 遇水放出易燃气体的物质或混合物是通过与水作用,容易具有自燃性或放出危险数量的易燃气体的固态或液态混合物。

13. 氧化性液体 氧化性液体是本身未必燃烧,但通常因放出氧气可能引起或促使其他物质燃烧的液体。

14. 氧化性固体 氧化性固体是本身未必燃烧,但通常因放出氧气可能引起或促使其他物质燃烧的固体。

15. 有机过氧化物 有机过氧化物是含有 –O–O– 结构的液态或固态有机物质,可以看作是一个或两个氢原子被有机基替代的过氧化氢衍生物。该术语也包括有机过氧化物配方(混合物)。有机过氧化物是热不稳定物质或混合物,容易放热至加速分解。

16. 金属腐蚀剂 金属腐蚀剂是通过化学作用显著损坏金属的物质或混合物。

三、危险化学试剂的危害

危险化学试剂的危害主要体现在有毒化学试剂对实验操作人员的危害、化学试剂引发的火灾与爆炸危害、化学试剂造成的环境污染三个方面。

(一)有毒化学试剂对实验操作人员的危害

1. 有毒化学试剂对人体的危害

有毒化学试剂通过不同途径进入体内,与人体组织发生物理化学或生物化学作用,破坏人体正常的生理功能,引起某些器官和系统发生功能性或器质性病变,这种病变叫作中毒。按照中毒发生的时间和过程,分为急性中毒、亚急性中毒和慢性中毒。这种中毒对健康的影响从轻微的皮疹到一些急、慢性伤害甚至癌症。化学药品对人体的毒害作用,随着侵入人体剂量(或吸入浓度 × 时间)的增加而增强。在相同剂量条件下,不同化学试剂对人体的毒害作用不同;化学结构不同,毒害反应也不同。

2. 有毒化学试剂进入人体的途径

(1)呼吸道吸入:这是最常见的,也是最危险的一种侵入方式。毒物经肺部吸收进入体循环,可不经肝脏的解毒作用而直接遍及全身,产生毒性作用,从而引起急慢性中毒。

(2)皮肤吸收:二硫化碳、汽油、苯等能够溶解于皮肤脂肪层,且通过皮脂腺及汗腺侵入人体。当皮肤破损时,各种毒物只要接触患处都可以顺利地侵入人体。

(3)消化道摄入:毒物通过进食、饮水或吸烟等进入消化道,使人中毒。

3. 有毒化学试剂对人体的毒性效应

(1)窒息性化学试剂:窒息性气体如氰化氢、一氧化碳取代正常呼吸空气,使氧的浓度达不到维持生命所需要的量而引起窒息。窒息分为物理窒息和化学窒息。化学窒息更危险,如氧气浓度低于16%时,人会感觉眼花;低于12%时,会造成永久性脑损伤;低于5%时,6~8min人会死亡。

(2)刺激性化学试剂:氯、氨、二氧化硫等气体作用于上呼吸道黏膜,导致气管痉挛和支气管炎。当病情严重时可发生呼吸道机械性阻塞而使人窒息死亡。水溶性较大的刺激性气体对局部黏膜产生强烈的刺激作用而引起充血、水肿。吸入大量的水溶性刺激性气体或蒸气常引起中毒性肺水肿。

(3)麻醉或神经性化学试剂:锰、汞、苯、甲醇、有机磷等"亲神经性毒物"作用于人体,使神经系统发生不良反应,会出现头晕、呕吐、幻视、视觉障碍、昏迷等。二硫化碳、砷、铊等的慢性中毒引起指、趾触觉减退、麻木、疼痛、痛觉过敏,甚至会造成下肢运动神经瘫痪和营养障碍。

(4)致癌化学试剂:目前已基本确认有致癌作用的化学物质有:砷、镍、铬酸盐、亚硝酸盐、石棉、3,4-苯并芘类多环芳烃、蒽和菲衍生物、联苯氨、氯甲醚等,以及其他有致癌作用或有潜在致癌作用的化学试剂。

(5)强腐蚀性化学试剂:氢氟酸是腐蚀性最强的试剂,受氢氟酸伤害后开始没有明显征兆,慢慢痛感出现并逐渐加剧,且治愈难,时间长。因此,应尽量避免使用氢氟酸。在工作中所有可能接触氢氟酸的地方应准备好葡萄糖酸钙。一旦皮肤接触氢氟酸,立即用大量水冲洗5min,敷上葡萄糖酸钙,然后尽快接受医生的检查和处理。

(二)化学试剂引发的火灾与爆炸危害

火灾与爆炸都会造成实验室仪器设备的重大破坏和人员伤亡,但两者的发展过程显著不同。火灾是起火后火场逐渐蔓延扩大,随着时间的延续,损失数量迅速增长。爆炸则是猝不及防的,可能仅1s内爆炸过程已经结束,设备损坏、人员伤亡等损失也将在瞬间发生。爆炸通常伴随发热、发光、压力上升、真空和电离等现象,具有很强的破坏作用,它与爆炸物的数量和性质、爆炸时的条件以及爆炸位置等因素有关。爆炸物的危害主要有以下几种:

1. 直接破坏作用

机械设备、装置、压力容器等爆炸后产生许多碎片,飞出后会在相当大的范围内造成危害。

2. 冲击波的破坏作用

物质爆炸时,产生的高温、高压气体以极高的速度膨胀,像活塞一样挤压周围空气,把爆炸反应释放出的部分能量传递给附近的空气层,空气受冲击而发生扰动,使其压力、密度等产生突变,这种扰动在空气中传播就称为冲击波。冲击波的传播速度极快,在传播过程中,可以破坏周围环境中的设备及建筑物并造成人员伤亡。同时,冲击波还可以在它的作用区域内产生震荡作用,使物体因震荡而松散,甚至破坏。冲击波的破坏作用主要是由其波阵面上的超压引起的。在爆炸中心附近,空气冲击波波阵面上的超压可达几个甚至十几个大气压,在这样高的超压作用下,建筑物、设备、管道等会受到严重破坏。

3. 造成火灾

爆炸时产生的高温高压,实验室内遗留大量的热或残余火苗,会将从破坏的设备内部不断流出的可燃气体、易燃或可燃液体的蒸气以及其他易燃物点燃引起火灾。当盛装易燃物的容器、管道发生爆炸时,爆炸抛出的易燃物有可能引发大面积火灾。

(三)化学试剂造成的环境污染

进入环境的化学试剂会引起实验室内外的环境污染。化学试剂主要通过以下途径进入环境:①化学污染物以废水、废气或废渣等形式排放到环境中;②由于着火、爆炸、泄漏等突发性化学事故,致使大量有害化学试剂外泄进入环境。

四、危险化学试剂的标志

对危险化学试剂,应在其包装上使用规范的标志进行标识,以便使用者识别其危害性。国家标准《危险货物包装标志》(GB 190—2009)规定了危险化学品的包装图示标志的种类、名称、尺寸及颜色等,具体标识可查阅该标准。

第二节　实验室危险化学试剂的安全管理

为保证实验人员和实验室安全,实验室对危险化学试剂的领取、保管、存放、安全使用以及废物的处理等方面,均应制定各项规章制度,并进行全面的制度化管理,以控制危险性化学试剂可能带来的风险和危害。一旦出现意外,应及时采取相应处理措施,降低事故的危害程度。

一、实验室化学试剂的领取

领取化学试剂要根据需要填写化学试剂领用单,一般无危险的化学试剂,由实验室主任核准后办理登记手续,方可领取。危毒品、贵金属化学试剂,应以满足实验教学为原则,经任课教师申请、分管领导核准,方可领取。每次领取的化学试剂数量,实验室管理员要称量,及时记录在容器上的毛重标签上,以做记账凭证之用。领取化学试剂或者药品时,应确认容器上标示名称是否为需要的实验用药品。注意药品危害标示和图样,是否有危害。领用易燃易爆、剧毒品、强腐蚀性、强氧化性等危险性试剂时必须提前申请上报,做到用多少领多少,并一次配制成使用试剂。对剧毒品发放本着先入先出的原则,发放时有准确登记(试剂的剂量、发放时间和经手人)。凡是剧毒品必须是双人领取,双人送还,双人登记,否则剧毒品仓库保管员不予发放。

二、实验室化学试剂的保管

化学试剂的保管要根据其不同的化学性质而定。对玻璃没有腐蚀作用的试剂可保存在玻璃瓶内;对玻璃有强烈腐蚀作用的试剂,如氢氟酸、氢

氧化钠应保存在聚乙烯塑料瓶内;易被空气氧化、分化、潮解的试剂应密封保存;易感光分解的试剂使用有色玻璃瓶贮存并置于暗处;易受热分解及低沸点溶剂,贮存于阴凉处;剧毒试剂应存于保险箱;有放射性的试剂应存于铅罐中。各类危险化学试剂不得与禁忌物料混合贮存。爆炸性试剂、剧毒化学试剂的贮存,应严格管理,实行"双人管理、双锁、双人收发、双人使用、双账"的"五双"保管制度。

如果化学试剂保管不当,就会失效变质,影响实验的效果,并造成物质的浪费,甚至有时还会引发事故。因此,科学地保管好试剂对于保证实验顺利进行,获得可靠的实验数据具有非常重要的意义。化学试剂的变质,大多数情况是因为受外界条件的影响,如空气中的氧气、二氧化碳、水蒸气、空气中的酸碱性物质以及环境温度、光照等,都可使化学试剂发生氧化、还原、潮解、风化、析晶、稀释、锈蚀、分解、挥发、升华、聚合、发霉、变色以及燃爆等变化。需经常检查化学试剂的存放状况,如发现储存过期或变质的应及时报告,并按规定妥善处理(降级使用或报废)和销账。在正常贮存条件下,一般化学试剂贮存不宜超过两年,基准试剂不超过一年。为了避免环境和其他因素的干扰,所有化学试剂一经取出不得放回贮存容器中;属于必须回收的试剂或指定"退库"的试剂,必须另设专用容器回收或贮存,具有吸潮性或易氧化,易变质的化学试剂必须密封保存,避免吸湿潮解,氧化或变质。定期盘点,核对时出现差错应及时检查原因,并报主管领导或部门处理。

三、实验室化学试剂的存放

化学试剂都应存放在试剂瓶里,塞紧瓶盖,放置牢固橱柜架上,以保证安全且放置应排列整齐有序,方便取用。所有化学试剂均应粘贴标签,标明试剂溶液的名称、浓度和配制时间。标签大小应与试剂瓶大小相适应,字迹应清晰且书写端正,并粘于瓶子中间部位略偏上的位置,使其整齐美观,标签上可涂以熔融石蜡保护。保存化学试剂要特别注意安全,放置试剂的地方应阴凉,干燥,通风良好。因试剂的种类多种多样,一般试剂按无机物和有机物两大类进行分类存放,特殊试剂及危险试剂另存。实验室在保存化学试剂时,一

般应遵循密封、避光、防蚀、抑制、隔离、通风、低温、特殊等八条原则。

（一）无机物化学试剂的存放

无机物化学试剂按单质、氧化物、酸、碱、盐类等不同类别分别存放。单质分成金属和非金属类或以单质元素在元素周期表中的族分类存放。氧化物也按元素周期表的族的顺序分类存放。酸按照含氧酸和不含氧酸分别存放。不含氧酸可按酸根元素在周期表中的族次由左向右，从上到下来分类：如氢氟酸、盐酸、氢溴酸、氢碘酸等。含氧酸可按成酸元素的族次分类：硼酸、硝酸、硫酸、磷酸等。碱类物质主要按碱中金属元素在周期表中的族次分类存放：如氢氧化钠、氢氧化钾、氢氧化镁、氢氧化钙等。盐类一般按金属离子所在周期表中的位置，也是从左向右，从上到下的方法分类：如钠盐、硫化钠、碳酸钠、硅酸钠、亚硝酸钠、硫酸钠、硫代硫酸钠等。

（二）有机物化学试剂的存放

有机物化学试剂按官能团分类存放。按照烃类（饱和烃、不饱和烃）、烃的衍生物（醇、醛、酮、酸、醚、酯）、糖类化合物、含氮化合物、有机高分子化合物存放。每种试剂应按纯度级别依次排列，配制的溶液应与固体试剂分别存放。存放试剂时，要注意化学试剂的存放期限，某些试剂在存放过程中会逐渐变质，甚至形成危害物。如醚类、四氢呋喃、1,4-二氧杂环己烷（二氧六环）、烯烃、液体石蜡等，在光照条件下，若接触空气可形成过氧化物，放置时间越久越危险。某些具有还原性的试剂，如苯三酚、维生素C、维生素E易被空气中氧所氧化变质。

（三）危险性化学试剂的存放

危险性化学试剂具有较高化学活性的物质，如易燃易爆试剂、腐蚀性试剂、毒害性试剂、氧化性试剂、放射性等有害于人和环境的一系列烈性化学物质，部分试剂活性很高，甚至可以自行分解，威胁生命财产安全，必须认真对待。根据国家的有关规定，危险性化学试剂的包装上均应带有危险性标志、危规编号，在相关的试剂手册中也有文字说明。

1. 易燃类化学试剂 易燃类液体极易挥发成气体，遇明火即燃烧，通常把闪点在25℃以下的液体均列入易燃类。这类试剂必须存放于专用的危险性试剂仓库里，单独存放于阴凉通风处的不燃烧材料制作的柜、架上。按规定实行"五双"制度。

2. 燃爆类化学试剂 遇水反应十分猛烈发生燃烧爆炸的有钾、钠、锂、钙、氢化锂铝、电石等。钾和钠应保存在煤油中。试剂本身就是炸药或极易爆炸的有硝酸纤维、苦味酸、三硝基甲苯、三硝基苯、叠氮或重氮化合物、雷酸盐等，要轻拿轻放。与空气接触能发生强烈的氧化作用而引起燃烧的物质如黄磷，应保存在水中，切割时也应在水中进行。引火点低，受热、冲击、摩擦或与氧化剂接触能急剧燃烧甚至爆炸的物质，如硫化磷、赤磷、镁粉、锌粉、铝粉、萘、樟脑等，存放室内温度不超过30℃，与易燃物、氧化剂均须隔离存放。料架用砖和水泥砌成，有槽，槽内铺有消防砂。试剂置于沙中、加盖，或存放在防爆柜中，一旦出事不致扩大事态。

3. 氧化性试剂 属于此类的有硝酸铵、硝酸钾、硝酸钠、高氯酸、高氯酸钾、高氯酸钠、高氯酸镁或高氯酸钡、铬酸酐、重铬酸铵、重铬酸钾及其他铬酸盐、高锰酸钾及其他高锰酸盐、氯酸钾、氯酸钡、过硫酸铵及其他过硫酸盐、过氧化钠、过氧化钾、过氧化钡、过氧化二苯甲酰、过乙酸等。该类物质不得与其他性质抵触的试剂共同贮存。包装要完好，密封，严禁与酸类混放，应置于阴凉通风处，防止日光暴晒。强氧化剂类试剂是过氧化物或含氧酸及其盐，在适当条件下会发生爆炸，并可与有机物、镁、铝、锌粉、硫等易燃固体形成爆炸混合物。这类物质中有的能与水起剧烈反应，如过氧化物遇水有发生爆炸的危险。存放处要求阴凉通风，最高温度不得超过30℃。要与酸类以及木屑、炭粉、硫化物、糖类等易燃物、可燃物或还原性物质等隔离，堆垛不宜过高过大，注意散热。

4. 强腐蚀类 指对人体皮肤、黏膜、眼、呼吸道和物品等有极强腐蚀性的液体和固体（包括蒸气），如发烟硫酸、硫酸、发烟硝酸、盐酸、氢氟酸、氢溴酸、氯磺酸、氯化砜、一氯乙酸、甲酸、乙酸酐、氯化氧磷、五氧化二磷、无水三氯化铝、溴、氢氧化钠、氢氧化钾、硫化钠、苯酚、无水肼、水合肼等。腐蚀性试剂贮存容器必须按不同的腐蚀性合理选用，如酸类应与氰化物，发泡剂、遇水燃烧品、氧化剂等远离，不宜与碱类混放。

5. 剧毒类 专指由消化道侵入极少量即能引起中毒致死的试剂。生物试验半致死量在

50mg/kg 以下者称为剧毒物品,如氰化钾、氰化钠及其他剧毒氰化物,三氧化二砷及其他剧毒砷化物,氯化汞及其他极毒汞盐,硫酸二甲酯,某些生物碱和毒苷等。这类试剂要置于阴凉干燥处,与酸类试剂隔离。应锁在专门的毒品柜中,按规定实行“五双”制度。皮肤有伤口时,禁止操作这类物质。

6. 放射性类　一般实验室不可能有放射性物质。操作这类物质的人员需熟悉操作规程,还要穿戴特殊防护设备以保护人身安全,并防止放射性物质的污染与扩散。

以上 6 类均属于危险品。

7. 低温存放类　此类试剂需要低温存放才不致聚合变质或发生其他事故。属于此类的有甲基丙烯酸甲酯、苯乙烯、丙烯腈、乙烯基乙炔及其他可聚合的单体、过氧化氢、氢氧化铵等,存放温度为 10℃ 以下。

8. 贵重类　单价贵的特殊试剂、超纯试剂和稀有元素及其化合物均属于此类。这类试剂大部分为小包装。这类试剂应与一般试剂分开存放,并加强管理、建立领用制度。常见的有钯黑、氯化钯、氯化铂、铂、铱、铂石棉、氯化金、金粉、稀土元素等。

9. 指示剂与有机试剂类　指示剂可按酸碱指示剂、氧化还原指示剂、配位滴定指示剂及荧光吸附指示剂分类排列。有机试剂可按分子中碳原子数目多少排列。

10. 一般试剂　一般试剂分类存放于阴凉通风,温度低于 30℃ 的柜内即可。

四、化学试剂安全使用的注意事项

取出的药剂禁止倒回原试剂瓶中,取完药剂应随即盖好,切勿乱放,以免张冠李戴。为安全起见,在使用化学试剂之前,首先对其安全性能——是否易燃易爆、是否有腐蚀性、是否有毒、是否有强氧化性等,要有全面的了解。在使用时才能有针对性的采取一些安全防范措施,以免使用不当造成对实验人员及实验设备的危害。下面从化学试剂的安全性能分类,对各类化学试剂使用中的注意事项分别加以介绍。

(一)易燃易爆化学试剂

一般将闪点在 25℃ 以下化学试剂列入易燃化学试剂,它们多是极易挥发的液体,遇明火即可燃烧。闪点越低,越易燃烧。使用易燃化学试剂

时绝不能使用明火,加热也不能直接用加热器,一般使用水浴加热。使用易燃化学试剂的实验人员,要穿好必要的防护用具,最好戴上防护眼镜。

(二)有毒化学试剂

一般化学试剂对人体都有毒害,在使用时一定要避免大量吸入;在使用完试剂后,要及时洗手、洗脸、洗澡,更换工作服,对于一些吸入或食入少量即能中毒致死的化学试剂,如氰化钾、氰化钠及其氰化物;三氧化二砷及某些砷化物、氯化汞及某些汞盐、硫酸、二甲酯等。在使用时一定要了解这些试剂中毒时的急救处理方法,剧毒试剂一定要有专人保管,严格控制使用量。

(三)腐蚀性化学试剂

任何化学试剂碰到皮肤、黏膜、眼、呼吸器官时都要及时清理,特别是对皮肤、黏膜、眼睛、呼吸器官有极强腐蚀性的化学试剂,如各种酸和碱、三氯化磷、溴、苯酚、无水肼等,在使用前一定要了解接触到这些腐蚀性化学试剂的急救处理方法,如酸溅到皮肤上要用稀碱液清洗等。

(四)强氧化性化学试剂

强氧化性化学试剂是过氧化物或是具有强氧化能力的含氧酸及其盐,如过氧化氢、硝酸钾、高氯酸及其盐、高锰酸钾及其盐、过氧化苯甲酸、五氧化二磷等。在适当条件下可放出氧,并且与有机物、铝、锌粉硫等易燃物形成爆炸性混合物,在使用时环境温度不高于 30℃,通风要良好,避免与有机物或还原性物质共同使用(加热)。

(五)遇水易燃试剂

这类化学试剂有钾、钠、锂、钙、电石等,遇水即可发生激烈反应,并放出大量热,也可燃烧,在使用时要避免与水直接接触,也不得与人体接触,以免灼伤皮肤。

(六)放射性化学试剂

使用这类化学试剂时,一定要按放射性物质使用方法,采取保护措施。其他类的危险化学试剂,无论常用与否,在使用前一定要了解它的安全使用注意事项。在化学实验过程中若由于操作不当或疏忽大意必然导致事故的发生,在遇到事故发生时要有正确的态度、冷静的头脑,做到一不惊慌失措,二要及时正确处理,三按要求规范操作,尽量避免事故发生。

总之,化学试剂的管理必须要求管理人员具

备专业的从事化学试剂管理的知识。包括常用试剂的性状、用途、一般安全要求、急救措施、报废试剂的处理及消防知识等。严加管理化学试剂才能确保实验的顺利进行,这是实验室安全的重要环节。

五、实验室化学废物的处理

由于各类实验室工作内容不同,产生的三废中所含的化学物及其毒性不同,数量也有较大差别。为了保证实验人员的健康,防止环境的污染,实验室三废的排放应遵守我国环境保护的有关规定。

实验室应配备专门的废物回收装置,对废弃的物品进行回收,有毒化学试剂与腐蚀性化学试剂废物应根据不同性质分别单独存放,未经处理不应随意向环境排放有毒、有害废物。销毁、处理有燃烧、爆炸、中毒或其他危险性废弃化学试剂时,应按地方政府主管部门的规定执行。

(一)废气的处理

在实验室进行可能产生有害废气的操作时,都应在有通风装置的条件下进行,如加热酸、碱溶液和有机物的消化、分解都应于通风橱中进行。

实验室排出的废气量较少时,一般可由通风装置直接排至室外,但排气口必须高于附近屋顶3m。若排放毒性大且量较多的气体可参考工业废气处理办法,在排放废气之前,采用吸附、吸收、氧化、分解等方法进行处理。

(二)废水处理

实验室的废液不能直接排入下水道,应根据污物性质收集处理。实验室常用的废水处理方法如下:

1. 无机酸类 废无机酸先收集于陶瓷缸或塑料桶中,然后用过量的碳酸钠或氢氧化钙的水溶液或用废碱中和,中和后用大量水冲稀排放。

2. 无机碱类 氢氧化钠、氨水用稀废酸中和后,用大量水冲稀排放。

3. 含汞、砷、锑、铋等离子的废液 控制溶液酸度为 0.3mol/L 的 H^+,再以硫化物形式沉淀,以废渣形式处理。

4. 含氰废液 把含氰废液倒入废酸缸中是极其危险的,氰化物遇酸产生毒性极强的氰化氢气体,瞬间可使人丧命。含氰废液应先加入氢氧化钠使 pH 达到 10 以上,再加入过量的次氯酸钙和氢氧

化钠溶液进行破坏。另外,氰化物在碱性介质中与亚铁盐作用可生成亚铁氰酸盐而被破坏。

5. 含氟废液 加入石灰使其生成氟化钙沉淀,以废渣的形式处理。

6. 有机溶剂 如废液量较多,有回收价值的溶剂应蒸馏回收使用;无回收价值的少量废液可以用水稀释排放。如废液量大,可用焚烧法进行处理;不易燃烧的有机溶剂,可用废易燃溶剂稀释后再焚烧。

7. 黄曲霉毒素 可用 2.5% 次氯酸钠溶液浸泡达到去毒的效果。2.5% 次氯酸钠溶液配制方法:取 100g 含氯石灰,加入 5 000ml 水,搅拌均匀,另将 80g 工业用碳酸钠($Na_2CO_3 \cdot 10H_2O$)溶于 500ml 温水中,将两溶液搅拌混合,澄清后过滤,此滤液含 2.5% 次氯酸钠。

8. 少量废液最简单的处理方法是用大量水稀释后排放 应根据污物排放最高容许浓度以及废物的量估计用水量,稀释不够会使污物排放超标,而过量稀释又会造成资源浪费。

(三)废渣处理

由实验室产生的有害固体废渣的量一般不太多,但也不能将其为数不多的废渣倒在生活垃圾处。须经过解毒处理之后,深埋处理。易于燃烧的固体有机废物应焚烧处理。

六、生物实验室常见危险化学试剂产生的危险的预防和应急处理

(一)防火防爆及应急处理

易燃物在使用时若不注意可能酿成火灾,所以对易燃物必须放在专柜中妥善保管,远离火源,如白磷、钾、钠、钙、电石等物质。进行加热或燃烧实验时要严格遵守操作规程并合理选用仪器,如蒸馏时要用冷凝管等。易燃物质用后若有剩余,切勿随意丢弃,应妥善处理。在使用酒精灯时,一定要注意不能用燃着的酒精灯去点燃另一盏酒精灯;不能用嘴吹灭酒精灯;不能向燃着的酒精灯中添加酒精;灯壶内的酒精不能超过容积的 2/3 等。另外,实验室必须配备各种灭火器材并装有消防龙头。实验室电器要经常检修,防止电火花、短路、超负载等故障引发火灾。各种可燃气体与空气混合都有一定的爆炸极限,操作时应严禁接近明火,点燃气体前,一定要先检验气体的纯度,

特别是氢气。硝化棉、三硝基苯、银氨溶液等易爆炸品要严格保管。有些氧化剂、强氧化剂能与其他物质混合形成爆炸物,如 $KClO_3$、KNO_3、$NaNO_3$、NH_4NO_3、$KMnO_4$、$K_2Cr_2O_7$ 等,使用时一定要正确操作,切勿撞击、研磨。若不幸发生火灾,应及时拨打 119 火警电话,同时使用实验室备用灭火器、沙箱等自救。

(二)防中毒及应急处理

尽管大多数化学试剂是有毒的,但并不意味着实验不能做,试剂不敢碰。只要我们了解所用试剂的性质,掌握正确的使用方法,就完全可以避免中毒。实验室安全防护的重点首先是防毒。需要强调的是慢性毒害,因为急性的毒害是很容易引起警觉并加以避免的,比如吸入氯气等。但是慢性毒害一般不太引起重视,最难预防。很多症状都是在积累到一定程度之后才出现,通常为几天或者几个月,有的甚至若干年以后。慢性中毒的症状很难察觉,多数为失眠、易怒、记忆力减退、情绪失常等神经系统症状,通常会造成未老先衰等。在进行实验之前,一定要首先查阅有关文献,了解所用试剂的毒性,采取相应的防毒措施。通常有毒化学品对人体的毒害途径包括:

1. 吞食　吞食并不常见,主要发生于误食。所以,严禁在实验室饮食,不能在实验室冰箱内存放食物。离开实验室要彻底洗手,最好到卫生间将手、脸洗净。

2. 吸入　吸入是最常见的中毒方式。有毒物质以气体、蒸气、粉尘、烟雾的形式被吸入。在使用挥发性试剂时,要在通风橱内进行。蒸馏或回流时冷凝管要有效。用鼻闻鉴别化学物质时须十分小心。

3. 体表吸收　有毒物质可以以气体、液体的形式被皮肤吸收。接触有毒物质时要戴上塑料或橡胶手套,如果手套有破洞,要及时更换。如果有毒物质接触皮肤,应立即用大量水冲洗,然后用肥皂水清洗。要避免用有机溶剂清洗,多数情况下只能加速吸收。

(三)防化学药品腐蚀及应急处理

浓的强酸如盐酸、硫酸、硝酸等具有强腐蚀性,灼伤时会使皮肤烧黄,严重时会起泡变黑,因此使用时不要溅到皮肤或衣服上,更应注意保护眼睛。稀释时(特别是浓硫酸),应在不断搅拌下缓慢加入水中,而不能相反进行。受强酸腐蚀,先用干净的毛巾擦净伤处,用大量水冲洗,然后用饱和碳酸氢钠溶液(或稀氨水、肥皂水)冲洗,再用水冲洗,然后涂上甘油。若酸不幸溅入眼中时,先用大量水冲洗,然后用碳酸氢钠溶液冲洗,严重者送医院治疗。强碱如氢氧化钠、氢氧化钾等致伤时会对皮肤造成浸透性破坏,易形成深度灼伤,使用时要特别小心。受强碱腐蚀,先用大量水冲洗,再用 2% 乙酸溶液和饱和硼酸溶液清洗,然后用水冲洗。若碱不幸溅入眼内,可用硼酸溶液冲洗,严重者送医院治疗。

(四)防高温烫伤及应急处理

加热试管时不要使试管口对着自己或别人,加热浓缩液体时,不要俯视加热的液体,浓缩溶液时,特别是有晶体出现之后,要不停地搅拌,更不能离开操作现场,尽可能戴上防护眼镜。加热有机物时,由于它们的沸点一般比较低,一旦温度过高,液体局部过热,会形成暴沸现象,反应溶液甚至会冲开橡皮塞烫伤实验者。所以,在反应容器中要放一些碎瓷片。高温烫伤不要用冷水洗涤伤处。轻度未破时,可用药棉浸 90%~95% 的酒精轻擦伤处,然后涂上烫伤膏,注意不要弄破水泡,以防感染。重度烫伤者用消毒棉包住后,送医院治疗。

(五)X 射线的防护

X 射线被人体吸收后,对人体有害。对于 X 射线引起的伤害,目前无有效的治疗方法,主要以预防为主。

七、危险化学试剂常用安全防护工具

化学试剂的存放需要选择合适的试剂柜,尤其是危险化学品。实验者在进行实验时,也应选择合适的防护工具。

(一)常见防护器材

1. 防爆柜　用于易燃液体储存,可以安全存储危险化学品,减少火灾事故的发生,保护人身与设备安全;可以有组织,有条理地分开各类危险液。

2. 酸碱柜　专业储存腐蚀性的化学品物质(如硫酸、盐酸、硝酸、氢氧化钠、氢氧化钾等),柜体为抗强酸碱耐冲击的瓷白色 PP 板,与同色同质焊条一体焊接成型。根据强腐蚀性化学品的存放量和使用的方便性,可以选择不同规格的抗强腐蚀性化学品安全储存柜。

3. **气瓶柜**　用于提高局部的排气通风，保护钢瓶（气瓶）免受柜子外界火灾以及保护周围物品免受内部火灾的金属容器。气瓶柜内部有吹洗系统，报警器和排气孔，通常有一瓶位、二瓶位和三瓶位。

4. **通风橱**　又称烟橱，是实验室，特别是化学实验室的一种大型设备。用途是减少实验者和有害气体的接触。完全隔绝则需要使用手套箱。通风橱是保护人员防止有毒化学烟气危害的一级屏障。它可以作为重要的安全后援设备，如化学实验失败，化学烟雾、尘埃和有毒气体产生时有效排出有害气体，保护工作人员和实验室环境（文末彩图 13-2）。

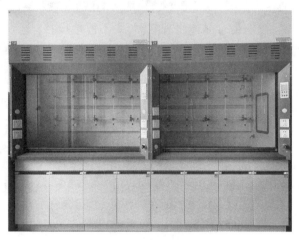

图 13-2　通风橱

5. **冲淋装置**　"紧急冲淋装置"适用于事故抢险、迅速清洗附着在人体上的有毒有害物质，通过使用大量的水快速喷淋、冲洗，达到应急处理，从而减轻受伤害程度，也是一种最经济可行的洗消方法（图 13-3）。

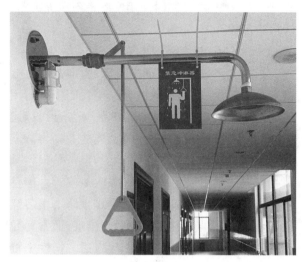

图 13-3　紧急冲淋装置

（二）常见个人防护用具

个人防护用品是指在劳动生产过程中使劳动者免遭或减轻事故和职业危害因素的伤害而提供的个人保护用品，对人体起到直接保护作用；与之相对的是工业防护用品，对人体起到非直接保护作用。主要包括：防护服、防护手套、防护鞋、安全帽、面罩和护目镜、安全带、防酸碱用品。

小　结

一些化学试剂具有一定的毒性及危险性。生物实验中所使用化学试剂发生的一些化学反应十分剧烈，在各实验过程中均存在发生各种意外的潜在因素。本章从危险化学试剂的定义、分类、符号等全面介绍了生物实验室可能存放的危险化学试剂。在此基础上介绍了危险化学试剂的危害以及在实验中如何正确操作来预防化学试剂可能造成的危害和应急处理措施。还强调了学生要注意化学废物的分类处理。其中列举了一些生物实验室常见药品的储存、使用以及注意事项的案例。最后附录列出生物实验室常见的 120 种化学药品和常用参考材料。总之，在化学实验过程中由于操作不当或疏忽大意必然导致事故的发生。在遇到事故发生时要有正确的态度、冷静的头脑，做到一不惊慌失措，二要及时正确处理，三按要求规范操作，尽量避免事故发生。

思　考　题

一、判断题

1. 误服强酸导致消化道烧灼痛，为防止进一步加重损伤，不能催吐，可口服牛奶、鸡蛋清、植物油等。　　　　　　（　　）

2. 有机溶剂只会经口鼻进入人体，只要正确的使用呼吸防护面具，就可以有效防止危害健康。　　　　　　（　　）

3. 电路或电器着火时，使用二氧化碳灭火器灭火。　　　　　　（　　）

4. 皮肤接触活泼金属（如钾、钠），可用大量水冲洗。　　　　　　（　　）

二、选择题

1. 普通塑料、有机玻璃制品的加热温度不能超过

A. 40℃　　　　　　B. 60℃　　　　　　C. 80℃　　　　　　D. 100℃

2. 过氧化酸、硝酸铵、硝酸钾、高氯酸及高氯酸盐、重铬酸及重铬酸盐、高锰酸及高锰酸盐、过氧化苯甲酸、五氧化二磷等是强氧化剂，使用时应注意

A. 环境温度不要高于30℃　　　　　　　　B. 通风要良好

C. 不要加热，不要与有机物或还原性物质共同使用　　D. 以上都是

3. 以下物质中，哪些应该在通风橱内操作

A. 氢气　　　　　　B. 氮气　　　　　　C. 氦气　　　　　　D. 氯化氢

4. 毒物进入人体最主要、最常见的途径是

A. 呼吸道　　　　　　B. 皮肤　　　　　　C. 眼睛　　　　　　D. 消化道

5. 倾倒液体试剂时，瓶上标签应朝

A. 上方　　　　　　B. 下方　　　　　　C. 左方　　　　　　D. 右方

6. 当有汞（水银）溅失时，应如何处理现场

A. 用水擦　　　　　　　　　　　　　　　B. 用拖把拖

C. 扫干净后倒入垃圾桶　　　　　　　　　　D. 收集水银，用硫黄粉盖上并统一处理

三、简答题

为什么不能在电炉上直接加热易燃液体?

参　考　答　案

一、判断题

1. 正确　　2. 错误　　3. 正确　　4. 正确

二、选择题

1. B　　2. D　　3. D　　4. A　　5. A　　6. D

三、简答题

因为易燃液体如汽油、苯、酒精，都是沸点低、易燃的物质，在加热后挥发出的可燃蒸汽会形成爆炸混合物，此混合物极易由于热的电炉丝而引起燃烧，以致形成火灾。因此我们不能在电炉上直接加热易燃液体，需要的话，可在水浴上加热。

ER13-1　第十三章二维码资源

（商永嘉）

附 录

一、生物实验室里常见的 120 种有毒物质

（1）2-氨基-2-羟甲基-1,3-丙二醇（2-amino-2-hydroxymethyl-1,3-propanediol, $C_4H_{11}NO_3$）吸入、摄入、皮肤吸收可造成伤害。戴好手套和护目镜。

（2）氨基乙酸（aminoacetic acid, $C_2H_5NO_2$）：吸入、摄入、皮肤吸收可造成伤害。戴好手套和护目镜，避免吸入尘埃。

（3）X-半乳糖（X-gal, $C_{14}H_{15}BrClNO_6$）：对眼睛和皮肤有毒性。使用粉剂时遵循常规注意事项。应注意的是，X-gal 溶液是在 N,N-二甲基甲酰胺（DMF）溶剂中制备的。

（4）β 半乳糖苷酶（β-galactosidase）：有刺激性，可产生过敏反应。吸入、摄入、皮肤吸收可造成伤害。戴好手套和护目镜。

（5）苯二胺〔p-phenylenediamine, $C_6H_4(NH_2)_2$〕：吸入、摄入、皮肤吸收可造成伤害。戴好手套和护目镜，在通风橱内操作。

（6）苯酚（phenol, C_6H_5OH）：有剧毒性和高度腐蚀性，可致严重烧伤。吸入、摄入、皮肤吸收可造成伤害。戴好合适的手套和护目镜，穿好防护服，在通风橱内操作。若有皮肤接触，可用大量清水冲洗，并用肥皂和水清洗，不要用乙醇洗。

（7）苯甲基磺酰氟（PMSF）：有剧毒的胆碱酯酶抑制剂。对上呼吸道的黏膜、眼睛和皮肤有极大损害。戴好合适的手套和护目镜，在通风橱内操作。眼睛或皮肤接触到此药品，立即用大量的水冲洗，丢弃被污染的衣物。

（8）苯甲酸（benzoic acid, C_6H_5COOH）：有刺激性。吸入、摄入、皮肤吸收可造成伤害。戴好手套和护目镜，避免吸入。

（9）苯甲酸苄酯（benzyl benzoate, $C_{14}H_{12}O_2$）：有刺激性。吸入、摄入或皮肤吸收可造成伤害。避免接触眼睛，戴好合适的手套和护目镜。

（10）苯乙醇（phenethyl alcohol, $C_8H_{10}O$）：有刺激性。吸入、摄入、皮肤吸收可造成伤害。戴好手套和护目镜，远离火源、火花和明火。

（11）丙烯酰胺（未聚合的）（acrylamide, C_3H_5NO）：一种潜在的神经毒素，可通过皮肤吸收（有累积效应）。避免吸入尘埃。称量丙烯酰胺和亚甲基双酰胺粉末时，戴好手套和面罩，在化学通风橱内操作。聚合的丙烯酰胺是无毒的，但是使用时也应小心，因为其中可能含有少量未聚合的丙烯酰胺。

（12）蛋白酶 K：有刺激性。吸入，摄入或皮肤吸收可造成伤害。戴好手套和护目镜。

（13）碘化丙啶（propidium iodide, $C_{27}H_{34}I_2N_4$）：吸入、摄入、皮肤吸收可造成伤害。刺激眼睛、皮肤、黏膜和上呼吸道。可诱导突变并可能致癌。戴好手套和护目镜，穿好防护服，在通风橱内小心操作。

（14）碘乙酰胺（2-iodoacetamide, C_2H_4INO）：能碱基化蛋白质上的氨基，从而影响抗原的氨基酸序列分析。有毒性。吸入、摄入、皮肤吸收可造成伤害。戴好手套和护目镜。在通风橱内操作，勿吸入尘埃。

（15）叠氮化钠（sodium azide, NaN_3）：有剧毒性，可阻断细胞色素电子转运系统。含此药物的溶液要明确标记。吸入、摄入、皮肤吸收可造成伤害。戴好手套和护目镜，并小心使用。此药品为氧化剂，故保存时要远离可燃物品。

（16）多聚甲醛〔polyoxymethylene, $HO(CH_2O)_nOH$〕：多聚甲醛是甲醛的未解离形式，有剧毒。易通过皮肤吸收，并对皮肤、眼睛、黏膜和上呼吸道有严重破坏性。避免吸入尘埃。戴好手套和护目镜，在通风橱内操作。

（17）3,3'-二氨基联苯胺四氢氯化物：一种致癌剂，操作时要非常小心。避免吸入气体。戴好手套和护目镜。在通风橱内操作。

（18）二甲苯（xylene, C_8H_{10}）：可燃，高浓度有麻醉作用。吸入、摄入、皮肤吸收可造成伤害。戴好手套和护目镜。在通风橱内操作。始终远离热源、火花和明火。

（19）二甲苯蓝（xylene blue, $C_{25}H_{27}N_2O_7S_2$）：见二甲苯。

（20）二甲次砷酸钠〔sodium cacodylate trihydrate, $(CH_3)_2AsO_2Na \cdot 3H_2O$〕：可能为致癌剂，并含有砷，有剧毒性。戴好手套和护目镜，须在通风橱内操作。

（21）N，N-二甲基甲酰胺（DMF，C_3H_7NO）：刺激眼睛、皮肤和黏膜。可通过吸入、摄入或皮肤吸收发挥其毒性。慢性吸入可导致肝、肾损害。戴好手套和护目镜，在通风橱内操作。

（22）二甲基亚砜（DMSO，C_2H_6OS）：吸入、摄入或皮肤吸收可造成伤害。戴好手套和护目镜，在通风橱内操作。DMSO为可燃物，应保存于密封容器中，远离热源、火花和明火。

（23）二硫苏糖醇（DTT，$C_4H_{10}O_2S_2$）：强还原剂，有恶臭味。吸入、摄入、皮肤吸收可造成伤害。当使用固体形式或高浓度溶液时，戴好手套和护目镜并在通风橱内操作。

（24）4′，6-二脒基-2-苯基吲哚（DAPI，$C_{16}H_{15}N_5 \cdot 2HCl$）：可能为一种致癌剂。吸入、摄入、皮肤吸收可引起刺激并造成伤害。避免吸入。戴好手套和护目镜，在通风橱内操作。

（25）放射性物质：当计划的一个实验涉及放射性物质的使用时，应明确以下内容：同位素的理化性质（如半衰期、放射型、辐射能量），辐射物质的化学形式，其辐射度（具体的活性）总量，化学浓度。需要使用多少就预定多少。使用放射性物质时，要始终戴好手套和护目镜，穿实验室工作服。X和γ射线为由仪器产生放射性物质辐射出的短波电磁波，它们会从放射源辐射出来或聚成光束。它们的潜在危险决定于暴露时间、强度和波长。

（26）放线菌素D：是一种畸胎剂和致癌剂，有剧毒。吸入、摄入、皮肤吸收可造成伤害，甚至是致命的。应避免吸入。戴好手套和护目镜，并始终在化学通风橱内操作，放线菌素D见光分解。

（27）操作高压玻璃器皿时要格外小心。高压锅和金属容器中的玻璃器皿，宜放入金属网中或蒲氏隔板中。在真空状态下使用玻璃器皿，如真空收集器、干燥设备或氩气条件下的反应器等，要谨慎操作，戴好护目镜。

（28）过二硫酸铵（ammonium persulfate，$H_8N_2O_8S_2$）：对黏膜组织、上呼吸道、眼睛和皮肤有极大的破坏性，吸入可致命。戴好手套和护目镜，穿好防护服。必须在化学通风橱内操作。操作后要彻底清洗。

（29）过氧化氢（hydrogen peroxide，H_2O_2）：有腐蚀性、毒性，对皮肤有强损害性。吸入、摄入或皮肤吸收可造成伤害。戴好手套和护目镜，只在化学通风橱内操作。

（30）环乙酰亚胺（actidione，$C_{15}H_{23}NO_4$）：吸入、摄入或皮肤吸收可造成伤害。戴好手套和护目镜，只在化学通风橱内操作。

（31）磺基蓖麻酸（二水合物）；对黏膜和呼吸系统有极大破坏性。不要吸入粉尘，戴好手套和护目镜，在化学通风橱内操作。

（32）氨甲蝶呤（MTX，$C_{20}H_{22}N_8O_5$）：为一种致癌剂和致畸胎剂。吸入、摄入或皮肤吸收可造成伤害。暴露于其中可导致胃肠反应，骨髓抑制，肝或肾损害。戴好手套和护目镜，在化学通风橱内操作。

（33）甲醇（methyl alcohol，CH_3OH）：有毒，可致失明。吸入、摄入或皮肤吸收可造成伤害。要有足够的通风以减少吸入挥发性甲醇。戴好手套和护目镜，在化学通风橱内操作。

（34）甲基磺酸乙酯（EMS，$C_3H_8O_3S$）：为一种可诱导机体突变和致癌的挥发性有机溶剂。吸入、摄入、皮肤吸收可造成伤害。

（35）甲醛（methanal，HCHO）：有剧毒性和挥发性，是一种致癌剂。可通过皮肤吸收，对皮肤、眼睛、黏膜和上呼吸道有刺激或损伤。避免吸入气体。戴好手套和护目镜。始终在通风橱内操作。远离热源、火花和明火。

（36）甲酸（methanoic acid，HCOOH）：有剧毒，对黏膜组织、上呼吸道、眼睛、皮肤有极大的损伤。吸入、摄入、皮肤吸收可造成损伤。戴好手套和护目镜。在通风橱内操作。

（37）甲酰胺（formamide，HCONH）：可导致畸胎。其挥发的气体刺激眼睛、皮肤、黏膜和上呼吸道。吸入、摄入、皮肤吸收可造成损伤。戴好手套和护目镜。操作高浓度甲酰胺时要在通风橱内操作。尽可能将反应的溶液盖住。

（38）焦磷酸钠（sodium pyrophosphate，$Na_4P_2O_7$）：有刺激性。吸入、摄入、皮肤吸收可造成损伤。戴好手套和护目镜。不要吸入粉尘。

（39）焦碳酸二乙酯（DEPC，$C_6H_{10}O_5$）：是一种潜在的蛋白质变质剂，且为可疑的致癌剂。开启时瓶口不要指向操作者或其他人。瓶内压可导致喷溅。戴好手套并穿实验室工作服，在通风橱内操作。

（40）聚丙烯酰胺〔PAM, $(C_3H_5NO)_n$〕：无毒性，但仍应谨慎使用，因为其中可能含有少量未聚合的物质。

（41）聚乙二醇〔PEG, $HO(CH_2CH_2O)_nH$〕：吸入、摄入、皮肤吸收可造成损伤。戴好手套和护目镜，避免吸入粉末。

（42）菌种（运输）：健康、教育、福利部门根据运输器具将各种细菌划分为不同的类别。大肠埃希菌的非病原种（K12）和枯草杆菌为第一类，正常运输条件下无危害或危害性很小。沙门菌、嗜血杆菌、链霉菌和假单孢菌的一些菌种为第二类。第二类细菌为一般潜在危害：能造成不同严重程度的疾病，但在普通实验室技术下可操作。

（43）抗淬灭剂：见苯二胺。

（44）考马斯亮蓝（coomassie brilliant blue）：吸入、摄入或皮肤吸收可造成损伤。戴好手套和护目镜。

（45）联结剂（DMP）：刺激眼睛、皮肤和黏膜。可通过吸入、摄入或皮肤吸收发挥其毒性。戴好手套、面罩和护目镜，不要吸入气体。

（46）链霉素（streptomycin, $C_{21}H_{39}N_7O_{12}$）：有毒性，怀疑为致癌剂和突变诱导剂。可导致过敏反应。吸入、摄入或皮肤吸收可造成损伤。戴好手套和护目镜。

（47）亮抑蛋白酶肽（leupeptin）：吸入、摄入或皮肤吸收可造成损伤。戴好手套和护目镜。在通风橱内操作。

（48）邻苯二甲酸二丁酯：吸入、摄入或皮肤吸收可造成损伤。戴好手套和护目镜，避免吸入气体。

（49）磷酸二氢钠（sodium dihydrogen phosphate anhydrous, NaH_2PO_4）：吸入、摄入或皮肤吸收可造成损伤。戴好手套和护目镜，在通风橱内操作。

（50）磷酸〔phosphoric（5）acid, H_3PO_4〕：高腐蚀性，吸入、摄入或皮肤吸收可造成损伤。戴好手套和护目镜。

（51）磷酸钾（potassium phosphate, K_3PO_4）：吸入、摄入或皮肤吸收可造成损伤。戴好手套和护目镜。在通风橱内操作，避免吸入粉尘。

（52）磷酸钠（ATSP, Na_3PO_4）：刺激眼睛和皮肤。吸入、摄入或皮肤吸收可造成损伤。戴好

手套和护目镜。不要吸入粉尘。

（53）磷酸氢钠（DSP, $NaHPO_3$）：吸入、摄入或皮肤吸收可造成损伤。戴好手套和护目镜。在通风橱内操作。

（54）硫氰酸胍（guandine thiocyanate, $C_2H_6N_4S$）：吸入、摄入或皮肤吸收可造成损伤。戴好手套和护目镜。

（55）硫氰酸胍盐：见硫氰酸胍。

（56）硫酸（sulphuric acid, H_2SO_4）：剧毒性，对黏膜组织、上呼吸道、眼睛和皮肤有极大的损伤。可造成烧伤，与其他物质（如纸）接触可能引发火灾。戴好手套和护目镜，在通风橱内操作。

（57）硫酸镁（magnesium sulfate, $MgSO_4$）：吸入、摄入或皮肤吸收可造成损伤。戴好手套和护目镜。在通风橱内操作。

（58）三氯甲烷（trichloromethane, $CHCl_3$）：刺激眼睛、呼吸道、皮肤和黏膜，是致癌剂。有肝、肾毒性，有挥发性。戴好手套和护目镜。在通风橱内操作，避免吸入蒸气。

（59）氯化铵（ammonium chloride, NH_4Cl）：吸入、摄入或皮肤吸收可造成损伤。戴好手套和护目镜。在通风橱内操作。

（60）氯化钙（calcium chloride, $CaCl_2$）：吸入、摄入或皮肤吸收可造成损伤。戴好手套和护目镜。在通风橱内操作。

（61）氯化钾（potassium chloride, KCl）：吸入、摄入或皮肤吸收可造成损伤。戴好手套和护目镜。在通风橱内操作。

（62）氯化锂（lithium chloride, $LiCl$）：刺激眼睛、呼吸道、皮肤和黏膜。吸入、摄入或皮肤吸收可造成损伤。戴好手套和护目镜。在通风橱内操作。

（63）氯化镁（magnesium chloride, $MgCl_2$）：吸入、摄入、皮肤吸收可造成损伤。戴好手套和护目镜。在通风橱内操作。

（64）氯化锰（manganese（Ⅱ）chloride dehydrate, $MnCl_2$）：吸入、摄入、皮肤吸收可造成损伤。戴好手套和护目镜。在通风橱内操作。

（65）氯化铁（ferric chloride, $FeCl_3$）：吸入、摄入或皮肤吸收可造成损伤。戴好手套和护目镜。在通风橱内操作。

（66）氯化锌（zinc chloride, $ZnCl_2$）：有腐蚀

性,对胎儿有潜在危险。吸入、摄入或皮肤吸收可造成损伤。戴好手套和护目镜。在通风橱内操作。

（67）3-（N-吗啉）丙磺酸（3-N-morpholino propanesulfonic acid）：吸入、摄入或皮肤吸收可造成损伤。刺激眼睛、呼吸道、皮肤和黏膜。戴好手套和护目镜。在通风橱内操作。

（68）没食子酸丙酯（PG, $C_{10}H_{12}O_5$）：见苯甲酸。

（69）柠檬酸钠（citric acid trisodium salt dehydrate, $C_6H_5Na_3O_7 \cdot 2H_2O$）：见柠檬酸。

（70）柠檬酸（citric acid, $C_6H_8O_7$）：有刺激性。吸入、摄入或皮肤吸收可造成损伤。戴好手套和护目镜。

（71）硼酸（orthoboric acid, H_3BO_3）：吸入、摄入、皮肤吸收可造成损伤。戴好手套和护目镜。

（72）氢氧化铵（ammonium hydroxide, $NH_3 \cdot H_2O$）：为氨的水溶液。具有腐蚀性。操作时要小心。氨气可从氨水中挥发出来,具有腐蚀性、毒性和爆炸性。戴好手套,必须在通风橱内操作。

（73）羟胺（hydroxylamine, NH_2OH）：有腐蚀性和毒性。吸入、摄入或皮肤吸收可造成损伤。戴好手套和护目镜。在通风橱内操作。

（74）氢氧化钾（potassium hydroxide, KOH）：剧毒性。吸入、摄入或皮肤吸收可造成损伤。溶液为强碱性,当心使用。戴好手套。

（75）氢氧化钠（sodium hydroxide, NaOH）：溶液有剧毒,强碱性,当心使用。戴好手套。其他所有高浓度碱溶液都应以类似方式操作。

（76）秋水仙碱（colchicine, $C_{22}H_{25}NO_6$）：有剧毒,可致命,可导致癌症和可遗传的基因损害。吸入、摄入、皮肤吸收可造成损伤。戴好手套和护目镜。在通风橱内操作。不要吸入粉尘。

（77）β-巯基乙醇（β-mercaptoethanol, $HOCH_2CH_2SH$）：吸入或皮肤吸收可致命,摄入有害。高浓度溶液对黏膜、上呼吸道、皮肤和眼睛有极大损害。β-巯基乙醇有难闻气味。戴好手套和护目镜。在通风橱内操作。

（78）去氧胆酸钠：刺激黏膜和呼吸道。吸入、摄入或皮肤吸收可造成损伤。使用粉末时,戴好手套和护目镜。避免吸入粉尘。

（79）溶剂：谨慎操作。

（80）溶菌酶：对黏膜有腐蚀性。戴好手套和护目镜。

（81）三氯乙酸（trichloroacetic acid, $C_2HCl_3O_2$）：有很强的腐蚀性。戴好手套和护目镜。

（82）三乙胺（triethylamine, $C_6H_{15}N$）：有剧毒,易燃。对皮肤、眼睛、黏膜和上呼吸道有强腐蚀性。吸入、摄入或皮肤吸收可造成损伤。戴好手套和护目镜。始终在通风橱内操作。远离热源、火花和明火。

（83）三乙醇胺〔TEA,（$HOCH_2CH_2$）$_3N$〕：吸入、摄入或皮肤吸收可造成损伤。戴好手套和护目镜。始终在通风橱内操作。

（84）十二烷基磺酸钠（SDS, $CH_3(CH_2)_{11}SO_3Na$）：有毒性和刺激性,有严重损伤眼睛的危险。吸入、摄入或皮肤吸收可造成损伤。戴好手套和护目镜。不要吸入粉尘。

（85）双丙烯酰胺（bisacrylamide, $C_7H_{10}N_2O_2$）：是一种潜在的神经毒素,可通过皮肤吸收,避免吸入,在称量时,戴好手套和护目镜。

（86）四环素（tetracycline, $C_{22}H_{24}N_2O_8$）：吸入、摄入或皮肤吸收可造成损伤。戴好手套和护目镜。在通风橱内操作。

（87）N, N, N′, N′-四甲基乙二胺：对皮肤、眼睛、黏膜和上呼吸道有极大损伤。吸入可致命,长时间接触可产生严重刺激或烧伤。戴好手套和护目镜。穿防护服,必须在通风橱内操作。使用完毕要彻底清洗。易燃性,其挥发气体可到达一定距离,形成引燃源,瞬间发生火灾。远离热源、火花和明火。

（88）四水合乙酸镁（magnesium acetate, anhydrous, $C_4H_6O_4Mg \cdot 4H_2O$）：吸入、摄入或皮肤吸收可造成损伤。戴好手套和护目镜。

（89）四唑氮蓝（NBT, $C_{40}H_{30}N_{10}O_6C_{12}$）：有危险性,小心操作。

（90）碳酸钠（sodium carbonate, Na_2CO_3）：吸入、摄入或皮肤吸收可造成损伤。戴好手套和护目镜。

（91）同位素 ^{125}I：在甲状腺,为一潜在的健康杀手。无论何种形式的同位素都用铅板遮挡。操作同位素时,根据同位素的用量和所进行的操作难度,要戴1~2副手套。

（92）胃酶抑素：吸入、摄入或皮肤吸收可造成损伤。戴好手套和护目镜。在通风橱内操作。

（93）肝酶抑素：吸入、摄入或皮肤吸收可造成损伤。戴好手套和护目镜。在通风橱内操作。

（94）硝酸（nitric acid, HNO_3）：具有挥发性，操作时要小心。吸入、摄入或皮肤吸收可造成损伤。戴好手套和护目镜。在通风橱内操作。远离热源、火花和明火。

（95）硝酸银（silver nitrate, $AgNO_3$）：强氧化剂，小心操作。皮肤吸收可造成损伤。戴好手套和护目镜。在通风橱内操作。与其他物质接触会发生爆炸。

（96）溴酚蓝（bromophenol blue, $C_{19}H_{10}Br_4O_5S$）：皮肤吸收可造成损伤。戴好手套和护目镜。在通风橱内操作。

（97）5-溴-4-氯-3-吲哚-β-D-半乳糖苷（BCIG, $C_{14}H_{15}BrClNO_6$）：对眼睛和皮肤有毒性。皮肤吸收可造成损伤。戴好手套和护目镜。

（98）5-溴-4-氯-3-吲哚-磷酸酯：有毒性。吸入、摄入或皮肤吸收可造成损伤。戴好手套和护目镜。

（99）5-溴-2'-脱氧脲苷（5-BrdU, $C_9H_{11}BrN_2O_5$）：为致畸胎剂。吸入、摄入或皮肤吸收可造成损伤。有刺激性。戴好手套和护目镜。在通风橱内操作。

（100）溴乙啡啶：为一种强致突变剂，有毒性。避免吸入粉尘。操作含此染成分的溶液时，戴上手套。

（101）血（人类）、血产品和EB病毒（Epstein-Barr virus）：其中可能含有隐藏的传染性物质，如乙型肝炎病毒、HIV可能造成实验室传染。戴一次性手套，使用吸枪式吸管，在生物安全橱中操作，防止形成悬浮和污染。污染的塑料器皿在丢弃前要高压处理；污染的液体高压处理或丢弃前用漂白粉处理至少30min。

（102）N,N'-亚甲基双丙烯酰胺（BIS, $C_7H_{10}N_2O_2$）：为毒药，作用于中枢神经系统。吸入、摄入或皮肤吸收可造成损伤。有刺激性。戴好手套和护目镜。

（103）亚精胺（spermidine, $C_7H_{22}N_3$）：有腐蚀性。吸入、摄入或皮肤吸收可造成损伤。有刺激性。戴好手套和护目镜。在通风橱内操作。

（104）亚铁氰化钾〔potassium ferrocyanide, $K_4Fe(CN)_6 \cdot 3H_2O$〕：吸入、摄入或皮肤吸收可造成损伤。有刺激性。戴好手套和护目镜。在通风橱内相当谨慎地操作。远离强酸。

（105）盐酸（hydrochloric acid, HCl）：有挥发性。吸入、摄入或皮肤吸收可致命。对皮肤、眼睛、黏膜和上呼吸道有极大损害。戴好手套和护目镜。在通风橱内操作。

（106）盐酸胍（guanidine hydrochloride, $CH_5N_3 \cdot HCl$）：刺激黏膜、上呼吸道、皮肤和眼睛。吸入、摄入或皮肤吸收可造成损伤。戴好手套和护目镜。

（107）盐酸胍盐：见盐酸胍。

（108）乙醇（ethanol, C_2H_5OH）：吸入、摄入或皮肤吸收可造成损伤。戴好手套和护目镜。

（109）乙基亚硝基脲：见N-乙基-N-亚硝基脲。

（110）N-乙基-N-亚硝基脲（ENU, $C_3H_7N_3O_2$）：有致癌性，为潜在的突变诱导剂。吸入、摄入或皮肤吸收可造成损伤。戴好手套和护目镜。在通风橱内操作。用1ml/L NaOH溶液清洗所有接触过ENU的物品。

（111）乙酸铵（ammonium acetate, $CH_3COOHNH_4$）：吸入、摄入或皮肤吸收可造成损伤。戴好手套和护目镜。在通风橱内操作。

（112）乙醇胺：有毒性。具有高腐蚀性，并可与酸发生强烈反应。吸入、摄入或皮肤吸收可造成损伤。戴好手套和护目镜。在通风橱内操作。

（113）乙酸（acetic acid, CH_3COOH）：使用时要非常小心。吸入、摄入或皮肤吸收可造成损伤。戴好手套和护目镜。在通风橱内操作。

（114）乙酸钠（sodium acetate trihydrate, CH_3COONa）：见乙酸。

（115）乙酸铀酰：吸入、摄入或皮肤吸收可造成损伤。戴好手套和护目镜。在通风橱内操作。

（116）异丙基硫代-β-D-半乳糖苷（IPTG, $C_9H_{18}O_5S$）：吸入、摄入或皮肤吸收可造成损伤。戴好手套和护目镜。

（117）异丁烯酸酯：有毒。吸入、摄入或皮肤吸收可造成损伤。戴好手套和护目镜。避免吸入其气体。

（118）异硫氰酸胍盐：见硫氰酸胍盐。

（119）胰蛋白酶抑制剂：吸入、摄入或皮肤吸收可造成损伤还可导致过敏反应。暴露其中可引起胃肠反应,肌肉疼痛,血压改变或支气管痉挛。戴好手套和护目镜。不要吸入粉尘,必须在通风橱内操作。

（120）月桂酰肌氨酸钠（sodium N-lauroyl-sarcosinate, $C_{13}H_{24}NNaO_3$）:吸入、摄入或皮肤吸收可造成损伤。戴好手套和护目镜。

二、与危险化学品相关的参考材料

当相关人员遇到陌生化学品,不了解其毒性时,一定要主动查阅相关参考材料说明,了解毒性后再进行操作。常用的参考材料有:化学品安全技术说明书（SDS）、《危险化学品目录》等。

第四篇　生物安全应急体系与预案

第十四章 实验室突发事件的预防与应急处置

实验室是人类进行科学研究的重要场所,对科学技术的发展和人类的进步发挥着重要的作用,但实验室同时又是具有潜在高风险的工作场所,仪器设备出现意外故障、人员操作出现疏忽与错误、外来因素对实验室造成损坏或人为因素等都可能对实验室工作人员的健康造成损害,甚至导致危险源向实验室外扩散,造成对环境的污染和对公众的伤害,以及发生疾病的流行。人类历史上曾发生一系列因实验室感染而造成的重大事故事件,如1967年德国发生的马尔堡出血热实验室感染事件,1979年苏联斯维尔德洛夫斯克炭疽杆菌泄漏事件等,不仅对民众的生命安全带来严重危害,还造成了巨大的社会恐慌从而影响社会经济的发展。尤其是近些年不断发生的源于实验室的突发事件,如SARS实验室感染事件、布鲁氏菌实验室感染事件等再次给人类敲响了警钟,促使人们重新认识生物安全并开始认真关注实验室突发事件这一重大课题。

实验室安全不仅关系到实验室工作人员的人身安全和科学研究的进展,一旦出现问题,还可能对生态系统、人群健康甚至社会经济发展、政治稳定等产生不利影响。当前社会经济的快速发展在一定程度上促进了各级各类实验室的建设。截至2019年2月28日,我国有中国合格评定国家认可委员会(China National Accreditation Service for Conformity Assessment, CNAS)认可的各类实验室共9 982家,其中有检测实验室8 299家,医学实验室345家,生物安全实验室85家。因此,实验室安全问题不容忽视,建立健全实验室安全管理制度和突发事件应急机制,制定实验室突发事件应急预案,不仅有利于防范实验室突发事件的发生,而且对于实验室突发事件应急工作的制度化、规范化,提高快速反应和应急处理能力,并在出现实验室突发事件时做到及时、有效、有序的应急响应,降低事故损失具有重要意义。

第一节 实验室突发事件概述

突发事件(emergency)也称紧急事件,是指突然发生,造成或可能造成重大人员伤亡、财产损失或生态环境破坏,对全国或区域的经济稳定、政治安全构成重大威胁或损失,有重大社会影响的公共安全紧急事件。2007年,国家公布的《中华人民共和国突发事件应对法》将突发事件主要划分为自然灾害、事故灾难、公共卫生事件和社会安全事件四大类。实验室突发事件是指发生于实验室内部或与实验室相关的、危害实验室员工或相关人员健康以及社会公众健康、影响社会稳定的所有事件。由于当前各类实验室数量众多,实验室突发事件频频发生,并造成生命财产的损失和不利的社会影响,当前实验室突发事件已成为国际社会关注的重要安全问题。我国实验室按照学科可以划分为物理类、化学类、生物类实验室等。其中,化学类和生物类实验室是最容易发生实验室安全事故的两类实验室。

一、实验室突发事件的种类

根据事件的性质,可将实验室突发事件划分为生物安全事件、化学品安全事件、物理性安全事件、消防安全事件和辐射安全事件。化学品安全事件、物理性安全事件、消防安全事件的危害主要表现为即时性,在很短时间内甚至是瞬间就可以对相关实验人员造成严重伤害。相反,生物安全事件和辐射安全事件产生的伤害具有延迟性的特点。

(一)生物安全事件

实验室突发生物安全事件主要发生在病原微生物相关实验室,由于教学或科研需要,这些实验室一般保存有生物样本或病原微生物菌(毒)种。如果在实验过程中保存或操作不当,则容易引起实验室生物安全事件,对实验室相关人员以及周围环境造成危害。

导致实验室生物安全事件发生的原因及后果主要包括：①实验室的设备设施、通风系统、给排水系统等设计不合理，对实验室人员及周边环境造成污染；②实验室工作人员在实验过程中违反仪器设备或实验动物操作规程、实验操作意外、实验动物抓咬伤、实验废物处理不当等原因，对实验室人员及周边环境造成污染；③未严格按照不同危害性病原微生物应在相应级别的生物安全防护实验室操作的规定或误传，导致高危险性病原微生物放在低级别生物安全防护实验室操作，易出现泄漏或污染现象，主要涉及安全设备和个人防护装备；④实验器材老化、维护不及时，发生泄漏等原因对实验室人员及周边环境造成污染；⑤样品丢失或遗忘导致的泄露或污染；⑥生物学实验室因发生化学品事故、物理安全事故或消防安全事故进而导致病原微生物的泄漏或污染。

（二）化学品安全事件

危险化学品是指一系列压缩液化易燃气体、强氧化剂、毒害品、腐蚀品等，这些化学品在适当条件下可发生剧烈的化学反应，产生大量的有害气体和热量，可对人体造成灼伤、腐蚀等伤害。

化学品对人体伤害主要通过眼睛接触、皮肤接触、吸入或食入等途径发生。导致实验室化学品安全事件发生的原因及后果主要包括：①相关实验人员在进行实验的过程中未严格按照操作规程进行操作，不慎沾染、吸入或食入化学品；②设备设施老化，出现故障或缺陷，造成有毒物质泄漏、有毒气体排放不畅或未经处理排出，导致实验人员中毒或引起环境污染；③危险化学品管理不善，造成散落流失，导致环境污染。

（三）物理性安全事件

此类突发安全事件多发于有高速旋转或冲击运动的机械相关实验室，主要由于操作不当或发生意外后对相关实验操作人员产生伤害，主要伤害表现为外科伤害、穿刺、割划伤等。

导致物理安全事件发生的原因及后果主要包括：①实验防护措施不严格，导致挤压、甩脱和碰撞伤人；②实验中违反操作规程或因设备设施老化、保养不及时等发生故障和缺陷，造成漏电、触电或电弧火花伤人；③仪器设备使用不当或未按照操作规程，造成高温气体、液体等泄漏烫伤、熏

伤人体。

（四）消防安全事件

消防安全事件主要是指由于实验室设备老化、电路老化、通水管道失修、管理不善、未按照操作规程操作或人为因素等引起的火灾、渗漏水灾甚至爆炸等消防安全事故。

火灾和爆炸对实验室的危害较大，不仅严重损害实验人员的人身安全，而且可以造成严重的财产损失。导致消防安全事件发生的原因及后果主要包括：①一些实验常需要高温、高压等条件，有时还使用易燃易爆等有机溶剂，如乙醚、乙醇、甲醇、苯等。这些常用试剂都属于危险易燃物，如果在实验中操作不慎或仪器设备使用不当，使火源接触到易燃易爆物质，极易引发火灾或爆炸；②在一些比较老旧的实验室中，由于供电线路老化或不堪负荷等原因都可能引发火灾；③仪器设备使用或通电时间过长，温度过高引发火灾；④由于实验室通水管道老化，年久失修或水管、水龙头、阀门的质量问题抑或实验人员实验完毕后忘记关闭水龙头等原因都可能引发实验室渗漏水灾。渗漏水灾对实验药品、实验仪器有很大的损害，可能造成不可挽回的财产损失。

（五）辐射安全事件

近几年来，放射性同位素广泛应用于核科学、核医学以及食品消毒等领域，相关机构使用的放射源主要包括钴-60（^{60}Co）、铯-137（^{137}Cs）、铱-192（^{192}Ir）、镅-241（^{241}Am）、锶-90（^{90}Sr）等。操作不当或者超剂量照射，不仅关系到操作人员的身体健康，而且关系到相关实验室周围的环境安全。辐射安全事件较多由于放射性同位素丢失、被盗或射线装置、放射性同位素失控而导致工作人员或公众受到意外的、非自愿的异常照射而产生的意外伤害事故。在此类事故中，以丢失放射性物质最为常见。

导致辐射安全事故产生的主要原因包括：①管理不到位，所在单位对非封闭源管理不严格、放射性废物管理松懈、对核工作场所放射性污染监测不到位，或放射源、放射性材料丢失、被盗、误置、遗弃等；②封闭源或辐照室的人员进入失控；③放射源装置和辐射装置故障或误操作；④密封放射性物质的设备或容器泄漏；⑤工作场所布局不合理。

二、实验室突发事件的实例

(一)实验室生物安全突发事件

1. 马尔堡病毒实验室感染事件

1967 年 8 月,联邦德国马尔堡、法兰克福和南斯拉夫首都贝尔格莱德的几所医学实验室的工作人员中出现了一种类似出血热的疫情,共有 25 名实验室工作人员突然出现高热、腹泻、呕吐、出血、休克和循环系统衰竭的症状,其中 7 人死亡。随后发生继发性感染病例 6 例,且继发感染患者无死亡。经当地的病毒学家调查发现,25 名原发患者发病前大都使用从乌干达引进的长尾非洲绿猴(Cercopithecus aethiops)做过实验,6 名继发病人均为治疗护理原发病人的医师、护士和尸体解剖助理,并且主要通过血液接触进行感染。研究人员将死亡患者尸体组织和急性期病人血液标本进行豚鼠腹腔接种和细胞培养,分离培养出一种以前未发现的新病毒,并证实为导致此次疫情发生的病原体。由于在马尔堡发生的病例最多,故将这种疾病命名为马尔堡病(Marburg disease)。后来,根据其特定的出血症状将其归入病毒性出血热范畴,常称之为马尔堡出血热,新发现的病毒则被命名为马尔堡病毒。

2. 斯维尔德洛夫斯克炭疽杆菌泄漏事件

1979 年 4 月 4 日,位于苏联叶卡捷琳堡(旧称斯维尔德洛夫斯克)城南区的一家医院的 2 名病人突然死亡。同月 5 日和 6 日,离其不远的一家医院(24 号医院)又有 5 名病人出现同样的情况。由于这些病人入院时都表现出高热、寒战、头疼、咳嗽和呕吐等症状,且都死于肺部和淋巴急性出血,因此他们的死亡原因被判定为肺炎。但随后解剖发现炭疽病才是他们死亡的真正原因为炭疽病。此次疫情对当地民众的人身安全产生了很大的影响,从 4 月 4 日到 4 月 20 日,共有 350 人发病,其中有 45 人死亡,214 人濒临死亡。该疫情引起了当时的省长叶利钦和克格勃主任安德罗波夫的注意,一些高级官员被派驻到叶卡捷琳堡,并成立了一个紧急事务处理小组。1992 年之前,政府统一的说法是有少数人食用了遭炭疽菌污染的肉制品而致病。1992 年,叶利钦首次公开承认叶卡捷琳堡炭疽杆菌感染事件归结于"微生物实验研究出了问题",但对详情始终未做说明。较为可信的说法是,当时设在叶卡捷琳堡的一个微生物研究中心的地下试验场在试验过程中发生了事故,从而导致炭疽杆菌的泄漏,而肺炭疽正是当时导致当地居民死亡的主要原因。

3. 实验室 SARS 感染事件

2003 年 12 月,中国台湾的一名医学研究人员在实验室中感染了 SARS 冠状病毒。这名感染者是中国台湾某部门的一名工作人员,由于该研究人员从实验室操作失误到后来发病这一过程均没有上报,因此对民众心理造成了巨大冲击。包括没有第一时间主动告知、通报其在实验室清除废物时出现了疏失及后来去新加坡参加学术交流活动时,出现了发烧症状。此次事件发生的直接原因是研究人员在实验室内未能遵守规章,因操作疏忽而感染SARS 冠状病毒。另一个原因是该实验室人手不足,科研人员常常单独工作,提高了发生意外和错误却被忽视的风险。2004 年 4 月,安徽、北京先后发现新的 SARS 病例,后经调查认为两地 SARS 疫情均源于实验室感染,主要原因是实验室工作人员使用未经严格效果验证的灭活 SARS 冠状病毒在普通实验室进行实验,造成人员感染。

4. 国内某大学实验室布鲁氏菌感染事件

2011 年 3 月 4 日,国内某大学动物医学专业一名男同学出现发烧、头晕,并伴有左膝关节疼痛等症状,检验结果表明,该学生布鲁氏菌病血清学检验阳性。随后,该校动物医学院和应用技术学院又有多名学生被检测出布鲁氏菌病血清学阳性。根据调查得知,患病学生所在的班级于 2010年 12 月使用同一批山羊、在多间实验室进行过"产科综合大实验"和"家畜解剖课实验",且患病学生大多为亲自动手做实验的学生。而此批实验用山羊购买过程未按规定要求养殖场出具检疫合格证明,且在 5 次实验之前,实验指导教师也均未按规定对实验山羊进行现场检疫。接下来,相关教师在指导学生实验的过程中,也没有切实按照标准的实验规范严格要求学生进行有效防护,最终共造成 27 名学生和 1 名教师感染。

表 14-1 中列出了从 1826 年至今发生的一些实验室生物安全突发事件,表中主要包含造成感染的各类病原体和相关人员感染的原因及方式。表 14-2 中根据统计数据总结最常报告的实验室感染病例包括布鲁氏菌病、结核、肝炎等。

表 14-1　实验室生物安全突发事件汇总简表

时间 / 年	病原体	事件情况
1826	结核分枝杆菌	首例实验室感染,法国医生 René Laennec 接触结核病患者脊椎骨后,左手食指被感染
1849	导致败血症的细菌	首例实验室感染死亡病例,维也纳一名医生解剖尸体时划破手指最终发病死亡
1886	霍乱弧菌	首例实验室霍乱弧菌感染,德国一名学生在处理霍乱弧菌培养物时被感染
1893	伤寒杆菌	首例实验室伤寒感染,一位医生用口吸液时误将伤寒杆菌吸入口中导致感染
1899	布鲁氏菌	首例实验室布鲁氏菌感染
1931	肝炎病毒	首例实验室感染肝炎的病例发生
1932	猿猴 B 病毒	首例实验室感染猿猴 B 病毒,一名实验室工作人员被恒河猴咬伤后患猿猴疱疹病毒性脑炎
1943	委内瑞拉马脑炎病毒	巴西黄热病实验室两周内八名实验室人员发生感染
1949—1979	159 种病原体	Pike 统计整理了 4 079 例实验室感染事件,其中仅有 64% 被正式报道出来
1967	马尔堡病毒	德国 26 名实验室人员因接触长尾非洲绿猴的血液和组织而感染,最终 9 人死亡
1969	沙粒病毒	尼日利亚 3 名护士感染沙粒病毒,其中 2 人死亡
1976	埃博拉病毒	英国一研究人员在动物样本处理过程中意外针刺暴露,感染后治愈
1979	炭疽杆菌	苏联斯维尔德洛夫斯克实验室炭疽粉末泄露,导致 45 人死亡
1979	结核分枝杆菌	澳大利亚一尸检示范课参与人员未进行呼吸防护,造成吸入感染 9 例
1981	结核分枝杆菌	瑞典尸检人员未进行呼吸防护,造成吸入感染 2 例
1984—1985	结核分枝杆菌	日本,尸检时发生吸入感染 1 例,不明原因感染 1 例
1987	结核分枝杆菌	美国,安全柜故障造成吸入感染 3 例
1980—1989	结核分枝杆菌	英国共发生 25 例感染,其中离心机故障造成感染 1 例,不明原因感染 24 例
1990—1994	结核分枝杆菌	美国共发生 7 例感染,其中操作失误造成感染 5 例,未明确感染途径;通风系统故障造成吸入感染 2 例
1991	炭疽杆菌	美国马里兰一军方实验室丢失 27 份感染炭疽和埃博拉的动物组织样本,至今仍不知这些样本的去向
1994	结核分枝杆菌	荷兰共发生 2 例感染,其中实验操作意外擦伤造成感染 1 例,不明原因感染 1 例
1994	埃博拉病毒	瑞士 1 名科学家解剖 12h 内死亡的黑猩猩时,未佩戴乳胶检查手套,导致感染
1996	结核分枝杆菌	英国病理学研究生尸检时未进行呼吸防护,造成吸入感染 1 例
2000	结核分枝杆菌	土耳其,对患者活组织采样时意外针刺,造成针刺感染 1 例
2002	炭疽杆菌	美国实验人员将经过非标准灭活处理且未完全失活的炭疽样本带出高等级生物安全实验室,造成手部伤口感染 1 例
2003—2004	SARS 冠状病毒	新加坡、中国台湾、北京先后发生实验室感染 SARS 病毒事件

续表

时间/年	病原体	事件情况
2004	结核分枝杆菌	美国西雅图某实验室气溶胶气流计泄漏,且工作人员并未配戴呼吸防护装备,造成吸入感染3例
2004	埃博拉病毒	美国一研究人员在动物实验时发生意外针刺,幸运的是,该动物尚无病毒血症,未出现感染
2004	埃博拉病毒	俄罗斯科学家在对感染埃博拉病毒的豚鼠抽血时,被带有豚鼠血液的注射器意外扎伤左手掌,导致感染死亡
2005	结核分枝杆菌	美国北卡罗来纳大学三级生物安全实验室排风扇出现故障,导致实验工作人员暴露于该病原体气溶胶下,感染情况不详
2006	结核分枝杆菌	荷兰一实验室因意外溢洒,且清理溢洒物时未进行呼吸防护,造成吸入感染2例
2009	埃博拉病毒	德国一研究人员在动物感染实验后意外针刺并采用了预防性治疗,感染情况不详
2011	布鲁氏菌	国内某大学用未经检疫山羊进行实验,导致27名学生和1名教师感染
2011	炭疽杆菌	美国芝加哥一实验室因未将危险菌种归到管制剂范围内,导致严重感染1例
2012	炭疽杆菌	英国一实验室研究人员在运输灭活炭疽样本时发生样本管混淆,运输了活炭疽样本,所幸未造成感染
2013	瓜那瑞托病毒	美国得克萨斯大学医学院的加尔维斯顿国家实验室丢失了1瓶可能导致出血热的瓜那瑞托病毒
2013	SARS病毒/甲型H_1N_1流感病毒	美国北卡罗来纳大学教堂山分校8只感染病原体小鼠逃跑,未造成感染
2014	埃博拉病毒	美国一实验室人员误将未灭活样本传出,后检测样本中不含活病毒
2014	炭疽杆菌	美国亚特兰大CDC将未经标准灭活处理的炭疽杆菌转移到2个BSL-2实验室,致86名工作人员暴露,感染情况不详
2014	SARS病毒	法国巴斯德研究所丢失了2 349支含SARS病毒片段的样品
2015	炭疽杆菌	美国马里兰州一家生物实验室收到了犹他州达格威试验场寄送的活炭疽杆菌。五角大楼公开承认在过去10年间,该试验场至少向境内外共51个实验室寄送了可能有活性的炭疽杆菌样本

表14-2　全球范围内最常报告的十大实验室感染

疾病	病例数	死亡病例数
布鲁氏菌病	426	5
Q热	280	1
肝炎	268	3
伤寒	258	20
兔热病	225	2
结核病	194	4
皮肤真菌病	162	0
委内瑞拉马脑炎	146	1
鹦鹉热	116	10
球孢子菌病	93	2

(二)实验室化学品安全突发事件

1. 金属钠燃烧事故

2004年3月,一名实验人员将1L工业乙醇倒入放在水槽中的塑料盆中,然后将金属钠皮用剪刀剪成小块,放入盆中。开始时反应较慢,不久盆内温度升高,反应激烈。当事人即拉下通风柜,这时水槽边的废溶剂桶外壳突然着火,并迅速引燃了水槽中的乙醇。当事人立刻将燃烧的废溶剂桶拿到走廊上,同时用灭火器扑救水槽中燃烧的乙醇。此时走廊上火势也逐渐扩大,直至引燃了四扇门框,造成严重损失。其主要原因是反应时产生氢气和热量,氢气被点燃后引燃旁边废溶剂造成事故。试验者安全意识不强,没有完全按照操作规程进行实验,在处理金属钠时必须清理周围易燃物品并注意通风效果,将产生的氢气及时排出,避免火灾发生。

2. 氯硅烷伤人事故

2005年8月,国内某高校化学实验室两名操作人员在安装高压釜的紧固件和阀门的过程中,由于前几日拆卸时管道内氯硅烷液体已放出,但使用简易塞子将氯硅烷液相管堵住用于挡灰尘,当时未感到有压力和液体积存,而在安装氯硅烷液相管时,塞子被拔去的一瞬间,一股氯硅烷液体挥发而出,喷到脸上和手臂上,将其灼伤。事故原因为高压釜安放在温度较高的场所,残留氯硅烷气化产生压力,喷出的氯硅烷气体灼伤操作人员。主要原因为两位实验室工作人员对化学试剂在高温上产生的变化和危险认识不足,防护装备不到位,因此造成伤害事故。

3. 金属镁粉事故

2018年12月26日,国内某大学东校区2号楼实验室内,环境工程专业的3名学生在进行垃圾渗滤液污水处理实验时,使用搅拌机对镁粉和磷酸进行搅拌。试验过程中,料斗内产生的氢气被搅拌机转轴处金属摩擦、碰撞产生的火花点燃引爆,继而引发镁粉粉尘云爆炸,爆炸引起周边镁粉和其他可燃物燃烧,造成现场3名学生烧死。经调查认定,该大学有关人员违规开展实验、冒险作业;违规购买、违法储存危险化学品;对实验室和科研项目安全管理不到位。

(三)实验室消防安全事件

实验室消防安全事件主要包括火灾、爆炸、渗漏水灾等事件,其中最为常见和危害严重的为火灾和爆炸,火灾和爆炸多由实验室设备老化及实验操作不当引发。2001年5月,江苏省某学院实验室发生火灾,实验室设备全部烧毁。2003年,某高校地球与环境科学学院实验室发生化学原料爆炸,可能是由于实验室电线老化短路引起。2004年8月,某高校一间实验室发生大火,烧掉了两间实验室及其物品,损失惨重。2011年,成都温江区海峡科技园海科西路某生物科技有限公司生化实验室发生火灾,火灾过火面积4 000m²,建筑坍塌,损失严重。

(四)实验室辐射安全事件

1. 美国医疗照射事故

1968年8月,美国某医疗单位对患者进行医学诊断时,按要求为一名病人静脉注射7.4MBq核素,但却错误地注入了7 400MBq。患者不同组织器官受到了大剂量照射,肝脏、脾脏受照剂量达73Gy,肠道达6Gy,红骨髓达4.4Gy,入院68天后突然出现头晕、剧烈头疼、感觉迟钝等症状,而且症状逐渐加重,最后导致死亡。

2. 武汉医疗照射事故

1972年12月9日,武汉市某医院钴-60治疗机检修过程中钴-60源掉落在机头出线口处的滤过板上,未被发现,检修后未经检测即开始治疗病人,直至12月25日工作人员检查机头取下滤过板时才发现。本次事故导致20名患者受到不同程度的照射。不同人员全身受照剂量在0.9~16Gy之间。其中2人患重度骨髓型急性放射病,7人发生中度急性放射病,6人为轻度急性放射病,5人为急性放射反应。2名重度放射病患者在后10天左右先后死亡。

3. 巴西戈亚尼亚市铯源丢失事故

1987年9月13日,巴西中部戈亚尼亚市一家医疗机构放疗室的一台废弃¹³⁷Cs(铯)射线治疗机被两名年轻人偷走,该治疗机装有活度为50.8TBq、以CsCl压缩粉末形式封装在金属套内的¹³⁷Cs放射源。该机器被卖给了废品收购店。废品收购店将容器打开,使粉末状的放射性物质散落出来,由于其颜色鲜艳,许多人将其装入衣袋、放在床下或涂在身上。随后,一些人陆续出现恶心、呕吐、腹泻和皮肤烧伤症状,一位医学物理学家在会诊过程中确认病人为皮肤放射损伤,通过追踪病人的暴露史确认可疑的放射源。在对容器检测发现尚有4.5TBq强活度放射性物质。这次事故在巴西造成较大的社会和政治影响,共导致85间房屋污染,249人受照,121人体内受¹³⁷Cs污染,共54人住院治疗,其中4人死亡。巴西核能委员会(CNEC)和戈亚尼亚市政府接到报告后,组建一支应急队伍,采取了覆盖、屏蔽辐射源和控制放射性物质传播的措施,并以附近的奥林匹克体育馆为集结点和监测中心,分类诊断疑受照人员,对受污染的人员采取隔离和去污措施;同时监测环境、封锁污染地区、疏散居民,直到当年10月初才基本完成对污染的控制。

4. 日本实验室辐射泄露事件

2013年5月23日,日本一座距离东京120km

外的核物理实验室发生辐射物质泄漏事件。当时,实验室研究人员正在做实验,用质子束轰击金。然而,由于实验装置出现问题,质子束能量超出通常能量大约400倍,致使金在高温下蒸发,照射生成的放射性物质随蒸汽扩散,最终导致30人受辐射污染。运营方大约一天半以后才向监管机构和当地政府通报,受到严厉批评与谴责。

第二节 实验室突发事件的 预防与应急准备

为了有效预防实验室可能发生的突发事件,提高实验室突发事件的快速反应和应急处理能力,建立健全应急机制,指导和规范实验室突发事件的应急处置工作,最大限度地减少突发事件对公众健康所造成的危害,保障公众身心健康与生命安全,应针对各类实验室的危险性实验项目、所涉及到的安全问题等制定一套行之有效的实验室突发事件的应急预案。预案应对可能发生的或未知的传染病、食物中毒、放射性、化学性等突发事件做出合理的安排,包括编制预案的总则、应急组织体系及职责、事件的监测、预警与报告、应急反应和终止、善后处理、事件应急处置的保障、预案管理与更新、附则等内容。根据编制的应急预案,重点做好应急指挥机构及应急处置小组的成立、专业技术人才资源的配备、物资的准备、设备的配备、仪器设备的核查、样品的采集及采集前的准备、实验室环境的检查与保持、生物安全防护、标准操作规程以及医学救援系统和网络的建立等方面的预防与准备工作。

一、实验室突发事件的预防

实验室突发事件的发生有客观因素和主观因素两方面,客观因素包括实验室规划设计不合理、安全资金投入不足、安全设施陈旧、安全通道不畅通、缺乏应急保障系统;主观因素包括实验室管理和操作人员安全观念不强、风险认识不够、麻痹大意、疏于防范、不遵守操作规程进行实验操作等。预防实验室突发事件的发生,必须从主观和客观两方面着手。

1. 建立职责明确的实验室安全管理责任系统,提高安全管理水平 实验室安全事故频发,最主要的原因是管理机制的缺失。有效预防实验室突发安全事件的发生,必须建立完善的安全管理责任制度,明确管理职责,落实安全责任。这些制度包括领导安全责任制度、安全培训制度、实验室安全操作规范、仪器设备检修保养制度、实验废物处理和安全监督检查制度等。建立完善的实验室安全管理系统是十分必要和迫切的,把从业人员和学生的教育培训、事故的综合预防、工作环境的安全性认识、应急措施"三废"排放综合到一个管理平台,是防止和减少实验室安全事件的基础和根本。此外,建立健全的应急机制,提高突发事件的处置能力也是实验室安全管理责任系统的重要组成部分。

实验室安全管理责任系统的建立,需要实验室所属的各级管理部门共同完成,完善各类规章制度,并制定实施细则和配套制度,做到有章可循、有法可依。根据实验室性质制定不同类型实验室的安全管理办法,包括消防、生物安全、化学实验室安全、辐射实验室安全、机械电器实验室安全等。实现不同管理层次分工清晰,做到职责明确。

2. 加强实验室人员安全培训,提高安全素养 实验室人员是实验室工作的主体,建立实验室安全教育培训长效机制,提高实验室培训考核标准和准入制度是降低实验室安全隐患的重要途径。实验室安全人员培训主要包括以下几个方面:

(1)提高实验室工作人员防灾意识和责任感:加强实验室工作人员防灾、减灾知识教育,提高实验室工作人员的安全责任感,增强自救互救意识,使每位实验人员明确实验室突发事件处理的流程,增强安全意识。针对实验室管理情况建立奖惩制度,确保实验室安全责任到人。

(2)专业知识培训:包括实验室操作专业理论知识和实验操作技能等专业知识培训。实验室工作人员可以通过学习班、进修班、案例分析和学术交流等多种渠道获得过硬的专业知识,提高业务素质。

(3)生物安全知识培训:根据有关调查显示,有很大一部分科研工作者和各类学生在进入实验室前没有经过实验室生物安全方面基本知识与基本技能的培训,他们往往对生物安全知识不了解,缺乏责任意识与风险意识，容易在实验过程中出现意外事故。因此，通过开展实验室生物安全知识培训，提高实验室工作人员的生物安全意识，加强实验室工作的个人责任心，避免职业暴露和实验室获得性感染，保护实验者的生命安全具有重要的意义，可以为教学、科研的顺利进行提供有力保障。

3. **加强实验室基础设施建设和仪器设备的维护更新与核查，营造实验室安全文化氛围** 实验室建设与管理的规范化和专业化是保障实验室安全的关键要素。新建和改建实验室均应经过专家论证后按相应的专业实验室标准和安全标准条件进行建设，实验室的安全防护设施、报警装置、应急救援设施、实验室现场布局、水电气规范布局以及实验室的环境氛围建设等都是非常重要的内容。建设过程中要严格按照国家标准执行，并接受相关部门的实验室安全评价与验收监督。

对实验室重要仪器设备应有严格的操作规程，同时，应坚持仪器设备的巡回检查制度，特别要认真检查各类消防器材和设施的有效状态；及时维护和更新仪器设备，确保仪器设备保持良好状态，避免不正常的运转。

实验室安全文化是指通过丰富多彩的方式使实验室安全观念深入人心，包括进行安全演习、实验室安全知识学习与竞赛、图片展、实验室安全标识和标语等。

4. **加强实验室"三废"和危险生物、化学和放射性材料的管理** 实验室"三废"是指废渣、废气和废液，是实验过程中产生的实验室污染物，随着环保意识的不断增强，三废的处理和排放问题日益受到关注。实验室人员应对所涉及的危险品特性、防范措施有清楚的认识，根据危险废物的种类进行分门别类存放，妥善管理，定期交送资质单位处理。在"三废"处理中要投入足够的经费，保障"三废"得到妥善处理，不污染环境，更不能对人类健康造成二次伤害，建立相应的奖惩措施，完善"三废"处理法律法规建设。

严格执行危险生物、化学和放射性材料的管理制度，采取设置专用的保管场所、标出警示标志、专人或双人双锁保管等措施，并有可靠的防盗措施。另外，须建立实验室危险生物、化学和放射性材料档案，包括这些材料的种类、数量、存储方位以及理化特性、毒性和中毒表现，以及特殊情况下可能的污染范围等。

5. **充分利用先进的信息化手段提升实验室安全管理水平** 充分利用计算机、网络技术、监控技术、感应技术等先进的信息化手段，建立实验室安全信息化平台和安全管理系统是实现实验室安全管理的重要手段和有效措施。通过建立信息化管理平台，可以对实验室仪器设备配备及运行情况进行实时监测，对实验室环境进行实时监测，对实验标本、危险化学品等信息进行统筹管理，最大限度避免实验室安全事故的发生。

二、实验室突发事件的应急准备

为最大限度地预防突发事件的发生和减少突发事件造成的损害，应提前做好充分的防范准备工作，为保障人民的生命财产安全，维护社会稳定，世界卫生组织要求每一个从事病原微生物工作的实验室都应当针对所操作的微生物和动物的危害制定安全防护措施。要从以下几个方面进行实验室突发事件的应急准备。

（一）成立实验室突发事件应急处理的组织机构

成立以单位领导为组长，包括实验室与设备管理、保卫、后勤等部门负责人为成员的实验室安全事件处理领导小组，负责组织制定安全保障规章制度和现场急救的指挥工作。领导小组下设办公室处理日常事务，如组织安全检查，及时消除安全事故隐患；保证规章制度的有效实施；负责保护事故现场及相关数据；及时、准确上报安全事故；组织进行人员培训和演练等。各部门相应设立实验室突发事件应急处理技术实施小组，负责日常实验室安全自查和各项安全工作的落实，并在出现突发事件后进行现场处置。

（二）建立专家库和应急技术队伍

成立突发事件应急处理小组和专家组，建立一支应对和处理实验室突发事件的专业队伍，明确职责。在专业技术人才配置方面，要有计划地、多途径地吸收不同层次、不同专业的技术人才。规范应对突发事件人员值班制度，保证通信线路畅通。确保应急小组成员在接到实验室突发事件处置任务的通知后，能及时做出反应，确保突发事件能够得到及时处理。

（三）建立实验室突发事件分级和报告的制度

根据实验室生物安全事件的性质、危害程度和涉及范围，实验室生物安全事件一般可划分为重大（Ⅰ级）、较大（Ⅱ级）和一般（Ⅲ级）事件三级。其中，重大实验室生物安全事件是指：按照原卫生部《人间传染的病原微生物名录》分类（下同）的一、二类菌（毒）种泄漏到实验室外、丢失及被盗；或者发生高致病性病原微生物实验室相关感染并可能死亡或病例扩散。较大事件包括：发生高致病性病原微生物实验室相关感染，但没有发生死亡和病例扩散；或者三类菌（毒）种泄漏到实验室外、丢失及被盗，引起人员感染。一般事件指三类感染性物质泄露至实验室清洁区，造成人员暴露，但尚未造成严重后果，未发生实验室相关感染。不同实验室可根据实验室特点和安全现状，根据感染性材料的种类、事件的原因、实验人员可能的暴露与感染情况、事件发生地点以及事件波及的范围和影响等对可能出现的实验室突发事件进行适当分级，从而在实验室突发事件应急处理预案中对各种不同级别的突发事件确立各机构的处理权限和建立相应的报告制度来进行管理。同时，需设立报告时限，如生物实验室或个人发现生物安全事件，应立即向单位生物安全办公室报告，单位在 2h 内向所在地卫生行政部门和上级主管单位报告；对于发生在敏感地区、敏感时间或可能造成重大社会影响的实验室生物安全事件，单位可直接上报省级卫生行政部门。

（四）建立相应的突发事件应急保障体系

1. **采样物品**　准备突发事件采样箱，一般包括采样工具、采样物资、采样培养基和防护装备等。采样物品应在灭菌有效期内使用培养基应放置专用冰箱并且做好标记，要做到经常检查、及时更换，一般培养基每 3 个月更换 1 次，检查时一旦发现有混浊沉淀，则应随时更换，并且要记录好每次更换的时间。

2. **消耗性材料**　对于消耗性材料，除了准备各种灭菌物品、培养基、试剂、诊断血清和标准菌株等，还应做好对这些材料的定期质控，保证材料的有效性。

3. **防护装备**　防护装备主要包括常用防护化学药品，如 75% 乙醇、碘伏（用于外伤的清理消毒）、0.1% 硫酸铜、1∶5 000 的高锰酸钾（用于中毒后的催吐和洗胃）、0.1% 硼酸和 2% 小苏打等；防护服、防护眼罩、防护手套等防护用品；紧急洗眼、喷淋装置等。

4. **通信保障**　公布单位实验室突发事件应急处理相关部门的值班电话，保证全天 24h 通信畅通。

5. **演练保障**　建立定期开展可能突发事件的应急演练制度，确保一旦事件发生时应急处置人员不会由于缺乏演练而惊慌失措、缺乏常识而出错，实验室相关人员熟悉应急预案的内容和流程，以免因缺乏知识而受伤，造成危险。

6. **经费保障**　每年应设立专项资金，以满足实验室突发事件应急储备所需物质的购置和维护、开展专项储备技术研究和技能培训等经常性支出的需求。同时应储备适量的应急处理和医学救治等所需的经费，以确保应急行动能够及时、快速地启动。

（五）制定实验室突发事件应急预案

应急预案也称应急计划，是针对可能发生的各种突发事件或灾害，为确保迅速、有序、高效地开展应急处置，减少人员伤亡和经济损失，在风险分析与评估的基础上，预先制定的计划或方案。应急预案的编制与实施，不仅可以科学规范突发事件应对行为，提高应急决策的科学性和时效性，使得应急管理有据可依，有章可循；而且有利于合理配置应急资源，提高防范意识，并且在发生超过应急能力的重大事故时，便于与上级应急部门的协调。而且，需根据编制的预案进行有针对性应急救灾演练，检验应急处置过程中信息渠道是否畅通、应急准备是否充分、事件处置流程是否合理、应急处置是否有效等，发现问题及时修订预案，提高应急反应能力，确保一旦发生突发事件后应急、救助手段能够及时和有效。

1. **编制实验室突发事件应急预案的指导思想和工作原则**　编制实验室突发事件应急预案的指导思想是积极应对可能发生的实验室突发事件，快速、高效、有序地组织开展事故抢险、救援和调查处理，预防和减少突发事件的发生，最大程度地减少损失和环境污染，保障工作人员的生命与财产安全，维护正常的工作和科研秩序。编制预案应考虑"统一领导、分级负责、科学高效；安全第一、预防为主、常备不懈；快速反应、专业处置、专群结合;以人为本、依法办事、立足自救"的工作原则。

2. 编制预案的要求

（1）预案的编写要有法律依据

实验室突发事件应急预案的编制应根据实验室的类别和具体情况,在分析和评估实验室潜在的安全风险及发生可能性等的基础上,根据国家颁布实施的《中华人民共和国传染病防治法》《中华人民共和国突发事件应对法》《病原微生物实验室生物安全管理条例》《可感染人类的高致病性病原微生物菌（毒）种或样本运输管理规定》等相关的法律法规,参照上级机构制定的突发公共卫生事件应急预案和相关的规章制度制定应急预案。近年来,国家针对可能发生的突发事件或灾害先后制定并颁布了一系列专项应急预案,如《国家突发公共卫生事件应急预案》《国家突发公共事件医疗卫生救援应急预案》《国家突发重大动物疫情应急预案》《国家重大食品安全事故应急预案》《国家核应急预案》等,为相应突发事件和灾害的应急处置提供了基础。

（2）预案的制定原则

预案的制定、修改和执行过程中,应坚持"救护优先、保护生命"的原则,满足"科学性、实践性和有效性"的要求。

（3）预案的编写需符合预案的内容要求

应急预案的核心要素包括:制定预案的目的、方针与原则;应急策划,包括风险分析、资源分析、法律法规要求;应急准备,包括机构与职责、应急资源、教育训练和演习、报告机制;应急响应,包括接警与通知、指挥与控制、警报和紧急公告、通信、事态监测与评估、警戒与治安、人群疏散与安置、医疗与卫生、公共关系、应急人员安全、消防与抢险（包括泄漏物的控制）;恢复善后;预案管理与评估改进。

（4）预案的格式要求

主要包括如下几个方面的内容:

①总则:包括编制预案的目的、编制预案的依据、适用范围、工作原则、突发事件的分级等内容。②应急组织体系及人员职责:包括应急组织机构（如领导小组、日常工作机构、应急处理工作组、咨询专家组等）的职能、人员组成及其对应的职责和工作内容等。③突发事件的预防、预警与报告:包括应采取的预防和预警措施,如实验室标准化建设、实验室管理规章制度、安全保卫措施、预警机制、自查机制和事件的报告制度等。④分级响应与应急处置:包括突发事件的综合评估、分级响应、指挥协调、现场处置、信息上报、响应终止等内容。规范突发事件的报告程序、现场处置程序、应急响应程序,具体化各类实验室突发事件的应急措施。⑤善后处理:包括后期评估、奖励、责任、抚恤和补助、总结报告等内容。⑥应急保障:包括技术保障、物资保障、经费保障、通信与交通保障、法律保障、人员保障、监督检查、应急演练、人员培训、预案管理与更新等内容。⑦附则:包括预案中名词术语的解释、制定与修订、实施时间等。

第三节　实验室突发
事件的应急处理

在实验室工作中,当遇到紧急情况时,需根据突发事件的性质和具体情况采取快速、灵活的应对措施,并按照制定的应急预案启动相关的应急响应,将突发事件的危害降低到最小。实验室突发事件的应急处理应遵循"先救治、后处理""先制止、后教育""先处理、后报告"的原则,并根据相应实验室的特殊性进行对应的处理,这样才能切实有效地防范重大突发事件的发生,降低和控制其所造成的危害。本节主要从技术层面介绍不同类型实验室的工作人员在实验操作或实验室运转过程中可能面临的安全威胁,以及需立即采取的、有针对性的处理措施。

一、实验室病原微生物突发事件的应急处理

（一）实验操作过程中可能产生的潜在危害性气溶胶的释放

1. 原因 一些实验室感染事件的发生与实验操作过程中病原微生物气溶胶的产生有密切的关系,表14-3简要列出在病原微生物实验操作过程中可能产生潜在危害性气溶胶的释放,实验室工作人员很容易在操作过程中因吸入感染性的微生物气溶胶而导致感染。

表 14-3　可产生不同程度微生物气溶胶的实验室操作

轻度（<10 个颗粒）	中度（11~100 个颗粒）	重度（>100 个颗粒）
玻片凝集实验	腹腔接种动物，局部不涂消毒液	在离心时离心管破裂
倾倒毒液	实验动物尸体的解剖	打碎干燥菌种安瓿
火焰上灼热接种环	用乳钵研磨动物组织	打开干燥菌种安瓿
颅内接种	离心沉淀前后注入、倾倒、混悬毒液	搅拌后立即打开搅拌器盖
接种鸡胚或抽取培养液	毒液滴落在不同表面上	小白鼠鼻内接种
	用注射器从安瓿中抽取毒液	注射器针尖脱落喷出毒液
	接种环接种平皿、试管或三角烧瓶等	刷衣服、拍打衣服
	打开培养容器的螺旋瓶盖	
	摔碎带有培养物的平皿	

实验室中产生的感染性气溶胶，以泼溅、振荡等实验操作对环境的危害最大。某些微生物，如 Q 热病原体贝纳柯克斯体（*Coxiella burnetii*）、布鲁菌属（*Brucella* spp）感染性极强，经呼吸道吸入数个甚至 1 个菌体即可致病。

2. 处理措施　对于实验室操作过程中危害性气溶胶的防护，国际通用的处理方法是采用负压过滤隔离技术，其基本原理是通过实验室通风系统在室内产生梯度负压围场，使室内、生物安全柜、污水罐排气口等设备内的气体在排出前经高效空气过滤器滤过净化处理，能有效防止实验室空气中感染性粒子向室外逃逸，不向环境中泄漏任何生物因子，确保排出空气中的病原微生物达到"零排放"。高效空气过滤器过滤除菌是行之有效的处理实验室废气的方法。此外，熏蒸、喷雾等化学消毒法作为室内空气消毒的补充手段，也被实验室人员普遍应用。

当工作人员在实验操作时出现生物安全柜外的气溶胶意外暴露时（如操作中生物安全柜突然停机等），所有工作人员必须立即撤离相关区域，小心脱去个人防护用品，并确保个人防护用品暴露面朝里，用皂液和水仔细洗手，所有暴露人员都应接受医学观察，必要时及时就医。应当立即通知实验室负责人和生物安全管理人员，在实验室入口处贴上"禁止进入"标志，实验室排风至少1h，期间严禁人员入内，如实验室无中央通风系统，应推迟人员进入实验室的时间（如 24h）。生物安全管理人员组织开展实验室污染的清除工作，消毒和灭菌工作应根据实验工作的类型以及所操作的感染性物质的特性来决定（如甲醛蒸汽熏蒸等），在实验室确认清洁后才准许人员再次进入。实验室负责人应对处理过程进行指导和监督，并检查处理效果，生物安全管理人员须完整记录事件发生的情况说明，包括事件发生的经过、暴露途径、事件处置过程等信息。

（二）生物安全柜内溢出处理

1. 原因　在使用生物安全柜进行实验时可能发生感染性材料、菌毒种或培养物等的意外泼洒和溢出，处理不当容易导致实验操作人员因吸入感染性的微生物气溶胶而导致感染。

2. 处理措施　当出现生物安全柜内感染性材料等泼洒或溢出时，切勿将头伸入安全柜内处理污染物，也勿将脸直接面对前操作口，而应处于前视面板的后方；选择合适的消毒剂（如含氯制剂）对生物安全柜进行消毒，防止对生物安全柜的腐蚀，再用清水擦拭；当溢洒的量不足 1ml 时，可直接用消毒剂浸湿的纸巾或其他材料擦拭（如果溢洒量大或容器破碎时，操作处置程序如后）；如果溢洒物进入生物安全柜内部，则视情况对生物安全柜进行熏蒸消毒。

如果溢洒量大或出现容器破碎时，首先须保持生物安全柜呈开启状态，并在溢洒物上覆盖浸有消毒剂的吸收材料；作用一定时间后脱下手套，如果防护服已被污染，脱掉污染的防护服后，洗手；换上新的防护装备，如手套、防护服、护目镜等；小心的将吸收了溢洒物的吸收材料和溢洒物收集到专用的收集袋或容器中，并反复用新的吸收材料将剩余物质吸净；用镊子或钳子清除破碎的玻璃或其他锐器；用消毒剂擦拭或喷洒安全柜内壁、工作表面以及前视窗的内侧，作用一定时间后,用洁净水擦去消毒剂;必要时,使用甲醛熏蒸。

（三）离心机引起的泄漏

1. 原因　离心机是与实验室生物安全密切相关的设备,操作不当、机械故障以及试管破碎等都可导致气溶胶的产生。在生物学实验室中的离心机必须实行安全操作,防止由离心机引起的泄漏,应做到以下几点:①检查离心管是否破损;②使用配套并且平衡等重的离心管;③离心前要将离心管盖紧、密封,尽可能使用专门的安全离心杯;④要确保转头在离心轴上锁好;⑤盖好离心机盖后再离心;⑥等离心机完全停下来后再开盖;⑦每次离心后以及有破碎均要进行消毒。

2. 处理措施　当出现由离心机引起的实验室泄漏事件时,其处置与上述实验室出现的气溶胶意外暴露时的处理类似,应立即关闭实验室,用消毒液喷雾和紫外线照射污染的区域,24h 后再进行终末消毒。另外,被污染的离心机在进行消毒处理前停止使用,可选择合适的消毒剂（如甲醛、70% 乙醇、3% 过氧化氢或福尔马林等）或紫外线照射的方法对离心机污染部位进行消毒处理,再先后使用蒸馏水和干清洁布擦拭。实验室负责人除立即采取应对措施外,应及时向上级部门报告,并记录事件过程和处理经过。

（四）感染性物质溅洒污染皮肤及黏膜

1. 原因　由于不恰当的操作或意外发生时,使感染性液体（血液、尿液标本或培养物）外溢到皮肤或不慎飞溅入眼睛。

2. 处理措施　对于感染性液体外溢到皮肤的情况,实验操作人员应立即停止工作,脱掉手套,先用75% 的酒精进行皮肤消毒,再用大量水冲洗;对于感染性液体不慎飞溅入眼睛的情况,实验操作人员应立即停止工作,脱掉手套,并迅速用洗眼器冲洗,再用生理盐水冲洗,注意动作要轻柔,勿损伤眼睛。同时,须对感染性液体暴露的工作人员做适当的预防性治疗和医学观察,并报告实验室安全员进行事故记录。

（五）意外注射、切割伤或擦伤

1. 原因　由于不恰当的操作或意外发生时,如抽血过程中,将血样标本注入试管时或拔出针头时,容易导致意外注射;直接接触也可能发生意外注射、切割伤或擦伤,如动物实验中,经常发生实验动物突然改变体位,或其他实验室人员突

然移动;此外,收拾手术污物和分离输液器时,也可能发生意外事故。

2. 处理措施　实验室人员从事强毒株或细胞培养物进行实验操作过程中,发生培养物或污染材料溅落在身体表面、意外接种等情况,应让受伤人员立即停止实验,脱下手套,用清水和肥皂水清洗伤口,尽量挤出伤口处的血液,并使用适当的皮肤消毒剂。出现事故后,应由一同在实验室内工作的人员或派人迅速着防护服等个人防护装备进入实验室,及时清除造成突发事件的原因,回收已经取出的菌毒种或感染性实验材料,帮助受伤人员紧急处理并撤出实验室。给予受伤人员医学观察和必要的预防性治疗。实验室负责人应及时向上级部门报告,记录受伤原因和相关的病原微生物,并保留医疗记录。

（六）感染性或潜在感染性物质的溢出

1. 原因　实验或运送感染性物质过程中,出现因为试管或试剂储存设备破裂而导致感染性或潜在感染性物质溢出的情况,从而造成实验室人员感染和环境污染。包括感染性材料、菌毒种或培养物等外溢在台面、地面和其他表面等情况。

2. 处理措施　可采用下列步骤进行处理:①穿防护服,戴手套,必要时需对面部和眼睛进行防护。②用布或纸巾覆盖并吸收溢出物。③向纸巾上倾倒适当的消毒剂,并立即覆盖周围区域（通常可以使用 5% 漂白剂溶液;但在飞机上发生溢出时,则使用季铵类消毒剂）。④使用消毒剂应有一定的顺序,从溢出区域的外围开始,朝向中心方向进行处理。⑤消毒剂作用适当时间后（如 30min）,将所处理物质清理掉。若含有碎玻璃或其他锐器,则应使用镊子清理,并用簸箕或硬的厚纸板来收集处理过的物品,并将污染材料置于防漏、防穿透的废物处理容器中。⑥再次清洁溢出区域并消毒（如有必要,重复第 2 步至第 5 步）。⑦对污染的物品进行清理,然后再高压灭菌。⑧及时将事件经过报告主管部门。

二、实验室化学性突发事件的应急处理

实验室尤其是化学性实验室经常使用化学试剂,其中包括一些危险性化学试剂,这些化学试剂的使用是影响实验室安全的重要因素。化学检测过程中常常产生各种各样有毒、有害气体,严重影

响人体健康;燃烧后亦可能造成火灾甚至爆炸,直接威胁到实验室人员的安全;实验中产生的各种废物若不能恰当处理,对人体也可能造成直接或潜在的危害,甚至对环境造成严重污染。因此,加强化学试剂,特别是危险性化学试剂的管理,增强实验室人员的防护意识,对实验室的安全起到至关重要的作用。

(一)突发爆炸和火灾的应急处置

1. 原因 ①某些易燃易爆化学品如果储存不当或在实验过程中操作失误,容易造成爆炸或火灾的发生,如三硝基酚、硝酸纤维素、三硝基苯等;②有的化学品在遇水后容易燃烧爆炸,如金属态的钾、钠、钙等;③有的化学品在遇到空气后会发生强烈的氧化作用而引起燃烧,如金属铈粉、黄磷等;④某些相互抵触的危险化学品若混合碰撞,极易引起爆炸事故,如叠氮化物与铜或铅(如管道设施内含有铜或铅制的配件或材料)接触可产生叠氮化铜等,轻微碰撞就可能造成叠氮化铜的猛烈爆炸;乙醚老化或干燥形成的结晶物极不稳定,容易引起爆炸;高氯酸不宜在木制品、砌砖或纤维性物质上干燥,因为一旦碰撞就会发生爆炸并引起火灾;而加热和撞击苦味酸和苦味酸盐时也可能发生爆炸。

为了预防和避免化学性突发事件的发生,表14-4中列出了避免直接接触的相互不兼容化学品,左边一栏与右边一栏化学品不兼容,在存储过程中应避免直接接触。

表 14-4 避免直接接触的不兼容化学品

化学物质类别	不兼容化学品
碱金属,如钠、钾、锂等	二氧化碳、氯代烃、水
卤素	氨、乙炔、烃
乙酸、硫化氢、苯胺、硫酸	氧化剂,如铬酸、硝酸、过氧化物、高锰酸钾等

2. 处理措施

(1)实验室一旦出现化学品爆炸事故后,主管领导、实验室负责人应立即赶赴现场,配合保卫和技术安全部门,判明突发事件的性质,迅速果断采取有效措施,消除继发性危害。

(2)遇到火情时,首先要断电、关气;局部着火,先用湿布、沙子等材料盖灭;火势较大时,应根据火情性质选择相宜的灭火器材,如电器起火使用二氧化碳灭火器,可燃性气体、油类、电器设备、文件资料等引起火灾使用干粉灭火器,油类、有机溶剂、高压电器、精密仪器等引起的火灾往往使用121灭火器,而油类和一般火灾常使用泡沫式灭火器。当火情有扩大危险时要及时报警。

(3)出现伤员的情况下,应立即采取自救和求助医疗单位抢救伤员。①化学灼伤处理:如果被浓硫酸灼伤,切忌立即用水冲洗,以免硫酸水合时强烈放热而加重伤势,应先用棉布(纸)吸取浓酸,再用水冲洗,接着用3%~5%的碳酸氢钠溶液进行中和,最后再用水清洗。必要时涂上甘油,若有水泡,应涂上甲紫。若被碱灼伤,应先用水冲洗,然后用2%硼酸或2%乙酸冲洗。若眼睛被酸或碱灼伤,用洗眼器冲洗时应拉开上下眼睑,使酸不至于留存眼内和下穹窿中,再用3%~5%的碳酸氢钠溶液或2%硼酸清洗,并立即送医院眼科治疗。②烫伤和烧伤处理:可在伤处涂上玉树油或用75%酒精润湿后涂蓝油烃等烫伤药;若伤面较大,深度达真皮,应小心用75%酒精润湿并涂上烫伤药膏,送往医院治疗。③创伤的处理:若伤口内无异物,用3%过氧化氢溶液将伤口周围擦干净,伤口涂碘酒、红药水、撒上磺胺类药后包扎;若情况严重,先涂紫药水,撒上磺胺类药,用纱布压紧伤口,立即就医治疗。

(4)及时向上级部门汇报突发事件的经过,根据需要向公安、消防和安全生产监督管理部门报告,并完整记录和保存事件发生与处置情况报告。

(二)化学品中毒

化学品中毒是指由于化学性毒物侵入人体而引起的局部刺激或整个机体功能障碍的相关病症。实验室尤其是化学实验室内有毒化学品较多,实验室工作人员在操作过程中接触毒物较频繁。因此,他们必须了解和掌握常用毒物的种类、性质等,还应掌握中毒的预防和急救措施。

1. 原因 ①实验室中常见的有毒化学性物质:硫化氢、二氧化硫、三氧化硫、氮的氧化物、氟化物、砷和砷化物、溴和溴化物、汞和汞盐、铅、钡盐、银及其化合物、乙炔、三氯甲烷、氯乙烯、氯苯、甲醛、丙酮、乙醚、甲醇、甲酸、乙酸、亚硝酸异戊酯、苯及同系物、苯酚、苯甲酸、硝基苯及其化合物、苯胺、苯肼等。②实验室有毒物质侵入人体的主要途径：一是通过呼吸道吸入；二是通过消化道误服；三是通过皮肤接触。大部分毒物是实验室工作人员在操作过程中经呼吸道被吸入体内的，如各种气体、溶剂的蒸气、粉尘和烟雾等；也有些毒物可经消化道侵入，主要原因可能是误服，也有可能是手上沾染毒物后经进食或吸烟而侵入人体内，通过该途径进入体内的一般以剧毒的粉剂最为常见，如氰化物、砷化物等；还有一些毒物可以通过皮肤、黏膜被吸收，如苯及其同系物等。

2. **处理措施**　接到实验室突发化学品中毒事件后，第一时间应立即拨打急救电话120请求对伤员的急救。同时，在将患者送往医院或救援力量到达之前，应根据患者中毒的途径及毒物的性质给予现场救助。若患者经呼吸系统中毒，应将患者迅速撤离现场，转移到通风良好的地方；若患者休克昏迷，可给予患者吸入氧气或进行人工呼吸；若中毒者呼吸停止、心脏停搏，应立即施行人工呼吸、心脏按压；当皮肤、眼、鼻、咽喉等部位受毒物伤害时，应立即用大量的清水冲洗（浓硫酸要先用干布擦干）；若为消化道中毒，应立即送往医院抢救。同时，应及时将实验室突发中毒事件向实验室负责人和本单位领导报告，组织相关技术人员进行现场调查，核实中毒者症状、体征和接触史，并进行相关的实验室检测；对实验室现场的环境进行调查，了解现场的环境条件，并进行环境采样，综合分析后确定事故发生的原因；完整记录事件发生与处置情况报告，包括事件发生的经过、暴露途径、事件处置过程等信息。

（三）危险化学品泄漏

实验室化学品外泄事件常造成人员发生急性中毒和较大的社会危害，需进行紧急救援，以便及时控制危害源，抢救受侵害的人员；并依据事件发生特点，指导和组织紧急防护和撤离，消除和降低突发事件可能造成的严重危害。急救过程中，应遵循"先防护、后抢救""先撤离、后救治""先救命、后治伤""先洗消、后治疗"的原则。

1. **原因**　实验室化学品泄漏事件大多是由于盛装化学品的器皿发生损坏或者实验人员操作不当所致。化学品泄漏最大的危害是对人员身体的伤害和对环境的污染。发生危险化学品泄漏事件后，要及时按照相关预案尽快处理，将其危害降到最低。

2. **处理措施**　①及时向卫生部门报告，并通知有关的安全责任人。根据污染情况，组织专家鉴定危险品的类型、性质、污染的程度，以及可能造成的危害，迅速确定消除或减轻危害的方案。②如果溢出物是易燃性的，应熄灭所有明火，关闭该房间以及相邻区域的煤气，如可能要打开窗户，并关闭那些可能产生电火花的电器。③避免吸入溢出物所产生的蒸气，如果安全允许，启动排风设备。④疏散现场的闲杂人员，密切关注可能受到污染的人员。⑤属于危险化学品的，应请求市环保部门派专业人员处理；对于发生有毒物质造成的污染，并可能危及人民群众生命安全的，应报告市有关部门处置。⑥提供清理溢出物的必要物品：化学品溢出处理工具盒、耐用橡胶手套、套鞋或橡胶靴、防毒面具等个人防护用品、铲子和簸箕；用于夹取碎玻璃的镊子、擦拭用的布和纸、拖把和桶；用于中和酸及腐蚀性化学品的苏打（碳酸钠和碳酸氢钠）、沙子（用于覆盖碱性溢出物）、不可燃的清洁剂等。⑦完整记录事件发生与处置情况报告，包括事件发生的经过、暴露途径、事件处置过程等信息。

（四）剧毒化学品的丢失

1. **原因**　实验室因管理不善造成剧毒化学品的丢失。

2. **处理措施**　实验室人员要立即报告本单位主管领导，并立即报告保卫处和实验室设备处，设置隔离带，封锁现场，询问责任人丢失情况，查清丢失物品的种类、数量和来源，分析可能的去向，同时报公安部门，单位有关部门要协助调查取证工作。

三、实验室放射性突发事件的应急处理

随着核技术的快速发展，放射性同位素与核技术在科研和疾病防治中日益发挥着重要作用。近年来，放射性同位素和射线装置使用单位也越来越多，应用范围日益广泛，但如果使用不当、管理不善、不注意防护，不仅可能伤及应用辐射的工作人员，而且可能危及公众的健康和环境安全，影响社会稳定。除了需加强工作场所辐射安全与防护外，开展及时有效的应急响应和应急监测，完善应急联动机制是核与辐射安全的最后一道屏障，可以最大限度地减轻核与辐射事故对公众和环境

的影响。

（一）放射性核设施造成的放射性事故

1. 原因 当放射源装置和辐射装置因故障或误操作而引起屏障丧失，或核燃料转换、富集过程中的操作失误等，可引起放射性核事故，常造成人员的辐射损伤，甚至导致重大人员伤亡和对环境造成放射性污染。

2. 处理措施

（1）对伤员进行救治：

1）救治放射损伤和放射性复合伤：这是核事故救援工作中特有的任务，对这类伤员可实行分级救治，即现场救治、地区（或地方）救治及专科医院救治，因为放射性损伤有其特殊的病程，因而需专门的救治机构进行专业治疗。国际原子能机构（International Atomic Energy Agency, IAEA）根据核辐射事故中受害者的早期症状给出了放射损伤救治指南，按照临床表现的严重程度和照射剂量高低，依次采取普通医院门诊观察、普通医院（血液科、外科或烧伤科）住院治疗、专科医院住院治疗、转入放射损伤治疗中心住院治疗等措施（表14-5）。

表 14-5 依据早期临床症状判定放射损伤处理要点

临床症状		相应的剂量 /Gy		处理原则
全身	局部	全身	局部	
无呕吐	无早期红斑	<1	<10	普通医院门诊观察
呕吐（照后 2~3h）	照后 12~24h 早期红斑或异样感觉	1~2	8~15	普通医院住院治疗
呕吐（照后 1~2h）	照后 8~15h 早期红斑或异样感觉	2~4	15~30	专科医院住院治疗或转送放射损伤治疗中心治疗
呕吐（照后 1h）或其他严重症状，如低血压、颜面充血、腮腺肿大	照后 3~6h 或更早，皮肤和 / 或黏膜早期红斑并伴有水肿	>6	>30	专科医院治疗，尽快转送放射损伤治疗中心治疗

2）对非放射损伤和疾病的救治：事故中发生的非放射损伤（如烧伤、窒息、出血、休克、创伤、骨折等）和其他疾病，与一般医学救治无明显差别，按常规医学救治体系、程序和方法进行。

（2）做好卫生防疫工作：核事故条件下，人们正常的生产和生活秩序受到影响、干扰，由于污染区的疏散、撤离工作，人员的流动、精神紧张疲劳等，使得机体免疫功能下降，呼吸道、肠道传染病等易于扩散流行，所以做好卫生防疫也是核事故应急救援中的一项重要任务。

（3）对公众宣传教育和心理咨询与干预：核事故状况下，人们心理上容易产生畏惧和恐慌。因此，应对公众进行宣传教育和健康咨询，使公众对辐射危害及防护措施有科学的、正确的认识，消除紧张和恐惧心理，减轻核事故造成的社会影响和不良后果。

（4）过量受照人员的医学观察：对核事故中受到过量照射的人员进行受照后早期的医学处理和观察，并有计划、有重点地对过量受照人员进行照后数年至数十年（长期）的医学观察，观察的原则、要求和技术方法等参照国家有关的标准。

（5）监测相关人员的辐射暴露，监测环境的辐射水平，彻底清洁受污染区域。

（6）完整记录事件发生与处置情况报告，包括事件发生的经过、暴露途径、事件处置过程等信息。

（二）放射性物质丢失事故

1. 原因 放射源在储存和运输的情况下，若处理不当或管理不严，放射源中的放射性物质可能被转移到非密封工作场所或环境中，造成工作场所或环境的污染，产生大量的放射性废物，使环境介质中带有放射性物质，不但使工作人员受到放射性物质危害，而且可能使广大居民受到危害。

2. 处理措施 ①当出现放射性物质丢失事故时，发生事故的单位及其上级主管部门须在 2h 内上报环境保护行政主管部门、公安部门和卫生行政部门。同时，事故单位须在 24h 内上报放射事故报告卡，并积极配合环境保护行政主管部门、公安部门和卫生行政部门开展放射事故的调查，做好善后处理工作。②环境保护行政主管部门和卫生行政部门接到核事故报告后，应当立即组织专业人员携带仪器设备赶赴事故现场,核实事故情况,估算人员受照剂量,判定事故类型和级别,提出控制措施及救治方案。③公安部门接到核事故报告后,迅速开展放射性同位素丢失、被盗的放射事故立案调查。④通过媒体及时向公众公布相关信息,并向公众公布相关机构电话等联系方式,使公众具备相应的防范意识,在拾获或发现可疑物体时勿近距离接触,以免受到核辐射危害。

小　结

本章围绕着实验室突发事件的预防与应急处置进行了阐述。其中实验室突发事件主要包括生物安全事件、化学品安全事件、物理性安全事件、消防安全事件和辐射安全事件。以上相关实验室突发事件的预防与应急准备需要针对各类实验室的危险性实验项目、所涉及到的安全问题等制定一套行之有效的实验室突发事件的应急预案。一旦发生实验室突发事件,则需根据突发事件的性质和具体情况按照制定的应急预案启动相关的应急响应,以采取合适的应对措施。主要原则为"先救治、后处理""先制止、后教育""先处理、后报告"。本章节的目的是通过罗列安全事件详细类别与发生原因,协助实验人员划清规范实验操作界限;生动阐述相关安全事件实例,提高实验人员实验室安全警觉意识;系统介绍实验室突发事件的预防与应急准备以及实验室突发事件的应急处理细则,为实验人员提供应对相应实验室突发事件的理论基础与行动指南。

思　考　题

一、选择题

1. 根据事件的性质,可将实验室突发事件划分为

①生物安全事件;②化学品安全事件;③物理性安全事件;④消防安全事件;⑤辐射安全事件

 A. ①②⑤   B. ①②③⑤   C. ①②③④⑤   D. ①②③④

2. 全球范围内最常报道的实验室感染疾病为

 A. 肝炎   B. 布鲁氏菌病   C. 结核   D. 炭疽

3. 预防实验室突发事件的发生,需要建立职责明确的实验室安全管理责任系统,提高安全管理水平,下列哪个不属于安全管理责任制度?

 A. 实验室突发事件分级报告制度   B. 领导安全责任制度

 C. 安全培训制度   D. 安全监督检查制度

4. 在建立相应的突发事件应急保障体系时,采样培养基一般(　　)个月更换一次,检查时一旦发现有混浊沉淀,则应随时更换,并且要记录好每次更换的时间

 A. 3   B. 2   C. 6   D. 1

5. 以下哪种实验室操作可产生重度(>100 个颗粒)微生物气溶胶?

 A. 摔碎带有培养物的平皿   B. 实验动物尸体的解剖

 C. 注射器针尖脱落喷出毒液   D. 用乳钵研磨动物组织

6. 下列哪些化学品在存储过程中应避免直接接触?

 A. 碱金属与水   B. 卤素与氨   C. 硫酸与过氧化物   D. 苯胺与氧化剂

7. 下列化学灼伤处理正确的是

 A. 浓硫酸灼伤,应先用棉布(纸)吸取浓酸,再用水冲洗,接着用 3%~5% 的碳酸氢钠溶液进行中和,最后再水清洗

 B. 若被碱灼伤,应先用棉布(纸)吸取碱液,再用水冲洗,然后用 2% 硼酸或 2% 乙酸冲洗

 C. 若眼睛被酸或碱灼伤,用洗眼器冲洗时应拉开上下眼睑,使酸不至于留存眼内和下穹窿中,再用 3%~5% 的碳酸氢钠溶液或 2% 硼酸清洗,并立即送医院眼科治疗

 D. 按照正确方法处理浓硫酸灼伤后,必要时可涂上甘油,若有水泡,应涂上甲紫

二、判断题

1. 根据实验室生物安全事件的性质、危害程度和涉及范围,实验室生物安全事件一般可划分为重大(Ⅰ级)、较大(Ⅱ级)和一般(Ⅲ级)事件三级。　　　　　　　　　　　　　　　　　　　　　　　　(　　)

2. 当工作人员在实验操作时出现生物安全柜外的气溶胶意外暴露时(如操作中生物安全柜突然停机等),所有工作人员必须立即撤离相关区域,小心脱去个人防护用品,并确保个人防护用品暴露面朝外,用清水仔细洗手,所有暴露人员都应接受医学观察,必要时及时就医。　　　　　　　　　　　　　　　　　　　　　(　　)

3. 核辐射事故中如照后 1h 出现呕吐或其他全身性严重症状,如低血压、颜面充血、腮腺肿大,则需送往专科医院进行治疗,并尽快转送放射损伤治疗中心治疗。　　　　　　　　　　　　　　　　　　　　(　　)

三、思考题

1. 如你单位新建了一间生物学实验室,需要由你来撰写该实验室突发事件的应急预案,你将主要从哪几个方面进行撰写?

2. 如根据实验步骤,你需要进行流感病毒培养液的离心操作,这时为了防止离心过程中发生病原体泄漏,应注意些什么? 如你在本次离心结束后发现,其中一试管破碎,这时你应进行怎样的处理措施?

参 考 答 案

一、选择题

1. C　　2. B　　3. A　　4. A　　5. C　　6. ABCD　　7. ACD

二、判断题

1. 正确　　2. 错误　　3. 正确

三、思考题

1. 主要包括如下几个方面的内容:

(1)总则:包括编制预案的目的、编制预案的依据、适用范围、工作原则、突发事件的分级等内容。

(2)应急组织体系及人员职责:包括应急组织机构(如领导小组、日常工作机构、应急处理工作组、咨询专家组等)的职能、人员组成及其对应的职责和工作内容等。

(3)突发事件的预防、预警与报告:包括应采取的预防和预警措施,如实验室标准化建设、实验室管理规章制度、安全保卫措施、预警机制、自查机制和事件的报告制度等。

(4)分级响应与应急处置:包括突发事件的综合评估、分级响应、指挥协调、现场处置、信息上报、响应终止等内容。规范突发事件的报告程序、现场处置程序、应急响应程序,具体化各类实验室突发事件的应急措施。

(5)善后处理:包括后期评估、奖励、责任、抚恤和补助、总结报告等内容。

(6)应急保障:包括技术保障、物资保障、经费保障、通信与交通保障、法律保障、人员保障、监督检查、应急演练、人员培训、预案管理与更新等内容。

(7)附则:包括预案中名词术语的解释、制定与修订、实施时间等。

2. 防止由离心机引起的泄漏,应做到以下几点:①检查离心管是否破损;②使用配套并且平衡等重的离心管;③离心前要将离心管盖紧、密封,尽可能使用专门的安全离心杯;④要确保转头在离心轴上锁好;⑤盖好离心机盖后再离心;⑥等离心机完全停下来后再开盖;⑦每次离心后以及有破碎均要进行消毒。

当出现由离心机引起的实验室泄漏事件时,应立即关闭实验室,用消毒液喷雾和紫外线照射污染的区域,24h 后再进行终末消毒。另外,被污染的离心机在进行消毒处理前停止使用,可选择合适的消毒剂(如甲醛、70% 乙醇、3% 过氧化氢或福尔马林等)或紫外线照射的方法对离心机污染部位进行消毒处理,再先后使用蒸馏水和干清洁布擦拭。实验室负责人除立即采取应对措施外,应及时向上级部门报告,并记录事件过程和处理经过。

ER14-1　第十四章二维码资源

(李晋涛)

第十五章 生物安全保障与生物恐怖事件的应急处置

随着世界经济全球一体化进程不断加快,国际贸易飞速发展,国际间人员往来日趋频繁,人群跨区域流动不断增加,人口远距离移动在促进区域经济发展的同时,也带来了传染病跨区域传播的问题,新发、突发传染病出现的频率和传播的速度越来越快,如2009年以来甲型 H_1N_1 流感、登革热、埃博拉出血热、寨卡病毒病、黄热病、中东呼吸综合征、新型冠状病毒肺炎(COVID-19)等的跨区域传播,不仅严重威胁人群健康,而且已成为国家生物安全的重要问题。20世纪70年代发展起来的现代生物技术,一方面促进了经济的发展,增强了人类防病治病的能力;另一方面,随着当前国际安全形势的变化,相关技术尤其是基因编辑、合成生物学技术可能被误用和谬用,也促使人类面临更加复杂的生物安全问题。2018年10月,德、法科学家在《科学》杂志上发表文章,认为美国防部高级研究计划局资助的"昆虫联盟"项目存在研发敌对用途的生物制剂及其运载工具的潜力,极容易被谬用为针对农作物的生物武器。

近三四十年来,新发传染病不断出现,实验室感染事件时有发生,生物入侵事件、食品安全问题和生物恐怖事件接踵而来,生物因素对人类的危害正逐渐引起各国的广泛关注和警觉,生物安全已成为国际社会共同面临的重大安全和公共卫生问题,攸关国际和平与发展,而且与国家安全与利益、群众的健康与生活息息相关。为应对日趋严峻的生物安全形势,美国率先将其纳入国家安全战略,出台了一系列与生物安全相关的国家战略,如《应对生物威胁国家战略》(2009)、《生物监测国家战略》(2012)、《国家生物监测科技路线图》(2013)、《生物应对与恢复科技路线图》(2013)、《国家生物防御蓝图》(2014)等,并从2003年开始实施生物防御三大计划:生物盾牌计划、生物监测计划、生物传感计划,斥巨资提升生物防御能力,2009年启动的第三代生物监测计划预算经费高达58亿美元。2018年9月18日,美国政府发布了《国家生物防御战略》,这是美国首个全面应对各种生物威胁的系统性战略文件,由美国国防部、卫生及公共服务部、国土安全部和农业部共同起草,并在未来共同负责相关计划实施。2011年初,欧盟正式启动了一项重要的反生物武器计划:"生物监测、鉴定及检测装备开发和加强计划",预算经费1亿欧元,旨在利用五年时间,在战术和战略水平上提升生物监测和防护能力。此外,欧盟CBRN(化学、生物学、放射性与核安全)行动计划也投入大量经费用于生物防御与生物安全领域。俄罗斯于2005年成立"政府关于生物和化学安全问题委员会",并制定了"俄罗斯联邦化学与生物安全国家体系"(2009—2014年)的联邦总体规划。我国将生物安全纳入国家安全四大新兴领域之一,近年来,持续加大生物安全科研投入和基础设施建设,如"十三五"期间国家科学技术部启动生物安全重点研发计划项目,加大生物安全研究领域的资助力度,进一步促进了国家生物安全保障能力的建设。由此可见,发展生物安全应对技术,加强生物安全保障能力建设,建立完善的生物安全保障体系和生物恐怖应急处置系统是面对生物安全问题的最重要举措。

第一节 生物安全保障

一、生物安全保障的概念

生物安全(biosecurity)保障,可理解为全球化时代国家有效应对生物及生物技术因素的影响和威胁,维护和保障自身安全与利益的状态和能力。生物安全保障主要涉及预防和控制传染病的巨大危害、生物武器和生物恐怖的潜在威胁、生物技术的误用或负面作用、生物技术的谬用风险、生物资源及生物多样性面临的威胁以及实验室的生物安全隐患等领域。最近几年来，biosecurity 的术语在生物安全研究领域被越来越多的应用，但其具体的概念目前还较模糊，尚未获得国际学术界的一致认可。虽然 biosafety 和 biosecurity 都可被称作生物安全，但 biosafety 强调的是防止非故意引起的生物技术及微生物生物危害，是指那些用以防止发生病原体或毒素无意中暴露及意外释放的防护原则、技术以及实践，如防范实验操作中因仪器设备出现意外故障、人员操作出现疏忽与错误、外来因素对实验室造成损坏等引起的实验室感染事故的发生等；而 biosecurity 则是指主动地采取措施防止故意的如窃取微生物危险物质及滥用生物技术等引起的生物危害，如单位和个人为防止病原体或毒素丢失、被窃、滥用、转移或有意释放而采取的安全措施。两个概念之间既有重叠又存在差异，举例来说，针对微生物危险物品的运送，在 biosafety 范畴可能采取的措施是在运送箱体上贴上醒目的"微生物危险品"的标签，引起相关人员注意并做好防护，以免被感染；而 biosecurity 范畴则是尽量避免被知道运送物品的具体情况，以免被盗窃或滥用。

在区分 biosafety 与 biosecurity 的问题上，目前学术界主要有两种意见：一是在主动性方面，认为 biosafety 主要是相对被动的维持生物的安全状态，而 biosecurity 显得更加主动，注重主动采取措施应对可能的生物威胁，如监测传染病暴发的指征、疫苗和药品的储备、易感人群疫苗的接种、健康教育和风险预测、病原体的监测预警等。另一种意见是以危害事件的性质作为区分的标准，认为 biosafety 针对的是非故意引起的生物危害，biosecurity 则针对故意的如窃取微生物危险物质和有意的滥用生物技术引起的生物危害。如防范实验室生物危险物质的不慎外泄引起的生物安全问题用 biosafety；防范盗窃生物危险物质用于生物恐怖活动、非法研制生物武器等生物安全问题用 biosecurity。目前，后一种观点获得了学术界更为广泛的认可，如美国在法律上基本认可这种区分方法，美国卫生及公共服务部（DHHS）公共卫生部门、美国疾病预防控制中心及美国 NIH 在 1999 年发布的第 4 版《微生物与生物实验室生物安全》的附录中就以第二种观点来定义二者的区别。世界卫生组织在 2004 年发布的《实验室生物安全手册》（第 3 版）中也采用了第二种观点。

二、生物安全威胁

当今，在世界范围内新发传染病层出不穷，实验室感染事件时有发生，生物恐怖威胁愈显突出。而且，外来生物入侵、药物滥用导致病原体产生耐药性、生物技术误用、谬用的风险等问题也被日益关注。生物安全已成为严重影响人类生活、国家安全和经济发展的重要问题。2018 年，美国《国家生物防御战略》指出："无论是自然或偶然发生的、还是蓄意人为的生物安全威胁，都是国际社会当前面临的最严重威胁，不仅可导致大量人员死亡，还可能造成人群心理创伤、经济和社会混乱。"本章仅列出与人群健康联系密切、作用更直接的病原微生物相关生物安全威胁。

1. 新发和再肆虐传染病的威胁　传染性疾病仍是威胁人类健康的主要因素，已成为最重要的生物安全问题之一。自 20 世纪 70 年代中期以来，全球范围内新现并确认的传染病已达 40 余种，并以每年大约一种或两种的速度在递增。其中，有许多新发传染病的危害已为人所共知，如 SARS 在全球范围的肆虐，H_5N_1 型人感染高致病性禽流感在世界的流行，甲型 H_1N_1 流感大流行，中东呼吸综合征的出现，H_7N_9 型人感染高致病性禽流感疫情的发生，埃博拉出血热的高致死率，寨卡病毒的大范围流行，西尼罗脑炎在北美的迅速蔓延，在美国被称作"第二艾滋病"的莱姆病遍及五大洲数十个国家，COVID-19 全球蔓延并造成至少 2 000 余万人发病、160 万人死亡（截至 2020 年 12 月）等。这些新发传染病不但造成人员的死亡，而且对相关国家及全球经济的发展造成巨大损失，并产生严重的社会恐慌，甚至引发了政治问题。同时，一些原有的或已基本被控制的传染病重新出现蔓延之势，如结核病、鼠疫、登革热、血吸虫病、疟疾等。据统计，目前存在的动物病毒近 4 000 种，其中 95% 还没有被人类所认知；细菌约 100 万种，人类只对其中的 2 000 余种进行过鉴定，提示新发传染病在未来还会不断出现。另外，城市化、人类行为方式不当、旅行快速增长、经济开发导致媒介生物栖息地被侵占、气候变化等自然和社会因素将加剧新、旧传染病的发生和蔓延，抗生素耐药、新发传染病和再肆虐传染病的跨区域传播与流行，将对一些国家和地区现有的反应能力产生压倒性优势，从而使暴发难以控制。加之全球快速、便捷的人口移动使得传染病的扩散"仅仅是一个航班的距离"，不仅容易导致传染病在新的区域出现暴发流行，甚至在当地形成自然疫源地，从而造成长期、永久的危害。我国仅2015—2016年，就从入境我国的人群中监测到中东呼吸综合征、寨卡病毒感染、裂谷热、黄热病四种此前在我国从未见报道的新发传染病患者。因此，生物安全威胁也已成为生物安全问题研究的重要组成部分。

各种突发事件是当今世界各国普遍面临的问题，我国的公共卫生突发事件也层出不穷。近年来，我国出现了艾滋病、登革热、肠出血性大肠埃希菌 O157：H7 感染性腹泻、SARS、H_5N_1 型人感染高致病性禽流感、手足口病、甲型 H_1N_1 流感、人类猪链球菌病、发热伴血小板减少综合征、新型冠状病毒肺炎等新发传染病的暴发或流行，霍乱、鼠疫、结核病、血吸虫病、疟疾、恙虫病、病毒性肝炎等传统传染病依然对人民身体健康造成严重威胁。2003年，一种冠状病毒引起的 SARS 疫情给人民的健康和生命安全造成了严重威胁，2005年四川省发生大规模猪链球菌病流行，2006年8月山西发生乙脑疫情，2008年3月安徽省阜阳市发生手足口病疫情。2013年3月，我国发现人感染 H_7N_9 型人感染高致病性禽流感疫情，至6月30日已报告132例实验室确诊患者，其中死亡43人，疫情蔓延至10个省市的40个地市。

2. 生物恐怖袭击和生物武器的威胁　恐怖主义是当今世界一大公害，生物恐怖袭击与爆炸、核放射以及化学剂袭击相比，其杀伤性、隐蔽性和再生性更强。历史上生物恐怖事件层出不穷，仅1999年全球恐怖事件中使用生物剂作为袭击手段的就达95起，其中美国发生81次炭疽事件，而当年其他地区的恐怖事件中有14起涉及生物剂。1990—1993年间，奥姆真理教信徒在日本四度释放炭疽芽孢。由于他们使用的是用于动物免疫接种的疫苗株，虽没有造成人员伤亡，但给人类敲响了个人和组织能够进行生物恐怖袭击的警钟。2001年，美国"炭疽邮件"事件震惊全球，标志着

生物恐怖已成为现实威胁，促使各国高度重视生物恐怖的防御。2001—2006年间，我国在多个口岸61次截获"白色粉末"类邮件，虽未造成实质性危害，但对民众的心理造成了极大的恐慌。随着科学技术的不断发展，未来国内外恐怖势力使用生物恐怖等大规模杀伤性手段，以最小代价造成最大影响的危险趋势不可低估。

生物武器属于大规模杀伤性武器，尽管世界上已有178个国家签署了《禁止生物武器公约》，但是这一条约对于应对生物恐怖（由非国家的组织或个人发起）无法发生效力。《禁止生物武器公约》存在比较大的缺陷，主要有：公约不反对用于防御目的的生物武器研究；公约禁止发展生物武器，但是对研究和发展没有明确的界限定义；公约对生物武器研制的相关设备、生物扩散及部队防护训练未加限制；公约未包括生物战剂清单和阈值。最大的缺陷是，公约缺乏有效的监督和核查措施，更没有涉及违约核查的相关条框。1997年起，缔约国就加强《禁止生物武器公约》核查议定书开始多边谈判，最终形成一个以各国强制性宣布为基础、并有相应触发机制和核查方式的议定书草案。但2001年，美国以核查机制可能会泄露美国的防务与商业秘密为由，拒绝接受大多数缔约国达成一致的草案，导致谈判失败。因此，目前《禁止生物武器公约》仍是一个缺乏监督核查机制，依靠缔约国自律而运行的非强制性公约。随着一些新技术特别是生物技术的发展，一些新的生物武器类型可能被开发，如经遗传改造和人工合成的病原微生物，而且生物武器的使用方式也将趋于灵活多样，甚至在短期内很难觉察。我国在近代战争中受生物武器的危害最为严重，在二战期间日本对我国多个地区使用生物武器，造成人员伤亡惨重并持续危害时间长。因此，我国积极参与《禁止生物武器公约》履约工作，旗帜鲜明地反对生物武器。虽然当前生物军控履约谈判前景难料，我们应该更加积极主动地团结世界各国，尽快促成履约谈判取得成功。

3. 实验室泄露事件和生物意外事故的威胁　实验室病原微生物的泄漏或意外事故时有发生，造成了巨大危害和损失。另外，防止实验室病原微生物的恶意滥用与窃取也成为生物安全的一个重要方面。1979年4月3日，苏联斯维尔德洛夫

斯克市西南部某微生物研究中心炭疽芽孢杆菌意外泄露，造成下风向炭疽暴发流行。1971年，苏联沃克斯罗思德尼耶岛某试验场发生意外事故，造成10人感染天花，死亡3人，50 000人紧急接种。2001年美国在"邮件事件"发现的炭疽芽孢粉末，根据其纯度、粒径及在空中飘浮分散的性能分析，应该来自非常专业的实验室。2003年9月、12月和2004年，新加坡、中国个别专业实验室均发生了SARS冠状病毒的实验室感染。这些实验室感染事件不仅造成了人员的伤亡，而且造成一定的社会影响和经济损失。我国目前从事传染病研究的机构、实验室有数百个，大多保存有不同数量、不同种类的病原微生物菌毒种，其中部分实验室基础设施条件有限、设备陈旧，如管理不到位、防护措施不力，均能成为实验室感染和意外事故发生的隐患。此外，病原体遍布世界各地的环境、动物宿主、人类和实验室。自然发生的疫情不仅能导致公共卫生危机，而且在疫情发生期间，大量的样本被采集和应用，若样本未得到安全的处置，则该类生物安全漏洞可能会被不法分子利用，给生物恐怖分子开发生物恐怖武器提供了便利。

4. 新兴生物技术误用和谬用的风险

新兴生物技术在极大地造福人类的同时，也存在着被滥用、谬用的风险，如利用生物技术操作和修饰微生物，改变微生物的毒力、致病力、传染性和抗药性等特征，这些生物技术一方面能够推动科技的进步，促进人类预防与治疗疾病。另一方面，这些技术如被恐怖分子利用，则存在研制新型遗传重组微生物或毒素的风险，甚至被恐怖分子和敌对势力设计生产成针对不同种族的"种族武器"。另外，发酵、表达和纯化技术的发展，使进行大规模的生物剂制备更加容易，这在技术层次上进一步增强了生物威胁。

20世纪70年代，现代生物技术出现伊始，部分科学家就提出应重视和防范生物技术谬用。2001年，美国发生炭疽邮件事件使科学家认识到生物技术可能被谬用的现实威胁，防范与控制生物技术谬用迫在眉睫。2011年，荷兰病毒学家通过现代生物技术研究出能通过空气传播感染雪貂的H_5N_1型禽流感病毒突变株，引起学术界和政府管理人员的严重关切和普遍担忧，并达成共识，一致认为需高度警惕和防范生物技术谬用风险以及由此产生的对人类社会安全的潜在威胁。

三、生物安全保障体系的建设

建立完善的生物安全保障体系，是应对生物安全问题、杜绝生物恐怖事件的基础。生物安全保障要以预防为主，主要从以下几个方面入手：

1. 加强生物安全方面立法，从法律层面保障生物安全体系建设　生物武器是生物恐怖事件中恐怖分子主要应用的方式之一，早在1925年世界各国就签署了多边条约，即《禁止在战争中使用窒息性、毒性或其他气体和细菌作战方法的议定书》（简称《日内瓦议定书》）。1972年又签署《禁止细菌（生物）及毒素武器的发展、生产及储存以及销毁这类武器的公约》（简称《禁止生物武器公约》），这些国际性的公约从法律层面对控制生物武器起到一定的作用。近年来，国家针对实验室生物安全先后制定并颁布了一系列专项法律法规、技术标准和操作规范，如《病原微生物实验室生物安全管理条例》《医疗废物管理条例》《微生物和生物医学实验室生物安全通用准则》《兽医实验室生物安全管理规范》《高致病性动物病原微生物实验室生物安全管理审批办法》《人间传染的高致病性病原微生物实验室和实验活动生物安全审批管理办法》《可感染人类的高致病性病原微生物菌（毒）种或样本运输管理规定》《病原微生物实验室生物安全环境管理办法》等，通过法律途径加强对病原体和生物制品的拥有、转移等研发活动的控制，为国家生物安全保障提供了法律基础。

2. 科学规范的实验室建设，确保实验室人员及环境的生物安全　微生物和生物医学实验室的建设需按照《实验室　生物安全通用要求》《生物安全实验室建筑技术规范》等技术标准和操作规范的要求进行实验室设计建造，实验设备和个人防护装备的配置均满足不同级别的生物安全防护需求，从而确保操作病原微生物的工作人员不受实验对象的伤害，周围环境不受其污染，并确保实验因子保持原有本性。生物安全实验室的安全防护不仅通过实验室合理的专业设计和功能分区，而且需配备相应级别的生物安全设备及严格规范的个人防护措施，还要有完善的安全管理制度与标准的实验操作程序来保障。

3. 健全实验室规章制度,建立有效的生物安全管理体系　在落实以国家生物安全专业委员会、研究单位(或机构)生物安全委员会、实验室生物安全员构成的三级管理体系的基础上,研究单位需根据生物安全实验室相关技术标准和操作规范和法律法规,考虑实验室的性质和特殊性,以及实验条件和工作人员的特点等,建立健全实验室生物安全规章制度,制定并严格执行实验室生物安全管理规程。结合单位实际建立有效的生物安全管理体系,成立实验室突发事件应急处理的组织机构,明确相关部门及工作人员的职责,落实责任,做好监控检查工作;明确实验室生物安全事件的分级、记录和报告制度;建立完善的实验室突发事件应急预案和应急响应机制;落实人员、通信、应急物资、菌毒种材料、设备设施、技术、信息、事件分析、责任界定、演练等方面的生物安全保障措施。

4. 开展实验室生物安全知识教育,增强实验操作人员的生物安全意识　开展系统的实验室生物安全知识教育和培训,能够帮助实验操作人员树立生物安全意识、规范实验操作,并增强实验室突发事件的应急能力。培训的内容可包括生物安全操作、实验技术、心理素质、实验室事故应急处理方法等,使实验操作人员清楚了解实验工作中涉及的微生物种类和潜在危害级别,提高对实验室感染危害性的认识,熟悉各项生物安全规章制度,掌握规范的操作规程,并具有识别实验室感染、应对突发事件的心理准备和能力。

5. 建立生物安全高新技术平台,健全生物防御应急技术体系　由于生物安全涉及生物学、流行病学、传染病学、数理统计学等多个学科,以及计算机、信息、通信、传感器等多项技术,建立多学科技术集成的生物安全高新技术平台,强化生物安全与相关生物技术的研究与储备,并构建相关的信息支持系统,对于国家生物安全保障体系的建设具有重要意义。在加强生物防御应急技术研发基地和高级别生物安全实验室建设的同时,重点开展针对烈性病原微生物的疫苗与治疗药物、生物检测技术、外来入侵生物监测、预警和防御技术、物理防护技术和装备的研究,建立严密的生物安全监测网络与标准检测实验室以及相关的生物安全监测预警信息系统。

6. 加强生物恐怖医学救援人才队伍建设,提高应急反应能力　拥有一支训练有素的生物反恐专业人才队伍至关重要。生物恐怖救援力量和人才的建设,是将生物恐怖事件危害降到最低的保证。生物恐怖事件医学救援涉及公安、医疗卫生、军队等多方面力量,需要相互配合来开展工作。因此,要在国家、省、区县等不同层次有计划、有针对性地培训专业人才队伍,提高生物恐怖应急救援能力。应急反应能力包括微生物的侦察预警、标本采集和送检、标本检验鉴定、污染区和疫区的划定、流行病学调查、污染区的洗消、个人防护、伤病员的隔离治疗、暴露人群的医学观察和易感人群的保护等方面的技能,可通过模拟实战环境,开展综合演练等方式强化专业技术队伍的基本技能。

7. 加强生物危害防御能力建设　拥有防御生物武器攻击、防御生物恐怖袭击和处置突发公共卫生事件能力,能够有效保持生物资源和生物多样性安全,能够确保实验室等设施的生物安全,能够防止生物技术滥用和谬用。生物恐怖事件发生后,疫苗和药物是最直接挽救生命、减少人员伤亡的必需品。加强相关疫苗和药物的生产,能够防患于未然。加强相关药物、疫苗的研发、生产和储备,有助于缓解社会恐慌情绪,减轻生物恐怖事件发生后的连锁反应和社会不安定程度。防护装备和救援装备是生物恐怖事件发生后进行救援的必需品,是保证救援人员不受二次感染和保证救援效率和成功率的关键。加强高效轻便的防护服等防护装备和快速灵敏的检验鉴定装备有助于提高救援的效率和成功率。

第二节　生物恐怖事件的
应急处置

一、生物恐怖事件的概念

生物恐怖(bioterrorism)是指恐怖组织或个人以病原微生物或生物毒素作为恐怖袭击之战剂,通过一定的方式进行攻击,导致敏感人群感染或中毒,威胁人类健康、引起社会的广泛恐慌或威胁社会安定,并通过这些行为胁迫或强迫政府、平民或相关部门来达到其目的的行为。发生生物恐怖行为并造成社会危害的事件即生物恐怖事件。生物战（biological warfare）是指应用生物武器来完成军事目的的行动，往往是国家行为。生物恐怖不一定是使用生物武器进行攻击，它使用的攻击手段多样，可能非常隐蔽，也可能规模很小。生物袭击（biological attack）则是生物恐怖、生物战等人为生物攻击事件的具体体现和行动，既可以针对人、也可以将动植物作为袭击对象，而且还包括应用病原微生物或毒素针对个人的勒索、谋杀等刑事犯罪活动。

生物恐怖问题由来已久。1984年11月，恐怖组织使用肉毒毒素污染罐装橘汁，致使美军两艘潜艇和班戈（Bangor）潜艇基地中毒63人，死亡50人，病死率达79.4%；1996年，一个与极端组织有联系的美国公民利用邮政系统获得了鼠疫菌的培养物，这是邮件成为生物恐怖载体的开始；美国"9·11"之后的"炭疽邮件"事件，则是邮政系统成为生物恐怖因子播散载体的标志性事件。2001年，美国七个州发生多起"炭疽邮件"或疑似"炭疽邮件"事件，共造成100多人感染，22人发病，5人死亡，整个邮政系统几经暂停、处置，一段时间几乎瘫痪，造成的间接损失难以计算。此后，疑似"炭疽邮件"迅速蔓延至加拿大、法国、德国、英国、瑞典、奥地利、波兰、日本、墨西哥、以色列和新西兰等10多个国家，造成世界范围内极大的恐慌。随着科技进展和对常规恐怖袭击侦测手段的提高，恐怖组织将视线转移到较难侦测的生物、化学武器上。同时，生物恐怖袭击的方式和途径较多，难于识别和确认。国际刑警组织强调，恐怖组织使用生物武器，在全球范围内发动恐怖袭击已经成为现实威胁，认为恐怖组织正在寻求生化武器，使用这类武器发动袭击"可能只是时间问题"，呼吁加强反生物恐怖的国际合作，提高全球应对生物恐怖袭击的能力。

二、生物恐怖事件的特点

生物恐怖事件的发生通常存在两种表现形式：第一种是明显的袭击行动或发现可疑物品，如恐怖分子公然宣布实施生物袭击，或发现恐怖分子正在播撒、施放生物剂或染毒的媒介生物，或发现可疑容器、可疑培养物、粉末等实物证据；第二种是隐蔽、隐匿的袭击行动，这种袭击行动往往

是在危害结果逐渐显现后而被察觉，如出现异常的疫情（疾病或死亡），通过调查后才被确认。另外，在收到恐吓、威胁警告或获得生物恐怖活动情报的情况下，需采取措施防范第一或第二种形式的袭击事件的发生。生物恐怖事件的主要特点如下：

1. **易于传播，危害广泛持久** 生物恐怖事件采用的生物剂致病途径多样，常通过污染水源、附着食物或黏附空气飞沫等形式，经消化道、呼吸道或经破损的皮肤、黏膜感染播散，造成易感人群发病，从而形成传染病的人间流行或暴发。易造成社会的群体性恐慌，在生理和心理上可造成最大限度的恐怖袭击效果。

美国炭疽邮件事件使得生物恐怖事件进入大众视野并得到广泛关注，在此事件中，恐怖分子使用了邮件作为传播方式，邮件经过的每一个转邮点都留下其"足迹"。炭疽菌的存活率高，有可能很快就发展成为大面积的炭疽杆菌感染。其传播方式简单，但危害持久，可以给社会造成巨大的伤害。除了巨大的人员伤亡和经济损失外，还会造成居民的恐慌，产生严重的情感威胁，对社会各方面的影响非常巨大。

2. **隐蔽性强，便于发起突然袭击** 生物剂的施放一般不需要特殊的设备，施放方式多种多样，实施者可以做到隐蔽施放，并可以迅速地逃离现场。特别是生物制剂气溶胶无色、无臭、看不见、摸不着，人们即使在充满战剂气溶胶的环境中活动，也难以察觉。而且这种袭击可能发生在任何时间、任何地点，要想万无一失地进行有效防护几乎是不可能的。

袭击常选用活的病原体，侵入人体后至发病有一定的潜伏期，一般不会立即造成杀伤作用等危害，但由于它多具有传染性，往往能造成继发的传播和持续的危害及恐慌。因城市人口密集，易感人群普遍存在，时有各类疫病散发或流行，选择城市实施生物恐怖袭击，在初期往往呈现出传染病流行或暴发的一般表象。如恐怖袭击再与传染病高发季节、地域和职业等特点相匹配，各疫病监测哨点医院就更难以区分其性质，不易引起群众和医疗防控机构的警觉，预警机制难以触发，恐怖袭击目的容易实现。

3. **缺乏有效的治疗和控制手段** 很多生物

剂到目前为止还没有特效治疗药物，尤其是一些发病率较低但病死率高的烈性病原微生物，如丝状病毒属的马尔堡病毒和埃博拉病毒、甲病毒属中的东方马脑炎病毒、亨得拉尼帕病毒属的尼帕病毒等，一旦发生该类病原微生物的恐怖袭击，是很难得到及时控制和治疗的。哪怕生物恐怖袭击所使用的生物剂多是人类已根除或已有丰富治疗和控制经验的病原菌，但突然大面积流行，也会造成人们的措手不及。更为严重的是，恐怖分子利用基因工程的方法，对病菌基因进行改造和重组，可制造出使该病原菌传统的防治措施失效的超级病原微生物，具备常人无法想象的毁灭能力，并且具有研究和使用方便、隐蔽性极强、严重危害而难以消除等特点，因此容易扩散到世界各国。

4. 生物恐怖事件的结果较难预测　生物剂施放后的实际效果，不仅受到生物剂自身特性的影响，如病原体在外环境中的衰亡率、是否能引起"人－人"之间的传播、是否能形成自然疫源地等，而且容易受到外界环境、气象条件的影响，如近地面大气层、风速、风向、日照和降水等。一般来说在近地面层大气比较稳定、有一定的风速（3~6m/s）、风向比较稳定、没有强烈的日光、没有降水的情况下其危害效果最明显。

三、生物恐怖事件的防范措施

鉴于生物恐怖事件隐蔽性、复杂性的特点，防范生物恐怖事件的发生应该采取预防为主措施，加强平时的监测工作，提高生物恐怖事件的识别和处置能力。而且，生物恐怖袭击的有效应对，需从立法、投入、机构设置、应急机制等方面对生物安全问题做系统部署，不断完善法律法规，如美国政府在 2001 年发生炭疽邮件事件后，先后发布了《防止生物恐怖袭击法案》《21 世纪生物防御国家战略》和《国家突发事件应急预案》，其中《公共卫生安全与预防和应对生物恐怖法案》为指导性法案。我国面对生物恐怖威胁日益增长的局面，先后颁布了一系列生物安全管理与应急管理的法律法规、技术标准和操作规范，如《突发公共卫生事件应急条例》《基因工程安全管理办法》《农业转基因生物加工审批办法》《病原微生物实验室生物安全管理条例》《医疗卫生机构医疗废物管理办法》《病原微生物实验室生物安全环境管理

办法》《兽医实验室生物安全管理规范》《实验室　生物安全通用要求》等，在一定程度上为我国微生物安全的管理提供了基本保证。加强生物恐怖事件的防范，还需加强以下方面：

1. 加强国民的反生物恐怖教育　通过媒体宣传生物恐怖防御的相关知识，使民众掌握生物恐怖事件的特点、自我防护技能及应急防护用品的使用方法等，提高民众的日常防范意识，并充分调动民众的积极性，及时发现犯罪的线索。一旦遭受生物恐怖袭击能够做到不慌不乱，积极实施自救互救并正确配合医学救援人员实施防护与救治，以减少或避免不必要的损失。另外，需加强医学应急救援人员的心理行为能力训练，避免在深入污染区执行任务时出现心理紧张、畏惧等问题。

2. 加强生物恐怖医学救援人才队伍的建设　拥有一支训练有素的专业人才队伍，对于防范生物恐怖事件的发生、及时有效的应急处置和最大限度地减少生物恐怖的危害至关重要。生物恐怖事件的医学救援涉及公安、医疗卫生、军队等多方面力量，要在国家、省、区县等不同层次，有计划地培训专业人才队伍，提高生物恐怖应急救援的能力和协同配合工作能力。另外，须发挥军队在未来生物恐怖袭击医学救援中的骨干作用，加强军队和地方的衔接，切实将军队生物防御力量纳入国家生物防御体系，建立军民一体、平战结合、密切协同的国家生物防御体系，实现军地优势互补，进一步提高国家整体生物防御能力。

3. 加强物资装备和相关技术的应急储备　生物恐怖应急处置相关部门应当根据应急预案的要求，建立物资装备和相关技术的储备，确保满足应急处理的需求。生物恐怖事件的防护及卫生防疫应急处理所需物资，主要有二大类：一类是个人和集体生物防护用品，以及洗消设备；另一类是卫生防疫物资和器材，包括各类诊断制剂、疫苗、免疫血清、各种抗生素和治疗药物等。各种物资器材和药品，除适量储存外，对于有效期较短的药品、疫苗等物资可根据不同时期生物威胁的具体情况酌情筹措。同时，针对危害严重的生物剂种类，应做好生物恐怖应急处置相关技术的储备，如病原微生物监测预警技术、病原微生物快速检测和鉴定技术、疫苗和特效药物的研发技术等的储备工作，做到有备无患。

4. 在生物防御相关技术层面上还注重以下几个方面：

（1）加强生物恐怖情报的收集：平时应加强生物恐怖情报的收集，分析敌对势力、恐怖组织的活动规律和作案动态，尤其需加强针对政治、经济、文化中心，军事战略要地，港口、机场、地铁等重要公共交通枢纽的监察管控和卫生防护；加强国际组织间的合作与交流，共享相关生物恐怖情报资源，以做到早期预警，将生物恐怖扼杀在摇篮中。

（2）加强疾病监测力度，建立应急预警系统：

1）建立本底资料库：进行本底资料调查，收集整理相关地区自然、经济、医学地理资料以及主要疾病流行概况、有害医学昆虫动物种类及季节消长资料，建立生物危害本底信息资料库。

2）完善应急报告系统：依托医疗卫生部门防护防疫专用网络和公用网络，健全突发公共卫生事件报告系统，实施生物恐怖事件的报告和预警。

3）完善实验室监测网络：建立实验室监测网络，以早期发现生物恐怖事件的先兆而预警；逐步完善可供现场快速排除或明确可疑病原体的检测试剂和检测方法，包括研制敏感的未知病原体的基因检测技术，能够在分离不到病原体时提供病原体的其他证据；完善系统的和标准化的病原微生物分子分型技术、方法和资料库，进行病原鉴定和分析。

4）加强生物恐怖事件的监测：主要包括疫情监测、环境监测、虫情监测等，长期观察传染病特别是输入性传染病的发生发展情况，计算发病率、死亡率、感染率、续发率等各项指标。与本地资料相比，分析发病与传播的有关因素，判断传染病发展趋势和分布变动与生物剂引起的传染病进行鉴别。如果发现可能预示发生生物恐怖事件的流行病学线索，应考虑生物武器袭击的可能；建立有效的环境监测系统，对大气中气溶胶粒子或生物性粒子的浓度进行监测，来源不明的包裹、粉末等可疑物品进行监测，及早发现生物恐怖袭击的先兆；对媒介昆虫及其他节肢动物加强监测，发现地面突然出现大量来源不明的蚊、蝇、蜱等媒介昆虫及其他节肢动物时，应根据出现的季节、场所、种属和密度等反常情况，进行全面分析，如果出现的季节反常，如冬季地面出现大量的人蚤，或出现当地没有的种属，都应怀疑生物恐怖袭击的可能。

（3）建立应急处置预案，不断检验和完善应急处置预案：各级相关部门须根据《突发公共卫生事件应急条例》等相关规定制定生物恐怖事件应急处理预案。预案的内容主要包括：生物恐怖事件卫生防疫应急处理组织与职能；应急力量筹组；应急物资筹措；生物恐怖事件的监测与预警、信息报告；生物恐怖事件的现场处置；应急处理的技术培训；其他需要明确的事项等。同时，须开展模拟实战综合演练来检验和完善应急处置预案，促进信息渠道的通畅和技术方法的可行性，使医学救援处置人员熟悉处置流程和工作要点，促进不同部门、不同专业工作人员之间的配合与协同，以便在生物恐怖事件发生时快速、有效地开展医学救援和应急处置工作，保证人民群众的生命财产安全。

（4）加强疫苗和药物的科学研究，提高卫生防疫和医疗水平：疫苗药物是有效应对生物恐怖事件、降低生物恐怖事件的危害和减少损失的关键因素之一，也是国家生物防御战略发展的重点。生物防御相关疫苗药物的研究需求不同于预防和治疗传染病的需求，而是要紧密围绕生物安全的需求开展研究，科学筛选研究对象；针对威胁较大的病原体，立足补齐补全，先解决从无到有的问题；在有限经费的情况下，需选择重点研制品种和先进的技术方法，立足方便高效；加强疫苗药物的快速研发和制备技术，满足应对不断出现的新发病原体威胁的需求。

（5）加强防护装备、生物剂检验鉴定装备、救援设施的研究：由于生物剂种类较多，而且新的病原体还在不断出现，须加强生物剂的特性的研究，提高对各种生物制剂的检测、识别和鉴定能力，开展各种早期诊断技术和诊断试剂、特异性诊断方法的攻关和积累。加强高效轻便的生物防护装备和救援设施的研究，为建立一支技术先进、装备优良的专业人才队伍提供保障。

四、生物恐怖事件的应急处理

针对两种不同袭击方式的生物恐怖事件（第一种明显的袭击行动或发现可疑物品；第二种隐蔽、隐匿的袭击行动），进行医学救援与应急处置的流程基本类似,但处置的侧重点有所不同,主要不同点体现在:第一种情况的处置以现场的封控、取证、采样、检测、鉴定和污染消除为主,加强暴露人员的管控和医学观察,在采样后应迅速、及时地消除污染;第二种情况则以流行病学调查和患者的医疗救治为主,注重采取"发现传染源、切断传播途径和保护易感人群"的措施。

(一)流行病学调查核实与评估

1. **生物恐怖事件的识别** 生物袭击活动主要表现为上述两种形式(明显的和隐匿的袭击行动)。明显的袭击行动在被查到使用致病微生物的情况下往往会表现出暴露人群的发病,而在大多数情况下生物恐怖事件表现为不明原因的传染病暴发或流行,并显示出生物恐怖事件独特的表现形式和流行病学特征:

(1)疾病分布异常:包括疾病的地区分布、流行季节分布和职业分布异常,如一些在我国尚未发现的疾病在我国突然发生,而又无合理的解释、无法确定传染源时,可以考虑查证是否受到生物恐怖袭击。

(2)流行环节异常:主要表现为传染源难以追查,传播途径异常,人群免疫力水平低,如通常情况下,肉毒杆菌毒素经消化道感染,但在生物恐怖袭击中,出现以气溶胶方式感染发病的情况,使本应经肠道感染的疾病经呼吸道而感染。又如生物恐怖袭击往往选择目标人群缺乏免疫力的病原体或经加工提高致病性和毒力的生物剂,以最大限度地提高攻击效能。

(3)流行形式异常:通常情况下,一般传染病的暴发、流行其病例数大都是逐渐增多,最后达到高峰的流行曲线(除通过食物和水源污染造成的传染病流行外),而在生物袭击的情况下,受袭区域的人群可能同时发生大批感染,发病例数在数日甚至数小时内出现高峰。如果病原微生物具有传染性,还可能在第一个高峰过后出现第二个高峰。

2. **核实与调查** 当发生可疑生物恐怖事件时,相关卫生主管部门应立即向本级领导进行汇报;组织医疗机构积极救治病人,还应迅速组织应急保障人员在做好个人防护的情况下,立即进行现场侦察及流行病学调查与核实,记录有关异常情况,询问目击者和附近居民,查清生物恐怖袭击方式、袭击的范围、现场的地形地貌、事件

发生时的气象特征,初步确定生物剂污染的范围、程度及受污染的人群等。针对隐匿的袭击方式,还需开展如下调查:①核实诊断,查明疾病流行的范围和程度;②查明流行过程和分布特征;③确定传播途径和高危人群;④查明疾病发生的危险因素及影响疾病流行的自然和社会因素;⑤采集有关标本,并进行检测鉴定;⑥根据流行环节的特点采取针对性措施;⑦对一时未能查明流行环节的疫情应采取综合性防疫措施,以控制疾病的蔓延。另外,须与公安、反恐部门协同,开展生物恐怖袭击源头调查,做好可疑容器、可疑培养物、粉末等实物的取证工作,明确恐怖袭击事件由哪些人或组织组织实施,通过怎样的方式进行播散等。

3. **标本采集和鉴定** 及时、准确地采集污染区内标本(水源、食品、昆虫和可能受污染物体表面尘埃、畜禽野生动物尸体或者内脏和病人血液、分泌物、尸体、脏器等)。采集的标本应密封后冷藏,并由专人专车尽快运至卫生检验机构。亦可用携行式微生物检验箱实施快速检验,初步判断生物剂的种类。

4. **危害评估** 快速分析现场调查资料和实验室检测结果,对事件进行危害评估。评估内容应包括:生物恐怖袭击方式、疾病的传播速度、影响范围、持续时间,以及对政治、经济等可能带来的影响等,并及时将综合评估报告上报。

(二)启动生物恐怖袭击应急预案

一旦确证为生物恐怖袭击事件,应立即启动生物恐怖袭击应急处置预案。在应急处理领导小组的直接领导下,卫生部门要结合事件的性质、特点,参与预案的修订,作为处置本次事件的依据。

(三)严格报告制度

当发生生物恐怖事件时,应按卫生部门制定的突发公共卫生事件报告规定进行报告。

(四)成立专家组,指导防控

当发生生物恐怖事件时,卫生主管部门应立即成立专家组,负责防疫处置的咨询和指导。在紧急情况下,应该将所属卫生力量进行统一筹划,成立医疗、防疫、疫情信息、物资保障等组室,迅速开展防治工作。

(五)防护措施

发生生物恐怖事件时,应急保障人员应采取

相应应急防护措施,保护自身安全。主要采取如下措施:

1. 物理防护　如呼吸道防护、人体表面防护和集体防护等;

2. 免疫防护　针对生物袭击可能使用的战剂,接种相应的疫苗和注射抗毒素;

3. 服药预防　在生物恐怖袭击情况下,可针对生物剂服用相应的抗生素及抗病毒药物进行预防。

（六）现场处置

1. 隔离治疗传染病患者　发现传染病病人,应按报告制度立即上报,并予以隔离治疗。对其居住的房间、单元、院落等疫点、疫区,应根据病原体,做好随时和终末消毒。对于烈性传染病,如鼠疫、霍乱等,病人转送医院,必须在确保不污染环境、不引起疫情扩散的前提下进行。

2. 加强接触者的医学防护　追查污染区和疫区的接触者,进行免疫接种和预防服药。采取医学观察,早期发现患者予以隔离。

（七）污染区和疫区管理

1. 查明范围　发生生物恐怖事件后,应急处置人员在做好个人防护的情况下,应根据现场侦察及流行病学调查情况,初步确定恐怖事件致病微生物污染的范围。

2. 警戒与封锁　生物恐怖事件发生时,微生物气溶胶通过大气扩散并因此造成的可能对人有害的地区范围为污染区。当生物恐怖袭击的载体为携带致病微生物的昆虫,动物时,污染区指这些媒介生物分布及其可能对人有害的范围。生物剂所引起的疾病患者在发病前、后居住和活动场所如家庭、院落、办公室等为疫区。疫区主要是病人和密切接触者经常居住或活动的地方。致病微生物不同,其疫区范围也不同。通常烈性传染病的疫区要划大一些,如鼠疫疫区应包括病人住宅所在的整个街道或自然村;如果致病微生物引起的疾病在人与人之间的传染性不大,则疫区的范围只包括病人住过或工作过的房间。疫区范围的划定以疾病不能传到外面,不使疫情扩大为原则。对生物恐怖事件致病微生物污染的范围及疫区范围,可设警戒区,设置标示牌,对严重污染区及烈性传染病疫区进行封锁,实行交通检疫,严格控制人员和物品进出,进出人员应有接种证明,出污染区应进行洗消。污染区和疫区停止一切增加传染病传播机会的活动。

3. 污染区和疫区处理　对污染区和疫区组织人员实施必要的消毒、杀虫、灭鼠措施,对区内水源和食品等进行卫生检测和监督。不经消毒的水和食品不得饮用和食用。在疫区内对患者进行隔离治疗,防止患者将疾病传播给他人,隔离期限为疾病的最长传染期。为预防直接或间接暴露于致病微生物的人在潜伏期内将疾病传播给他人,须对污染区和疫区内的暴露人群进行检疫。

4. 病死者和染疫动物的尸体处理　病死者和染疫动物的尸体处理一律在消毒处理后就地火化,无火化条件时,在远离水源、居住点、距地面2m处深埋,墓底必须撒布消毒剂。

（八）警戒与封锁解除

甲类传染病病人、病原携带者全部治愈;乙类传染病病人、病原携带者得到有效隔离治疗;病死者尸体已严格消毒处理完毕;污染的物品、环境彻底消毒;媒介昆虫、染疫动物等基本消除;最后一例病人自被隔离之日起,经检疫该传染病的一个最长潜伏期后无新病例发生,可经报上级批准,解除污染区和疫区的警戒与封锁。

（九）总结

事件处理结束后,认真填写相关的突发事件调查表格。撰写生物恐怖事件应急处理工作总结,存档及上报相关领导部门。

小　结

本章主要介绍了生物安全保障与生物恐怖事件的应急处置相关概念和专业知识。首先概述了生物安全保障的概念,通过列举全球近年来发生的生物安全事件引出当今国际社会所面临的主要生物安全威胁或潜在风险,并从七个方面入手明确如何建立完善的生物安全保障体系。此外,本章详细介绍了生物恐怖事件的概念、特点,并强调应加强四个方面的部署来促进对生物恐怖事件的防范,提出针对两种不同袭击方式的生物恐怖事件应采取的应急处理措施。建议在了解我国生物安全威胁现况,及生物恐怖事件的实例造成严重后果的基础上,熟悉生物安全保障体系的建设,掌握生物安全保障的概念、生物安全威胁的概念和种类以及生物恐怖事件的概念、特点、防范措施和应急处置。

思 考 题

一、单项选择题

1. 如果发生生物恐怖袭击,下列说法正确的是

①往往在事件区域发现不明粉末、液体或其他可疑物品

②患者沿着风向分布,同时出现大量动物病例

③事件区域出现异常流行病

④短时间内大量人员伤亡

⑤有异常的气味,如大蒜味、辛辣味、苦杏仁味等

A. ①②⑤　　　　　　B. ①②③④⑤　　　　C. ①③④　　　　　　D. ①②③④

2. 对生物恐怖事件处置原则说法错误的是

A. 必须快速识别,确定范围和影响因素,快速采取针对性的措施

B. 必须以减少死亡和减少发病为目的

C. 必须对难以快速识别的因子提出假设和推论,恐怖因子未识别前,不可实施控制措施

D. 必须做好现场处置人员的个人防护

E. 必须由训练有素的工作人员开展高危区域的调查与处置,分工明确,各负其责

3. 生物恐怖袭击事件现场处置人员应根据(　　　　)配备相应的专业防护装备

①生物恐怖剂的种类

②生物恐怖剂入侵人体的途径

③生物恐怖剂的传播方式

④生物恐怖剂的播撒范围

A. ①②③　　　　　　B. ①②③④　　　　　C. ①③④　　　　　　D. ②③④

4. 使用下列(　　　　)手段实施的恐怖袭击是生物恐怖袭击

①肉毒毒素

②天花病毒

③鼠疫菌

④炭疽芽孢杆菌

⑤禽流感病毒

A. ①②⑤　　　　　　B. ①②③④⑤　　　　C. ①③④⑤　　　　　D. ①②③④

5. 发生以霍乱弧菌实施的生物恐怖袭击时,需采取以下现场处置措施

①隔离治疗患者

②加强暴露人员的医学观察与防护

③污染区消毒

④污染区杀虫灭鼠

⑤开展现场流行病学调查,划定污染区范围,采取"五早"防控措施

A. ①②⑤　　　　　　B. ①②③④⑤　　　　C. ①③④⑤　　　　　D. ①②③⑤

二、多项选择题

1. 隐匿型生物恐怖事件的表现形式和识别特征主要包括

A. 疾病的地区分布、流行季节分布或职业分布异常

B. 疾病的流行环节异常

C. 疾病的流行形式异常

D. 疾病的症状异常

2. 发生生物恐怖袭击事件后,针对易感人群可能采取的防护措施主要包括

A. 物理防护　　　　　　B. 隔离防护　　　　　　C. 预防服药　　　　　　D. 免疫防护

三、判断题

1. 针对明显的生物恐怖袭击行为,应急处置的侧重点是调查取证和样本检测、划定污染范围并采取无害化措施、暴露人群追踪和医学观察。　　　　　　　　　　　　　　　　　　　　　　　　　　　　　　　　　　（　　）

2. 针对可疑为隐匿型生物恐怖袭击行为,开展流行病学调查的侧重点是分析人群的暴露方式和疫情发生的原因,尽快针对传染病传播过程的三个环节采取针对性的防控措施。　　　　　　　　　　　　　　　　　　（　　）

3. 恐怖分子为了便于实施生物袭击行为,往往选择人口较少、偏僻的地方施放生物恐怖剂。　　　（　　）

四、思考题

1. 怀疑发生生物恐怖袭击事件后,迅速组织人员开展现场流行病学调查的主要目的是?

2. 2001 年 9 月,美国发生"炭疽邮件"事件,美国疾病预防控制中心开展了全国范围的流行病学调查工作,请分析开展此项工作的意义。

参考答案

一、单项选择题

1. D　　2. C　　3. A　　4. B　　5. B

二、多项选择题

1. ABC　　2. ACD

三、判断题

1. 正确　　2. 正确　　3. 错误

四、思考题

1. 答题要点:①明确是否遭受生物恐怖袭击,区分是暴发疫情还是袭击事件;②确定是何种病原微生物导致,病原体是如何进行感染和传播;③事件的危害程度和影响范围多大;④发病的高危人群和危险因素有哪些;⑤提出防控建议,迅速采取针对性的防控措施;⑥预测事件的发展趋势,评估采取措施的效果,及时调整防控方案。

2. 答题要点:①生物恐怖袭击的指证识别:25 年来美国首例肺炭疽报告病例;病人等多人收到奇怪信件,内含白色粉末;②确认是否存在其他病例、调查可能的暴露方式;③确认为生物恐怖袭击事件,及时掌握事件的进展:全国出现 2 300 多起炭疽白色粉末警报,辨别真伪,确认了 3 次袭击(9 月 4 日佛罗里达;9 月 18 日多家媒体机构;10 月 9 日 2 名国会议员收到信件),7 个州共造成 22 人发病,5 人死亡;④通过对暴露者调查与追踪,以及环境调查,确定主要暴露场所和影响人群;⑤及时公布流行病学监测与调查信息,通报袭击规模、危害及医学处置相关情况,保持民众知情;⑥促进处置:确定医学观察的人群范围;暴露人群、高危人群鼻拭子检测、症状监测等医学观察、预防性服药或治疗、免疫接种等措施。

ER15-1　第十五章二维码资源

（方立群）

参 考 文 献

1. 叶冬青. 实验室生物安全[M]. 2 版. 北京: 人民卫生出版社, 2014.

2. 全国认证认可标准化技术委员会. 实验室 生物安全通用要求: GB 19489—2008[S]. 北京: 中国标准出版社, 2009.

3. 李勇. 实验室生物安全[M]. 北京: 军事医学科学出版社, 2009.

4. 祁国明. 病原微生物实验室生物安全[M]. 2 版. 北京: 人民卫生出版社, 2006.

5. 中国合格评定国家认可中心. 生物安全实验室认可与管理基础知识风险评估技术指南[M]. 北京: 中国质检出版社, 2012.

6. 徐涛. 实验室生物安全[M]. 北京: 高等教育出版社, 2010.

7. 刘谦, 朱鑫泉. 生物安全[M]. 北京: 科学出版社, 2001.

8. Kojima K, Booth CM, Summermatter K, et al. Risk-based reboot for global lab biosafety[J]. Science. 2018, 360 (6386): 260–262.

9. Wurtz N, Papa A, Hukic M, et al. Survey of laboratory-acquired infections around the world in biosafety level 3 and 4 laboratories[J]. Eur J Clin Microbiol Infect Dis, 2016, 35(8): 1247–1258.

10. AuthorsBayot ML, King KC. Biohazard Levels. Source StatPearls[M]. Treasure Island: StatPearls Publishing, 2019.

11. 秦川. 实验动物学[M]. 2 版. 北京: 人民卫生出版社, 2010.

12. 巴克. 生物实验室管理手册[M]. 黄伟达, 王伟荣, 译. 北京: 科学出版社, 2005.

13. 曲连东, 张永江. 动物实验的生物安全与防护[M]. 北京: 中国农业科学技术出版社, 2007.

14. 颜光美, 余新炳. 实验室生物安全[M]. 北京: 高等教育出版社, 2008.

15. 全国实验动物标准化技术委员会. 实验动物 寄生虫学等级及监测: GB 14922.1—2001[S]. 北京: 中国标准出版社, 2002.

16. 佘启元. 个人防护装备 – 鞋类检测方法、安全鞋、防护鞋和职业鞋 4 项国际新标准的简介与浅析[J]. 中国个体防护与装备, 2005(4): 23–28.

17. 马玉臣, 宋永春, 李长海, 等. 动物源性人畜共患病毒病综述[J]. 畜牧与饲料科学. 2010, 31(5): 139–141.

18. 李姗姗. 生物安全柜的科学选型和合理应用[J]. 中国医学装备, 2016, 13(3): 126–128.

19. 李韬, 吕品一, 李林璘. 实验室生物安全柜的选择及操作注意事项[J]. 中国计量, 2016, (4): 81–83.

20. 韦志远. 环氧乙烷灭菌器的安全管理探讨[J]. 医疗装备, 2014, (4): 137–138.

21. 励秀武. 过氧化氢等离子体低温灭菌器规范应用研究进展[J]. 中国消毒学杂志, 2018, 35(8): 611–614.

22. 李京京, 靳晓军, 程洪亮, 等. 高等级生物安全实验室风险案例分析和思考[J]. 生物技术通讯, 2018, 29(2): 271–276.

23. 和彦苓. 实验室安全与管理[M]. 2 版. 北京: 人民卫生出版社, 2015.

24. 范宪周, 孟宪敏. 医学与生物学实验室安全技术管理[M]. 2 版. 北京: 北京大学医学出版社, 2013.

25. 戴薇薇, 吴宏进, 王成龙, 等. 基于JCI理念的科研实验室生物安全管理实践[J]. 实验技术与管理, 2019, 36(1): 170–173.

26. 胡燕玲, 高习文. 细胞培养时存在的生物安全问题简析[J]. 现代畜牧科技, 2018, 43(7): 18.

27. 秦川. 实验动物科学丛书: 实验室生物安全事故防范和管理[M]. 北京: 科学出版社, 2017.

28. 冯乐平, 乔位, 蒋就喜. 医学实验室建设与安全管理[M]. 长春: 吉林大学出版社, 2009.

29. 孙婷荃, 徐金光. 关于完善实验室安全管理体制的几点思考[J]. 湖北师范学院学报(自然科学版), 2007, 2(3): 112–114.

30. 林卫峰. 高校实验室安全管理现状及其对策创新研究[J]. 实验室科学, 2008(4): 156–158.

31. 应安明, 王桂玲. 实验室建设规划是新形势下高校实验室发展的关键[J]. 实验技术与管理, 2007, 24(1): 134–137.

32. 曲剑波, 李静, 张晓云, 等. 澳大利亚新南威尔士大学实验室管理的思考［J］.实验技术与管理,2019,36（5）:259-262.

33. 刘攀攀.高校化学实验室安全管理的探讨［J］.广东化工,2019,46（398）:177-178.

34. 张敏,刘俊波.高校实验室安全管理现状与对策研究［J］.实验技术与管理,2018,35（10）:234-236.

35. 阎旭宇,李玲.高校实验室安全管理工作的分析与思考［J］.山东化工,2019,48（11）:226-227.

36. 姜孟楠,赵赤鸿,李春雨等.感染性物质运输的研究与实践［J］.中国医学装备,2012（3）:1-3.

37. 周永运,姜孟楠,侯培森.疫情应对中的生物安全问题［J］.疾病监测,2008,2（9）:531-548.

38. 王宇.实验室感染事件案例集［M］.北京:北京大学医学出版社,2007.

39. 高福,魏强.中国实验室生物安全能力发展报告:管理能力调查与分析［M］.北京:人民卫生出版社,2017.

40. 赵雁林,逄宇.结核病实验室检验规程［M］.北京:人民卫生出版社,2015.

41. 中国疾病预防控制中心.全国艾滋病检测技术规范（2015年修订版）［J］.中国病毒病杂志,2016,6（6）:401-427

42. 关正君,裴蕾,魏伟,等.合成生物学概念解析、风险评价与管理［J］.农业生物技术学报,2016,24（7）:937-945.

43. 李晶,李思思,魏强,等.合成生物学的生物安全问题及对策分析［J］.中国医学装备,2013,10（6）:68-71.

44. 谢华玲,李东巧,迟培娟,等.合成生物学领域专利竞争态势分析［J］.中国生物工程杂志.2019,39（4）:114-123.

45. 王康.基因改造生物环境风险的法律防范［J］.法制与社会发展.2016,132（6）:132-147.

46. 全国核能标准化技术委员会.电离辐射防护与辐射源安全基本标准:GB 18871—2002［S］.北京:中国标准出版社,2012.

47. 涂彧.放射卫生学［M］.北京:中国原子能出版社,2014.

48. 潘自强.辐射安全手册［M］.北京:科学出版社,2011.

49. 全国危险化学品管理标准化技术委员会.化学品分类和危险性公示 通则:GB 13690—2009［S］.北京:中国标准出版社,2009.

50. 全国危险化学品管理标准化技术委员会.危险货物包装标志:GB 190—2009［S］.北京:中国标准出版社,2009.

51. Sewell DL. Laboratory associated infections and biosafety［J］. Clin Microbiol Rev, 1995; 8（3）: 389-405.

52. Blaser MJ, Feldman R. Acquisition of typhoid fever from proficiency testing specimens［J］. N Engl J Med, 1980, 303（25）: 1481.

53. Wurtz N, Papa A, Hukic M, et al. Survey of laboratory-acquired infections around the world in biosafety level 3 and 4 laboratories［J］. Eur J Clin Microbiol, 2016, 35（8）: 1247-1258.

54. Singh K. Laboratory-Acquired Infections. Clin Infect Dis, 2009, 49（1）: 142-147.

55. Pike RM. Laboratory-associated infections: incidence, fatalities, causes, and prevention［J］. Annu Rev Microbiol, 1979, 33: 41-66.

56. 陆兵,刘秋焕,王荣,等.结核分枝杆菌实验室获得性感染事件分析［J］.中国防痨杂志,2012,34（5）:333-335.

57. 李京京,靳晓军,程洪亮,等.高等级生物安全实验室风险案例分析和思考［J］.生物技术通讯,2018,29（2）:271-276.

58. 靳晓军,李京京,程洪亮,等.高等级生物安全实验室风险及其对策［J］.生物技术通讯,2015,26（5）:704-707.

59. 靳晓军,谢双,程洪亮,等.埃博拉病毒实验室事故的教训与启示［J］.生物技术通讯,2017,28（1）:16-22.

60. 谢双,靳晓军,李京京,等.炭疽实验室生物安全［J］.生物技术通讯,2017,28（3）:347-351.

61. Reeves RG, Voeneky S, Caetano-Anollés D, et al. Agricultural research, or a new bioweapon system［J］. Science, 2018, 362（6410）: 35-37.

62. Fang LQ, Sun Y, Zhao GP, et al. Travel-related infections in mainland China, 2014-16: an active surveillance study［J］. Lancet Public Health, 2018, 3（8）: e385-e394.

63. Deng YQ, Zhao H, Li XF, et al. Isolation, identification and genomic characterization of the Asian lineage Zika virus imported to China［J］. Sci China Life Sci, 2016, 59: 428-430.

64. Wang L, Zhou P, Fu X, et al. Yellow fever virus: increasing imported cases in China［J］. J Infect, 2016, 73（4）: 377-380.

65. Liu W, Sun FJ, Tong YG, et al. Rift Valley fever virus imported into China from Angola［J］. Lancet Infect Dis, 2016, 16（11）: 1226.

66. 郑涛,黄培堂,沈倍奋.当前国际生物安全形势与展望［J］.军事医学,2012,36（10）:721-724.

67. 郑涛,沈倍奋,黄培堂.我国生物安全能力可持续发展的重点［J］.军事医学,2012,36（10）:728-731.

68. 田德桥,朱联辉,黄培堂,等.美国生物防御战略计划分析［J］.军事医学,2012,36（10）:772-776.

69. 杜新安,曹务春.生物恐怖的应对与处置［M］.北京:人民军医出版社,2005.

70. 王子灿.Biosafety与Biosecurity:同一理论框架下的两个不同概念［J］.武汉大学学报（哲学社会科学版）,2006,59（2）:254-258.

中英文名词对照索引

图 1-1　国际通用生物危害标志（bioharzard）

a. 电离辐射标志　b. 电离辐射警示标志　c. 电离辐射警示标志

图 12-1　电离辐射标志

图 12-7　移动屏

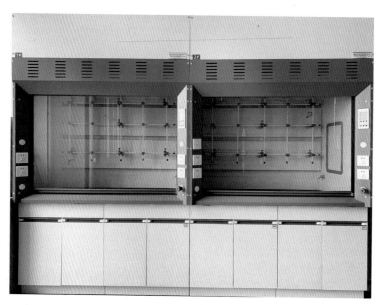

图 13-2 通风橱